新编21世纪高等职业教育精品教材·公共基础课系列

高等数学

主编／邬冬华　虞红斌　张四海
楼　烨　徐　华　吕　月

$$MR\Big|_{q=q_0} = R'(q_0) = \lim_{\Delta q \to 0} \frac{R(q_0+\Delta q)-R(q_0)}{\Delta q} = \frac{\mathrm{d}R}{\mathrm{d}q}\Big|_{q=q_0}$$

中国人民大学出版社
·北京·

图书在版编目（CIP）数据

高等数学 / 邬冬华等主编. --北京：中国人民大学出版社，2025. 1. --（新编 21 世纪高等职业教育精品教材）. --ISBN 978-7-300-33412-7

Ⅰ. O13

中国国家版本馆 CIP 数据核字第 20246ZM550 号

新编 21 世纪高等职业教育精品教材・公共基础课系列

高等数学

主　编　邬冬华　虞红斌　张四海
　　　　楼　烨　徐　华　吕　月

Gaodeng Shuxue

出版发行	中国人民大学出版社		
社　　址	北京中关村大街 31 号	邮政编码	100080
电　　话	010－62511242（总编室）		010－62511770（质管部）
	010－82501766（邮购部）		010－62514148（门市部）
	010－62515195（发行公司）		010－62515275（盗版举报）
网　　址	http://www.crup.com.cn		
经　　销	新华书店		
印　　刷	北京宏伟双华印刷有限公司		
开　　本	787 mm×1092 mm　1/16	版　　次	2025 年 1 月第 1 版
印　　张	22. 5	印　　次	2025 年 1 月第 1 次印刷
字　　数	516 000	定　　价	58. 00 元

前 言

在当今“互联网+”“人工智能+”的高科技时代，自然科学、社会科学各领域的研究进入更深的层次和更广的范畴，在这些研究中，微积分知识的运用往往是实质性的，微积分与自然科学和社会科学的关系从来没有像今天这样密切．微积分作为人类智慧的伟大成就之一，自诞生后的三百多年来，在阐明和解决来自数学、物理学、工程学及经济、管理、金融和社会科学等领域问题时发挥了强大的威力，特别是人工智能技术的发展和它的广泛使用都以微积分的背景知识为坚实基础．进入21世纪，随着“互联网+”“人工智能+”的发展，人们对数理基础知识的需求不是弱化，而是需要对数理知识有更加精准的认知．微积分作为一门学科对人类的发展必将发挥更重要的作用．正因为如此，微积分已经成为培养人才的必备内容．

本书以习近平新时代中国特色社会主义思想为指导，全面融入党的二十大精神，始终把提高学生的思想道德素质与专业素养融为一体，培养学生诚实守信、爱岗敬业等优秀品质，以为中国式现代化建设提供高技能人才为目标．作为高等职业教育数学课程的教材，本书作者遵循亚里士多德的第一性原理，教材编写始终从最底层共知的基础知识出发，适合于学生自主学习能力的培养，同时有助于学生自主学习能力的提高，使学生学以致用，能够在工作中利用数学思想和方法解决实际问题，为学生在后续的再学习以及工作、研究和开拓创新能力的培养方面提供必要的基础支撑．

学习微积分与中学学习初等数学的方法有所不同，虽然在微积分的学习中也需要学习如何计算及这些计算的技巧，但更需要把学习根植于数学文化基础之上，博古通今．在本书微积分的学习中，引入非常多的新概念和计算方法，学生难以在课堂上学习完全所需要的所有内容，必须通过课后结合人工智能新技术的自学去拓展与思考，以掌握更多课程知识内容．

编写好一本符合高等职业学院专科、高等继续教育专科的高等数学教材，需要一个不断探索的过程．本书的特点是强调微积分在科学、工程和经济中的应用．本教材力图以高等数学中的微积分思想和方法作为引导，使学生通过对本教材的学习，牢固掌握微积分的基本内容、方法及概念，在推理、论证、演算等能力方面有所提高，并得到一定程度的数学训练．

在本书的出版过程中，中共上海科学技术职业学院党委书记周胜、学院韩芳院长及学院教务处邵汝军处长等领导给予了大力支持和帮助；中国人民大学出版社李丽虹编辑为此书出版做了大量卓有成效的工作，在此一并致以深深的谢意.

本书由邬冬华、虞红斌、张四海、楼烨、徐华、吕月主编，全书由邬冬华统稿.

由于编者水平有限，书中难免出现一些错误，敬请广大读者批评指正，以便我们改正. 对于大家的支持，编者不胜感激.

编者

目　录

模块一
函数及其基本性质

扫一扫

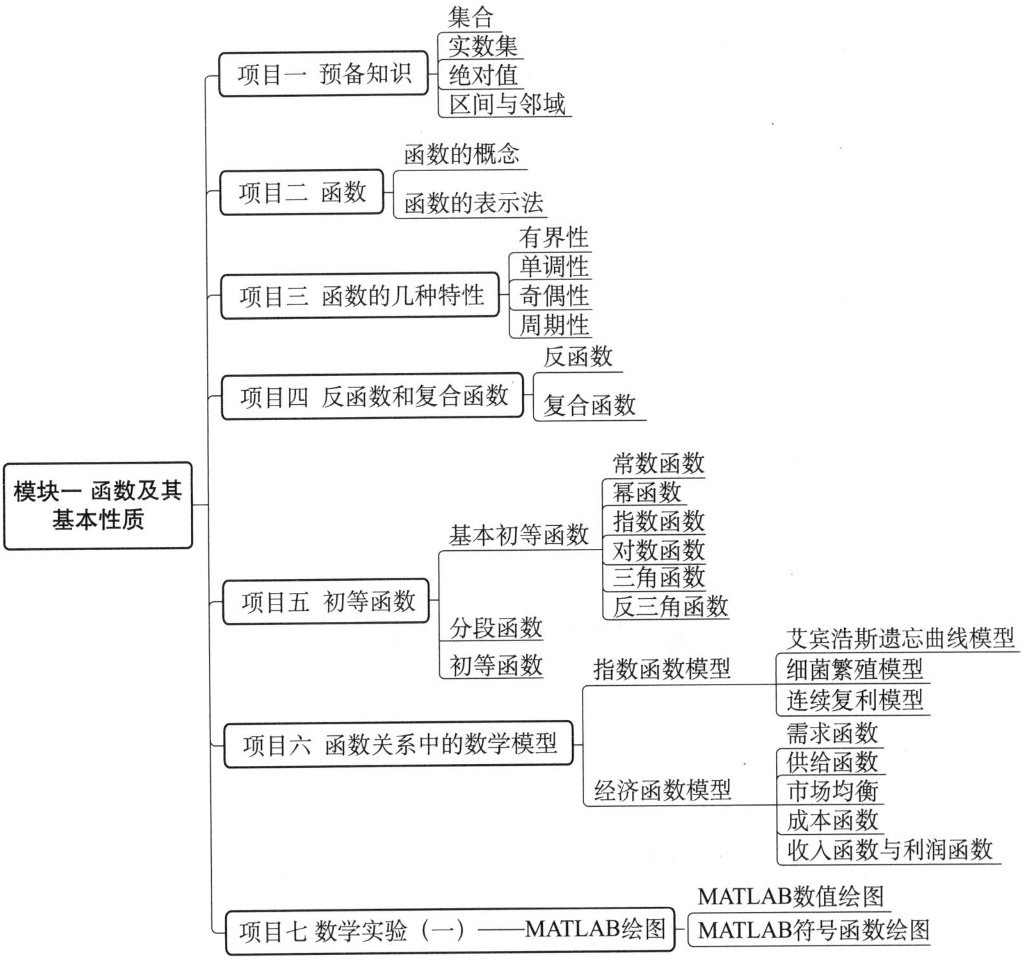

微积分是关于运动和变化的数学，有运动与变化的地方，则用到的数学必定就是微积分. 微积分的诞生初期是这样，今天仍然是这样.

微积分首先是为了满足 16、17 世纪科学家数学方面的需求，本质上说是为满足力学发展的需要而发明的. 微分学所处理的是变化的问题，它使人们能够定义曲线的斜率，计算运动物体的速度和加速度，求得炮弹能达到其最大射程的发射角，预测何时行星离地球最近或最远. 积分学所处理的是从函数变化率的信息确定函数自身的问题，它使人们能够从物体现在的位置和作用在物体上力的信息计算出该物体未来的位置，计算出平面上不规则区域的面积，度量曲线的长度，以及求出任意空间物体的体积和质量.

现在，微积分及其在数学分析方面的延伸确实是意义深远. 假如早年发明微积分的物理学家、数学家和天文学家能了解到微积分能够解决如此大量的问题，现在用来理解我们周围的宇宙和世界的数学模型所涉及的众多领域的话，他们肯定会感到十分欣慰.

从古到今整个数学的发展大体可分为五个时期：(1) 公元前 600 年以前的数学萌芽时期；(2) 公元前 600 年到 17 世纪中叶初等数学时期；(3) 17 世纪中叶到 19 世纪 20 年代变量时期；(4) 19 世纪 20 年代到第二次世界大战的近代数学时期；(5) 20 世纪 40 年代以来的现代数学时期.

每一数学时期的发展，从来就是和生产实践、科学技术的水平密切相关的. 首先，生产实践和科学技术向数学提出需要解决的问题，刺激数学向生产实践和科学技术发展的方向发展. 其次，生产实践和科学技术向数学提供丰富的研究资料和物质条件，计算机技术的发展推动整个数学的发展就是最典型的案例. 最后，生产实践和科学技术为检验数学结论的正确性提供了真理性的标准. 因此数学的发生和发展归根到底是由生产实践决定的. 同时数学发展到一定阶段，对于生产实践具有一定的相对独立性.

本模块将在复习中学教材中有关函数内容的基础上，进一步研究函数的性质，分析初等函数的结构.

项目一　预备知识

一、集合

“集合”是现代数学中的一个重要的基本概念，在数学领域中具有无可比拟的特殊性和重要性. 在自然科学的研究中，经常会将一些相关的个体联合在一起进行研究，就是运用集合论的原理与方法进行研究的. 19 世纪末德国数学家格奥尔格·康托尔创立了集合论，把具有某种特定性质的事物的全体称为集合，而构成这一集合的事物称为该集合的元素.

例 1　所有皮制火炬牌篮球构成一个集合，那么每一只皮制且是火炬牌的篮球都是这个集合的元素.

例 2　某班级的全体学生组成一个集合，那么该班级的每一个学生都是这个集合的元素.

例 3　所有正整数的全体构成一个集合，那么每一个正整数都是这个集合的元素.

通常，我们用英文大写字母如 A、B、X、Y 等表示集合，用英文小写字母如 a、b、x、y 等表示集合中的元素. 如果 a 为集合 A 中的元素，则记作 $a\in A$，读作 a 属于 A 或 a 在 A 中；如果 a 不是集合 A 中的元素，则记作 $a\notin A$，读作 a 不属于 A 或 a 不在 A 中.

如果集合中所包含的元素的个数只有有限多个，则称这种集合为有限集，如例 1、例 2. 如果集合中所包含的元素的个数有无限个，则称这种集合为无限集，如例 3. 不包含任何元素的集合称为空集，记作$\varnothing$.

例 4　$A=\{x\mid x^2+1=0，x$ 为实数$\}$为空集.

集合是由它所包含的元素完全确定的. 集合可以有多种表示方法. 常用的有列举法、描述法和图示法.

(1) 列举法：将集合中的元素一一列举出来，或者列出足够多的元素，反映集合中成员的特征，并置于一对大括号“{　}”内，元素之间用逗号隔开. 如由不大于 3 的正整数组成的集合 A，用列举法可表示为 $A=\{1，2，3\}$.

(2) 描述法：把集合中元素的共同特性用文字、符合或式子描述出来，写在一对大括号“{　}”内. 通常表示为 $A=\{x\mid x$ 具有的共同特性$\}$. 如由不大于 3 的实数组成的集合 A，用描述法可表示为 $A=\{x\mid x\leqslant 3\}$.

(3) 图示法：用一个简单的平面区域代表一个集合，区域内的点表示集合中的元素.

定义 1.1.1　设有集合 A、B，如果集合 A 中的每一个元素都是集合 B 中的元素，即 $a\in A$，必有 $a\in B$，则称集合 A 为 B 的子集. 记作 $A\subset B$，或 $B\supset A$，读作 A 包含于 B，或 B 包含 A. 如图 1－1 所示.

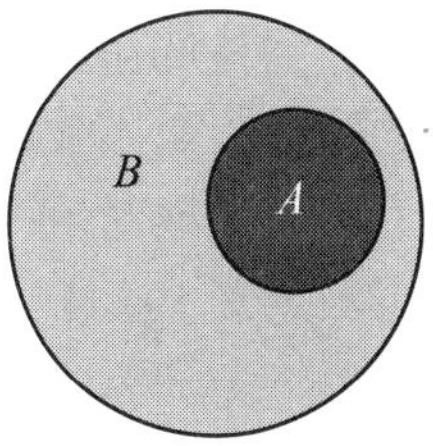

图 1－1

例 5　设 $A=\{2，4，6\}$，$B=\{1，2，4，5，6\}$，则 A 中的任一元素都是 B 中的一个元素，则 $A\subset B$.

定义 1.1.2　设有集合 A、B，若 $A\subset B$ 且 $B\subset A$，则称集合 A 与 B 相等. 记作$A=B$.

例 6　设 $A=\{x\mid x^2-5x+4=0\}$，$B=\{1，4\}$，则 $A=B$.

二、实数集

自公元前十几世纪起，人类历史开始从青铜器时代过渡到铁器时代. 铁器的应用，大大促进了生产力的发展，社会财富迅速增加，刺激了社会的商业活动. 由于经济生活的需要，人们越来越多地要计算产品的数量和生产工时的长短，测定建筑物的大小和丈量土地的面积等等. 人类从长期的社会实践中积累了许多有关数的知识，从而产生数的概念，并产生数的运算的方法.

随着社会的发展，人类对数的认识越来越深刻. 由文明古国印度所发明的阿拉伯数码正整数已被人类所广泛认识. 通常地，全体正整数构成的数集记为 $\mathbf{N}_+=\{1，2，3，\cdots\}$. 为对正整数进行一系列的算术运算，数的范围扩大到了整数和有理数，分别记整数集为

$\mathbf{Z}=\{\cdots, -2, -1, 0, 1, 2, \cdots\}$，有理数集为 $\mathbf{Q}=\left\{x \mid \dfrac{p}{q};\ p, q\in\mathbf{Z}, q\neq 0\right\}$.

如果用十进制来表示有理数，则有理数可表示成有限或无限循环的小数．一个数为有理数当且仅当它可以表示成分数.

如果一个数用十进制表示时，不是有限的或无限循环的，这种无限不循环小数为无理数．例如：$\pi=3.141\,592\,6\cdots\cdots$，$\mathrm{e}=2.718\,28\cdots\cdots$，这种无限不循环小数都是无理数.

通常把具有原点、方向和长度单位的直线称为数轴. 有理数在数轴上对应的点称作有理点；无理数在数轴上对应的点称作无理点．有理数和无理数的全体称为实数集，记为 **R**. 每一个实数必是数轴上某一个点的坐标；反之，数轴上每一点的坐标必是一个实数. 这就是说全体实数与数轴上的全体点形成一一对应的关系，即实数集充满整个数轴.

我们把能被 2 整除的正整数称为偶数，否则称为奇数．其中偶数 n 可表示为 $n=2m$（m 为整数），奇数 n 可表示为 $n=2m+1$（m 为整数）.

如果一正整数只能被自身和 1 整除，则称该正整数为素数或质数．例如：2，3，5，7，11，…，为素数，其中最小的素数为 2，唯一的偶素数也为 2.

三、绝对值

在数学的广阔天地中，我们经常会遇到一些看似复杂，实则富含规律的现象，其中之一，就是数与数之间的关系，特别是它们与零的关系，比如当我们描述温度的变化、物体的海拔高度或物体的重量等实际问题时，往往更加关注的是一个数距离零点的距离，而不仅仅是它本身的大小．为了描述这种关系，我们引入了一个特殊的数学工具——绝对值.

定义 1.1.3 任何实数 x 的绝对值，记为 $|x|$，定义为

$$|x|=\begin{cases} x\ , & x\geqslant 0 \\ -x, & x<0 \end{cases}$$

x 的绝对值 $|x|$ 的几何意义：$|x|$ 表示为数轴上点 a 到原点的距离．实数绝对值具有如下性质：

(1) $|x|\geqslant 0$，当且仅当 $x=0$ 时，有 $|x|=0$.

(2) $|-x|=|x|$.

(3) $-|x|\leqslant x\leqslant |x|$.

(4) $|x+y|\leqslant |x|+|y|$；$|x-y|\geqslant \big||x|-|y|\big|\geqslant |x|-|y|$.

(5) $|xy|=|x|\,|y|$.

(6) $\left|\dfrac{x}{y}\right|=\dfrac{|x|}{|y|}(y\neq 0)$.

四、区间与邻域

区间与邻域是微积分中常用的实数集，其中区间按不同的名称记号和定义可分为如下九种形式：

闭区间　　$[a, b]=\{x \mid a\leqslant x\leqslant b\}$

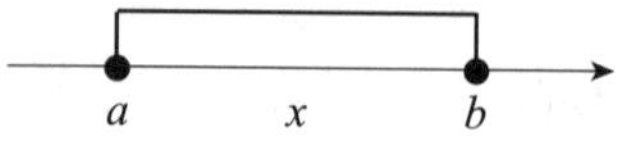

开区间　　$(a, b)=\{x \mid a<x<b\}$

半开区间　$(a, b]=\{x \mid a<x\leqslant b\}$

$[a, b)=\{x \mid a\leqslant x<b\}$

无限区间　$(a, +\infty)=\{x \mid x>a\}$

$[a, +\infty)=\{x \mid x\geqslant a\}$

$(-\infty, b)=\{x \mid x<b\}$

$(-\infty, b]=\{x \mid x\leqslant b\}$

$(-\infty, +\infty)=\{x \mid x\in \mathbf{R}\}$

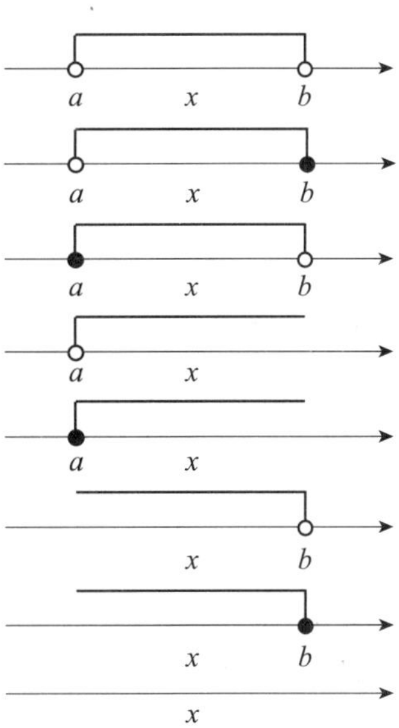

其中 a，b 为给定的实数且 $a<b$，分别为区间的左端点和右端点．“$+\infty$”读作为“正无穷大”，“$-\infty$”读作为“负无穷大”，它们不表示任何数，仅仅作为记号．

定义 1.1.4　设 a 与 δ 为两个给定的实数，集合

$$\{x \mid |x-a|<\delta, \delta>0\}$$

称为点 a 的 δ 邻域，a 称为邻域的中心，δ 称为邻域的半径，记为 $U(a, \delta)$，即

$$U(a, \delta)=\{x \mid |x-a|<\delta, \delta>0\}.$$

例如，$|x-5|<0.1$，即为以点 $a=5$ 为中心，以 $\delta=0.1$ 为半径的邻域，也就是开区间 $(4.9, 5.1)$．

习题 1－1

1. 用区间表示下列集合.

(1) 不大于 2 的所有实数

(2) 大于 -2 小于 5 的所有实数

(3) 不小于 1，小于 π 的所有实数

2. 分别求 20，-12，a 的绝对值.

3. 解下列不等式.

(1) $|x-1|>2$　(2) $|3-2x|\leqslant 5$　(3) $\left|\frac{3x-5}{4}-1\right|\leqslant\frac{3}{8}$　(4) $|2-x^2|\geqslant 1$

4. 用区间表示下列点集，并在数轴上表示出来.

(1) $A=\{x \mid |x+3|<2\}$　　(2) $B=\{x \mid |x-1|\geqslant 2\}$

(3) $C=\{x \mid 1<|x-3|<2\}$　　(4) $D=\{x \mid 1\leqslant|2-x|<2\}$

项目二　函数

一、函数的概念

笛卡尔的“几何学”中引入了坐标与变量，开创了解析几何，使过去对立着的两个研究对象“形”和“数”统一起来，完成了数学史上一项划时代的变革．笛卡尔引入变量以后，随之而来的便是函数概念．虽然他没有使用变量和函数这两个词，但两者的关系如此密切，它们在历史上是同时出现的．笛卡尔在指出 y 和 x 是变量时，注意到了 y 依赖于 x 而变化．这正是函数思想的萌芽.

客观事物是在不断地发展变化的，因此，对某个特定的现象进行观察时，其中出现的各种量也在不断地变化.

引例 1　2022 年，上海市日最高气温大于等于 35 度的高温日数达 50 天．表 1－1 给出了当年 8 月 8 日至 17 日每天天气的最高温度，其中 11 日出现了 41℃ 的极端高温天气.

表 1－1

日期 t	8	9	10	11	12	13	14	15	16	17
气温 T（℃）	38	38	40	41	40	40	40	40	39	37

从表中我们可看出，有日期 t 和气温 T 两个变量，当变量 t 在某一范围内变化时，最高气温 T 依赖于日期 t 的变化而变化，并且当 t 取某一日期时，就有唯一的最高气温 T 与之对应.

引例 2　图 1－2 反映了上海证券交易所的上证指数 2024 年 4 月的某一天的变化情况，由此图可看出这段时间中上证指数随时间的变化情况.

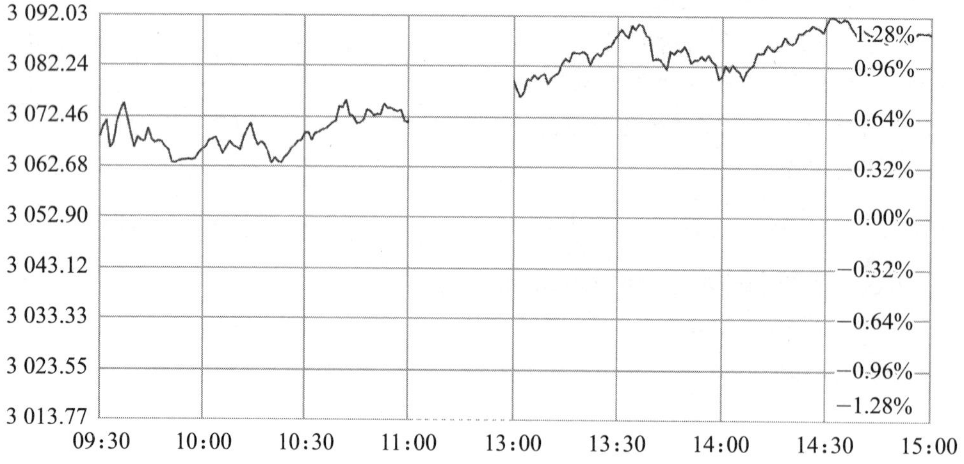

图 1－2

从图中我们可看出，有时间 t 和指数 y 两个变量，当变量 t 在某一范围内变化时，指数 y 随着时间 t 的变化而变化，并且当 t 取某一时间时，就有唯一的指数 y 与之对应.

在上述两个引例中，不考虑各个变量的实际意义，可以发现它们的共同特点是：这些问题都涉及两个变量，并且两个变量之间都有一个确定的依赖关系（我们称之为对应规则），虽然这种依赖关系的表达方式不同，但当其中一个变量在某一范围内变化时，另一个变量按照对应规则就有确定的值与之对应．两个变量的这种对应关系，实质上就是函数关系.

定义 1.2.1　设 x 和 y 为两个变量，D 是实数集 $\mathbf{R}$ 的子集．如果对于任何的 $x\in D$，按照一定的规则 f 有唯一确定的实数值与之对应，则称该规则 f 是定义在 D 上的函数，也称 f 是变量 x 的函数，记为 $y=f(x)$，此处 D 是函数 f 的定义域.

对于每一个 x，按法则 f 所对应的唯一的 y 称为函数 f 在点 x 处的函数值．当 x 取遍 D 的每一个值时，对应的变量 y 取值的全体组成的数集称为该函数的值域，记为 $R(f)$.

如果两个函数的定义域相同，并且对应规则也相同，则称这两个函数相同，这两个函数均表示同一函数．我们约定：函数的定义域就是使函数表达式有意义的自变量的一切实数所组成的实数集.

例 1　求函数 $y=\dfrac{x+1}{x-2}$ 的定义域.

解　当分母 $x-2\neq 0$ 时，此函数才有意义，所以函数的定义域为 $x\neq 2$ 的全体实数，即 $D=\{x \mid x\neq 2\}$.

求函数定义域时，通常应考虑以下几个方面：

(1) 实际问题的物理意义和几何意义等；

(2) 在分式中，分母不能为零；

(3) 在根式中，负数不能开偶次方根；

(4) 在对数式中，真数必须大于零；

(5) 如果函数表达式是由几个数学式子组合而成，则其定义域应取各部分定义域的交集.

例 2　判断 $f(x)=1+x$ 与 $g(x)=\dfrac{1-x^2}{1-x}$ 是否为相同的函数.

解　由于当 $x\neq 1$ 时，$f(x)=g(x)$，但当 $x=1$ 时，$f(x)$ 有定义而 $g(x)$ 无定义，故 $f(x)$ 与 $g(x)$ 的定义域不相同，两者不是同一个函数.

二、函数表示法

函数的表示法通常有三种：表格法、图示法和公式法．表格法就是将自变量与因变量的对应数据列成表格来表示函数关系；图示法就是用平面上的曲线来反映自变量与因变量之间的对应关系；公式法就是写出函数的解析表达式和定义域，此时对于定义域中每个自变量，可按照表达式中给定的数学运算确定对应的因变量.

函数的三种表示法各有优点和缺点，针对不同的问题可以采用不同的表示法．为了直观之便，本书在采用公式法表示函数的同时，辅之以图示法.

习题 1-2

1. 下列各对函数是否相同？为什么？

(1) $f(x)=x$，$g(x)=\sqrt{x^2}$

(2) $f(x)=1$，$g(x)=\sin^2 x+\cos^2 x$

(3) $f(x)=\dfrac{x^2-4}{x-2}$，$g(x)=x+2$

(4) $f(x)=\ln x^3$，$g(x)=3\ln x$

(5) $f(x)=\ln x^2$，$g(x)=2\ln x$

(6) $f(x)=\sqrt[3]{x^4-x^3}$，$g(x)=x\sqrt[3]{x-1}$

2. 求下列函数的定义域.

(1) $f(x)=x^3-2x+1$

(2) $f(x)=\dfrac{1}{1-x^2}+\sqrt{9-x^2}$

(3) $f(x)=\dfrac{\ln(5-x)}{\sqrt{x+4}}$

(4) $f(x)=\dfrac{\ln(2-x)}{\sqrt{2x+6}}$

(5) $f(x)=\dfrac{\sqrt{3-x}}{\ln(1+x)}$

(6) $f(x)=\begin{cases}\dfrac{1}{5-x}, & x\leqslant 0\\ x, & 0<x<1\\ \dfrac{2}{1+x}, & 1\leqslant x\leqslant 2\end{cases}$

(7) $f(x)=\dfrac{\ln(3-x)}{\sin x}+\sqrt{5+4x-x^2}$

(8) $f(x)=\sqrt{4-x^2}+\dfrac{1}{\sqrt{x-1}}$

(9) $f(x)=\arcsin\dfrac{x-1}{2}$

(10) $f(x)=\sqrt{3-x}+\arctan\dfrac{1}{x}$

3. 设函数 $f(x)=\begin{cases}3x-1, & 0\leqslant x<1\\ 2+x, & 1\leqslant x<3\\ 3, & x\geqslant 3\end{cases}$，求：

(1) $f(x)$的定义域；

(2) $f(0)$，$f\left(\dfrac{1}{2}\right)$，$f(1)$，$f(4)$；

(3) 画出函数 $y=f(x)$的图形.

4. 用铁皮做一个容积为 V 的圆柱形有盖罐头盒，试将它的表面积 S 表示成底圆半径 r 的函数，并确定此函数的定义域.

项目三　函数的几种特性

一、有界性

定义 1.3.1　设函数 $y=f(x)$在区间(a, b)内有定义，如果存在一个正数M，对于所有的$x\in(a,b)$，恒有$|f(x)|\leqslant M$，则称函数$f(x)$在(a, b)内是有界的；如果不存在这样的正数M，则称$f(x)$在(a, b)内是无界的.

例如，函数$y=\sin\frac{1}{x}$在$(0, +\infty)$内有定义，对任意的一个$x\in(0, +\infty)$，均有$\left|\sin\frac{1}{x}\right|\leqslant 1$，所以函数$y=\sin\frac{1}{x}$在$(0, +\infty)$内是有界的.

函数$y=\frac{1}{x}$在$(0, 1)$和$[1, +\infty)$内均有定义，但在$(0, 1)$内是无界的，在$[1, +\infty)$内是有界的.

二、单调性

定义 1.3.2　设函数$y=f(x)$在区间(a, b)内有定义，如果对区间(a, b)内任意两点x_1，x_2：

(1) 当$x_1<x_2$时，满足$f(x_1)<f(x_2)$，则称函数在区间(a, b)内是单调增加的，相应区间(a, b)称为$f(x)$的单调增加区间，如图 1-3 所示；

(2) 当$x_1<x_2$时，满足$f(x_1)>f(x_2)$，则称函数在区间(a, b)内是单调减少的，相应区间(a, b)称为$f(x)$的单调减少区间，如图 1-4 所示.

单调增加函数与单调减少函数统称为单调函数. 单调增加区间与单调减少区间统称为单调区间.

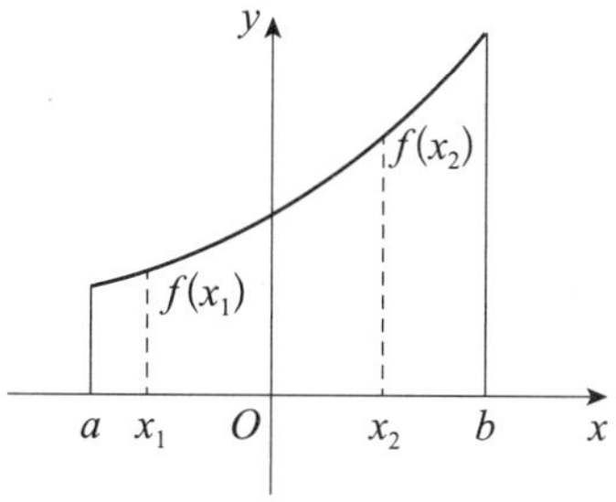

图 1-3

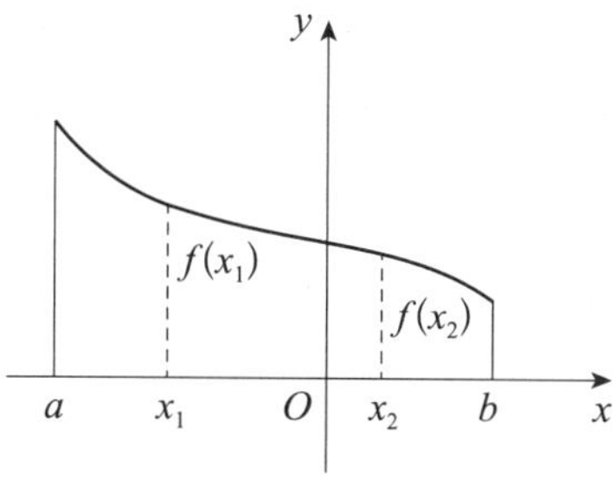

图 1-4

例 1　判断函数$y=x^3$的单调性.

解　由于$y=x^3$在$(-\infty, +\infty)$内有定义，对于任意x_1，$x_2\in(-\infty,+\infty)$，且$x_1<x_2$，有

$$f(x_2)-f(x_1)=x_2^3-x_1^3=(x_2-x_1)(x_1^2+x_1x_2+x_2^2)$$

当x_1，x_2异号时，有$x_1x_2\leqslant 0$，则$x_1^2+x_1x_2+x_2^2=(x_1+x_2)^2-x_1x_2>0$，故

$$f(x_2)-f(x_1)>0$$

当 x_1，x_2 同号时，有 $x_1x_2\geqslant 0$，则 $x_1^2+x_1x_2+x_2^2>0$，故

$$f(x_2)-f(x_1)>0$$

即对任意的 x_1，$x_2\in(-\infty,+\infty)$，且 $x_1<x_2$，均有 $f(x_2)>f(x_1)$. 换言之，$y=x^3$ 在$(-\infty, +\infty)$内是单调增加函数.

三、奇偶性

定义 1.3.3 设函数 $y=f(x)$的定义域为$(-a, a)$或$(-\infty, +\infty)$.

(1) 如果对于任意一个 $x\in(-a, a)$或$(-\infty, +\infty)$，满足 $f(-x)=f(x)$，则称 $f(x)$为 $x\in(-a, a)$或$(-\infty, +\infty)$上的偶函数；

(2) 如果对于任意一个 $x\in(-a, a)$或$(-\infty, +\infty)$，满足 $f(-x)=-f(x)$，则称 $f(x)$为 $x\in(-a, a)$或$(-\infty, +\infty)$上的奇函数.

例 2 判断函数 $f(x)=x^5+x^3$ 的奇偶性.

解 函数 $f(x)=x^5+x^3$ 的定义域为$(-\infty, +\infty)$，对于任意一个 $x\in(-\infty, +\infty)$，有 $f(-x)=(-x^5)+(-x^3)=-x^5-x^3=-(x^5+x^3)=-f(x)$

所以，$f(x)=x^5+x^3$ 为奇函数，其函数图形如图 1-5 所示.

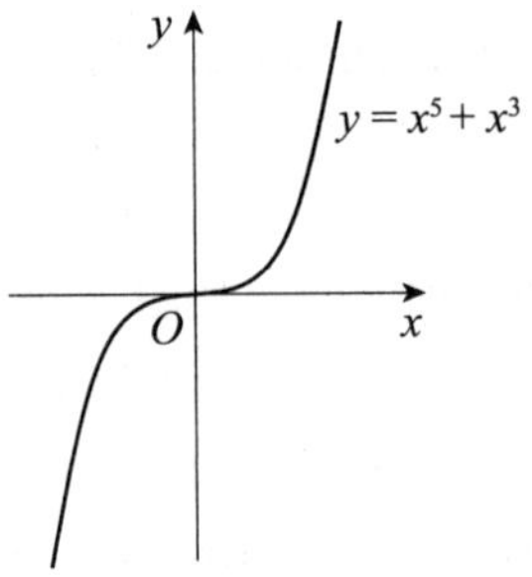

图 1-5

例 3 判断函数 $f(x)=\sqrt{1-x^2}$ 的奇偶性.

解 函数 $f(x)=\sqrt{1-x^2}$ 的定义域为 $[-1, 1]$，对于任意一个 $x\in[-1, 1]$，有

$$f(-x)=\sqrt{1-(-x)^2}=\sqrt{1-x^2}=f(x)$$

所以，函数 $f(x)=\sqrt{1-x^2}$ 为偶函数，其函数图形如图 1-6 所示.

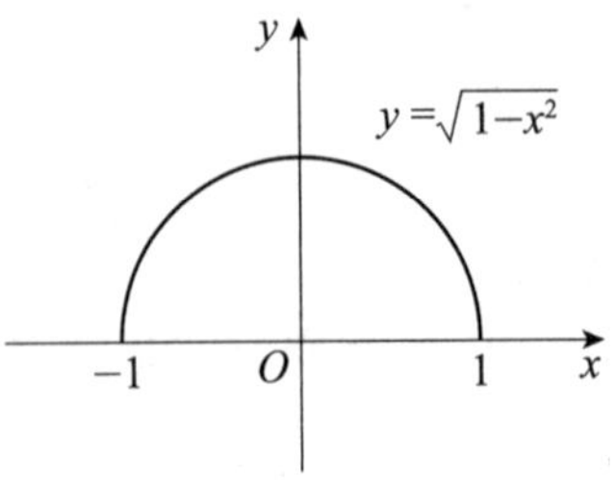

图 1-6

从几何形态上而言，偶函数是关于 y 轴对称的，而奇函数则是关于坐标原点对称的 .

例 4　判断函数 $f(x)=\cos x+\sin x$ 的奇偶性.

解　函数 $f(x)=\cos x+\sin x$ 的定义域为 $(-\infty,+\infty)$，对于任意一个 $x\in(-\infty,+\infty)$，有

$$f(-x)=\cos(-x)+\sin(-x)=\cos x-\sin x$$

故 $f(-x)$ 既不等于 $f(x)$，也不等于 $-f(x)$，所以 $f(x)=\cos x+\sin x$ 为非奇非偶函数 .

四、周期性

定义 1.3.4　设函数 $y=f(x)$ 的定义域为 D，如果存在正的常数 l，使得对任意的 $x\in D$，$x+l\in D$，满足 $f(x+l)=f(x)$，则称函数 $f(x)$ 为周期函数 . 满足这个等式的正数 l，称为函数的周期. 通常所说的周期是指最小的正周期.

例如，函数 $y=\sin x$ 是以 2π 为周期的周期函数；函数 $y=\tan x$ 是以 π 为周期的周期函数.

周期函数是非常重要的，我们在科学研究中的许多现象的性态特征都具有周期性，例如脑电波、心跳，以及电压和电流等物理现象，都展现出了周期性的变化规律 . 更值得一提的是，几乎所有周期性现象都可以通过三角函数的代数组合来描述和模拟，这使得三角函数在科学研究中发挥着举足轻重的作用.

习题 1－3

1. 下列函数中哪些是奇函数？哪些是偶函数？

(1) $y=3x^3-5\sin x$　　(2) $y=x^3-2x+1$

(3) $y=x^4-x^2+1$　　(4) $y=\ln\dfrac{1-x}{1+x}$

(5) $y=|x|$　　(6) $y=x+\cos x$

(7) $y=2^x+2^{-x}$　　(8) $y=3^x-3^{-x}$

(9) $y=\tan x-\sec x+1$　　(10) $y=\dfrac{e^x+e^{-x}}{2}$

(11) $y=|x\cos x|e^{\cos x}$　　(12) $y=x(x-2)(x+2)$

2. 研究下列函数在指定的区间上的单调性.

(1) $y=x^2$，$x\in(-1,0)$　　(2) $y=3^x$，$x\in(-\infty,+\infty)$

(3) $y=2^{-x}$，$x\in(-\infty,+\infty)$　　(4) $y=\sin x$，$x\in(0,2\pi)$

(5) $y=\dfrac{x}{1-x}$，$x\in(-\infty,1)$　　(6) $y=2x+\ln x$，$x\in(0,+\infty)$

3. 已知 $f(x)$ 为周期函数，那么下列函数是否是周期函数？

(1) $f^2(x)$　　(2) $f(2x)$

(3) $f(x+2)$　　(4) $f(x)+2$

项目四　反函数和复合函数

一、反函数

设某种商品销售总收益为 R，销售量为 Q，该商品的销售单价为 P，则对于每一个给定的销售量 Q，可以通过规则 $R=PQ$ 确定销售总收益 R，即销售总收益 R 是销售量 Q 的函数．反过来，对于每一个给定的总收益 R，则可以通过规则 $Q=\dfrac{R}{P}$ 确定销售量 Q，即销售量 Q 是销售总收益 R 的函数．我们称 $Q=\dfrac{R}{P}$ 是 $R=PQ$ 的反函数，或者说它们二者互为反函数.

定义 1.4.1　设 $y=f(x)$ 是定义在 $D(f)$ 上的一个函数，其值域为 $R(f)$，如果对每一个 $y\in R(f)$，有唯一确定的 $x\in D(f)$ 与之对应，且满足 $y=f(x)$，其对应法则记为 f^{-1}，则此定义在 $R(f)$ 上的函数为 $x=f^{-1}(y)$，并称之为 $y=f(x)$ 的反函数.

通常习惯于用 x 表示自变量，用 y 表示因变量．因此我们将 $x=f^{-1}(y)$ 改写为 $y=f^{-1}(x)$，此时我们说 $y=f^{-1}(x)$ 是 $y=f(x)$ 的反函数.

例 1　求函数 $y=\sqrt{1-x}$ 的反函数.

解　由 $y=\sqrt{1-x}$ 解得 $x=1-y^2$，将式中的 x 换成 y，将 y 换成 x，则求得 $y=\sqrt{1-x}$ 的反函数 $y=1-x^2$.

显然，原函数 $y=f(x)$ 的定义域是它的反函数 $y=f^{-1}(x)$ 的值域，反函数 $y=f^{-1}(x)$ 的定义域是原函数 $y=f(x)$ 的值域.

如果将函数 $y=f(x)$ 的反函数 $y=f^{-1}(x)$ 的图形和函数 $y=f(x)$ 的图形画在同一个坐标平面上，那么这两个图形关于直线 $y=x$ 是对称的，见图 1－7.

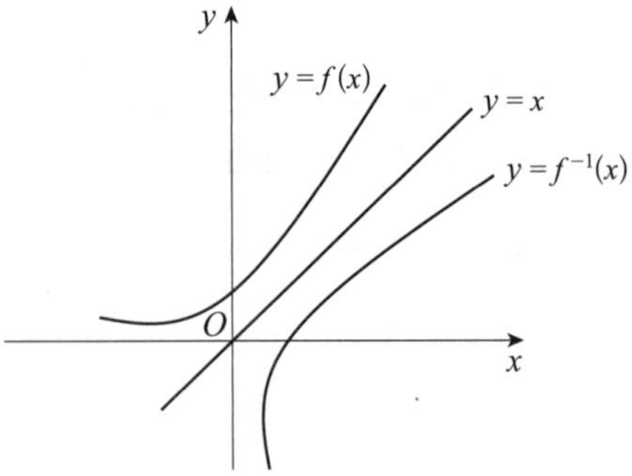

图 1－7

二、复合函数

我们先看一个例子．设有两个函数 $y=e^u$ 和 $u=x^2$，用 x^2 去替代第一式中的 u，得

$$y=e^{x^2}$$

我们可以认为，函数 $y=e^{x^2}$ 是由 $y=e^u$ 及 $u=x^2$ 复合而构成的函数，此类函数称为复合函数．一般地，有如下定义：

定义 1.4.2　设 $y=f(u)$，而 $u=\varphi(x)$，$x\in D$，D 为一数集．如果对于每一个 $x\in D$，通过 $u=\varphi(x)$，有唯一确定的值 u，并且 $y=f(u)$ 在 u 处有定义，从而确定 y 值与之对应，这样就得到一个以 x 为自变量、以 y 为因变量的函数，这个函数被称为由 $y=f(u)$ 和 $u=\varphi(x)$ 复合而成的复合函数．记为

$$y=f[\varphi(x)]$$

并称 x 为自变量，u 为中间变量.

由此定义，当函数 $\varphi(x)$ 的值域不包含于函数 $f(u)$ 的定义域时，只要两者有公共部分，可以限制函数 $\varphi(x)$ 的定义域，使其对应的值域包含于函数 $f(u)$ 的定义域，就可以构成复合函数了．例如，函数 $y=\arcsin u$ 及 $u=2+x^2$ 就不能组成一个复合函数，这是因为，函数 $u=2+x^2$ 的值域与 $y=\arcsin u$ 的定义域 $[-1,1]$ 的交集为空集．对于函数 $u=2+x^2$ 的定义域 $(-\infty,+\infty)$ 内的任何 x 值，形式上的复合函数 $y=\arcsin(2+x^2)$ 均无意义，不能构成复合函数.

例 2　设 $f(x)=\dfrac{1}{1-x}$，求 $f(x^2)$，$f[f(x)]$，$f\left[\dfrac{1}{f(x)}\right]$.

解　$f(x^2)=\dfrac{1}{1-x^2}$，$D=\{x \mid x\neq -1, 1, x\in\mathbf{R}\}$

$$f[f(x)]=f\left(\frac{1}{1-x}\right)=\frac{1}{1-\dfrac{1}{1-x}}=1-\frac{1}{x},\ D=\{x \mid x\neq 0, 1, x\in\mathbf{R}\}$$

$$f\left[\frac{1}{f(x)}\right]=f(1-x)=\frac{1}{1-(1-x)}=\frac{1}{x},\ D=\{x \mid x\neq 0, 1, x\in\mathbf{R}\}$$

在研究复合函数这个概念时，有时我们的重点并不是在“复合”，而在于“分解”，即如何将一个较复杂的函数分解成几个简单函数，这在微积分的运算中将广泛地使用.

例 3　将下列复合函数分解为简单函数.

(1) $y=\sin 2x$　　(2) $y=\sin^2 x$

(3) $y=\sqrt{\cot x}$　　(4) $y=\ln\cot\dfrac{x}{2}$

解　(1) $y=\sin 2x$ 由 $y=\sin u$，$u=2x$ 复合而成；

(2) $y=\sin^2 x$ 由 $y=u^2$，$u=\sin x$ 复合而成；

(3) $y=\sqrt{\cot x}$ 由 $y=\sqrt{u}$，$u=\cot x$ 复合而成；

(4) $y=\ln\cot\dfrac{x}{2}$ 由 $y=\ln u$，$u=\cot v$，$v=\dfrac{x}{2}$ 复合而成.

习题 1－4

1. 求下列函数的反函数.

(1) $y=3x-2$　　(2) $y=\sqrt[3]{x-1}$

(3) $y=\dfrac{1+x}{1-x}$　　(4) $y=1-e^x$

2. 将下列函数复合成一个函数.

(1) $y=\sin u$，$u=\cos v$，$v=3x$　　(2) $y=\cot u$，$u=\sin v$，$v=e^x$

(3) $y=\arctan u$，$u=\lg(x-1)$　　(4) $y=\sqrt{u}$，$u=\cos v$，$v=x^2$

3. 将下列复合函数分解成简单函数.

(1) $y=(2x+3)^4$　　(2) $y=\ln(1+x^2)$

(3) $y=\sin e^{\sqrt{x}}$ (4) $y=2^{\cos\frac{1}{x}}$

(5) $y=\ln\cos\sqrt{1+x^2}$ (6) $y=\sqrt{\ln(\tan x^2)}$

(7) $y=\arctan(1+3x)$ (8) $y=\ln(\arcsin e^x)$

4. 设 $f(x)$ 的定义域是 $[0, 1]$，求下列函数的定义域.

(1) $f(x^2)$ (2) $f(\sin x)$ (3) $f(\ln x)$

5. 已知 $f\left(\frac{1}{x}\right)=\frac{5}{x}+2x^2$，求 $f(x)$，$f(x^2+1)$.

项目五 初等函数

一、基本初等函数

基本初等函数是最常见、最基本的一类函数．基本初等函数包括：常数函数、幂函数、指数函数、对数函数、三角函数和反三角函数．这些函数在中学已经学过，下面列出这 6 种基本初等函数的简单性质与图形.

1. 常数函数 $y=C$(C 为常数)

常数函数的定义域为 $(-\infty, +\infty)$，这是最简单的一类函数，无论 x 取何值，y 都等于 C，如图 1－8 所示.

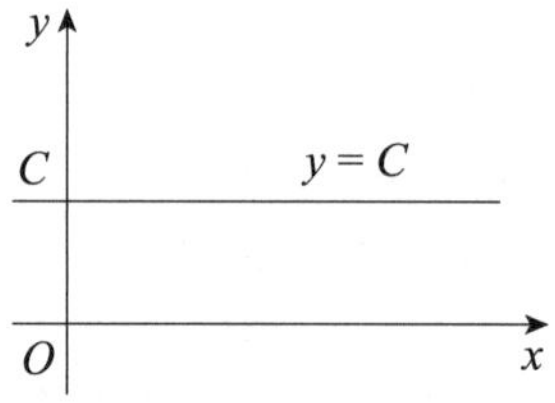

图 1－8

由图形可知，常数函数不增不减，是关于 y 轴对称的有界函数．

2. 幂函数 $y=x^\mu$ (μ 为常数)

幂函数的定义域随 μ 的不同而不同，但无论 μ 取何值，它在 $(0, +\infty)$ 内部都有定义，而且图形都经过 (1, 1) 点．图 1－9 列举了不同范围的 μ 值的幂函数.

当 μ 为正整数时，x^μ 的定义域为 $(-\infty, +\infty)$，且 μ 为偶（奇）数时，x^μ 为偶（奇）函数.

当 μ 为负整数时，x^μ 的定义域为 $(-\infty, 0)\cup(0, +\infty)$.

当 μ 为分数时，情况比较复杂，如 $x^{\frac{1}{3}}$ 的定义域为 $(-\infty, +\infty)$，$x^{-\frac{1}{3}}$ 的定义域为 $(-\infty, 0)\cup(0, +\infty)$，$x^{\frac{1}{2}}$ 的定义域为 $[0, +\infty)$.

当 μ 为无理数时，规定 x^μ 的定义域为 $(0, +\infty)$.

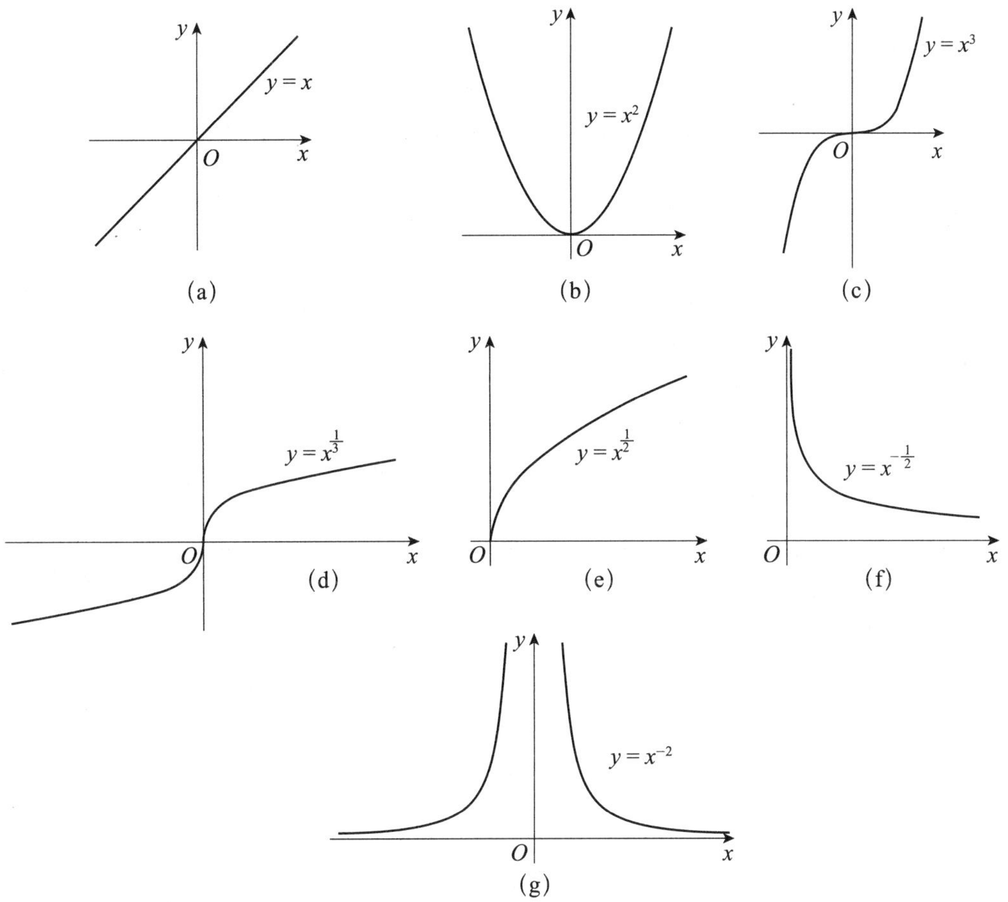

图 1－9

在现实世界里，经常会遇到一种特定现象，有一种数学模型是这种特定现象的理想化．它不是完完全全地精确描述，但通过它可以提供有价值的结果和结论，比如，某种产品的销售量随着广告宣传的投入增加而增加．通常简单近似表达它们相互之间的关系就是比例关系，也就是说，一个变量随另外一个变量常数倍地变化，即 $y=mx$，其中 m 为非零常数.

例 1　某公司牙膏销量与广告投入之间的数据关系见表 1－2.

表 1－2　牙膏销量与广告投入

销量（万只）	20	25	30	35	40	45	50	55	60	65	70	75	80
广告投入（万元）	22	28	33	39	44	50	55	61	66	72	77	83	88

通过公司采集的数据，可以知道销售量与广告的投入近似地成正比例关系，其比例系数 $m=\dfrac{\text{广告投入的差}}{\text{销售量的差}}=\dfrac{88-22}{80-20}=1.1$. 因此，牙膏销量与广告投入成一次幂的比例关系，即 $y=1.1x$. 通过这个关系我们可以预测随着广告投入的增加所产生相应的销售量.

3. 指数函数 $y=a^x(a>0,\ a\neq1,\ a$ 为常数)

指数函数的定义域为$(-\infty,\ +\infty)$，当 $a>1$ 时，函数严格单调增加；当 $0<a<1$ 时，函数严格单调减少，对于任何的 $a(a>0,\ a\neq1)$，函数 a^x 的值域都是 $(0,\ +\infty)$，函数的图形都过$(0,\ 1)$点，如图 1－10 所示．在高等数学中常用到以自然常数 e 为底的指数函数 e^x.

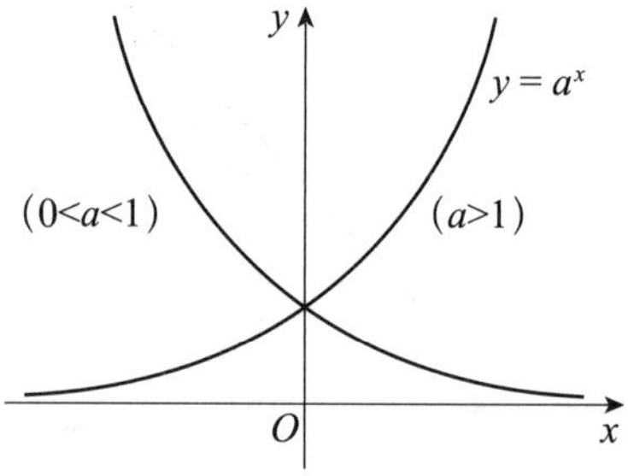

图 1－10

指数函数在科学和工程技术中有着广泛的应用，是一类非常重要的函数类型．早期它广泛地应用于世界人口的预测、疾病传播的预测、连续复利的计算以及考古学等诸多领域．下面我们通过例子引进指数函数的概念.

例 2 （人口增长模型）利用表 1－3 中的数据来预测 2035 年的世界人口．

表 1－3 世界人口数据

年份	人口数（亿）	当年人口与上年人口的比值
2016	74.24	
2017	75.08	$75.08/74.24\approx1.011\ 3$
2018	75.92	$75.92/75.08\approx1.011\ 1$
2019	76.74	$76.74/75.92\approx1.010\ 9$
2020	77.56	$77.56/76.74\approx1.010\ 6$
2021	78.51	$78.51/77.56\approx1.012\ 3$

解 根据表中第三列的数据，我们可以推算任意一年的世界人口约是前一年人口的 1.011 倍．假设在 2016 年后的任何一年，世界人口将是 $74.24\cdot1.011^t$ 亿．预测 2035 年的人口，则取 $t=19$，即 2016 年的第 19 年后的人口大约为

$$f(19)=74.24\cdot1.011^{19}\approx91.39\text{（亿）}$$

上述例题中出现表达式 ka^x $(a>0,\ a\neq1)$，该表达式是以 a 为底的指数函数．指数函数具有如下的性质：

若 $a>0$，$b>0$，对所有的实数 x，y，有

(1) $a^x\cdot a^y=a^{x+y}$

(2) $\dfrac{a^x}{a^y}=a^{x-y}$

(3) $(a^x)^y=(a^y)^x=a^{xy}$

(4) $a^x\cdot b^x=(ab)^x$

(5) $\dfrac{a^x}{b^x}=\left(\dfrac{a}{b}\right)^x$

特别地，$a^0=1$，$a^{-x}=\dfrac{1}{a^x}$.

4. 对数函数 $y=\log_a x$（$a>0$，$a\neq1$，a 为常数）

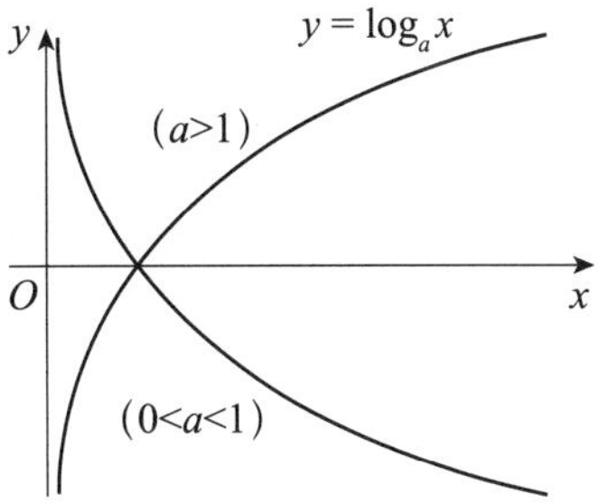

图 1-11

对数函数$\log_a x$ 是指数函数 a^x 的反函数，它的定义域为(0，$+\infty$)．当 $a>1$ 时，函数严格单调增加；当 $0<a<1$ 时，函数严格单调减少．对于任何的 a($a>0$，$a\neq1$)，函数 $y=\log_a x$ 的值域都是($-\infty$，$+\infty$)，函数的图形都过(1，0)点，如图 1-11 所示．以 10 为底的对数函数称为常用对数函数，记作 $\lg x$．以无理数 e 为底的对数函数称为自然对数函数，记作 $y=\ln x$.

互为反函数的 a^x 和$\log_a x$ 具有以下性质：

（1）底为 a：$a^{\log_a x}=x$，$\log_a a^x=x$，$a>0$，$a\neq1$，$x>0$

（2）底为 e：$e^{\ln x}=x$，$\ln e^x=x$，$x>0$

下面是对数函数的一些运算规则（a，b，x，y 都是正数）：

（1）$\log_a(xy)=\log_a x+\log_a y$

（2）$\log_a \dfrac{x}{y}=\log_a x-\log_a y$

（3）$\log_a x^r=r\log_a x$

（4）$\log_a x=\dfrac{\log_b x}{\log_b a}$

（5）$\log_a a=1$，$\log_a 1=0$

例 3　（地震强度）地震强度常用对数里氏尺度来报告．以下是它的公式：

$$R=\lg\left(\frac{a}{T}\right)+B$$

其中 a 是监测站以微米计的地面运动的垂直幅度，T 是地震波以秒计的周期，而 B 是由于随着离震中的距离增大时地震波减弱所允许的一个经验因子．对离监测站 10 000 公里处的地震而言 $B=6.8$．如果记录的地面运动的垂直幅度为 $a=10$ 微米，周期为 $T=1$ 秒，那么地震强度为

$$R=\lg\left(\frac{10}{1}\right)+6.8=1+6.8=7.8$$

这种强度的地震在其震中附近确实会造成极大的破坏.

5. 三角函数

三角函数是一种具有周期性的重要函数．自然界中的许多现象都具有周期性，如行星的运动、季节的变化等．几乎所有的具有周期性的函数都可以用正弦函数和余弦函数的代数和表示.

常用的三角函数有：正弦函数 $y=\sin x$；余弦函数 $y=\cos x$；正切函数 $y=\tan x$；余切函数 $y=\cot x$.

$y=\sin x$ 和 $y=\cos x$ 的定义域均为($-\infty$，$+\infty$)，它们都是以 2π 为周期的周期函数，都是有界函数，它们的图形分别如图 1-12 和图 1-13 所示.

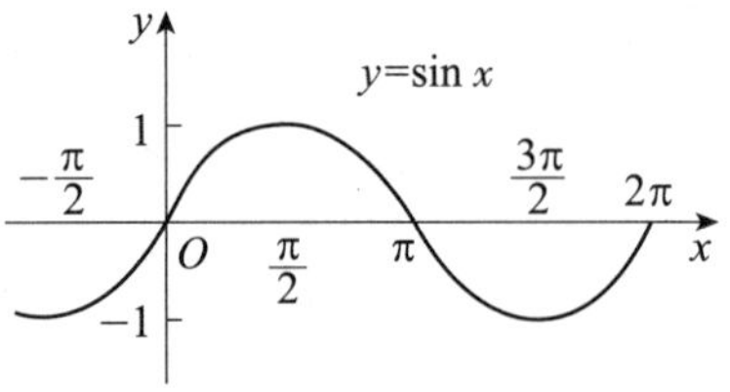

图 1-12

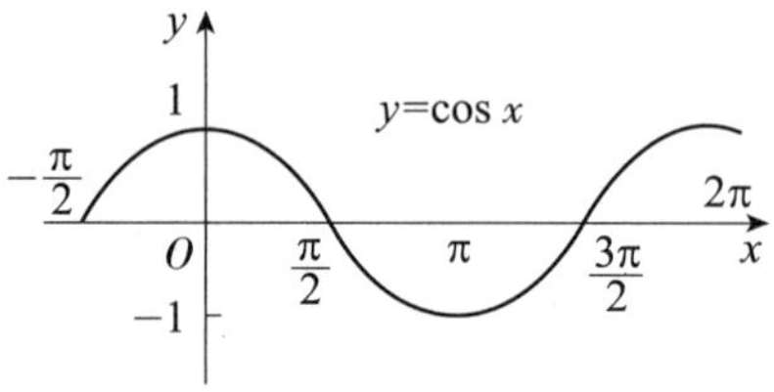

图 1-13

$y=\tan x$ 的定义域为除去 $x=n\pi+\frac{\pi}{2}(n=0, \pm 1, \pm 2, \cdots)$ 以外的全体实数，如图 1-14 所示．$y=\cot x$ 的定义域为除去 $x=n\pi(n=0, \pm 1, \pm 2, \cdots)$ 以外的全体实数，如图 1-15 所示.

$\tan x$ 与 $\cot x$ 是以 π 为周期的周期函数，并且在其定义域内它们是无界函数．$\sin x$、$\tan x$ 及 $\cot x$ 是奇函数，$\cos x$ 是偶函数.

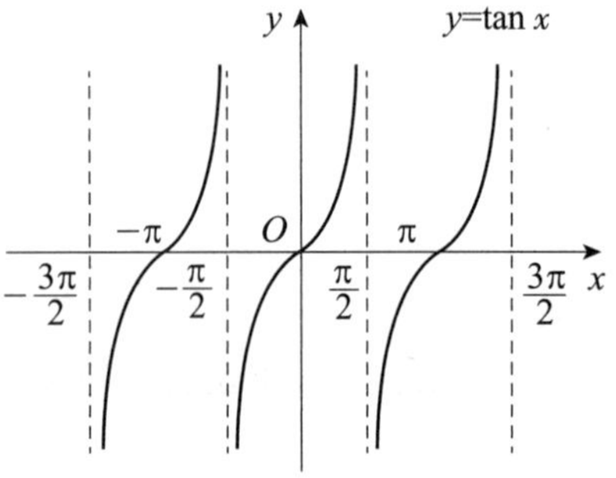

图 1-14

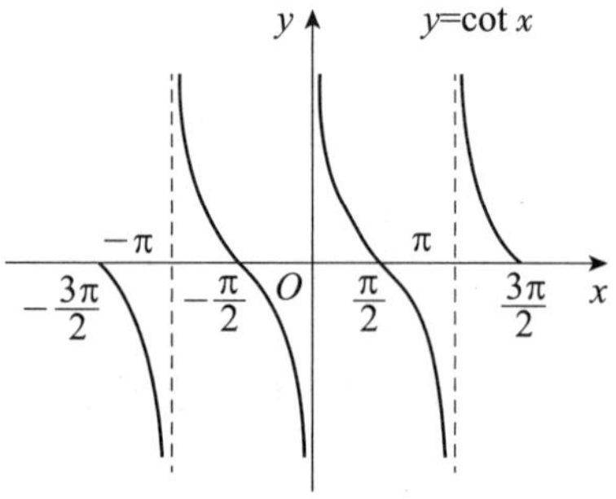

图 1-15

三角函数还包括正割函数 $y=\sec x$，余割函数 $y=\csc x$，其中，$\sec x=\frac{1}{\cos x}$，$\csc x=\frac{1}{\sin x}$，它们都是以 2π 为周期的周期函数，并且在其定义域内是无界函数.

例 4 （电流强度）在日常生活和生产实践中，应用最多的是正弦交流电，简称交流电．正弦交流电的电压和电流随时间按照正弦函数规律变化．由于交流电的大小和方向都是随时间不断变化的，也就是说，每一瞬间电压（电动势）和电流的数值都不相同. 正弦交流电流的三角函数表达式为：

$$I=I_m\sin(\omega t+\varphi)$$

其中 I_m 为振幅，决定正弦量的大小，ω 为角频率，决定正弦量的变化快慢，φ 为初相角，决定正弦量初始状态．如果 $I_m=10$ 安，$\omega=\frac{\pi}{2}$，$\varphi=0$，则在 $t=1$ 秒时的电流为 10 安.

6. 反三角函数

三角函数 $y=\sin x$，$y=\cos x$，$y=\tan x$，$y=\cot x$ 的反函数都是多值函数，按下列区间取其一个单值分支，称为主值分支，分别记作

$y=\arcsin x$，$y\in\left[-\frac{\pi}{2},\ \frac{\pi}{2}\right]$，定义域为$[-1,\ 1]$

$y=\arccos x$，$y\in[0,\ \pi]$，定义域为$[-1,\ 1]$

$y=\arctan x$，$y\in\left(-\frac{\pi}{2},\ \frac{\pi}{2}\right)$，定义域为$(-\infty,\ +\infty)$

$y=\text{arccot}\,x$，$y\in(0,\ \pi)$，定义域为$(-\infty,\ +\infty)$

上述函数分别称为反正弦函数、反余弦函数、反正切函数和反余切函数．反三角函数的图形分别如图 1－16 到图 1－19 所示.

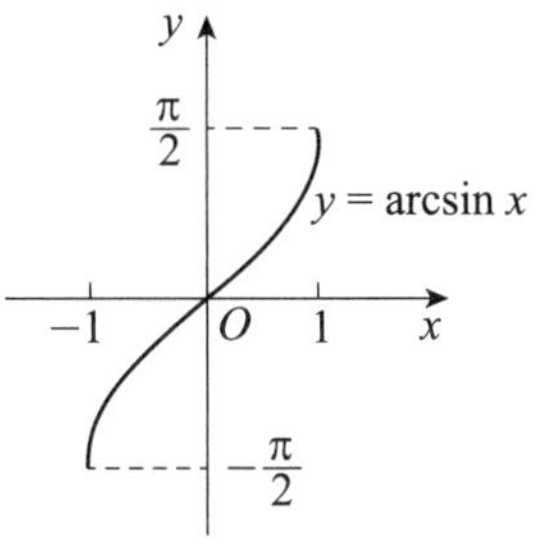

图 1－16

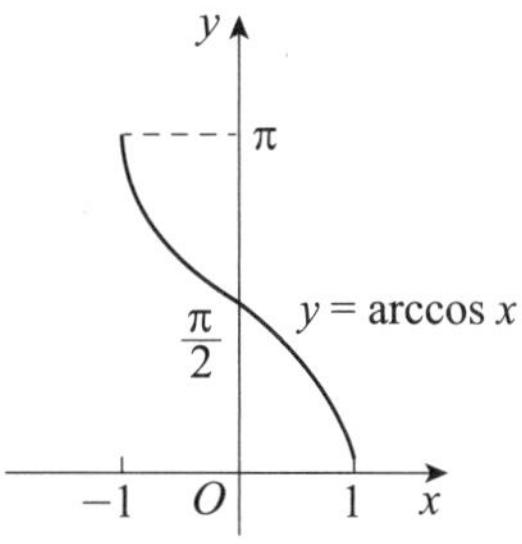

图 1－17

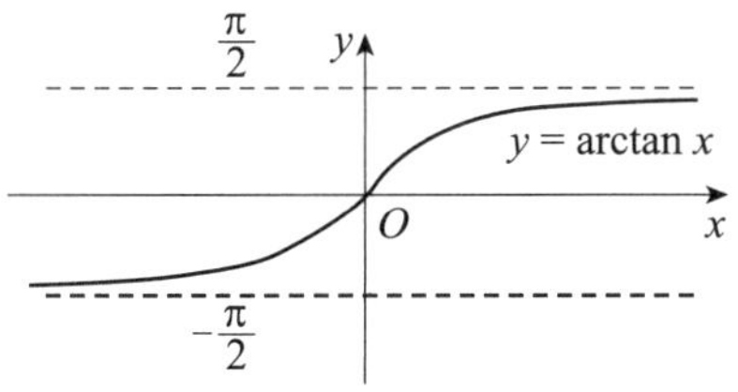

图 1－18

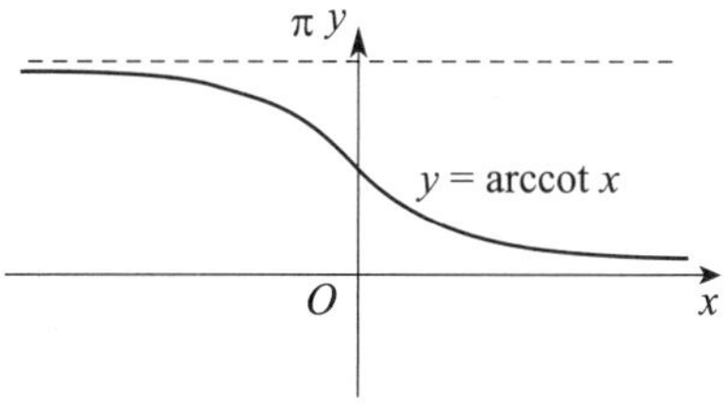

图 1－19

二、分段函数

在研究某些问题时，函数在它的定义域内，其对应关系并不总是能用一个解析式给出的．比如个人所得税是按个人的收入不同分为不同的档次交纳的，其相互关系不能用单一的数学表达式表示．再如汽车行驶过程中从启动、加速、匀速、减速到停止，整个过程其速度同样不能用一个解析式来表示．通常我们把不能用一个解析式表示的函数称为分段函数．分段函数虽然用几个式子表达，但它表示的是一个函数而不是几个函数.

例 5　设函数 $y=f(x)=\begin{cases}-x, & x<0\\ x^2, & 0\leqslant x\leqslant 1\\ 1, & x>1\end{cases}$，试：

(1) 作出函数的图形；

(2) 求函数的定义域；

(3) 计算 $f(-1)$，$f(1)$，$f(10)$.

解　(1) 函数 $y=f(x)$的表达式由三个不同的公式给出：当 $x<0$ 时，$y=-x$；当 $0\leqslant x\leqslant 1$ 时，$y=x^2$；当 $x>1$ 时，$y=1$. 所以该函数的图形如图 1－20 所示．

(2) 该函数只是一个函数，其定义域 $D=(-\infty, 0)\cup[0, 1]\cup(1, +\infty)=\mathbf{R}$，即该函数的定义域是整个实数集.

(3) $f(-1)=-(-1)=1$，$f(1)=1^2=1$，$f(10)=1$.

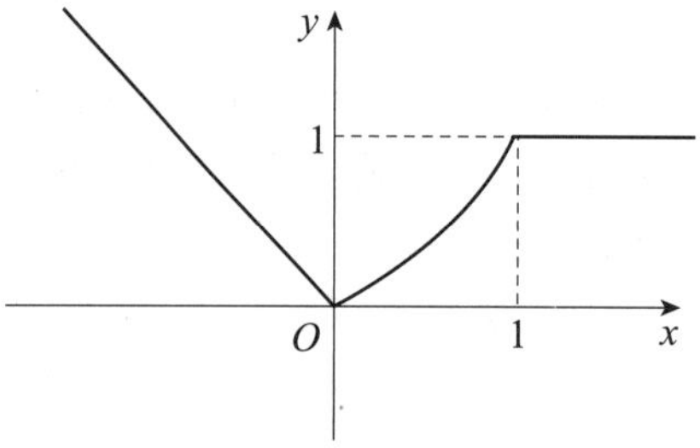

图 1-20

例 6 上海市居民（未分时用户）用电实行阶梯电价，即居民以户为单位，每年每户不超过 3 120 度电时，电费按 0.617 元/度收取；超过 3 120 度不超过 4 800 度时，超过部分按 0.667 元/度收取；超过 4 800 度时，超过部分按 0.917 元/度收取. 试求居民每年电费 y 和用电量 x 之间的关系.

解 显然 y 与 x 之间不能用一个解析式表示，而应该用三个，即

(1) 当 $0\leqslant x\leqslant 3\,120$ 时，$y=0.617x$；

(2) 当 $3\,120<x\leqslant 4\,800$ 时，$y=0.617\times 3\,120+(x-3\,120)\times 0.667=0.667x-156$；

(3) 当 $x>4\,800$ 时，
$$y=0.617\times 3\,120+1\,680\times 0.667+(x-4\,800)\times 0.917=0.917x-1\,356.$$

故我们可以利用分段的形式将以上式子表示为

$$y=\begin{cases}0.617x, & 0\leqslant x\leqslant 3\,120\\ 0.667x-156, & 3\,120<x\leqslant 4\,800\\ 0.917x-1\,356, & x>4\,800\end{cases}$$

三、初等函数

由基本初等函数经过有限次四则运算及有限次复合运算所构成，并能用一个解析式表示的函数称为初等函数.

例如，$y=x^2+\frac{e^x}{x}$，$y=\arcsin(1-x^2)$ 都是初等函数. 但需特别指出，分段函数一般不是初等函数.

微积分研究的主要对象是初等函数的性质.

习题 1-5

1. 判断下列函数是否为初等函数，并说明理由.

(1) $y=x+4$　　(2) $y=\frac{x^2-9}{x-3}$

(3) $y=\begin{cases}\dfrac{x^2-1}{x-1}, & x\neq 1\\ 1, & x=1\end{cases}$　　　(4) $y=\sin(4x^3+1)$

(5) $y=\mathrm{sgn}x$（符号函数）　　　(6) $y=[x]$（取整函数）

2. 基本初等函数 $f(x)=a^x$ 的图形过点 $\left(2, \dfrac{1}{16}\right)$，求 $f(0)$，$f(1)$，$f(-2)$.

3. 已知函数 $f(x)$ 满足 $f(x^2+1)=x^4+x^2-6$，求：

(1) $f(x)$ 及其定义域；

(2) $f(x)$ 在定义域内的最小值.

4. x 小时后在某细菌培养溶液中的细菌数为 $B=100e^{0.693x}$，问：

(1) 一开始的细菌数是多少？

(2) 6 小时后有多少细菌？

(3) 近似计算一下什么时候细菌数为 200？

项目六　函数关系中的数学模型

为了把数学知识应用于解决实际问题，我们首先应该把该问题量化，将信息语言转化为数学语言，找出问题中变量与变量之间内在的函数关系，建立起实际问题的数学模型，再利用所学的数学知识解决问题.

要把实际问题中变化因素之间的函数关系提炼出来，通常按以下三个步骤进行：

(1) 分析实际问题中哪些因素是常量，哪些因素是变量，分别用字母表示；

(2) 确定哪一个为自变量，哪一个为因变量，根据所给条件，运用数学、物理等知识规律确定等量关系；

(3) 具体写出解析式 $y=f(x)$，并指出函数的定义域.

例 1　欲建一个容积为 V 的长方体游泳池，它的底面为正方形. 如果池底所用材料单位面积的造价是池壁的 2 倍，试将总造价表示为底面边长的函数.

解　设底面边长为 x，总造价为 P，池壁单位面积的造价为 a，则游泳池的高为 $h=\dfrac{V}{x^2}$，底面单位面积的造价为 $2a$，侧面积为 $4hx=\dfrac{4V}{x}$，因此总造价的函数模型为

$$P=2a\cdot x^2+a\cdot\frac{4V}{x}=2ax^2+\frac{4aV}{x},\ x\in(0, +\infty).$$

一、指数函数模型

指数函数模型是一种常见的数学模型，其在实际生活中的应用范围极为广泛，涉及经济学、金融学、物理学、工程学、生态学、计算机科学以及人口统计学等多个领域. 指数函数模型分为指数增长模型和指数衰减模型.

指数增长模型的形式为 $y(t)=y(0)e^{kt}(k>0)$，其中 $y(0)$ 为 y 在 $t=0$ 时的初始值.

指数衰减模型的形式为 $y(t)=y(0)e^{-kt}(k>0)$，其中 $y(0)$ 为 y 在 $t=0$ 时的初始值.

1. 艾宾浩斯遗忘曲线模型

艾宾浩斯遗忘曲线是德国心理学家艾宾浩斯于 19 世纪末提出的一种描述信息遗忘速度的模型．根据艾宾浩斯的研究，刚学到的信息在很短的时间内就会被大量遗忘，但随着时间的推移，遗忘速度会逐渐减慢．遗忘曲线的形状呈指数衰减，可以用以下数学公式表示：

$$R=e^{-\frac{t}{S}}$$

其中，R 表示剩余的记忆率，t 表示自学习以来的时间，S 是记忆强度．这个公式表明，记忆率 R 与时间间隔 t 成反比，与记忆强度 S 成正比．也就是说，越早回忆，回忆率越高；越强烈记忆，回忆率越高.

2. 细菌繁殖模型

考虑在一个营养均匀的媒介（稳定的理想状态）里的细菌数量，细菌的繁殖数量 Q 与时间 t 的函数关系可以表达为 $Q(t)=ae^{kt}$，其中 a 为初始状态下的细菌数量，k 是一个常数.

例 2 某种细菌的繁殖过程成指数增长模型，每隔 20 分钟繁殖一次，开始有 1 000 个细菌，20 分钟后变成了 3 000，试求：

(1) 繁殖次数 x 与细菌数 y 的函数关系；

(2) 1 小时后有多少个细菌？

解 (1) 由题意，可设指数增长模型为：

$$y=1\ 000e^{kx}$$

当 $x=1$ 时，$y=3\ 000$

所以，$3\ 000=1\ 000e^{k\times 1}$，求得：

$$k=\ln 3$$

所以，$y=1\ 000e^{\ln 3\cdot x}=1\ 000\cdot 3^x$，$x\in \mathbf{N}_+$

(2) 每隔 20 分钟繁殖一次，1 小时后繁殖 3 次.

所以，共有 $y=1\ 000\cdot 3^3=27\ 000$，即 1 小时后有 27 000 个细菌.

3. 连续复利模型

一个储蓄账户的初始存款为 A_0，时间 t 以年计算，连续复利的年利率为 r，则账户余额由指数增长模型 $y(t)=A_0e^{rt}$ 确定.

例 3 如果以年复利 1.45%，在一储蓄账户存了 1 万元，试求要多少时间能使投资翻倍？

解 由题意，并代入连续复利模型 $y(t)=A_0e^{rt}$ 得

$$2=1\times e^{1.45\%\cdot t}$$

求得 $t\approx 48$，即至少需要 48 年投资才能翻倍.

除以上三个模型外，生活中的放射性物质的衰减、物体的冷却、消费物价指数、药物的吸收等大量问题也可以由指数函数模型描述.

二、经济函数模型

1. 需求函数

需求函数是指在某一特定时期内，市场上某种商品的各种可能的购买量和决定这些购买量的诸因素之间的数量关系.

假定其他因素（如消费者的货币收入、偏好和相关商品的价格等）不变，那么决定商品需求量的因素就是这种商品的价格．此时，需求函数表示的就是商品需求量 Q 和价格 P 这两个变量之间的数量关系：

$$Q=f(P)$$

其中，价格 P 取非负值．需求函数的反函数 $P=f^{-1}(Q)$ 称为价格函数，习惯上将价格函数也称为需求函数.

通常，商品价格的下降使得需求量增加，价格的上涨会促使需求量的减少，即：价格上升需求减少，价格下降需求增加．因此，需求函数是单调减少函数.

例如，函数 $Q_d=aP+b(a<0,\ b>0)$ 称为线性需求函数，如图 1－21 所示.

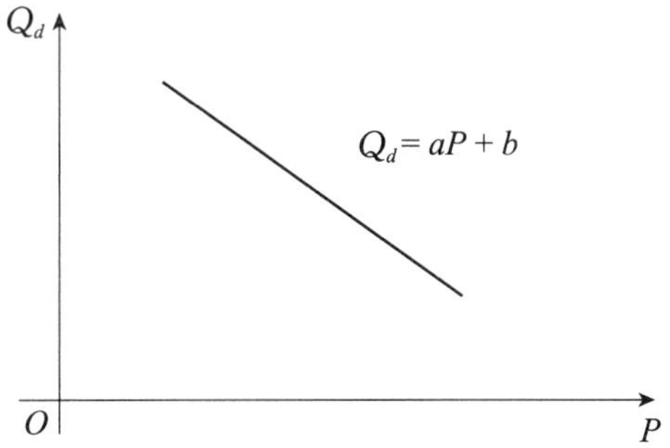

图 1－21

2. 供给函数

供给函数是指在某一特定时期内，市场上某种商品的各种可能的供给量和决定这些供给量的诸因素之间的关系.

假定生产技术水平、生产成本等其他因素不变，那么决定商品供给量的因素就是这种商品的价格．此时，供给函数表示的就是商品的供给量和价格这两个变量之间的数量关系：

$$S=f(P)$$

其中，S 表示供给量，P 表示价格．供给函数以列表方式给出时称为供给表，而供给函数的图形称为供给曲线.

通常，与需求函数的情况相反，商品供给量是随商品价格的上涨而增加的，因此供给函数 S 是商品价格 P 的单调增加函数．

例如，函数 $Q_s=cP+d(c>0, d<0)$ 称为线性供给函数，如图 1－22 所示.

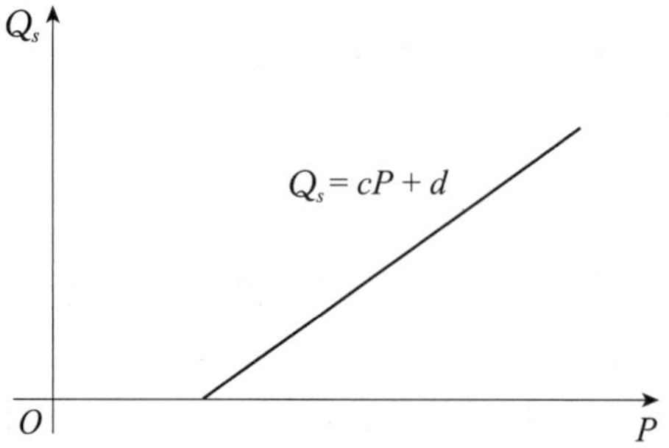

图 1－22

3. 市场均衡

对某一种商品而言，如果其需求量等于其供给量，则这种商品供求就达到了市场的一种均衡，以线性需求函数和线性供给函数为例，令 $Q_d=Q_s$，则有

$$aP+b=cP+d,\ P=\frac{d-b}{a-c}\equiv P_0$$

其中，价格 P_0 称为该商品的市场均衡价格，如图 1－23 所示.

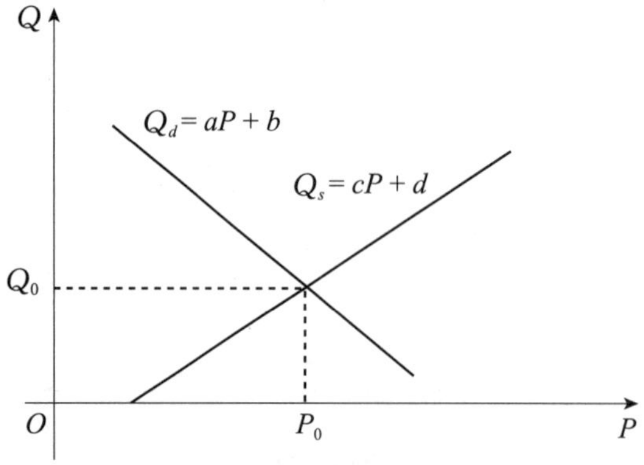

图 1－23

市场均衡价格就是需求函数和供给函数两条直线交点的横坐标．当市场价格高于均衡价格时，将出现供过于求的现象；而当市场价格低于均衡价格时，将出现供不应求的现象．当市场均衡时，有

$$Q_d=Q_s=Q_0$$

称 Q_0 为市场均衡数量.

由于市场情况的不同，需求函数与供给函数还可以是二次函数、多项式函数与指数函数等，但其基本规律是相同的，都存在相应的市场均衡点 (P_0, Q_0).

例 4 假设某种商品的需求函数和供给函数分别为

$$Q_d=25P-10,\ Q_s=200-5P$$

求该商品的市场均衡价格和市场均衡数量.

解　由均衡条件 $Q_d=Q_s$，得

$$25P_0-10=200-5P_0$$

$$30P_0=210$$

解得　$P_0=7$

从而　$Q_0=25P_0-10=165$

即市场均衡价格为 7，市场均衡数量为 165.

4. 成本函数

产品成本是以货币形式表现的企业生产和销售产品的全部费用支出，成本函数表示费用总额与产量（或销售量）之间的依赖关系．产品成本可分为固定成本和变动成本两部分，所谓固定成本，是指在一定时期内不随产量变化的那部分成本，如厂房、设备等；所谓变动成本，是指随产量变化而变化的那部分成本，例如原材料、能源等．一般地，以货币计值的（总）成本 C 是产量 x 的函数，即

$$C=C(x)=C_1+C_2(x)\ (x>0)$$

上式称为成本函数．当产量 $x=0$ 时，对应的成本函数值 $C(0)$ 就是产品的固定成本值，而

$$\bar{C}=\frac{C(x)}{x}\ (x>0)$$

上式称为单位成本函数或平均成本函数.

通常，我们把成本函数、单位成本函数和平均成本函数图形分别称为成本曲线、单位成本曲线和平均成本曲线.

例 5　某公司生产一种产品，每日最多生产 200 单位，其每日固定生产成本为 150 元，假设生产一个单位产品的可变成本为 16 元，求该公司的每日总成本函数及平均成本函数.

解　假设该公司每日生产该产品的产量为 x 单位，根据成本函数 $C=C_1+C_2(x)$，可得总成本为：

$$C(x)=150+16x,\ x\in[0,\ 200]$$

平均成本为：

$$\bar{C}=\frac{C(x)}{x}=16+\frac{150}{x},\ x\in[0,\ 200]$$

5. 收入函数与利润函数

销售某产品所得的收入 R 等于产品的单位价格 P 乘以销售量 x，即 $R=P\cdot x$，称其为收入函数．而销售利润 L 等于收入 R 减去成本 C，即 $L=R-C$，称其为利润函数.

当 $L=R-C>0$ 时，生产者盈利；

当 $L=R-C<0$ 时，生产者亏损；

当 $L=R-C=0$ 时，生产者盈亏平衡，使 $L(x)=0$ 的点 x_0 称为盈亏平衡点（又称为保本点）.

通常，利润并不总是随销售量的增加而增加的，因此，如何确定生产规模使获取的利润最大化，一直是生产者不断追求的目标.

例 6 某电器厂生产一种新产品，在定价时不单是根据生产成本而定，还要请各消费单位来出价，即他们愿意以什么价格来购买该产品. 根据调查得出需求函数为：

$$x=-900P+45\ 000$$

该厂生产该产品的固定成本是 270 000 元，而单位产品的变动成本为 10 元，为获得最大利润，该产品的出厂价格应为多少？

解 以 x 表示产量，C 表示成本，P 为价格，则有

$$C(x)=10x+270\ 000$$

而需求函数为 $x=-900P+45\ 000$

代入 $C(x)$ 中得

$$C(P)=-9\ 000P+720\ 000$$

则收入函数为

$$R(P)=P\cdot x=P\cdot(-900P+45\ 000)$$
$$=-900P^2+45\ 000P$$

利润函数为

$$L(P)=R(P)-C(P)=-900(P^2-60P+800)$$
$$=-900\ (P-30)^2+90\ 000$$

由于利润函数是一个二次函数，容易求得，当价格 $P=30$ 元时，利润 $L=90\ 000$ 元，为最大利润. 在此价格下，可得销售量为

$$x=-900\times30+45\ 000=18\ 000\ (\text{单位})$$

习题 1－6

1. 火车站对行李收费的规定如下：当行李不超过 50 千克时，按每千克 0.15 元收费；当超出 50 千克时，超重部分按每千克 0.25 元收费. 试建立行李收费 $f(x)$（元）与行李重量 x（千克）之间的函数关系.

2. （信息扩散）某制药公司投入巨资测试一种新药，该药通过审批后，完全被医生接受并把它用于临床治疗仍需要一段时间. 假设 t 个月后使用该药治疗的医生所占的百分比为 $P(t)=1-e^{-0.4t}$，试求 2 个月、12 个月后使用该药的医生所占的百分比是多少？并作出 $P(t)=1-e^{-0.4t}$ 的图形.

3. 按照银行规定，某种外币一年期存款的年利率为 4.2%，半年期存款的年利率为 4.0%，每笔存款到期后，银行自动将其转存为同样期限的存款. 设将总数为 A 单位的该种外币存入银行，两年后取出，问存何种期限的存款能有较多的收益？为多少？

4. 市场中某种商品的需求函数为 $Q_d=25-P$，而该种商品的供给函数为 $Q_s=\frac{20}{3}P-\frac{40}{3}$，试求该商品的市场均衡价格和市场均衡数量.

5. 某商品的成本函数是线性函数 $C(Q)=C_0+aQ$，并已知产量为零时成本为 100 元，产量为 100 时成本为 400 元. 试求：

（1）成本函数和固定成本.

（2）产量为 200 时的总成本和平均成本.

6. 设某商品的需求函数为 $Q=1\,000-5P$，其中 P 为销售单价，Q 为销售量．试求该商品的收入函数 $R(Q)$，并求销量为 200 件时的总收入.

7. 某厂生产电冰箱，每台售价为 1 200 元，生产 1 000 台以内可全部出售，超过 1 000 台时经广告宣传后，又可多售出 520 台，假定支付的广告费为 2 500 元．试将电冰箱的销售收入表示为销售量的函数.

8. 设某商品的成本函数和收入函数分别为 $C(Q)=7+2Q+Q^2$，$R(Q)=10Q$.

（1）求该商品的利润函数.

（2）求销量为 4 时的总利润及平均利润.

（3）销量为 10 时是盈利还是亏损？

项目七 数学实验（一）——MATLAB 绘图

一、MATLAB 数值绘图

二维图形的绘制是 MATLAB 图形处理的基础，也是大多数数值计算中广泛应用的图形方式之一．绘制二维图形最常用的函数就是 plot 函数，常用格式为：

（1）plot(x, y,′s′)，以 x 为横坐标，y 为纵坐标，s 为图形的属性（点、线的形状和颜色，可以省略）绘制曲线，其中图形的属性如表 1－4 所示.

（2）plot(x1, y1,′s1′, x2, y2,′s2′, …)，同一坐标系内绘制多条曲线 y1，y2，….

表 1－4

s 取值	颜色	s 取值	线型名	s 取值	线型名
y	黄色	—	实线	+	+
m	洋红	:	点线	.	点
c	青色	—.	点虚线	o	小圆
r	红色	——	虚线	x	叉
g	绿色	s	正方形	v	下三角形
b	蓝色	d	菱形	∧	上三角形
w	白色	p	五角星	<	左三角形
k	黑色	h	六角形	>	右三角形

例 1 画出函数 $y=\frac{\sin x}{x}$ 在 $[-3\pi, 3\pi]$ 上的图形.

解 在 MATLAB 的命令窗口中输入：

```
>>x=linspace(-3*pi,3*pi,100);     %在区间内产生 100 个离散点
>>y=sin(x)./x;                    %在每一个 x 处计算函数值
>>plot(x,y)                       %绘制出函数图像
```

运行结果如图 1-24 所示.

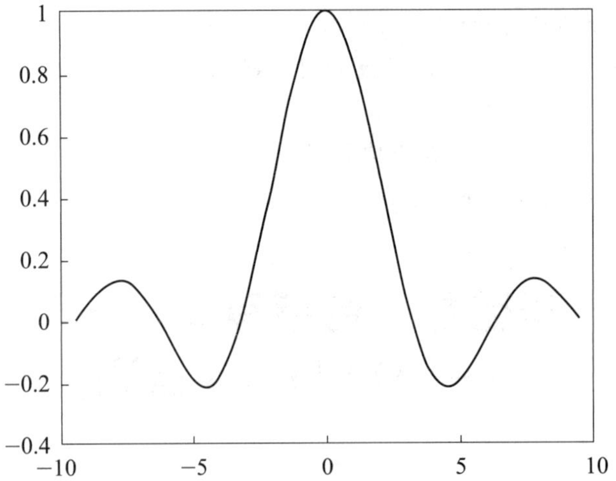

图 1-24

例 2 画出正弦曲线和余弦曲线，要求正弦曲线用蓝色虚线表示，余弦曲线用红色实线表示.

解

```
>>x=0:pi/10:2*pi;                 %在 0 到 2pi 内以 pi/10 为间距产生离散点
>>y1=sin(x);                      %在每个 x 处计算正弦值
>>y2=cos(x);                      %在每个 x 处计算余弦值
>>plot(x,y1,'b--',x,y2,'r')       %绘制出函数图像
```

运行结果如图 1-25 所示.

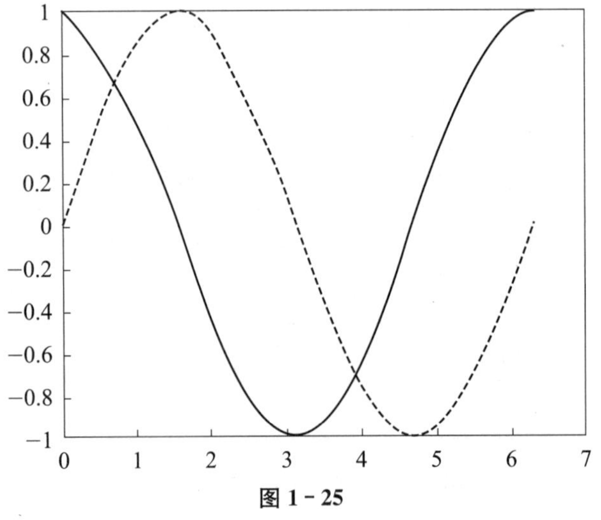

图 1-25

例 3　绘制分段函数 $f(x)=\begin{cases}-x, & x\leqslant 0\\ \sin x, & 0<x\leqslant 2\pi\\ e^{\sin x}-1, & x>2\pi\end{cases}$ 的图像.

解　在 MATLAB 中输入：

```
>>x=linspace(-2,3*pi,100);
>>y=-x.*(x<=0)+sin(x).*(x>0 & x<=2*pi)+(exp(sin(x))-1).*(x>2*pi);
>>plot(x,y)
```

运行结果如图 1－26 所示.

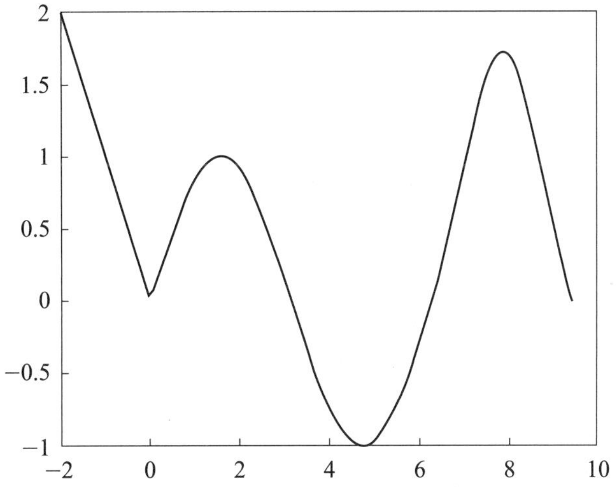

图 1－26

此外，MATLAB 也可以对图形添加各种注释和名称，命令如下：

```
xlabel('Input value')          % x坐标轴注解
ylabel('Function   value')     % y坐标轴注解
title('Function')              %图形标题
legend('Function')             %函数公式
grid on                        %显示网格线
```

plot 函数数值绘图的本质是描点作图：先选定一组自变量的值 $x=[x_1, x_2, \cdots, x_n]$，再根据所给函数 $y=f(x)$ 计算出相应的 $y=[y_1, y_2, \cdots, y_n]$，然后在平面上用折线依次连接各点作出函数曲线.

二、MATLAB 符号函数绘图

符号函数绘图和数值绘图不同，符号函数绘图只需要给出函数表达式和变量范围就可直接作图 . MATLAB 中常用符号函数是"ezplot（　）"，常用格式如下：

(1) ezplot('f(x)',[xmin,xmax])，表示在 xmin ＜x＜ xmax 绘制显函数 $y=f(x)$

的函数图像.

(2) ezplot('f(x,y)',[xmin,xmax,ymin,ymax]),表示在区间 xmin<x<xmax 和 ymin<y<ymax 绘制隐函数 $f(x,y)=0$ 的函数图像.

(3) ezplot('x(t)','y(t)',[tmin,tmax]),表示在区间 tmin<t<tmax 绘制参数方程 $x=x(t)$, $y=y(t)$的函数图像.

例 4 绘制函数 $y=e^{-0.5x}\sin 5x$ 在$[0, 4\pi]$上的图像.

解 在 MATLAB 中输入:

```
>>syms x
>>y=exp(-0.5*x)*sin(5*x);
>>ezplot(y,[0,4*pi])
```

运行结果如图 1-27 所示.

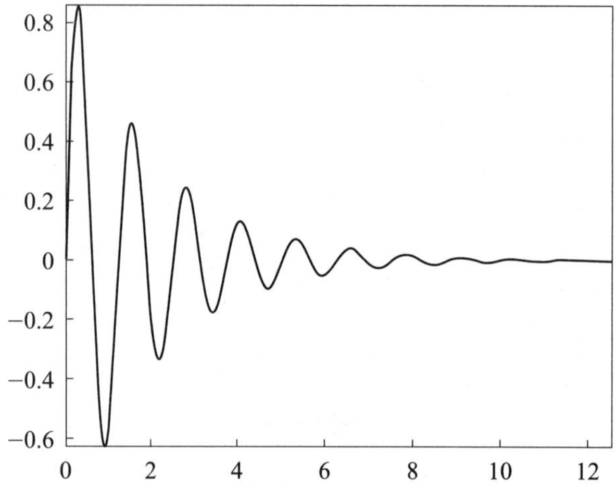

图 1-27

例 5 画出参数方程$\begin{cases}x=\cos^3 t\\ y=\sin^3 t\end{cases}$在$[0, 2\pi]$上的图像.

解 在 MATLAB 中输入:

```
>>syms t
>>x=(cos(t))^3;
>>y=(sin(t))^3;
>>ezplot(x,y,[0,2*pi])
```

运行结果如图 1-28 所示.

例 6 画出隐函数 $e^x+\sin(xy)=0$ 在 $x\in[-10, 0.5]$, $y\in[0, 10]$上的图像.

解 在 MATLAB 中输入:

```
>>ezplot('exp(x)+sin(x*y)',[-10,0.5,0,10])
```

运行结果如图 1-29 所示.

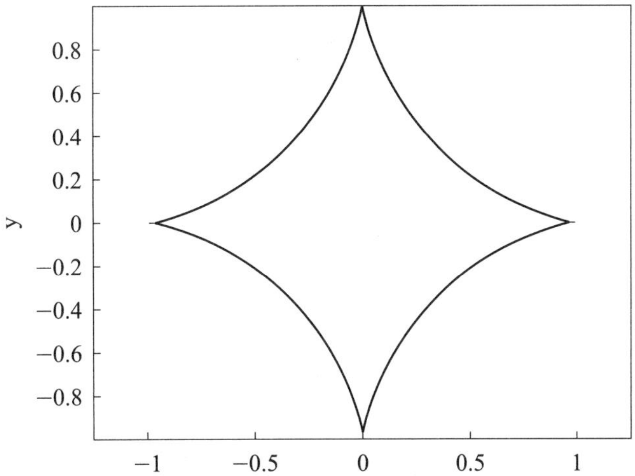

图 1－28

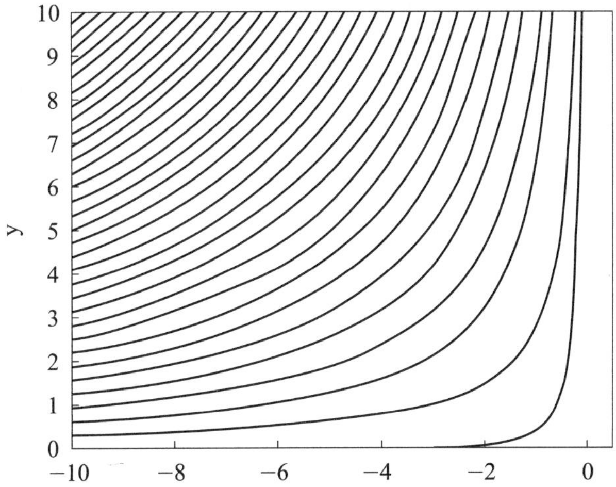

图 1－29

习题 1－7

1. 绘制函数 $f(x)=x\sin\dfrac{1}{x}$ 在区间$[-1,1]$上的图像.

2. 绘制函数 $y=\dfrac{2}{3}e^{-\frac{t}{2}}\cos\dfrac{\sqrt{3}}{2}t$ 的图像.

3. 绘制分段函数 $f(x)=\begin{cases}x+2, & |x|\geqslant 1\\ x^3+2, & |x|<1\end{cases}$ 的图像，并计算 $f(-2)$，$f(1)$，$f(2)$.

4. 绘制隐函数 $x^2\sin(x+y^2)+y^2e^{x+y}+5\cos(x^2+y)=0$ 的图像.

5. 绘制参数方程 $\begin{cases}x=\sin t\\ y=\sin 2t\end{cases}$ 在 $t\in[0,30]$的图像.

拓展与思考（一）

一、作为当代科技领域的热点话题，在人工智能（AI）领域当前涌现出大量的生成式人工智能大模型，例如：ChatGPT、百度文心一言、阿里云通义千问、讯飞星火 4.0 等．“AI+”在帮助我们提高学习效率、理解问题内涵等方面有着重要作用．以 AI 技术为工具，请完成以下问题：

问题 1：使用生成式人工智能大模型对本书模块一的课程内容进行概括总结；

问题 2：结合自身知识和其他线上和线下资料，用批判性思维对问题 1 中所生成的总结做出进一步的思考和修正，给出更可靠、更完整的本书模块一的课程内容总结．

二、函数是高等数学的研究对象，在数学问题中我们往往面对的是已知具体解析式的函数，而现实生活中面对大量的实际问题，我们很难找到其中变量之间的解析式表达．这样一些常见问题可以用黑箱模型和大数据模型来解决．

黑箱模型通常用于描述那些内部机制复杂或不为人知的系统．在数学和工程学中，黑箱模型指的是一个系统，我们只知道输入和输出，而不知道系统内部的具体运作过程．**大数据模型**就是利用庞大的数据集来发现数据之间的关系、趋势和模式．在大数据领域，我们通常不追求找到一个精确的数学公式来描述变量之间的关系，而是使用数据挖掘和机器学习算法从数据中提取有价值的信息．

在这两种情况下，我们面对的问题不再是传统的“找到函数的解析式”，而是“如何从数据中学习规律”或“如何设计算法来模拟黑箱系统的行为”．这些问题的解决往往需要跨学科的知识，这些知识包括数学、统计学、计算机科学和具体应用领域的知识．

问题 3：利用生成式人工智能大模型进行探究，请思考在实际生活中，黑箱问题存在于哪些领域？请举例说明．

问题 4：解决黑箱问题有哪些方法？请使用合适的方法对问题 3 中你所举的某些黑箱问题例子展开进一步研究和探索．

问题 5：在利用大数据模型解决问题时，在进行大数据分析之前，往往要进行数据的预处理．思考并探究为什么需要进行数据预处理？数据预处理包括哪些步骤？这些步骤如何帮助提高数据分析的准确性和效率？

问题 6：利用生成式人工智能大模型，了解在大数据模型解决问题时常用的数据挖掘和机器学习算法，并举例说明在面对一个具体的大数据分析问题时，如何选择合适的算法．

模块二
极限与连续

扫一扫

- 模块二 极限与连续
  - 项目一 数列的极限
    - 数列的概念
    - 数列的极限
    - 收敛数列的性质
  - 项目二 函数的极限
    - 自变量趋向于无穷大时函数的极限
    - 自变量趋向于有限值时函数的极限
  - 项目三 无穷小量与无穷大量
    - 无穷小量
    - 无穷小量的比较
    - 无穷大量
    - 无穷小量与无穷大量的关系
  - 项目四 极限的运算法则
  - 项目五 极限存在准测与两个重要极限
    - 极限的存在准则
    - 两个重要极限
    - 用等价无穷小量计算极限
  - 项目六 函数的连续性与间断点
    - 函数的连续性
    - 函数的间断点
    - 初等函数的连续性
    - 闭区间上连续函数的性质
  - 项目七 数学实验（二）——极限计算
    - 求函数在某一点处的极限
    - 求函数当自变量趋向于无穷大时的极限

极限是微积分中的一个重要概念，是研究函数的主要工具．从极限思想的萌发到极限理论的建立，经过了漫长的岁月．本模块所学习的极限理论将为我们后续内容中的微分和积分奠定坚实的逻辑基础.

微积分不是凭空产生的，作为微积分的基础极限论在古代的许多著作中不止一次地出现过．庄子的“天下篇”中有一段记载：“……至大无外，谓之大一；至小无内，谓之小一……飞鸟之影，未尝动也，镞矢之疾，而有不行不止之时．”“大一”相当于我们的无穷大．“小一”相当于无穷小．“外”是外界或边界．“至大无外，谓之大一”可释作：至大是无边界的，这叫作无穷大．“至小无内，谓之小一”可释作：至小是没有内部的，这叫作无穷小.

“飞鸟之影，未尝动也”和希腊爱利亚学派的齐诺（Zeno）的“飞箭静止说”如出一辙．“镞矢之疾，而有不行不止之时”的立论更为精辟．可解释为：如果一个物体在一瞬间占有两个不同的位置，这个物体一定在运动着．如果在一段时间内占有同一位置，这个物体就是静止的．若现在把时间分得很细，使每一瞬间飞箭只占一个位置（如果占有两个位置，可将时间再分为两半），此时既不能说它是静止的，也不能说是运动着.

《庄子・天下》中有一名句，“一尺之棰，日取其半，万世不竭．”其意是：一尺长的木棒第一天取除一半，第二天取除剩下来的一半，以后每天都取除剩下的一半，这样永远也取不尽．这一著名的论断，在现代讲述极限思想时常被引用．此外，刘徽的割圆术，齐诺的悖论，攸多克萨斯的“穷竭法”，祖暅的开立圆术，都与极限有着密切联系.他们有意无意地引用了一些极限方法，并隐约地体会到了这种方法的重要性.

直到 17 世纪微积分产生的初期，数学家还是觉得极限观念玄妙不可捉摸．与此相关的无穷大、无穷小也是如此，一遇到无限往往束手无策．从常量到变量，从有限到无限，正是从初等数学过渡到微积分的关键.

历史上任何一项重大理论的完成，都是经过若干年辛勤努力的结果，不可能一开始就完美无瑕．17 世纪微积分的产生也带着逻辑上的重大困难，以致遭受多方面的非议.

微积分的基础是极限论，而牛顿、莱布尼兹的极限观念是十分模糊的．牛顿的“刹那”或无穷小量，有时是零，有时不是零而是有限的小量．莱布尼兹的 dx、dy 也是不能自圆其说的．究竟极限是什么？无穷小量是什么？这些问题在今天任何一个学过微积分的人看来是容易回答的，但在 19 世纪以前却是数学上带有根本性质的难题.

本模块将介绍极限的概念、性质及运算法则，并在此基础上研究函数的一个基本属性：函数的连续性及其间断点.

项目一　数列的极限

一、数列的概念

引例 1　规格为 70 g 书写纸的厚度在 0.1 mm 左右，现在如果将其不断对折，每对折一次后的厚度如何变化？试一试你能对折多少次.

引例 2　《庄子·天下》中有一名句，“一尺之棰，日取其半，万世不竭”．这里所说的棰即木棒，那么从第一天开始往后木棒的长度是如何变化的呢？

定义 2.1.1　按一定顺序排列的一列数：x_1，x_2，…，x_n，…称为数列，记为 $\{x_n\}$．数列中的每一个数称为数列的项，第 n 项 x_n 称为通项或一般项．

引例 1 中的对折后纸张的厚度随着对折次数 n 的变化可以用数列 $\{0.1\times2^n\}$ 来表示；引例 2 中木棒的长度随着天数 n 的变化可以用数列 $\left\{\frac{1}{2^n}\right\}$ 来表示．

数列 $\{x_n\}$ 也可以理解为定义域为正整数集的函数，从而可以表示为 $x_n=f(n)$，$n\in\mathbf{N}^*$．因此，数列又可以称为整变量函数．

由于数列是一种特殊的函数，所以我们下面讨论其单调性和有界性．

对于数列 $\{x_n\}$，若有

$$x_1\leqslant x_2\leqslant\cdots\leqslant x_n\leqslant x_{n+1}\leqslant\cdots\quad\text{成立，}$$

则称数列 $\{x_n\}$ 是单调增加的．若有

$$x_1\geqslant x_2\geqslant\cdots\geqslant x_n\geqslant x_{n+1}\geqslant\cdots\quad\text{成立，}$$

则称数列 $\{x_n\}$ 是单调减少的．

单调增加或单调减少的数列统称为单调数列．

引例 1 中的数列 $\{0.1\times2^n\}$ 是单调增加的，引例 2 中的数列 $\left\{\frac{1}{2^n}\right\}$ 是单调减少的．在数轴上，单调增加数列 x_1，x_2，…，x_n，…是自左向右依次排的点列，而单调减少数列是自右向左依次排列的点列．

对于数列 $\{x_n\}$，若存在正数 M，使得对于一切的 n 都有 $|x_n|\leqslant M$ 成立，则称数列 $\{x_n\}$ 是有界的，否则称 $\{x_n\}$ 是无界的．

上述数列 $\left\{\frac{1}{2^n}\right\}$ 是有界的，而 $\{0.1\times2^n\}$ 是无界的．在数轴上，由于 $|x_n|\leqslant M$，也就是 $-M\leqslant x_n\leqslant M$，所以有界数列的点列全部落在某一区间 $[-M, M]$ 之间；无界数列的点列，无论区间 $[-M, M]$ 多么长，总有落在该区间之外的点．

二、数列的极限

例 1　观察下列数列的图像，说明当 $n\to\infty$ 时，数列 $\{x_n\}$ 的变化趋势．

(1) $\left\{\frac{1}{2^n}\right\}$

(2) $\{0.1\times2^n\}$

(3) $\{(-1)^{n+1}\}$

解　(1) 当 $n\to\infty$ 时，$\frac{1}{2^n}$ 越来越小，且无限趋于 0，故数列 $\left\{\frac{1}{2^n}\right\}$ 无限趋近于唯一常数 0，如图 2-1 所示．

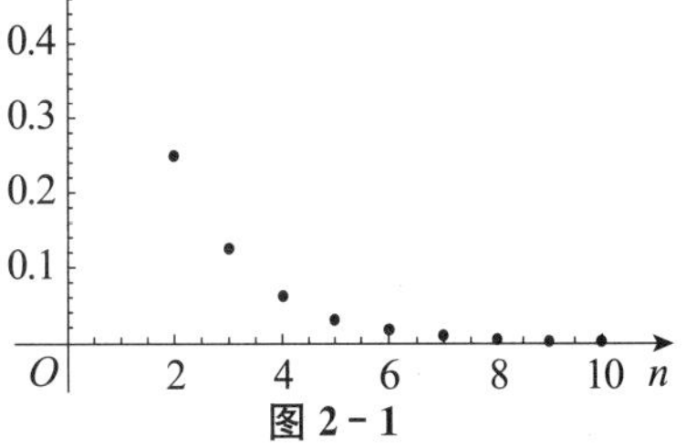

图 2-1

(2) 当 $n\to\infty$ 时，0.1×2^n 越来越大，趋于无穷大，故数列 $\{0.1\times2^n\}$ 不趋近于一个固定常数，如图 2-2 所示．

(3) 当$n\to\infty$时，$(-1)^{n+1}$在-1和1之间摆动，故数列$\{(-1)^{n+1}\}$不趋近于一个固定常数，如图2-3所示.

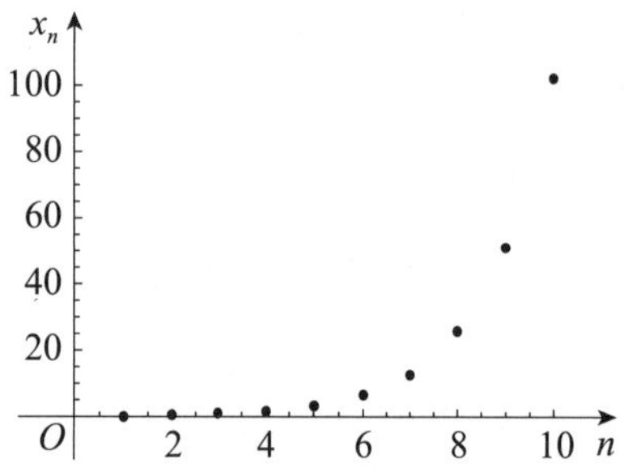

图 2-2

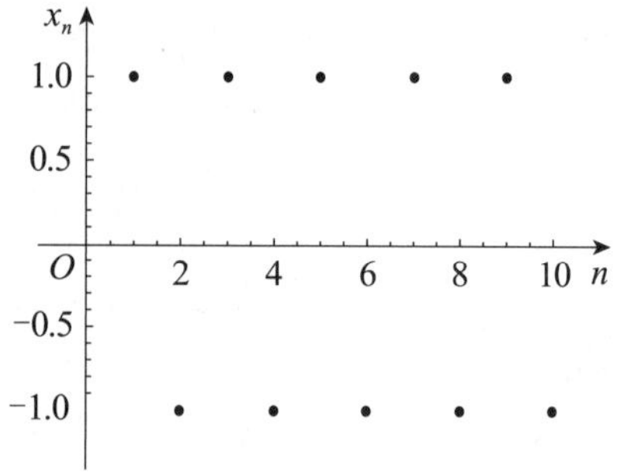

图 2-3

从上述各个数列可以看到，随着n的逐渐增大，它们有其各自的变化趋势：数列$\left\{\frac{1}{2^n}\right\}$无限接近于一个唯一确定的常数0，但数列$\{0.1\times2^n\}$和$\{(-1)^{n+1}\}$则不能．下面给出**数列极限的描述性定义**：

定义 2.1.2 若数列$\{x_n\}$的项数n无限增大时，它的一般项$\{x_n\}$无限接近于某个确定的常数a，则称a是数列$\{x_n\}$的极限，或称数列$\{x_n\}$收敛于a，记为

$$\lim_{n\to\infty}x_n=a \text{ 或 } x_n\to a\ (n\to\infty)$$

若这样的常数a不存在，就称数列没有极限或称数列发散．当n无限增大时，如果$|x_n|$无限增大，则该数列极限不存在．此时，为方便起见，记为$\lim\limits_{n\to\infty}x_n=\infty$.

但是，上述数列极限是直观上的观察结果，它没有反映$\{x_n\}$接近a的程度与n之间的关系，不能满足数学理论上的推导的需要，为此，对数列极限需要给以严格的、精确的定义．即从直观上看，当n逐渐变大时，有些数列$\{x_n\}$的变化是有规律的．当n增大时，有的数列中x_n与某个确定数值a无限地接近，有的数列中的x_n的绝对值无限增大，有的数列中的x_n在奇数位与偶数位上出现不同的数值等等．极限就是研究数列的这种变化趋势的.

早在我国魏晋时期，著名数学家刘徽的"割圆术"就体现了极限的思想．他提出了用圆的内接正多边形来推证圆面积计算公式的方法.

下面我们利用正多边形的面积研究圆的面积，作圆的内接正多边形（见图2-4).

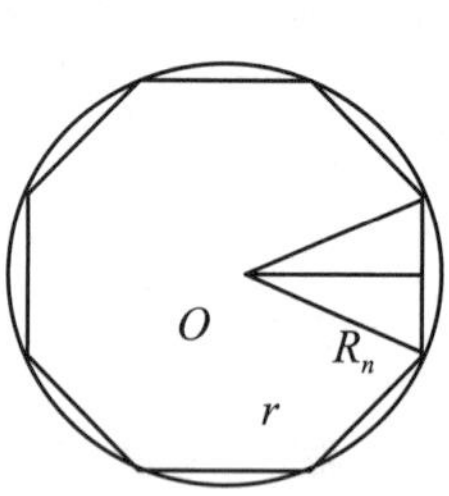

图 2-4

随着边数的增长，多边形周长越来越接近圆周长，以至于可达到"割之弥细，所失弥少；割之又割，以至少不可割，则与圆周合体而无所失矣"．即当正n边形边的数目n越来越大时，内接正n边形的周长l_n越来越接近圆的周长，内接正n边形的边心距也越来越接近于圆的半径，因此，正n边形的面积S_n无限接近于圆面积的计算公式.

在这个问题中，我们无法直接计算圆的面积，而是计算圆的面积的一系列近似值

(即内接正 n 边形的面积 S_3，S_4，…，S_n，…)，通过考察这一列近似值的变化趋势得到圆的面积.

我们以 $\{x_n\}=\{\frac{n+(-1)^n}{n}\}$ 为例来讨论数列极限的含义. 从几何上看，数列 $\{x_n\}$ 可以看成是数轴上一个有次序的、无穷多个点 $x_n(n=1, 2, \cdots)$ 的集合，点 x_n 和 a 的接近程度可以用 $|x_n-a|$ 来度量. 所谓 $\{x_n\}=\{\frac{n+(-1)^n}{n}\}$ 无限地趋向于 1，就是 $|x_n-1|$ 越来越小，且可以任意地小，也就是对于任意给定的正数 ε，$|x_n-1|$ 都可以小于 ε.

如果给定一个 $\varepsilon=0.01$，要使 $|x_n-1|=\frac{1}{n}<0.01$，只要 $n>100$，即从第 101 项开始：x_{101}，x_{102}，…，有 $|x_n-1|<0.01$.

如果给定一个 $\varepsilon=0.001$，要使 $|x_n-1|=\frac{1}{n}<0.001$，只要 $n>1\,000$，即从第 1 001 项开始：$x_{1\,001}$，$x_{1\,002}$，…，有 $|x_n-1|<0.001$.

一般地，如果任意给定一个正数 ε，由不等式 $\frac{1}{n}<\varepsilon$，可解得 $n>\frac{1}{\varepsilon}$，于是可取正整数 $N=[\frac{1}{\varepsilon}]$，则当 $n>N$ 时，即从第 $N+1$ 项开始：x_{N+1}，x_{N+2}，…，x_n，…，满足 $|x_n-1|<\varepsilon$. 下面给出**数列极限的精确定义**：

定义 2.1.3　设数列 $\{x_n\}$ 及常数 a，如果对于任意给定的正数 ε，总存在一个正整数 N，当 $n>N$ 时，不等式 $|x_n-a|<\varepsilon$ 恒成立，则称常数 a 为数列 $\{x_n\}$ 的极限，或称数列 $\{x_n\}$ 收敛于 a.

例 2　(湖泊污染问题) 假设某湖泊的自净能力是每周可排出污染物残留量的 $\frac{1}{5}$，试问在不考虑新的污染情况下，该湖泊自身多久能处理干净污染物?

解　假设原始的污染总量为 a，则累计清除污染量随着周数 n 的变化，是一个以 $\frac{a}{5}$ 为首项，$\frac{4}{5}$ 为公比的等比数列的前 n 项和：

$$S_n=\frac{a}{5}+\frac{a}{5}\cdot\frac{4}{5}+\cdots+\frac{a}{5}\left(\frac{4}{5}\right)^{n-1}=\frac{\frac{a}{5}\left[1-\left(\frac{4}{5}\right)^n\right]}{1-\frac{4}{5}}$$

$$\lim_{n\to\infty}S_n=\lim_{n\to\infty}\frac{\frac{a}{5}\left[1-\left(\frac{4}{5}\right)^n\right]}{1-\frac{4}{5}}=a$$

这说明要彻底将污染湖泊治理干净，需要很长很长 ($n\to\infty$) 的时间，代价太大. 保护环境刻不容缓.

三、收敛数列的性质

定理 2.1.1 （唯一性）若数列$\{x_n\}$收敛，则其一般项的极限唯一.

利用这个定理，可以判断某些数列没有极限．例如，数列$\{(-1)^{n+1}\}$，一般项$x_n=(-1)^{n+1}$，当n为奇数时其值等于1；当n为偶数时其值等于-1，由收敛数列极限的唯一性可以判定该数列一定发散.

定理 2.1.2 （有界性）若数列$\{x_n\}$收敛，则数列$\{x_n\}$一定有界.

由定理 2.1.2 可知，无界数列一定发散．例如，数列$\{2n\}$是发散的，因为它是无界数列；但要注意，数列有界是数列收敛的必要条件，而不是充分条件．例如，数列$\{(-1)^{n+1}\}$是有界的，却是发散的.

习题 2－1

1. 观察下列数列的变化趋势，若有极限，请写出其极限.

(1) $x_n=\dfrac{n}{n+2}$　　(2) $x_n=(-1)^n n$

(3) $x_n=\dfrac{1}{n}\sin\dfrac{\pi}{n}$　　(4) $x_n=\dfrac{1}{n}+(-1)^n$

(5) $x_n=\left(-\dfrac{1}{2}\right)^n$　　(6) $x_n=(-1)^n\dfrac{n}{n+2}$

(7) $x_n=\cos n$　　(8) $x_n=\dfrac{3}{4}+\dfrac{3^n}{4^n}$

2. 若$\lim\limits_{n\to\infty}a_n\cdot b_n=C$且$\lim\limits_{n\to\infty}a_n=A$，其中$C$，$A$为有限值，试问$\{b_n\}$一定有界吗？若不是，请举例说明.

项目二　函数的极限

当函数$y=f(x)$中的自变量x总是在某个实数集合中变化，自变量x处于某一变化过程中时，函数值$y=f(x)$也随之发生变化．函数极限就是研究自变量在各种变化过程中函数值的变化趋势.

项目一讨论了数列的极限．由于数列作为定义在正整数集上的函数，它的自变量在数轴上不是连续变动，因此，数列往往反映一种“离散性”的无限变化过程．本项目要讨论的是自变量x连续变化过程中，函数的极限.

引例　电阻对电流的影响.

由欧姆定律可知，$U=RI$（U为电压，R为电阻，I为电流），当电压U一定时，电流I与电阻R成反比，$I=\dfrac{U}{R}$．即随着电阻的增大电流会越来越小，如图 2－5 所示，用极限符号可表示为 $\lim\limits_{R\to+\infty} I(R)=0$.

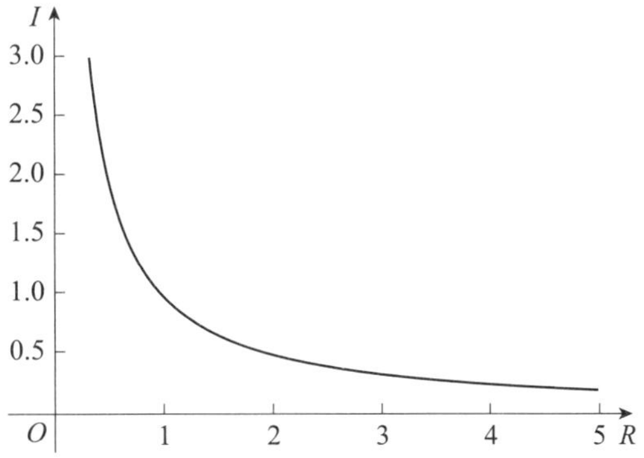

图 2-5

一、自变量趋向于无穷大时函数的极限

所谓自变量趋向于无穷大有下面三种情形：

（1）x 取正值且无限增大，记为 $x\to+\infty$；

（2）x 取负值而 $|x|$ 无限增大，记为 $x\to-\infty$；

（3）x 既可取正值，也可取负值，而 $|x|$ 无限增大，记为 $x\to\infty$.

下面先给出函数极限的描述性定义：

定义 2.2.1　若当 x 的绝对值无限增大时，函数 $f(x)$ 无限接近于一个确定常数 A，则称 A 是当 $x\to\infty$ 时函数 $f(x)$ 的极限，记为

$$\lim_{x\to\infty} f(x)=A \text{ 或 } f(x)\to A(x\to\infty)$$

上述这个定义是不精确的，对一个医生而言两个细胞接近意味着仅相差万分之几厘米，而对于研究银河系的天文学家来说接近可能意味着在几千光年以内.

仿照数列极限的精确定义，我们下面给出 $x\to\infty$ 时，**函数极限的精确定义：**

定义 2.2.2　设函数 $f(x)$ 在 $|x|>M$ 上有定义，若对于任意给定的正数 ε（无论 ε 多么小），总存在正整数 $X(X\geqslant M)$，使得适合不等式 $|x|>X$ 的所有 x，对应的函数值 $f(x)$ 都满足

$$|f(x)-A|<\varepsilon$$

则常数 A 就称为 $f(x)$ 当 $x\to\infty$ 时的极限.

上述定义的几何意义是：对于无论多么小的正数 ε，总能找到正数 X，当 $x>X$ 或 $x<-X$ 时，曲线 $y=f(x)$ 介于两条水平直线 $y=A+\varepsilon$ 和 $y=A-\varepsilon$ 之间．如图 2-6.

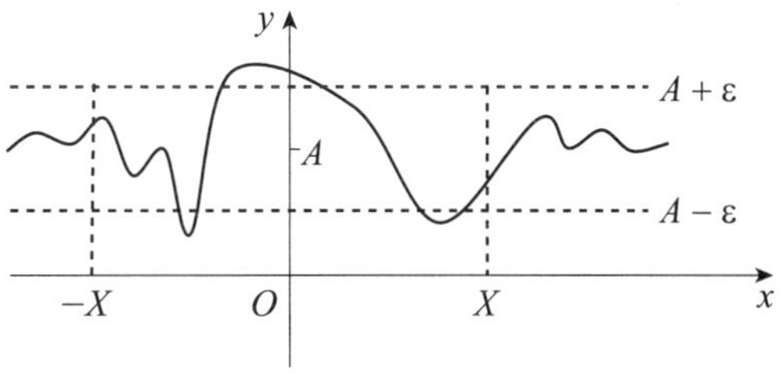

图 2-6

在 $\lim\limits_{x\to\infty} f(x)=A$ 的定义中，将 $|x|>X$ 换成 $x>X$ 可以得到 $\lim\limits_{x\to+\infty} f(x)=A$ 的定义；若将 $|x|>X$ 换成 $x<-X$ 就可以得到 $\lim\limits_{x\to-\infty} f(x)=A$ 的定义.

例 1 观察图形（图 2-7）判断$\lim\limits_{x\to\infty}\dfrac{1}{x}$的值.

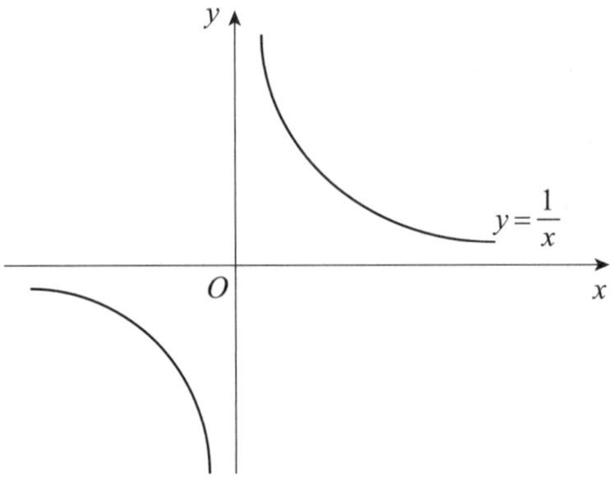

图 2-7

解 当 $x\neq 0$ 时，函数$\dfrac{1}{x}$有定义，且随着 x 的绝对值无限增大时，函数 $f(x)=\dfrac{1}{x}$无限接近于常数 0，即有$\lim\limits_{x\to\infty}\dfrac{1}{x}=0$.

例 2 讨论当 $x\to\infty$时，函数 $f(x)=\arctan x$ 的极限.

解 从图 2-8 中，我们可以看到：

$$\lim_{x\to+\infty}\arctan x=\frac{\pi}{2}$$

$$\lim_{x\to-\infty}\arctan x=-\frac{\pi}{2}$$

所以，当 $x\to\infty$时，函数值 $\arctan x$ 不趋向于一个确定的常数，故 $x\to\infty$时，函数$f(x)=\arctan x$ 的极限不存在.

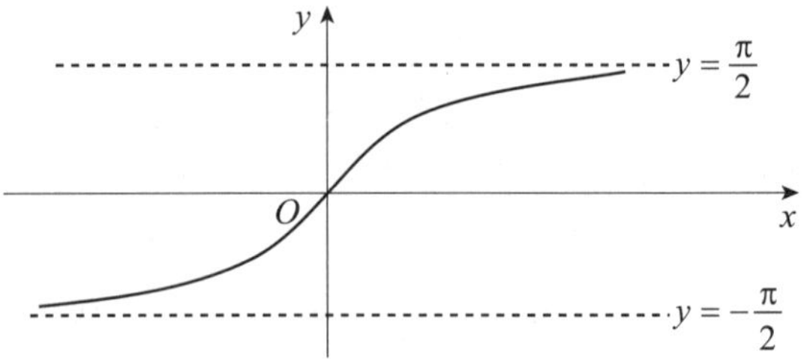

图 2-8

二、自变量趋向于有限值时函数的极限

我们先来观察当 x 趋向于 1 时，函数 $f(x)=\dfrac{x^2-1}{x-1}$的变化趋势．函数 $f(x)$在 $x=1$ 点处没有定义，但当 $x\neq1$ 时，$f(x)=\dfrac{x^2-1}{x-1}=x+1$. 从$f(x)$的图形（图 2-9）看出，当 $x\to1(x\neq1)$时，函数值 $f(x)$无限接近于 2.

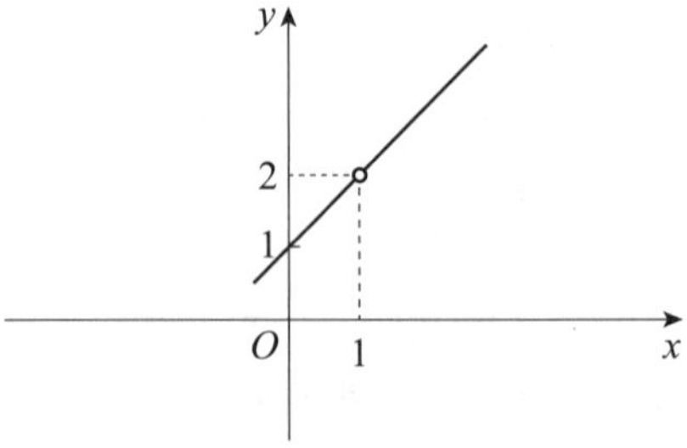

图 2-9

一般地，我们给出 x 趋向于有限值 x_0 时函数极限的以下描述性定义：

定义 2.2.3 设函数 $f(x)$在 x_0 的某去心邻域内有定义，若当 x 无限接近于 x_0 时，对应函数值 $f(x)$无限接近于某个确定的常数 A，则称 A 是当 $x\to x_0$ 时函数 $f(x)$的极限，记为

$$\lim_{x \to x_0} f(x) = A \text{ 或 } f(x) \to A(\text{当 } x \to x_0 \text{ 时})$$

这里值得注意的是：当 $x \to x_0$ 时，$f(x)$以 A 为极限与 $f(x)$在 x_0 处是否有定义无关. 当 x 无限接近于 x_0 时，$f(x)$无限接近于 A 的意思是：当 x 与 x_0 充分靠近，即当 $|x-x_0|$充分小时，$|f(x)-A|$可以小于预先给定的任意正数（无论该正数多么小).

下面，给出当 $x \to x_0$ 时，**函数极限的精确定义：**

定义 2.2.4　设函数 $f(x)$在 x_0 的某去心邻域内有定义，若对于任意给定的正数 ε，总存在正数 δ，使得当 $0<|x-x_0|<\delta$ 时，恒有不等式 $|f(x)-A|<\varepsilon$ 成立，则称 A 是当 $x \to x_0$ 时函数 $f(x)$的极限.

此定义的几何意义是：对于任意给定的正数 ε，无论其多么小，总存在点 x_0 的某个去心邻域 $0<|x-x_0|<\delta$，使得函数 $f(x)$在这个去心邻域内的图形介于两条水平直线 $y=A-\varepsilon$ 和 $y=A+\varepsilon$ 之间（图 2－10).

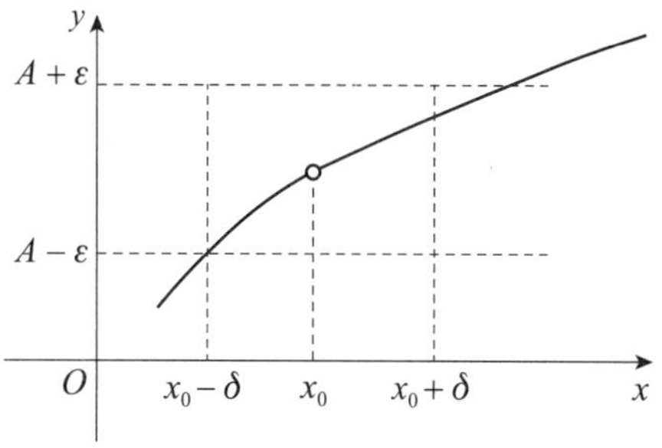

图 2－10

性质 1　$\lim_{x \to x_0} x = x_0$.

性质 2　$\lim_{x \to x_0} A = A$（其中 A 为常数).

在 $\lim_{x \to x_0} f(x) = A$ 的定义中，x 可以以任意方式趋向 x_0. 有时，可以只考虑 x 从 x_0 的某一侧（左侧 $x<x_0$；右侧 $x>x_0$）趋于 x_0 时 $f(x)$的变化趋势. 为明确起见，引进函数的左极限与右极限的概念，其定义如下：

定义 2.2.5　设函数 $f(x)$在 x_0 的某个左（右）邻域内有定义，当 x 小于（大于）x_0 而趋于 x_0 时，对应的函数值 $f(x)$无限接近于某一确定常数 A，则称常数 A 是当 $x \to x_0$ 时函数 $f(x)$的左（右）极限：

左极限记为：　$\lim_{x \to x_0^-} f(x) = A$ 或 $f(x_0-0)=A$

右极限记为：　$\lim_{x \to x_0^+} f(x) = A$ 或 $f(x_0+0)=A$

根据 $x \to x_0$ 时函数 $f(x)$的极限定义、左极限和右极限的定义，可以得到下面的结论.

定理 2.2.1　$\lim_{x \to x_0} f(x) = A$ 的充分必要条件是

$$\lim_{x \to x_0^-} f(x) = \lim_{x \to x_0^+} f(x) = A$$

因此，当 $f(x_0-0)$及 $f(x_0+0)$都存在，但不相等，或者 $f(x_0-0)$与 $f(x_0+0)$中至少一个不存在时，就可断言 $f(x)$在 x_0 处极限不存在.

例 3　设 $f(x)=\begin{cases} 1+x, & x<0 \\ x, & x \geqslant 0 \end{cases}$，试判断 $\lim_{x \to 0} f(x)$是否存在.

解　先分别求 $f(x)$当 $x \to 0$ 时的左、右极限：

$$\lim_{x \to 0^-} f(x) = \lim_{x \to 0^-}(1+x) = 1$$

$$\lim_{x\to 0^+} f(x)=\lim_{x\to 0^+} x=0$$

由于左、右极限存在但不相等，所以极限$\lim\limits_{x\to 0} f(x)$不存在.

例 4 判断$\lim\limits_{x\to 0} e^{\frac{1}{x}}$是否存在.

解 当$x<0$趋向于0时，$\frac{1}{x}$趋于$-\infty$，$e^{\frac{1}{x}}\to 0$，即$\lim\limits_{x\to 0^-} e^{\frac{1}{x}}=0$；当$x>0$趋向于0时，$\frac{1}{x}$趋于$+\infty$，$e^{\frac{1}{x}}\to +\infty$，即$\lim\limits_{x\to 0^+} e^{\frac{1}{x}}=+\infty$. 由极限存在的充分必要条件可知$\lim\limits_{x\to 0} e^{\frac{1}{x}}$不存在.

习题 2－2

1. 观察并写出下列各极限值.

(1) $\lim\limits_{x\to 3}(2x^2-1)$　　(2) $\lim\limits_{x\to\infty}\frac{2}{x-3}$　　(3) $\lim\limits_{x\to 1}\ln x$

(4) $\lim\limits_{x\to 0^+} 3^{\frac{1}{x}}$　　(5) $\lim\limits_{x\to 0}\cos x$　　(6) $\lim\limits_{x\to -\infty}(2+e^x)$

2. 试作出函数$f(x)=\frac{|x|}{x}$的图形，从图形上说明$\lim\limits_{x\to\infty}\frac{|x|}{x}$是否存在.

3. 设$f(x)=\begin{cases}-\frac{1}{x-1}, & x<0\\ 0, & x=0\\ x, & x>0\end{cases}$，求$f(x)$在$x\to 0$时的左、右极限，并说明$f(x)$在$x\to 0$时极限是否存在.

4. 设$f(x)=\begin{cases}x^2+2x-1, & x\leqslant 1\\ 0, & 1<x<2\\ 2x-2, & x\geqslant 2\end{cases}$，求$\lim\limits_{x\to -5} f(x)$，$\lim\limits_{x\to 1^-} f(x)$，$\lim\limits_{x\to 1^+} f(x)$，$\lim\limits_{x\to 2} f(x)$.

项目三　无穷小量与无穷大量

牛顿的《分析学》或是《流数法》都是以无限小量作为微积分的算法论证基础．在牛顿的最成熟的微积分著述《曲线求积术》中改变了对无限小量的依赖并批评自己过去那种随意忽略无限小“瞬”的做法：“在数学中，最微小的误差也不能忽略……在这里，我认为数学的量不是由非常小的部分组成的，而是用连续的运动来描述的”.

无穷小量是微积分创立者牛顿和莱布尼兹建立其体系的基础．无穷小量与无穷大量之间又存在着辩证的关系．微积分不仅仅是数学更是哲学．本项目讨论无穷小量与无穷大量.

一、无穷小量

定义 2.3.1 若当 $x\to x_0$ 时（或 $x\to\infty$时），函数 $f(x)$ 的极限为 0，则称函数$f(x)$当 $x\to x_0$(或 $x\to\infty$) 时为无穷小量，简称无穷小.

例如，因为$\lim\limits_{x\to 2}(x-2)=0$，所以函数 $x-2$ 是当 $x\to 2$ 时的无穷小量．又如，因为$\lim\limits_{x\to\infty}\frac{1}{x}=0$，所以函数$\frac{1}{x}$是当 $x\to\infty$时的无穷小量.

必须注意：无穷小量与一个很小的确定常数不能混为一谈，因为无穷小是一个以 0 为极限的变量．零是无穷小量中唯一的常数.

无穷小量的代数性质：

性质 1 有限个无穷小量之和仍为无穷小量.

性质 1 对无穷个无穷小量之和不一定成立，即无穷个无穷小量之和未必是无穷小．例如，$\lim\limits_{n\to\infty}(\underbrace{\frac{1}{n}+\frac{1}{n}+\cdots+\frac{1}{n}}_{n个})=\lim\limits_{n\to\infty}\frac{n}{n}=1$.

性质 2 有界函数与无穷小量之积仍为无穷小.

推论 常数与无穷小量之积为无穷小.

例 求$\lim\limits_{x\to 0}x\sin\frac{1}{x}$.

解 因为$\lim\limits_{x\to 0}x=0$，即 x 是 $x\to 0$ 时的无穷小，而$\left|\sin\frac{1}{x}\right|\leqslant 1(x\neq 0)$，即 $\sin\frac{1}{x}$在 $x=0$ 的任一去心邻域内有界．故由无穷小的性质 2 可得：$x\sin\frac{1}{x}$是 $x\to 0$ 时的无穷小，即

$$\lim_{x\to 0}x\sin\frac{1}{x}=0.$$

由无穷小的概念，我们可以看到函数有极限可以通过无穷小来表述：

定理 2.3.1 $\lim\limits_{x\to x_0}f(x)=A$ 的充分必要条件是 $f(x)=A+\alpha(x)$，其中 $\alpha(x)$在 $x\to x_0$ 时为无穷小量.

这个定理也适用于 $x\to\infty$的情形．例如，$\lim\limits_{x\to\infty}\frac{3x+1}{x}=3$，函数 $f(x)=\frac{3x+1}{x}=3+\frac{1}{x}$，其中$\lim\limits_{x\to\infty}\frac{1}{x}=0$，即 $f(x)$可以表示为 $A=3$ 与无穷小量$\frac{1}{x}(x\to\infty)$之和.

二、无穷小量的比较

两个无穷小量的和、差、积仍是无穷小量，但它们的商的情况却不同．例如，当 $x\to 0$ 时，x，x^2，$2x$ 都是无穷小量，可是$\lim\limits_{x\to 0}\frac{x^2}{x}=0$，$\lim\limits_{x\to 0}\frac{x}{x^2}=\infty$，$\lim\limits_{x\to 0}\frac{x}{2x}=\frac{1}{2}$，这些情形表明，同为无穷小，但它们趋于零的速度有快有慢：x^2 要比 x 趋向于零更快；而 x 和 $2x$ 趋向于零的快慢大致差不多．比较两个无穷小量在自变量同一变化过程中趋于零的“速度”是很有意义的．为此，我们引入下面的定义：

定义 2.3.2 设 α 和 β 都是在自变量同一变化过程中的无穷小量，且 $\alpha\neq0$.

(1) 如果 $\lim\frac{\beta}{\alpha}=0$，则称 β 是比 α 高阶的无穷小，记 $\beta=o(\alpha)$（在 $\beta\neq0$ 时），也称 α 是比 β 低阶的无穷小.

(2) 如果 $\lim\frac{\beta}{\alpha}=c$（$c$ 为不等于零的常数），则称 β 是 α 的同阶无穷小，记 $\beta=O(\alpha)$；特别地，如果 $\lim\frac{\beta}{\alpha}=1$，则称 β 是 α 的等价无穷小，记作 $\beta\sim\alpha$.

由定义可知，当 $x\to0$ 时，x^2 是比 x 高阶的无穷小，记为 $x^2=o(x)$. x 与 $2x$ 是同阶无穷小，记为 $2x=O(x)$.

三、无穷大量

定义 2.3.3 当 $x\to x_0$（或 $x\to\infty$）时，如果函数值的绝对值 $|f(x)|$ 无限地增大，则称函数 $f(x)$ 当 $x\to x_0$（或 $x\to\infty$）时为无穷大量.

注意：$\lim\limits_{x\to x_0}f(x)=\infty$(或$\lim\limits_{x\to\infty}f(x)=\infty$) 只是沿用了极限符号，表明 $f(x)$ 虽然无极限，但还是有明确趋向的. 无穷大量是一个绝对值无限增大的变量，而不是绝对值很大很大的固定常数.

例如，因为$\lim\limits_{x\to1}\frac{1}{x-1}=\infty$，所以 $f(x)=\frac{1}{x-1}$是当 $x\to1$ 时的无穷大. 又如函数 $f(x)=\ln x$，当 $x\to0^+$ 时，相应的函数值 $-\ln x$ 无限地增大，则 $f(x)=\ln x$，当 $x\to0^+$ 时为无穷大，可记为 $\lim\limits_{x\to0^+}\ln x=-\infty$.

又例如，函数 $f(x)=2^x$，当 $x\to+\infty$时，对应的函数值 2^x 无限地增大，则 $f(x)=2^x$，当 $x\to+\infty$时为无穷大，记为 $\lim\limits_{x\to+\infty}2^x=+\infty$.

还需指出的是，无穷大量与无穷小量不同，在自变量同一变化过程中，两个无穷大量的和、差、商的极限是没有确定的结果的，对于这类问题要针对具体情况进行处理.

四、无穷小量与无穷大量的关系

无穷小量与无穷大量之间有着密切的联系，即有如下定理：

定理 2.3.2 在自变量的同一变化过程中：

(1) 如果 $f(x)$是无穷大量，则$\frac{1}{f(x)}$是无穷小量；

(2) 如果 $f(x)\neq0$ 且 $f(x)$是无穷小量，则$\frac{1}{f(x)}$是无穷大量.

该定理表明了无穷小量与无穷大量互成倒数关系.

习题 2-3

1. 指出下列变量中，哪些是无穷小量？哪些是无穷大量？

(1) $\ln x$，当 $x\to1$ 时　　　　(2) e^x，当 $x\to0$ 时

(3) e^x，当 $x\to-\infty$时　　(4) $e^{\frac{1}{x}}$，当 $x\to0$ 时

(5) 2^{-x}，当 $x\to0$ 时　　(6) $\frac{1+2x}{x^2}$，当 $x\to0$ 时

(7) $\ln|x|$，当 $x\to0$ 时　　(8) $\ln(1+x)$，当 $x\to0$ 时

(9) $x-\sin2x$，当 $x\to0$ 时　　(10) $1-\cos x$，当 $x\to0$ 时

2. 下列函数在什么情况下是无穷小量？什么情况下是无穷大量？

(1) $\frac{x+2}{x-1}$　　(2) $\ln(3-x)$　　(3) $\frac{x+2}{x^2}$

3. 利用无穷小的性质，计算下列极限.

(1) $\lim\limits_{x\to\infty}\frac{\sin x}{x}$　　(2) $\lim\limits_{x\to0}(x+\tan x)$

(3) $\lim\limits_{x\to0}x^2\sin\frac{1}{x^2}$　　(4) $\lim\limits_{x\to0}\frac{2^x-1}{2+2^{\frac{1}{x}}}$

4. 下列叙述是否正确？并说明理由.

(1) 无穷小量是一个很小的数；

(2) 无穷小量一定是 0；

(3) 两个无穷小的商也一定是无穷小；

(4) 零为无穷小量；

(5) 两个无穷大之和仍为无穷大；

(6) 两个无穷小之和仍为无穷小.

5. 当 $x\to0$ 时，$3x+x^3$ 与 x^2-x^3 相比，哪一个是高阶无穷小？

6. 当 $x\to1$ 时，无穷小 $1-x$ 和 (1) $1-x^3$；(2) $\frac{1}{2}(1-x^2)$是否同阶？是否等价？

项目四　极限的运算法则

利用极限的定义只能计算一些非常简单的极限，而实际问题中的函数却要复杂许多. 本项目将讨论极限的四则运算法则. 由于数列是一种特殊的函数，数列极限也是一种特殊的函数极限，因此，这些法则对于函数极限、数列极限都成立．为了叙述方便，用“lim”表示“$\lim\limits_{x\to x_0}$”或“$\lim\limits_{x\to\infty}$”．在同一定理中，考虑的是 x 的同一变化过程中，各个函数极限分别都是存在的．其主要运算法则如下：

定理 2.4.1　设 $\lim f(x)=A$，$\lim g(x)=B$，则

(1) $\lim[f(x)\pm g(x)]=\lim f(x)\pm\lim g(x)=A\pm B$

(2) $\lim[f(x)\cdot g(x)]=\lim f(x)\cdot\lim g(x)=A\cdot B$

(3) 当 $B\neq0$ 时，有 $\lim\frac{f(x)}{g(x)}=\frac{\lim f(x)}{\lim g(x)}=\frac{A}{B}$

证　因为 $\lim f(x)=A$，$\lim g(x)=B$，则由极限与无穷小量的关系得

$$f(x)=A+\alpha(x),\ g(x)=B+\beta(x),$$

其中 $\lim\alpha(x)=0$，$\lim\beta(x)=0$，于是

$$f(x)\pm g(x)=(A+\alpha(x))\pm(B+\beta(x))=(A\pm B)+(\alpha(x)\pm\beta(x))$$

由无穷小量的性质 1 知，$\alpha(x)+\beta(x)$仍是无穷小量，再由极限与无穷小量的关系，得

$$\lim[f(x)\pm g(x)]=A\pm B=\lim f(x)\pm\lim g(x)$$

我们此处只证明（1）式，（2）（3）两式同理可证，从略.

推论 （1）定理 2.4.1 中（1）和（2）可以推广到有限个函数的情况；

（2）c 为常数，则 $\lim[c\cdot f(x)]=c\cdot A=c\lim f(x)$；

（3）$\lim[f(x)]^n=[\lim f(x)]^n$（$n$ 为正整数）.

在使用这些法则时，必须注意：

（1）法则要求每个参加运算的函数的极限存在；

（2）商的极限的运算法则运用的前提是分母极限不为零.

例 1 求$\lim\limits_{x\to1}(x^2-2x+2)$.

解
$$\begin{aligned}\lim_{x\to1}(x^2-2x+2)&=\lim_{x\to1}(x^2)-\lim_{x\to1}(2x)+\lim_{x\to1}2\\&=\lim_{x\to1}x^2-2\lim_{x\to1}x+2=(\lim_{x\to1}x)^2-2\times1+2\\&=1^2-2+2=1.\end{aligned}$$

例 2 求$\lim\limits_{x\to1}\dfrac{x^2-2}{x^2-x+1}$.

解 因为

$$\lim_{x\to1}(x^2-x+1)=\lim_{x\to1}x^2-\lim_{x\to1}x+\lim_{x\to1}1=1-1+1=1\neq0$$

$$\lim_{x\to1}(x^2-2)=\lim_{x\to1}x^2-\lim_{x\to1}2=1-2=-1$$

所以，由商的运算法则

$$\lim_{x\to1}\frac{x^2-2}{x^2-x+1}=\frac{\lim\limits_{x\to1}(x^2-2)}{\lim\limits_{x\to1}(x^2-x+1)}=\frac{-1}{1}=-1.$$

从上面两个例子可以看出：

（1）对于函数 $P(x)$为多项式，有$\lim\limits_{x\to x_0}P(x)=P(x_0)$.

（2）对于有理分式函数$\dfrac{P(x)}{Q(x)}$（其中 $P(x)$、$Q(x)$为多项式），当分母 $Q(x_0)\neq0$时，有

$$\lim_{x\to x_0}\frac{P(x)}{Q(x)}=\frac{\lim\limits_{x\to x_0}P(x)}{\lim\limits_{x\to x_0}Q(x)}=\frac{P(x_0)}{Q(x_0)}.$$

但是在 x_0 处，当有理分式$\dfrac{P(x)}{Q(x)}$的分母 $Q(x_0)=0$ 时，就不能使用商的极限运算法则，需要用另外的方法处理.

例 3 求$\lim\limits_{x\to3}\dfrac{x^2-4x+3}{x^2-9}$.

解 因为分母的极限$\lim\limits_{x\to3}(x^2-9)=0$，故不能用商的极限运算法则求其极限．在分

母为零的情况下，求极限的方法将取决于分子的极限状况．我们看到分子极限$\lim\limits_{x\to3}(x^2-4x+3)=0$. 由于分子和分母中有公因子（$x-3$），当$x\to3$时，$x\neq3$，即$x-3\neq0$，可约去这个不为零的公因子，所以

$$\lim_{x\to3}\frac{x^2-4x+3}{x^2-9}=\lim_{x\to3}\frac{(x-3)(x-1)}{(x+3)(x-3)}=\lim_{x\to3}\frac{x-1}{x+3}=\frac{1}{3}.$$

例 4　求$\lim\limits_{x\to1}\dfrac{4x+3}{x^2-3x+2}$

解　因为分母的极限$\lim\limits_{x\to1}(x^2-3x+2)=0$，故不能用商的极限运算法则．但由于

$$\lim_{x\to1}\frac{x^2-3x+2}{4x+3}=\frac{0}{7}=0$$

故由无穷大与无穷小关系得到：

$$\lim_{x\to1}\frac{4x+3}{x^2-3x+2}=\infty.$$

例 5　求$\lim\limits_{x\to0}\dfrac{\sqrt{x+1}-1}{x}$.

解　当$x\to0$时，分子、分母的极限都是0，将分子无理式有理化，然后再求极限，得

$$\lim_{x\to0}\frac{\sqrt{x+1}-1}{x}=\lim_{x\to0}\frac{(\sqrt{x+1}-1)(\sqrt{x+1}+1)}{x(\sqrt{x+1}+1)}=\lim_{x\to0}\frac{1}{\sqrt{x+1}+1}$$

由于　$\lim\limits_{x\to0}\sqrt{x+1}=\sqrt{0+1}=1$

所以　$\lim\limits_{x\to0}\dfrac{\sqrt{x+1}-1}{x}=\dfrac{1}{2}$.

例 6　求（1）$\lim\limits_{x\to\infty}\dfrac{x^2+x-4}{2x^3+x+1}$.

（2）$\lim\limits_{x\to\infty}\dfrac{x^2+x+1}{2x^2+1}$.

（3）$\lim\limits_{x\to\infty}\dfrac{2x^3+x+1}{x^2+x-4}$.

解　这里所求各极限都是在$x\to\infty$时的情形.

（1）当$x\to\infty$时，分子、分母的极限都不存在，用x^3同时除分子、分母，然后取极限，得

$$\lim_{x\to\infty}\frac{x^2+x-4}{2x^3+x+1}=\lim_{x\to\infty}\frac{\dfrac{1}{x}+\dfrac{1}{x^2}-\dfrac{4}{x^3}}{2+\dfrac{1}{x^2}+\dfrac{1}{x^3}}=0.$$

（2）分子、分母同时除以x^2，然后求极限，得

$$\lim_{x\to\infty}\frac{x^2+x+1}{2x^2+1}=\lim_{x\to\infty}\frac{1+\dfrac{1}{x}+\dfrac{1}{x^2}}{2+\dfrac{1}{x^2}}=\frac{1}{2}.$$

(3) 由于$\lim\limits_{x\to\infty}\dfrac{x^2+x-4}{2x^3+x+1}=\lim\limits_{x\to\infty}\dfrac{\dfrac{1}{x}+\dfrac{1}{x^2}-\dfrac{4}{x^3}}{2+\dfrac{1}{x^2}+\dfrac{1}{x^3}}=0$

得$\lim\limits_{x\to\infty}\dfrac{2x^3+x+1}{x^2+x-4}=\infty$.

一般地，当$a_0\neq0$，$b_0\neq0$，m和n为非负整数时，有

$$\lim_{x\to\infty}\frac{a_0x^m+a_1x^{m-1}+\cdots+a_m}{b_0x^n+b_1x^{n-1}+\cdots+b_n}=\begin{cases}\dfrac{a_0}{b_0}, & m=n\\ 0, & m<n\\ \infty, & m>n\end{cases}$$

例 7 求$\lim\limits_{x\to1}(\dfrac{1}{x-1}-\dfrac{3}{x^3-1})$.

解 因为$\lim\limits_{x\to1}\dfrac{1}{x-1}=\infty$，$\lim\limits_{x\to1}\dfrac{3}{x^3-1}=\infty$，故不能直接应用极限的运算法则，可以先通分，约去非零因子$x-1$，再利用有理函数求极限的结论，故有

$$\lim_{x\to1}(\frac{1}{x-1}-\frac{3}{x^3-1})=\lim_{x\to1}\frac{x^2+x+1-3}{x^3-1}$$
$$=\lim_{x\to1}\frac{(x-1)(x+2)}{(x-1)(x^2+x+1)}=\lim_{x\to1}\frac{x+2}{x^2+x+1}=1.$$

例 8 求$\lim\limits_{n\to\infty}(\dfrac{1}{n^2}+\dfrac{2}{n^2}+\cdots+\dfrac{n}{n^2})$.

解 当$n\to\infty$时，上式是无限项无穷小之和，不能直接应用运算法则.

$$\lim_{n\to\infty}(\frac{1}{n^2}+\frac{2}{n^2}+\cdots+\frac{n}{n^2})=\lim_{n\to\infty}\frac{1+2+\cdots+n}{n^2}=\lim_{n\to\infty}\frac{\frac{1}{2}n(n+1)}{n^2}=\frac{1}{2}.$$

习题 2-4

1. 求下列极限.

(1) $\lim\limits_{x\to-1}\dfrac{x^3-1}{x^2+1}$　　(2) $\lim\limits_{x\to0}(\dfrac{x^3-3x+1}{x-4}+2)$

(3) $\lim\limits_{x\to\infty}(2-\dfrac{1}{x}+\dfrac{4}{x^2})$　　(4) $\lim\limits_{x\to4}\dfrac{x^2-6x+8}{x^2-3x-4}$

(5) $\lim\limits_{x\to1}\dfrac{x}{1-x}$　　(6) $\lim\limits_{x\to\infty}\dfrac{x^3+x}{x^3-3x^2+1}$

(7) $\lim\limits_{x\to\infty}\dfrac{x^4-5x}{x^2-3x+4}$　　(8) $\lim\limits_{x\to\infty}\dfrac{3x^2-2x-1}{x^3+3}$

(9) $\lim\limits_{x\to\infty}\dfrac{(2x-5)^2(3x+1)^3}{(5x+4)^5}$　　(10) $\lim\limits_{n\to\infty}\dfrac{2^{n+1}+3^{n+1}}{2^n+3^n}$

(11) $\lim\limits_{x\to1}\dfrac{x^2-3x+2}{x^3-4x+3}$　　(12) $\lim\limits_{x\to1}\dfrac{\sqrt{x}-1}{x-1}$

(13) $\lim\limits_{x\to 1}\dfrac{x^2-4}{x^2-2x}$　　(14) $\lim\limits_{x\to+\infty}(\sqrt{x+1}-\sqrt{x-1})$

(15) $\lim\limits_{n\to\infty}\dfrac{(n+1)(n+2)(n+3)}{n^3}$　　(16) $\lim\limits_{x\to 1}\left(\dfrac{2}{x^2-1}-\dfrac{1}{x-1}\right)$

(17) $\lim\limits_{x\to+\infty}(\sqrt{x^2+2x}-x)$　　(18) $\lim\limits_{x\to 1}\left(\dfrac{3}{1-x^3}-\dfrac{1}{x-1}\right)$

(19) $\lim\limits_{x\to+\infty}\dfrac{\cos x}{e^x+e^{-x}}$　　(20) $\lim\limits_{x\to\infty}\dfrac{(2x-1)^{30}(3x-2)^{20}}{(2x+1)^{51}}$

2. 已知$\lim\limits_{x\to 1}\dfrac{x^2+ax+b}{1-x}=2$，试求 a 与 b 的值.

3. 设 $f(x)=x^2$，求$\lim\limits_{h\to 0}\dfrac{f(x+h)-f(x)}{h}$.

项目五　极限存在准则与两个重要极限

引例　（复利公式）设本金为 A_0，年利率为 r，则一年后的本利和为 $A_1=A_0(1+r)$，两年后的本利和为 $A_2=A_1(1+r)=A_0(1+r)^2$，以此类推 k 年后的本利和为 $A_k=A_0(1+r)^k$，这就是以年为期的复利公式.

若把一年均分为 n 期计算，年利率仍为 r，则每期利率为$\dfrac{r}{n}$，于是一年后的本利和为 $A_1=A_0\left(1+\dfrac{r}{n}\right)^n$，$k$ 年后的本利和为 $A_k=A_0\left(1+\dfrac{r}{n}\right)^{nk}$，如果计息期数 $n\to\infty$，则 k 年后的本利和是多少呢?

在数学中有两个常用的重要极限，本项目讨论这两个重要极限后，运用第 2 个重要极限，上面的问题将迎刃而解.

一、极限的存在准则

准则Ⅰ（夹逼准则）　设有三个数列 $\{x_n\}$，$\{y_n\}$，$\{z_n\}$ 满足条件：

(1) $y_n\leqslant x_n\leqslant z_n$ $(n=1, 2, \cdots)$；

(2) $\lim\limits_{x\to\infty}y_n=\lim\limits_{x\to\infty}z_n=a$.

则数列 $\{x_n\}$ 收敛，且$\lim\limits_{x\to\infty}x_n=a$.

类似地，有关于函数极限的夹逼准则：

准则Ⅱ　设函数 $f(x)$，$g(x)$，$h(x)$ 在点 x_0 的某去心邻域内有定义，且满足条件：

(1) $g(x)\leqslant f(x)\leqslant h(x)$；

(2) $\lim\limits_{x\to x_0}g(x)=A$，$\lim\limits_{x\to x_0}h(x)=A$.

则$\lim\limits_{x\to x_0}f(x)$ 存在，且等于 A.

定理证明略．图形直观解释可见图 2-11.

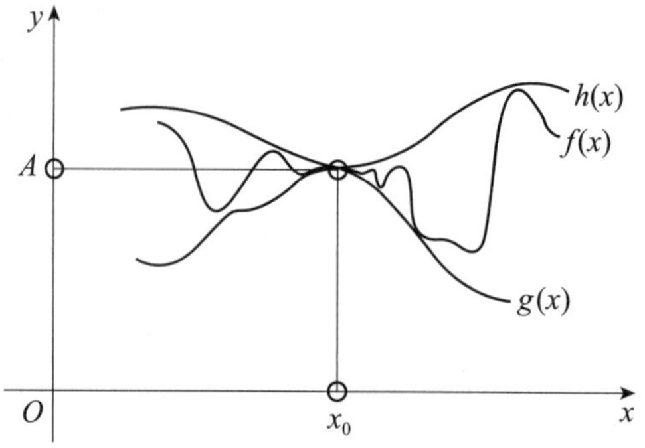

图 2－11

例 1 给定 $1-\frac{x^2}{4}\leqslant u(x)\leqslant 1+\frac{x^2}{2}$，对所有 $x\neq 0$，求 $\lim\limits_{x\to 0}u(x)$.

解 由于 $\lim\limits_{x\to 0}\left(1-\frac{x^2}{4}\right)=1$ 以及 $\lim\limits_{x\to 0}\left(1-\frac{x^2}{2}\right)=1$

故 由夹逼准则得：$\lim\limits_{x\to 0}u(x)=1$.

准则Ⅲ（单调有界准则）单调有界数列必有极限.

我们不作证明，只给出如下的几何解释.

从数轴上看，对应于单调数列的点 x_n 只能向一个方向移动（单调增加数列只向右方移动，单调减少数列只向左移动），所以只有两种可能情形：或者点 x_n 沿数轴移向无穷远处（$x_n\to+\infty$或 $x_n\to-\infty$）；或者点 x_n 无限接近于某个定点 A（但不会超过上界 M 或小于下界 m）. 图 2－12 为单调增加有上界的数列的情形.

图 2－12

因此，对于单调增加数列 $\{x_n\}$ 来说，当它有界时，有 $\lim\limits_{x\to\infty}x_n=A$，当它无界时，有 $\lim\limits_{x\to\infty}x_n=+\infty$；对于单调减少数列 $\{x_n\}$ 来说，当它有界时，有 $\lim\limits_{x\to\infty}x_n=A$，当它无界时，有 $\lim\limits_{x\to\infty}x_n=-\infty$.

由本模块中项目一的学习我们知道，数列有界是数列收敛的必要条件．但对于单调数列来说，有界是其收敛的充分必要条件.

二、两个重要极限

重要极限Ⅰ $\lim\limits_{x\to 0}\frac{\sin x}{x}=1$.

此极限可用夹逼定理进行具体证明．证明从略．这里我们给出其直观解释．首先请观察：当 x 取一系列趋近于 0 的数值时 $\frac{\sin x}{x}$ 的一系列对应数值，见表 2－1.

表 2－1

x	± 1	± 0.1	± 0.01	± 0.001	± 0.0001
$\frac{\sin x}{x}$	0.841 470 984 8	0.998 334 166 468 28	0.999 983 333 416 66	0.999 999 833 333	0. 999 999 998 3

其次观察 $y=\frac{\sin x}{x}$ 函数图像（图 2－13）：

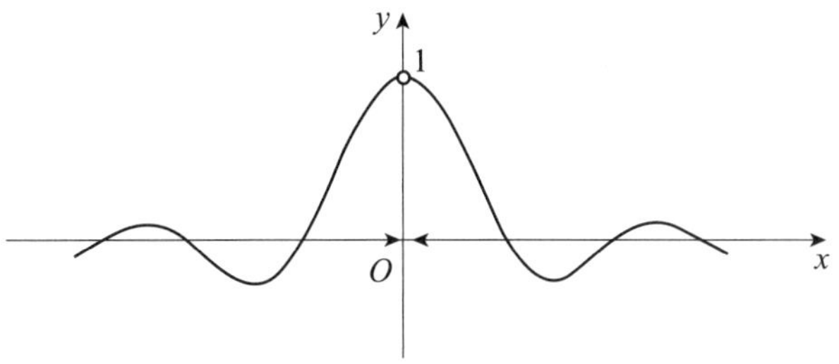

图 2－13

通过以上观察我们不难验证$\lim\limits_{x\to 0}\frac{\sin x}{x}=1$.

例 2　求$\lim\limits_{x\to 0}\frac{\tan x}{x}$.

解　$\lim\limits_{x\to 0}\frac{\tan x}{x}=\lim\limits_{x\to 0}\left(\frac{\sin x}{x}\cdot\frac{1}{\cos x}\right)=\lim\limits_{x\to 0}\frac{\sin x}{x}\cdot\lim\limits_{x\to 0}\frac{1}{\cos x}=1.$

例 3　求$\lim\limits_{x\to 0}\frac{\sin 7x}{x}$.

解　$\lim\limits_{x\to 0}\frac{\sin 7x}{x}=\lim\limits_{x\to 0}\frac{7\sin 7x}{7x}=7\lim\limits_{x\to 0}\frac{\sin 7x}{7x}=7.$

例 4　求$\lim\limits_{x\to 0}\frac{1-\cos x}{x^2}$.

解　$\lim\limits_{x\to 0}\frac{1-\cos x}{x^2}=\lim\limits_{x\to 0}\frac{2\sin^2\frac{x}{2}}{x^2}=\frac{1}{2}\lim\limits_{x\to 0}\frac{\sin^2\frac{x}{2}}{\left(\frac{x}{2}\right)^2}=\frac{1}{2}\lim\limits_{x\to 0}\left(\frac{\sin\frac{x}{2}}{\frac{x}{2}}\right)^2=\frac{1}{2}\cdot 1^2=\frac{1}{2}.$

例 5　求$\lim\limits_{x\to\infty}x\sin\frac{1}{x}$.

解　此题不可以使用乘积的极限运算法则.

由于 $x\sin\frac{1}{x}=\frac{\sin\frac{1}{x}}{\frac{1}{x}}$，当 $x\to\infty$时，$\frac{1}{x}\to 0$

故　$\lim\limits_{x\to\infty}x\sin\frac{1}{x}=\lim\limits_{x\to\infty}\frac{\sin\frac{1}{x}}{\frac{1}{x}}=1.$

重要极限Ⅱ　$\lim\limits_{x\to\infty}\left(1+\frac{1}{x}\right)^x=\mathrm{e}.$

此极限我们不加证明．为了帮助大家理解，下面给出一个直观说明.

当 n 不断增加时，数列$\left\{\left(1+\frac{1}{n}\right)^n\right\}$的项变化情况见表 2－2：

表 2-2

n	1	2	3	4	5	6	10	100	1 000	10 000	…
$\left(1+\frac{1}{n}\right)^n$	2	2.25	2.37	2.441	2.488	2.522	2.594	2.705	2.717	2.718	…

从表中不难看出，当$n\to\infty$时，数列$\left\{\left(1+\frac{1}{n}\right)^n\right\}$的变化趋势是稳定的，且可以证明它的极限存在，并为无理数 e，即

$$\lim_{n\to\infty}\left(1+\frac{1}{n}\right)^n=\mathrm{e}.$$

当n取实数而趋于无穷大时，仍有

$$\lim_{x\to\infty}\left(1+\frac{1}{x}\right)^x=\mathrm{e}.$$

如果令$\frac{1}{x}=t$，当$x\to\infty$时，$t\to0$，上式还可以改写成

$$\lim_{t\to0}(1+t)^{\frac{1}{t}}=\mathrm{e}.$$

利用重要极限Ⅱ求极限时，一般可考虑作代换或作适当变形．当$u(x)\to\infty$时，我们有

$$\lim_{u(x)\to\infty}\left(1+\frac{1}{u(x)}\right)^{u(x)}=\mathrm{e}.$$

同样，当$u(x)\to0$时，有$\lim\limits_{u(x)\to0}(1+u(x))^{\frac{1}{u(x)}}=\mathrm{e}$.

例 6 求$\lim\limits_{x\to0}(1+3x)^{\frac{1}{x}}$.

解 令$3x=\frac{1}{t}$，当$x\to0$时，$t\to\infty$，于是

$$\lim_{x\to0}(1+3x)^{\frac{1}{x}}=\lim_{t\to\infty}\left(1+\frac{1}{t}\right)^{3t}=\left[\lim_{t\to\infty}\left(1+\frac{1}{t}\right)^t\right]^3=\mathrm{e}^3$$

或 $\lim\limits_{x\to0}(1+3x)^{\frac{1}{x}}=\lim\limits_{x\to0}(1+3x)^{\frac{1}{3x}\cdot3}=[\lim\limits_{x\to0}(1+3x)^{\frac{1}{3x}}]^3=\mathrm{e}^3$

例 7 求$\lim\limits_{x\to\infty}\left(1-\frac{1}{x}\right)^{2x+5}$.

解 利用适当变形，求极限.

$$\begin{aligned}\lim_{x\to\infty}\left(1-\frac{1}{x}\right)^{2x+5}&=\lim_{x\to\infty}\left(1-\frac{1}{x}\right)^{2x}\cdot\lim_{x\to\infty}\left(1-\frac{1}{x}\right)^5\\&=\lim_{x\to\infty}\left(1-\frac{1}{x}\right)^{-x\cdot(-2)}=\mathrm{e}^{-2}.\end{aligned}$$

现在我们可以解决本项目的**引例(复利公式)**中的问题,如果计息期数$n\to\infty$，则k年后的本利和为

$$A_k=\lim_{n\to\infty}A_0\left(1+\frac{r}{n}\right)^{nk}=A_0\mathrm{e}^{rk}$$

例 8 设有本金 1 000 元，若用连续复利计算，年利率为 8%，问 5 年末可得本利和多少？

解　连续复利计算 x 年末本利和为 $1\ 000e^{0.08x}$，则 5 年末本利和为 $1\ 000e^{0.08\times 5}=1\ 492$元.

三、用等价无穷小量计算极限

关于等价无穷小在求极限中的应用，有如下定理.

定理 2.5.1　如果在自变量的同一变化过程中，$\alpha\sim\alpha'$，$\beta\sim\beta'$，且 $\lim\frac{\beta'}{\alpha'}$ 存在（或为∞）：

则　$\lim\frac{\beta}{\alpha}=\lim\frac{\beta'}{\alpha'}$.

证　$\lim\frac{\beta}{\alpha}=\lim\frac{\beta}{\beta'}\frac{\beta'}{\alpha'}\frac{\alpha'}{\alpha}=\lim\frac{\beta}{\beta'}\lim\frac{\beta'}{\alpha'}\lim\frac{\alpha'}{\alpha}=\lim\frac{\beta'}{\alpha'}$.

该定理实质上是等价无穷小的替换．在求极限时，分子及分母中的无穷小量因子，可用等价无穷小量代替．如果使用恰当，可以简化计算.

若要应用定理 2.5.1，得先要知道一些常见的等价无穷小．如当 $x\to 0$ 时，$\sin x\sim x$，$\tan x\sim x$，$1-\cos x\sim\frac{x^2}{2}$，$\arcsin x\sim x$，$e^x-1\sim x$，$\ln(1+x)\sim x$.

例 9　求 $\lim\limits_{x\to 0}\frac{\sin 3x}{\tan 2x}$.

解　当 $x\to 0$ 时，$\sin 3x\sim 3x$，$\tan 2x\sim 2x$，所以

$$\lim_{x\to 0}\frac{\sin 3x}{\tan 2x}=\lim_{x\to 0}\frac{3x}{2x}=\frac{3}{2}.$$

显然，利用等价无穷小代换比直接应用重要极限Ⅰ来计算极限要方便得多.

例 10　求 $\lim\limits_{x\to 0}\frac{\tan x-\sin x}{x^3}$.

解　$\tan x-\sin x=\tan x(1-\cos x)$，当 $x\to 0$ 时，$1-\cos x\sim\frac{x^2}{2}$，$\tan x\sim x$，所以

$$\lim_{x\to 0}\frac{\tan x-\sin x}{x^3}=\lim_{x\to 0}\frac{\tan x(1-\cos x)}{x^3}=\lim\frac{x\cdot\frac{x^2}{2}}{x^3}=\frac{1}{2}.$$

此处我们必须注意的是，相乘（除）的无穷小都可用各自的等价无穷小代换，但是相加（减）的无穷小的项不能作等价代换，例如：

$$\lim_{x\to 0}\frac{\tan x-\sin x}{x^3}\neq\lim_{x\to 0}\frac{x-x}{x^3}=0.$$

习题 2－5

1. 求下列极限.

(1) $\lim\limits_{x\to 0}\frac{\sin 5x}{2x}$　　(2) $\lim\limits_{x\to \pi}\frac{\sin(x-\pi)}{x-\pi}$

(3) $\lim\limits_{x\to 0}\frac{\sin 5x}{\sin 7x}$　　(4) $\lim\limits_{x\to 0}\frac{\tan 2x\cdot\sin x^2}{x^3}$

(5) $\lim\limits_{x\to 1}\dfrac{\tan(x-1)}{x^2-1}$　　(6) $\lim\limits_{x\to 0}\dfrac{x}{(x+1)\sin 2x}$

(7) $\lim\limits_{x\to 0}\dfrac{\sin 4x}{x^2+\pi x}$　　(8) $\lim\limits_{x\to 0}x\cos 3x$

2. 求下列极限.

(1) $\lim\limits_{x\to\infty}\left(1+\dfrac{1}{2x}\right)^x$　　(2) $\lim\limits_{x\to 0}(1-x)^{\frac{2}{x}}$

(3) $\lim\limits_{x\to\infty}\left(\dfrac{x+1}{x-2}\right)^x$　　(4) $\lim\limits_{x\to\infty}\left(\dfrac{x}{1+x}\right)^x$

(5) $\lim\limits_{x\to\infty}\left(\dfrac{3-2x}{1-2x}\right)^x$　　(6) $\lim\limits_{x\to 0}\left(\dfrac{1+x}{1-x}\right)^{\frac{1}{x}}$

3. 利用等价无穷小代换求下列极限.

(1) $\lim\limits_{x\to 0}\dfrac{\tan(3x^2)}{1-\cos x}$　　(2) $\lim\limits_{x\to 0}\dfrac{x(e^{2x}-1)}{\tan^2 x}$

(3) $\lim\limits_{x\to 0}\dfrac{\tan x-\sin x}{\sin^2 3x}$　　(4) $\lim\limits_{x\to 0}\dfrac{\ln(1-3x^2)}{2x\sin 3x}$

4. 已知$\lim\limits_{x\to\infty}\left(\dfrac{x+c}{x-c}\right)^{\frac{x}{2}}=e^3$，求 c.

项目六　函数的连续性与间断点

在现实生活中有许多的量都是连续变化的．例如气温的变化，植物的生长，自由落体运动的路程等，这些量都是随时间的变化而连续变化．如果它们的图形用笔（在它们的定义域内）在纸上连续移动，且用笔始终不离开纸画出来的话，这种图形一定是连续的曲线. 这些现象反映在数学上就是函数的连续性，它是与函数的极限密切相关的重要概念.

一、函数的连续性

连续函数通常是那些我们用来研究物体在空间的移动或者化学反应速度如何随时间变化的函数．在 18 世纪和 19 世纪几乎所有研究物理的过程都是连续变化的．然而 20 世纪 20 年代的物理学家发现光进入粒子而且受热的原子以离散的频率发射光线．此后，在计算机科学、统计学等大量的学科中应用间断函数，使得连续性的问题具有非常重要的理论和实际意义.

下面，我们先引入增量的概念，然后再介绍函数连续性的概念.

定义 2.6.1　设变量 u 从它的一个初值 u_0 变化到终值 u_1，则终值与初值的差 u_1-u_0 就称为变量 u 的增量，记为 Δu，即 $\Delta u=u_1-u_0$.

增量可以是正的，可以是负的，也可以是零．当 $\Delta u>0$ 时，变量 u 从 u_0 增大到 u_1，当 $\Delta u<0$ 时，变量 u 从 u_0 减小到 u_1. 如图 2 - 14 所示描述了函数 $y=f(x)$ 的两个变量的增量 Δx 和 Δy.

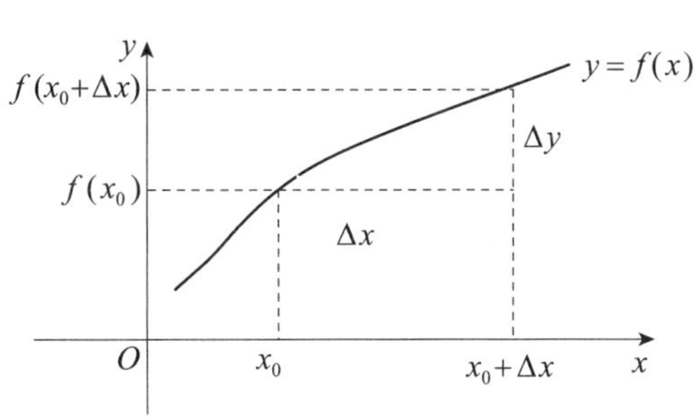

图 2-14

对于函数 $y=f(x)$，当自变量 x 从 x_0 变化到 $x_0+\Delta x$，即 x 在 x_0 点取得增量 Δx 时，函数 y 相应地从 $f(x_0)$ 变化到 $f(x_0+\Delta x)$，y 取得增量 Δy，即 $\Delta y=f(x_0+\Delta x)-f(x_0)$. 我们利用增量来描述函数连续性定义.

定义 2.6.2　设函数 $y=f(x)$ 在 x_0 点的某邻域内有定义，如果当自变量的增量 $\Delta x=x-x_0$ 趋向于零时，函数相应的增量 $\Delta y=f(x_0+\Delta x)-f(x_0)$ 也趋向于零，即

$$\lim_{\Delta x\to 0}\Delta y=0$$

则称函数 $y=f(x)$ 在点 x_0 处连续或称 x_0 是 $f(x)$ 的连续点.

例 1　用定义证明 $y=x^2$ 在 $x_0=2$ 点处连续.

证　$\Delta y=f(2+\Delta x)-f(2)=(2+\Delta x)^2-2^2=4\cdot\Delta x+(\Delta x)^2$，

故有　$\lim\limits_{\Delta x\to 0}\Delta y=\lim\limits_{\Delta x\to 0}[4\Delta x+(\Delta x)^2]=0$，

所以函数 $y=x^2$ 在 $x_0=2$ 点处连续.

在连续性定义中，令 $x=x_0+\Delta x$，即 $\Delta x=x-x_0$，则当 $\Delta x\to 0$ 时，$x\to x_0$，且 $\Delta y=f(x_0+\Delta x)-f(x_0)=f(x)-f(x_0)$，于是 $\lim\limits_{\Delta x\to 0}\Delta y=0$ 可以改写为

$$\lim_{x\to x_0}[f(x)-f(x_0)]=0$$

即　$\lim\limits_{x\to x_0}f(x)=f(x_0)$.

因此，函数在点 x_0 处连续也可定义如下：

定义 2.6.3　设函数 $y=f(x)$在点 x_0 的某邻域内有定义，如果

$$\lim_{x\to x_0}f(x)=f(x_0)$$

则称函数 $f(x)$在点 x_0 处连续.

下面我们给出验证一个函数 $y=f(x)$在点 x_0 处连续的具体步骤：

第一步：检验 $f(x_0)$存在（x_0 处 $f(x)$有定义）；

第二步：检验$\lim\limits_{x\to x_0}f(x)$存在（当 $x\to x_0$ 时 $f(x)$有极限）；

第三步：检验$\lim\limits_{x\to x_0}f(x)=f(x_0)$（极限值等于函数值).

为了进一步研究函数的连续性，我们引入函数在一点处的左连续和右连续：

若 $\lim\limits_{x\to x_0^+}f(x)=f(x_0)$，则称函数 $f(x)$在点 x_0 处右连续，即 x 从 x_0 的右侧趋于 x_0 时，$f(x)$以 $f(x_0)$为极限；

若 $\lim\limits_{x\to x_0^-}f(x)=f(x_0)$，则称函数 $f(x)$在点 x_0 处左连续，即 x 从 x_0 的左侧趋于 x_0

时，$f(x)$ 以 $f(x_0)$ 为极限.

由此可知，函数 $f(x)$ 在点 x_0 处连续的充分必要条件是 $f(x)$ 在点 x_0 处左、右连续.

下面我们引入函数 $f(x)$ 在一个区间上连续的概念：

如果函数 $f(x)$ 在开区间 (a, b) 内每一点都连续，则称函数在开区间 (a, b) 内连续. 如果函数 $f(x)$ 在开区间 (a, b) 内连续，且在 $x=a$ 处右连续，在 $x=b$ 处左连续，则称 $f(x)$ 在闭区间 $[a, b]$ 上连续.

二、函数的间断点

定义 2.6.4 如果函数 $y=f(x)$ 在点 x_0 不连续，则称点 x_0 为函数 $f(x)$ 的一个间断点.

由函数在某点连续的定义可知，如果 $f(x)$ 在点 x_0 处有下列三种情况之一，则点 x_0 是 $f(x)$ 的一个间断点.

(1) $f(x)$ 在 x_0 的某个去心邻域内有定义，而在点 x_0 处没有定义；

(2) $\lim\limits_{x \to x_0} f(x)$ 不存在；

(3) $\lim\limits_{x \to x_0} f(x)$ 存在，$f(x_0)$ 也有定义，但 $\lim\limits_{x \to x_0} f(x) \neq f(x_0)$.

例 2 函数 $f(x)=\dfrac{1}{x}$ 在点 $x=0$ 处无定义，所以 $x=0$ 是 $f(x)=\dfrac{1}{x}$ 的一个间断点. 又因为 $\lim\limits_{x \to 0} \dfrac{1}{x}=\infty$，所以点 $x=0$ 称为 $f(x)$ 的无穷间断点（图 2-15）.

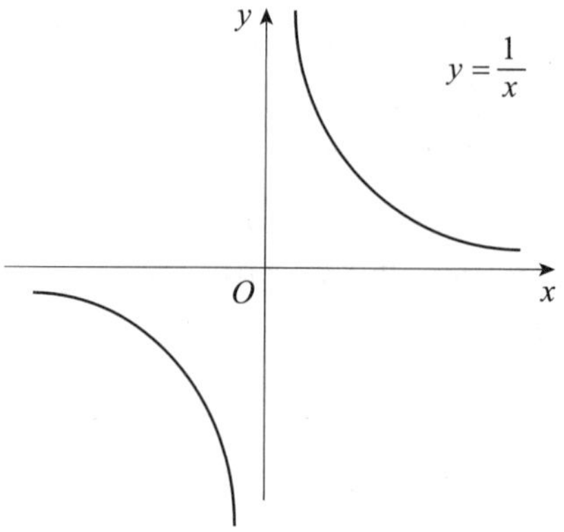

图 2-15

例 3 函数 $f(x)=\begin{cases} x-1, & x<0 \\ 0, & x=0 \\ x+1, & x>0 \end{cases}$ 在 $x=0$ 点处有定义，$f(0)=0$，但在 $x=0$ 处，有

$$\lim_{x \to 0^-} f(x)=\lim_{x \to 0^-}(x-1)=-1$$

$$\lim_{x \to 0^+} f(x)=\lim_{x \to 0^+}(x+1)=1$$

即 $f(x)$ 在 $x=0$ 处左、右极限不相等，即 $f(x)$ 当 $x \to 0$ 时极限不存在，所以 $x=0$ 是 $f(x)$ 的一个间断点（图 2-16）.

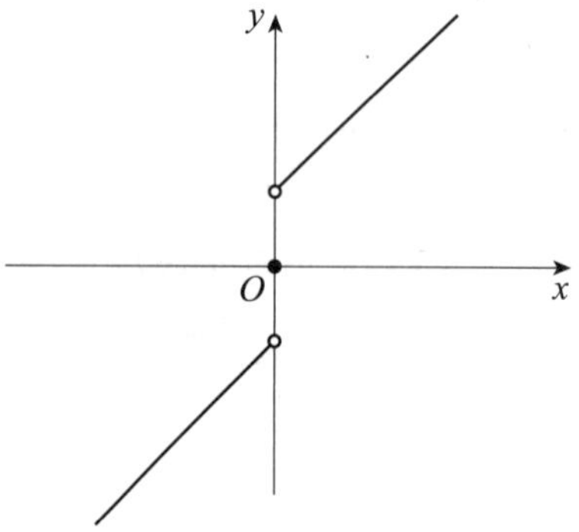

图 2-16

例 4　函数 $f(x)=\begin{cases}\dfrac{x^2-1}{x-1}, & x\neq 1\\ 1, & x=1\end{cases}$ 在 $x=1$ 点处有定义，且 $\lim\limits_{x\to 1}f(x)=\lim\limits_{x\to 1}\dfrac{x^2-1}{x-1}=2$，但是 $\lim\limits_{x\to 1}f(x)\neq f(1)$，所以点 $x=1$ 是 $f(x)$ 的间断点（图 2-17）.

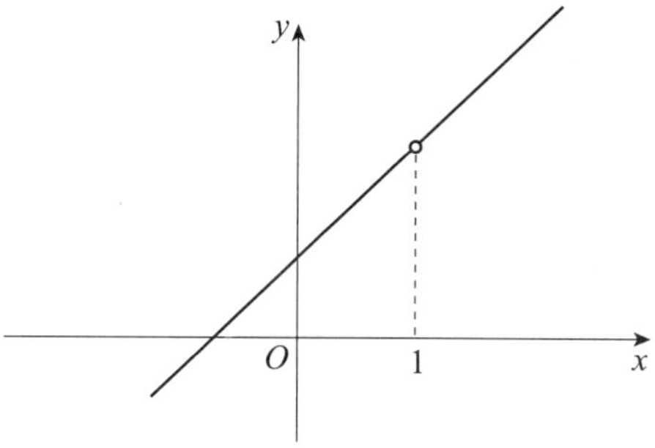

图 2-17

例 5　设函数 $f(x)=\begin{cases}\dfrac{x^2-4}{x-2}, & x\neq 2\\ a, & x=2\end{cases}$ 在点 $x=2$ 处连续，求 a 值.

解　因为 $f(x)$ 在 $x=2$ 处连续，则 $\lim\limits_{x\to 2}f(x)=f(2)$，而

$$\lim_{x\to 2}f(x)=\lim_{x\to 2}\frac{x^2-4}{x-2}=4$$

又　$f(2)=a$

所以当 $a=4$ 时，函数 $f(x)$ 在点 $x=2$ 处连续.

三、初等函数的连续性

定理 2.6.1　若函数 $f(x)$ 与 $g(x)$ 在点 x_0 处连续，则这两个函数的和差 $f(x)\pm g(x)$、积 $f(x)\cdot g(x)$，商 $\dfrac{f(x)}{g(x)}$（$g(x_0)\neq 0$ 时）在点 x_0 处仍连续.

这里仅证 $f(x)+g(x)$ 在点 x_0 连续，其他情况证明类似.

证　记 $F(x)=f(x)+g(x)$，因为 $f(x)$ 与 $g(x)$ 在点 x_0 处连续，所以

$$\lim_{x\to x_0}f(x)=f(x_0),\quad \lim_{x\to x_0}g(x_0)=g(x_0).$$

根据函数的极限运算法则，有

$$\begin{aligned}\lim_{x\to x_0}F(x)&=\lim_{x\to x_0}[f(x)+g(x)]\\&=\lim_{x\to x_0}f(x)+\lim_{x\to x_0}g(x)=f(x_0)+g(x_0)=F(x_0)\end{aligned}$$

由连续性定义知：$F(x)=f(x)+g(x)$ 在点 x_0 处连续.

定理 2.6.2　设函数 $u=\varphi(x)$ 在点 x_0 处连续，$y=f(u)$ 在点 u_0 处连续，且 $u_0=\varphi(x_0)$，则复合函数 $y=f[\varphi(x)]$ 在点 x_0 处连续，且

$$\lim_{x\to x_0}f[\varphi(x)]=f(u_0)=f[\lim_{x\to x_0}\varphi(x)].$$

这个等式成立表明：在函数连续的前提下，极限符号与函数符号可以互相交换.

例 6　求 $\lim\limits_{x\to x_0}\dfrac{\ln(1+x)}{x}$.

解 函数 $y=\frac{\ln(1+x)}{x}=\ln(1+x)^{\frac{1}{x}}$ 可以看成由 $y=\ln u$，及 $u=(1+x)^{\frac{1}{x}}$ 复合而成. 由于 $\lim\limits_{x\to x_0}(1+x)^{\frac{1}{x}}=\mathrm{e}$，$y=\ln u$ 在点 $u=\mathrm{e}$ 连续，所以

$$\lim_{x\to 0}\frac{\ln(1+x)}{x}=\lim_{x\to 0}\ln(1+x)^{\frac{1}{x}}=\ln\left[\lim_{x\to 0}(1+x)^{\frac{1}{x}}\right]=\ln\mathrm{e}=1.$$

即证明 $\lim\limits_{x\to 0}(1+x)^{\frac{1}{x}}=\mathrm{e}$.

可以证明：基本初等函数在其定义域内都是连续函数，一切初等函数在其定义区间内都是连续的．所谓定义区间，就是包含在定义域内的区间．这样我们求初等函数在其定义区间某点处的极限，只需求初等函数在该点的函数值即可.

例 7 求 $\lim\limits_{x\to\frac{\pi}{2}}(\mathrm{e}^{\sin x}+\cos x)$.

解 由于 $\mathrm{e}^{\sin x}+\cos x$ 是初等函数，$x=\frac{\pi}{2}$ 是其定义区间（$-\infty$，$+\infty$）内的一点，所以

$$\lim_{x\to\frac{\pi}{2}}(\mathrm{e}^{\sin x}+\cos x)=\mathrm{e}^{\sin\frac{\pi}{2}}+\cos\frac{\pi}{2}=\mathrm{e}.$$

四、闭区间上连续函数的性质

在闭区间上连续的函数具有以下一些性质，我们只从直观上加以说明.

定理 2.6.3 （最大值与最小值定理）如果函数 $y=f(x)$ 在闭区间 $[a, b]$ 上连续，则函数 $y=f(x)$ 在闭区间 $[a, b]$ 上必有最大值与最小值.

图 2－18 给出了该定理的几何直观图形．函数 $y=f(x)$ 的最大值 $M=f(x_2)$，最小值 $m=f(x_1)$.

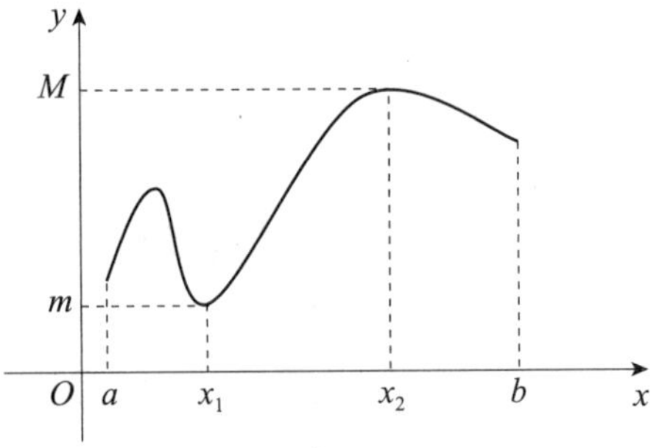

图 2－18

定理 2.6.3 给出了函数存在最大值及最小值的充分条件，定理中的两个条件：闭区间和连续函数是缺一不可的．例如，函数 $y=x$ 在开区间（0，1）内连续，但是它在该区间内既无最大值，也无最小值.

又如函数 $f(x)=\begin{cases}x+1, & -1\leqslant x<0\\ 0, & x=0\\ x-1, & 0<x\leqslant 1\end{cases}$ 定义在闭区间 $[-1, 1]$ 上，$x=0$ 是它的间断点，该函数在闭区间 $[-1, 1]$ 上既无最大值，也无最小值.

推论 （有界性定理）闭区间上的连续函数，在该区间上必有界，即存在数 $M>0$，使得

$$|f(x)|<M,\quad x\in[a, b]$$

这个定理的几何意义是：函数 $f(x)$ 的图形位于两条水平直线 $y=M$，$y=-M$ 之间.

定理 2.6.4 （介值定理）如果函数 $f(x)$ 在闭区间 $[a, b]$ 上连续，m 和 M 分别为 $f(x)$ 在 $[a, b]$ 上的最小值与最大值，则对介于 m 和 M 之间的任一实数 c，至少存在一点 $\xi\in(a, b)$，使得 $f(\xi)=c$.

其几何意义是：连续曲线 $y=f(x)$ 与水平直线 $y=c(m<c<M)$ 至少有一个交点，

如图 2－19 所示，交点为 P_1，P_2，P_3.

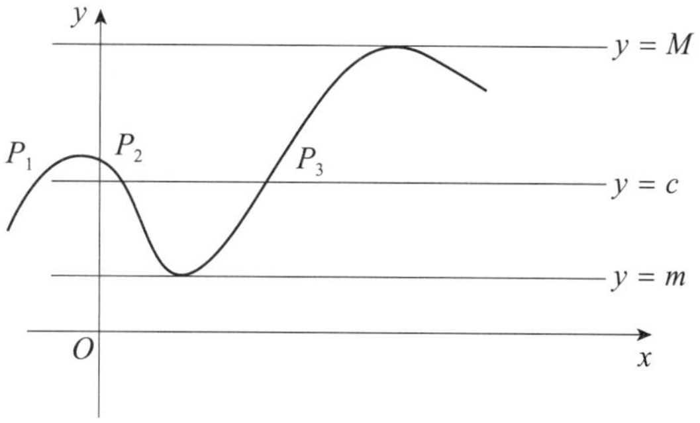

图 2－19

推论　（零点定理）如果函数 $f(x)$在闭区间 $[a, b]$ 上连续，且 $f(a)$与 $f(b)$异号，则至少存在一点 $\xi\in(a, b)$，使得 $f(\xi)=0$.

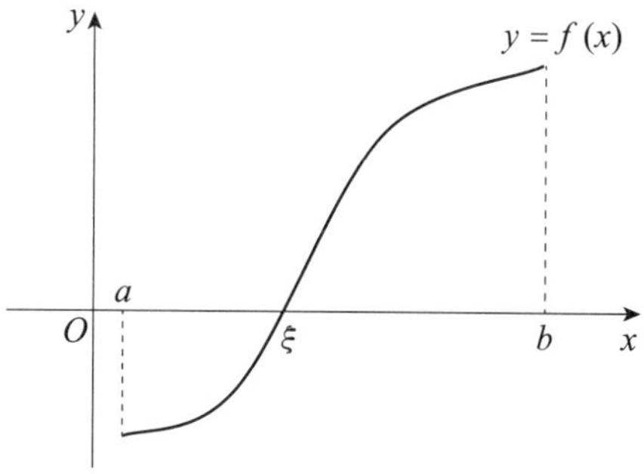

图 2－20

其几何意义是：如果连续曲线弧 $y=f(x)$的两个端点位于 x 轴的不同侧，那么这段曲线弧与 x 轴至少有一个交点 ξ. 如图 2－20 所示.

我们可以通过气温在一昼夜间的变化过程来理解上述定理.

由最大值与最小值定理我们可知：气温是随着时间的变化而变化的连续函数．因此，在一昼夜中，至少有两个时刻的气温能分别达到最高气温与最低气温.

由介值定理我们可知：假设某昼夜间的最低气温是 5℃，最高气温是 15℃. 由于气温随时间的变化是连续的，所以，对于 5℃到 15℃中间的每个温度值，都能在某个时刻达到.

例 8　证明：三次代数方程 $x^3-4x^2+1=0$ 在开区间（0，1）内至少有一个根.

证　由于初等函数 $f(x)=x^3-4x^2+1$ 在闭区间 [0，1] 上连续，又 $f(0)=1>0$，$f(1)=-2<0$，即 $f(0)\cdot f(1)<0$.

所以由零点定理知，存在 $\xi\in(0, 1)$，使得 $f(\xi)=0$，即 $\xi\in(0, 1)$ 是方程 $f(x)=0$ 的一个根．故三次代数方程 $x^3-4x^2+1=0$ 在开区间（0，1）内至少有一个根.

习题 2－6

1. 设函数 $f(x)=\begin{cases} x, & x<0 \\ 1, & x=0 \\ e^x-1, & x>0 \end{cases}$，问：

（1）$\lim\limits_{x\to 0}f(x)$存在吗？（2）$f(x)$在 $x=0$ 处连续吗？

2. 证明函数 $f(x)=\begin{cases} x^2, & 0\leqslant x<1 \\ 2-x, & 1\leqslant x\leqslant 2 \end{cases}$ 在 $x-1$ 处连续.

3. 求下列函数的间断点.

(1) $y=\dfrac{x^2-1}{x^2-3x+2}$　　(2) $y=\cos^2\dfrac{1}{x}$

(3) $y=\dfrac{\sin x}{x\left(x-\dfrac{\pi}{2}\right)}$　　(4) $y=\dfrac{1}{\ln(x-1)}$

4. 利用函数的连续性计算下列极限.

(1) $\lim\limits_{x\to0}\sqrt{x^3-3x+1}$　　(2) $\lim\limits_{x\to\pi}\left(\sin\dfrac{3x}{2}\right)^8$

(3) $\lim\limits_{x\to0}\left[\dfrac{\sin x}{1+x}+\ln(e^x+1)\right]$　　(4) $\lim\limits_{x\to2}\left(1+\dfrac{1}{x}\right)^x$

5. 假设函数 $f(x)=\begin{cases}\dfrac{\sin 2x}{x}, & x<0\\ k, & x\geqslant0\end{cases}$ 在 $x=0$ 处连续，求常数 k 的值.

6. 讨论函数 $f(x)=\begin{cases}(1+2x)^{\frac{1}{x}}, & x>0\\ x+e, & x\leqslant0\end{cases}$ 在 $x=0$ 处是否连续.

7. 设 $f(x)=\begin{cases}e^x, & x<0\\ x+a, & x\geqslant0\end{cases}$，应当如何选择数 a 使得 $f(x)$ 成为 $(-\infty, +\infty)$ 内的连续函数?

8. 证明方程 $x^6-4x^4+2x^2-x=1$ 至少有一个根介于 1 和 2 之间.

9. 证明方程 $x\cdot2^x=1$ 至少有一个小于 1 的正根.

10. 验证方程 $x=a\sin x+b\,(a>0, b>0)$ 至少有一个正根，并且其值不超过 $a+b$.

项目七　数学实验（二）——极限计算

一、求函数在某一点处的极限

命令格式：limit（函数，自变量，自变量趋近的值）

(1) limit(f,x,a)　　求极限 $\lim\limits_{x\to a}f(x)$

(2) limit(f,x,a,'right')　　求右极限 $\lim\limits_{x\to a^+}f(x)$

(3) limit(f,x,a,'left')　　求左极限 $\lim\limits_{x\to a^-}f(x)$

例 1　求极限 $\lim\limits_{x\to0}\dfrac{\tan x-\sin x}{x^3}$.

解　在 MATLAB 中输入：

```
>>syms x
>>limit((tan(x)-sin(x))/x^3,x,0)
```

结果显示为：

```
ans=1/2
```

所以，$\lim\limits_{x\to 0}\dfrac{\tan x-\sin x}{x^3}=\dfrac{1}{2}$.

例 2　求极限$\lim\limits_{x\to 0^-}\dfrac{2^{\frac{1}{x}}+1}{2^{\frac{1}{x}}-1}$.

解　在 MATLAB 中输入：

```
>>syms x
>>limit((2^(1/x)+1)/(2^(1/x)-1),x,0,'left')
```

结果显示为：

```
ans=-1
```

所以，$\lim\limits_{x\to 0^-}\dfrac{2^{\frac{1}{x}}+1}{2^{\frac{1}{x}}-1}=-1$.

例 3　求极限$\lim\limits_{x\to 2}\left(\dfrac{2}{x-2}-\dfrac{4}{x^2-4}\right)$，并画出函数图像.

解　在 MATLAB 中输入：

```
>>syms x
>>f=1/(x-2)-4/(x^2-4);
>>limit(f,x,2)
```

结果显示为：

```
ans=1/4
```

所以，$\lim\limits_{x\to 2}\left(\dfrac{1}{x-2}-\dfrac{4}{x^2-4}\right)=\dfrac{1}{4}$.

继续运用符号函数作图，画出函数图像：

```
>>ezplot(f)
>>hold on;                                % 继续在原图上绘制其他图形的命令
>>plot(2,1/4,'r.','MarkerSize',32);  %在原图中标出点(2,1/4)
```

图形如图 2-21 所示.

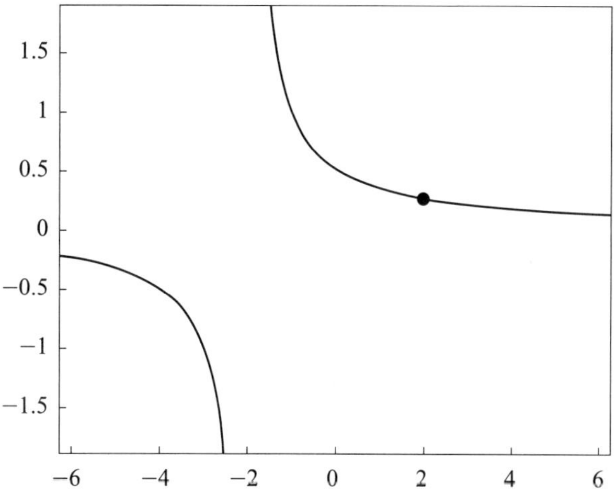

图 2-21

二、求函数当自变量趋向于无穷大时的极限

命令格式如下：

(1) limit(f,x,inf)　　求极限$\lim\limits_{x\to\infty}f(x)$

(2) limit(f,x,-inf)　求极限$\lim\limits_{x\to-\infty}f(x)$

(3) limit(f,x,+inf)　求极限$\lim\limits_{x\to+\infty}f(x)$

例 4　求极限$\lim\limits_{x\to\infty}\left(1-\dfrac{1}{x}\right)^{kx}$.

解　在 MATLAB 中输入：

```
>>syms x k
>>f=(1-1/x)^(k*x);
>>limit(f,x,inf)
```

结果显示为

```
ans=exp(-k)
```

所以，$\lim\limits_{x\to\infty}\left(1-\dfrac{1}{x}\right)^{kx}=e^{-k}$.

例 5　求极限$\lim\limits_{x\to\infty}\dfrac{(2x-30)^{20}(3x+2)^{30}}{(2x+1)^{50}}$.

解　在 MATLAB 中输入：

```
>>syms x
>>f=(2*x-30)^20*(3*x+2)^30/(2*x+1)^50;
>>A=limit(f,x,inf)
```

输出结果为

```
A=205891132094649/1073741824
```

继续输入

```
>>round(A)                          %对结果 A 保留整数部分
```

输出结果为

```
ans=191751
```

所以，$\lim\limits_{x\to\infty}\dfrac{(2x-30)^{20}(3x+2)^{30}}{(2x+1)^{50}}=\dfrac{205891132094649}{1073741824}\approx191751$.

例 6　讨论函数$f(x)=\begin{cases}\dfrac{x+\sin x}{x}, & x\neq0\\ 2, & x=0\end{cases}$在$x=0$处是否连续，并作出函数$f(x)$的图像.

解　先计算$\lim\limits_{x\to0}f(x)$.

在 MATLAB 中输入：

```
>>syms x
>>f=(x+sin(x))/x;
>>limit(f,x,0)
```

输出结果为：ans=2

即：$\lim\limits_{x\to 0}f(x)=\lim\limits_{x\to 0}\dfrac{x+\sin x}{x}=2$

所以，$\lim\limits_{x\to 0}f(x)=f(0)=2$.

因此函数 $f(x)$在 $x=0$ 处连续.

在 MATLAB 中继续输入：

```
>>ezplot(f)
>>hold on
>>plot(0,2,'r.','MarkerSize',16);      %在原图中标出点(0,2)
```

图像如图 2-22 所示.

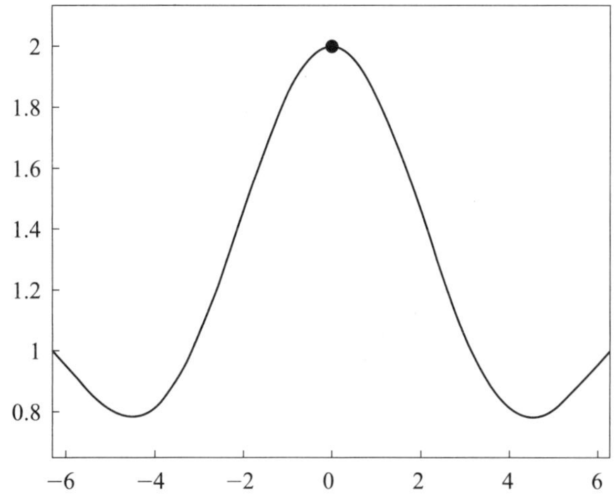

图 2-22

习题 2-7

1. 利用 MATLAB 软件计算下列极限.

(1) $\lim\limits_{x\to 2}\dfrac{x^2-3x+2}{\sin(2-x)}$　　(2) $\lim\limits_{n\to\infty}\dfrac{2^{n+1}+3^{n+1}}{2^n+3^n}$

(3) $\lim\limits_{x\to\infty}\dfrac{(3x+5)^{20}(2x+7)^{60}}{(6x+8)^{80}}$　　(4) $\lim\limits_{x\to 0^+}\dfrac{\ln\cot x}{\ln x}$

(5) $\lim\limits_{x\to 0^+}\mathrm{e}^{-\frac{1}{x}}$　　(6) $\lim\limits_{x\to 0^-}\mathrm{e}^{-\frac{1}{x}}$

2. 作出函数 $y=\left(1+\dfrac{1}{x}\right)^{x+1}$ 在 $1\leqslant x\leqslant 100$ 的图像，观察当 $x\to+\infty$时函数的变化趋势，并求出 $\lim\limits_{x\to+\infty}\left(1+\dfrac{1}{x}\right)^{x+1}$.

3. 讨论函数 $f(x)=\begin{cases}1+\cos x, & x\leqslant 0\\ \dfrac{\ln(1+2x)}{x}, & x>0\end{cases}$ 在 $x=0$ 处是否连续，并作出函数 $f(x)$的图像.

拓展与思考（二）

问题 1：请利用生成式人工智能大模型，对本书模块二的课程内容进行概括性总结.

问题 2：结合你自己掌握的知识以及其他可获取的线上和线下资料，运用批判性思维对问题 1 中生成式人工智能大模型生成的模块二课程的内容总结，进行深入分析和修正，以提供一个更加准确、全面的总结.

问题 3：在 3 世纪，中国数学家刘徽创立的割圆术用圆内接正九十六边形的面积近似代替圆面积，求出圆周率 π 的近似值 3.141 024，并指出："割之弥细，所失弥少，割之又割，以至不可割，则与圆合体而无所失矣". 刘徽对面积的深刻认识和他的割圆术方法，正是极限思想的具体体现. 利用生成式人工智能大模型，请思考和回答：极限思想在人类认识世界和探索自然规律的过程中，扮演了怎样的角色？它如何影响了我们对连续性和变化的理解？

问题 4：爬山法是指经过评价当前的问题状态后，限于条件，不是去缩小，而是去增加这一状态与目标状态的差异，经过迂回前进，最终达到解决问题的总目标. 就如同爬山一样，为了到达山顶，有时不得不先爬上一个矮山顶，然后再下来……这样翻越一个个的小山头，直到最终达到山的最高点或往下走到达山的最低点. 可以说，爬山法是一种"以退为进"的方法，往往具有"退一步进两步"的作用，后退乃是为了更有效地前进. 爬山法也叫逐个修改法（枚举法）、瞎子摸象法，是一种直接算法.

在数学和优化问题中，求函数的最大值和最小值是一个核心问题. 最大值和最小值定理揭示，在一定条件下，连续函数在闭区间上必存在最大值和最小值. 试用生成式人工智能大模型了解爬山法的算法步骤，再根据爬山法设计一个计算最大值和最小值的算法，举例验证算法的有效性. 请利用生成式人工智能大模型，探索爬山法在我们面对困难时，如何使用正确的方法解决问题？

问题 5：二分法的思想为：首先确定有根区间，将区间二等分，通过判断 $f(x)$ 在区间端点处的符号，保留端点处函数值异号的那个区间，逐步将有根区间缩小，直至有根区间长度达到所求范围，便可求出满足精度要求的近似根.

零点定理说明闭区间上连续函数，端点处函数值异号，则在该区间必定存在零点. 那零点又如何求出呢？二分法是一种求解函数零点的有效方法，它基于零点定理，通过不断缩小包含零点的区间来逼近零点. 试用生成式人工智能大模型进行探究，了解二分法的算法步骤，并以求解 $f(x)=x^2-2$ 的零点为例，来计算 $\sqrt{2}$ 的近似值.

模块三
导数与微分

扫一扫

- 模块三 导数与微分
  - 项目一 导数的概念
    - 变速直线运动的速度
    - 曲线的切线问题
  - 项目二 导数
    - 导数的定义
    - 左导数与右导数
    - 可导与连续之间的关系
    - 导数的几何意义
    - 用导数定义求导数
    - 导数的实际意义
  - 项目三 导数的基本公式与运算法则
    - 导数的四则运算
    - 复合函数的求导法则
    - 反函数求导法则
    - 隐函数求导法则
    - 参数方程求导法则
    - 对数求导法则
    - 分段函数的求导法则
  - 项目四 高阶导数
  - 项目五 微分
    - 微分的定义
    - 微分的几何意义
    - 微分的运算
    - 微分形式的不变性
    - 微分的简单应用
  - 项目六 数学实验（三）——计算导数和微分

微积分学是人类思维经过两千多年发展所取得的最伟大成果之一，它深深扎根于人类活动的许多领域．微积分的思想萌芽，特别是积分学，部分可追溯到古代．人类的生产活动涉及许多面积和体积的计算，而这些问题自古以来一直是数学家们感兴趣的研究课题．在现存的古希腊、中国、印度的古代数学家的著述中，不乏用无穷小过程计算特殊形状物体的面积、体积和曲线长度的例子．与积分学相比，微分学的起源则要晚得多．激发数学家研究热情的重要问题是求曲线的切线、求瞬时变化率以及计算函数的极大值或极小值等诸多问题．古希腊学者阿基米德在《论螺线》中给出了确定螺线在给定点处的切线的方法；阿波罗尼奥斯在《圆锥曲线论》中讨论过圆锥曲线的切线．凡此种种都是基于静态的观点，把切线看作是与曲线只在一点处接触且不穿过曲线的“切触线”而与动态变化无关．中国学者在天文历法中研究了天体运动的不均匀性及有关的极大、极小问题，郭守敬在《授时历》中研究了“月离迟疾”（月亮运行的最快点和最慢点）以及求月亮赤道面与白道面交点距离的极值等问题．然而，在17世纪以前，真正意义上的微分学例子并不多见．

凡此一切，标志着自文艺复兴以来在资本主义生产力促进下蓬勃发展的自然科学开始迈入综合与突破的阶段，此时所面临的数学上的困难，使微分学的基本问题引起人们的广泛关注．17世纪上半叶，几乎所有的科学大师都立志研究描述运动与变化的无限小算法，以求得到新的数学工具．在这种背景下，微积分在相当短的时间内取得了相当快的发展．

微分学是微积分的两大分支之一，它的基本概念是导数与微分，核心概念是导数．

项目一　导数的概念

导数的概念是从各种客观过程的变化率问题引发而成的，它的产生是为了描述曲线的切线和运动质点的速度．变化率的概念打开了通向数学知识与真理的巨大宝库之门，使人类逐步发现这一概念的各种重要应用及其魅力．

微积分的发明人之一牛顿最早用导数来研究的是如何确定力学中运动质点的瞬时速度问题．例如：跳伞运动员从跳伞塔下落时，为安全着陆，落地时刻的速度必须加以限制；又如汽锤在锻压工件时，当汽锤接触到工件的刹那，速度明显加快．我们将速度概念加以推广，凡是牵涉某个量的变化快慢的，诸如人口学中的城市人口的增长速度、流行性感冒的发病率、经济学中的资金流动率、产品生产 x 个单位时成本的变化率、物理学中的光、热、电磁的各种传导率及化学中的反应速度等等，往往都可以看成是广义的“速度”，都可以用导数来表达．下面，我们从两个实际问题出发，引出导数的定义．

一、变速直线运动的速度

2007年，白色的“和谐号”动车首次进入中国民众的生活，标志着中国高铁时代的开启．如今，历经多年的飞速发展，中国高铁已从初生的婴儿成长为“国家名片”，这一历程不仅展示了中国发展的惊人速度，更彰显了强大的中国力量．在高铁的驰骋中，其速度并非恒定，而是根据不同路段和时段的需求，灵活调整运行速度．高铁车厢内的显示屏实时显示着当前的运行速度，即瞬时速度，让乘客们能够直观地感受到高铁的速度之美.

若把列车当作一个质点，设该质点沿直线 L 作变速运动，$S=S(t)$表示经过 t 单位时间后质点所经过的距离．下面我们研究质点在某一时刻 $t=t_0$ 时的运动速度.

当时间由 t_0 到 $t_0+\Delta t$ 时，质点在 Δt 这一段时间内所经过的距离为

$$\Delta S=S(t_0+\Delta t)-S(t_0)$$

所以，在 Δt 时间内的平均速度为：

$$\bar{v}=\frac{\Delta S}{\Delta t}=\frac{S(t_0+\Delta t)-S(t_0)}{\Delta t}$$

对于变速运动的质点，尽管在整体上速度是变化的，但对局部而言，速度的变化是很小的．也就是说，当 Δt 的绝对值很小时，速度在整体上的“变”可以转化为局部的相对的“不变”，且当 Δt 愈小，近似程度就愈好．当 $\Delta t\to 0$ 时，平均速度就转化为瞬时速度，即物体运动的速度，表示为：

$$v|_{t=t_0}=\lim_{\Delta t\to 0}\frac{\Delta S}{\Delta t}=\lim_{\Delta t\to 0}\frac{S(t_0+\Delta t)-S(t_0)}{\Delta t}$$

例 1　球在悬崖的顶端往下坠落，在 t 时刻的位移 $S=-16t^2$，其中时间 t 的单位为 s，位移 S 的单位为 m. 求：

(1) 球在时间 $t=3$s 到 $t=5$s 这段时间内的平均速度 $\bar{v}$；

(2) 球在时刻 $t=3$s 时的瞬时速度.

解　(1) 球在时间间隔[3，5] 内的位移为

$$\Delta S=-16\times 5^2-(-16\times 3^2)=-256(\text{m})$$

所以平均速度为

$$\bar{v}=\frac{\Delta S}{\Delta t}=-128(\text{m/s})$$

(2) 球在时间间隔[3，$3+\Delta t$] 内的位移为

$$\Delta S=-16\,(3+\Delta t)^2-(-16\times 3^2)=-96\Delta t-16\,(\Delta t)^2$$

所以球在时刻 $t=3$s 时的瞬时速度为

$$v=\lim_{\Delta t\to 0}\frac{\Delta S}{\Delta t}=\lim_{\Delta t\to 0}\frac{-96\Delta t-16\,(\Delta t)^2}{\Delta t}=-96(\text{m/s}).$$

必须补充的是：求落体在 t_0 时刻的速度，我们不是孤立地仅考虑 t_0 这一瞬时，而是把落体在 t_0 时刻的运动状态和它前后的运动状态联系起来．为此，先让时间 t_0 有一增量 Δt，从而位移相应地有增量 $\Delta S=S(t_0+\Delta t)-S(t_0)$，求出平均速度 $\bar{v}=\frac{\Delta S}{\Delta t}$，最后令 $\Delta t\to 0$，得 t_0 时刻瞬时速度 $v=\lim\limits_{\Delta t\to 0}\frac{\Delta S}{\Delta t}$.

二、曲线的切线问题

曲线的切线问题作为微分学中心问题的探讨，却是比较晚的事．换句话说，研究微分学的时间起点远远落在积分学的时间起点之后．从这一个例子可以看出一种科目的学

习顺序并不常常和历史发展的顺序一致，现在的教科书通常是把微分学写在积分学前面的.

17 世纪著名数学家费尔马、笛卡尔、罗伯瓦等都曾卷入“切线问题”的论战中．笛卡尔和费尔马从几何的角度出发，认为切线是当两个交点重合时的割线；罗伯瓦从运动的角度出发，将切线看作描述沿曲线的运动在这点的方向．这两种不同的观点，有趣地构成流数术（即微积分）和微分法的序幕.

罗伯瓦的观点至今在力学中还有实际意义. 费尔马的看法和现代的切线定义稍有出入，事实上切线只是割线的极限，它本身并不是割线.

设曲线 $y=f(x)$的图形如图 3－1 所示，点 $M(x_0, y_0)$为曲线上一定点，当自变量由 x_0变到 $x_0+\Delta x$ 时，曲线上对应的点是 $M_1(x_0+\Delta x, y_0+\Delta y)$，过点 M 及 M_1 作曲线的割线，则割线的斜率为

$$\tan\varphi=\frac{\Delta y}{\Delta x}=\frac{f(x_0+\Delta x)-f(x_0)}{\Delta x}$$

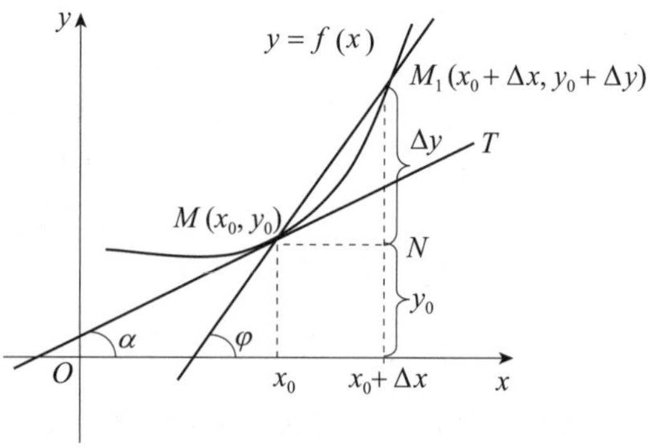

图 3－1

当 $\Delta x\to 0$ 时，点 M_1 沿曲线无限地趋向定点 M，从而割线 MM_1 也随之变动而趋向于极限位置 MT. 我们定义直线 MT 为曲线 $y=f(x)$在点 $M(x_0, y_0)$处的切线，相应地割线 MM_1 的倾角 φ 趋向于切线 MT 的倾角 α. 即

$$\tan\alpha=\lim_{\varphi\to\alpha}\tan\varphi=\lim_{\Delta x\to 0}\frac{\Delta y}{\Delta x}=\lim_{\Delta x\to 0}\frac{f(x_0+\Delta x)-f(x_0)}{\Delta x}.$$

上述变速直线运动的速度问题和曲线的切线问题，实际问题的背景和意义虽然不同，但解决问题的方法是相同的，我们从数学上总结这一求解过程，把它们最终归结为求因变量增量与自变量增量之比的极限，即变化率，这种变化率就叫作函数的导数，记为 $\tan\alpha=f'(x_0)$，即曲线 $y=f(x)$在点 $M(x_0, y_0)$处的切线斜率为 $f'(x_0)$.

例 2 设函数曲线 $y=x^2$，求：

(1) 该曲线在 $x=a$ 处的斜率；

(2) 该曲线在何处的斜率等于$-\frac{1}{4}$；

(3) 当 a 变化时，曲线 $y=x^2$ 在点(a, a^2)处的切线会发生什么样的变化?

解 (1) 曲线 $y=x^2$ 在(a, a^2)处的斜率为

$$\lim_{h\to 0}\frac{f(a+h)-f(a)}{h}=\lim_{h\to 0}\frac{(a+h)^2-a^2}{h}=\lim_{h\to 0}\frac{2ah+h^2}{h}=\lim_{h\to 0}(2a+h)=2a.$$

(2) 在点(a, a^2)处曲线 $y=x^2$ 的斜率为 $2a$，若

$$2a=-\frac{1}{4}$$

则 $a=-\frac{1}{8}$

因此曲线 $y=x^2$ 在 $\left(-\frac{1}{8}, \frac{1}{64}\right)$ 处的斜率为 $-\frac{1}{4}$.

(3) 注意到曲线 $y=x^2$ 在 $x=a$ 处的斜率为 $2a$，当 $a\to\infty$ 时，斜率趋于∞，即当 a 往 x 轴正负方向移动时，切线变得愈来愈陡.

习题 3-1

1. 以初速度 v_0 上抛物体，经过 t 秒后，其上升高度为 $h(t)=v_0t-\frac{1}{2}gt^2$，求：

(1) 物体从时刻 t_0 到时刻 $t_0+\Delta t$ 这段时间内所经过的距离 Δh 及平均速度 $\bar{v}$；

(2) 物体在 t_0 秒时的瞬时速度 $v(t_0)$；

(3) 若 $v_0=10$ m/s，$g=9.8$ m/s^2，求 $t_0=1$s 的瞬时速度 $v(1)$.

2. 求抛物线 $y=x^2+2x-1$ 上点(1，2)处的切线方程.

3. 求证双曲线 $y=\frac{1}{x}$ 上任意点处的切线与两坐标轴所围成的三角形面积恒等于 2.

项目二　导数

一、导数的定义

把变化看作随时间的变化是自然的，其他的变量也可以用同样的方式来处理．例如，医生想要知道药的剂量的变化所引起人体对药物反应的影响．经济学家想研究商店的销售成本是如何随着销售量的变化而变化的．在这些应用中，把变化率问题用导数描述，建立相应的数学模型．我们把变化率提升为一个共性，即下面给出的导数定义.

定义 3.2.1　设函数 $y=f(x)$ 在点 x_0 的某邻域内有定义，当自变量在 x_0 处有增量 $\Delta x(\Delta x\neq 0)$ 时，相应地函数也有增量 $\Delta y=f(x_0+\Delta x)-f(x_0)$，如果当 $\Delta x\to 0$ 时，$\frac{\Delta y}{\Delta x}$ 的极限存在，即 $\lim\limits_{\Delta x\to 0}\frac{\Delta y}{\Delta x}=\lim\limits_{\Delta x\to 0}\frac{f(x_0+\Delta x)-f(x_0)}{\Delta x}$ 存在，则称 $f(x)$ 在 x_0 处可导，且称此极限值为函数 $y=f(x)$ 在 $x=x_0$ 处的导数．记作 $f'(x_0)$. 即

$$f'(x_0)=\lim_{\Delta x\to 0}\frac{f(x_0+\Delta x)-f(x_0)}{\Delta x} \tag{3.2.1}$$

也可记为 $y'\big|_{x=x_0}$，$\frac{\mathrm{d}y}{\mathrm{d}x}\big|_{x=x_0}$ 或 $\frac{\mathrm{d}f}{\mathrm{d}x}\big|_{x=x_0}$.

如果上述极限不存在，就称 $f(x)$ 在 x_0 处的导数不存在，或者说 $f(x)$ 在 x_0 处不可导.

如果令 $x_0+\Delta x=x$，则 $\Delta x=x-x_0$，且当 $\Delta x\to 0$ 时，$x\to x_0$，于是，式子（3.2.1）可变成导数的另一个形式

$$f'(x_0)=\lim_{x\to x_0}\frac{f(x)-f(x_0)}{x-x_0} \tag{3.2.2}$$

例 1 求函数 $f(x)=x^2-5x$ 在 $x_0=1$ 处的导数.

解 设函数在点 $x_0=1$ 处有增量 Δx，故

$$\begin{aligned}\Delta y&=f(1+\Delta x)-f(1)=(1+\Delta x)^2-5\cdot(1+\Delta x)-(1-5)\\&=2\Delta x+(\Delta x)^2-5\Delta x=(\Delta x)^2-3\Delta x\end{aligned}$$

因此 $\dfrac{\Delta y}{\Delta x}=\Delta x-3$

所以

$$\left.\frac{\mathrm{d}y}{\mathrm{d}x}\right|_{x=1}=\lim_{\Delta x\to 0}\frac{\Delta y}{\Delta x}=\lim_{\Delta x\to 0}(\Delta x-3)=-3.$$

下面我们给出函数 $f(x)$ 在区间上可导的定义：

定义 3.2.2 如果函数 $f(x)$ 在区间 (a,b) 内的每一点 x 处都可导，则称 $f(x)$ 在 (a,b) 内可导，其导数值 $f'(x)$ 是一随 x 的变化而变化的函数，称作 $f(x)$ 的导函数．记作 $f'(x)$，y'，$\dfrac{\mathrm{d}y}{\mathrm{d}x}$ 或 $\dfrac{\mathrm{d}f}{\mathrm{d}x}$.

由导数定义，本模块项目一的两个实际问题可以叙述为：

（1）瞬时速度是距离 S 对时间 t 的导数，即

$$v=S'=\frac{\mathrm{d}S}{\mathrm{d}t}$$

（2）曲线 $y=f(x)$ 在点 x 处的切线的斜率是 $y=f(x)$ 对 x 的导数，即

$$\tan\alpha=f'(x)=\frac{\mathrm{d}y}{\mathrm{d}x}$$

其中 α 是切线的倾角.

二、左导数与右导数

由于导数是用增量之比的极限来定义的，我们也往往根据需要，考察它的单侧极限，所以有如下左、右导数的定义：

定义 3.2.3 设函数 $f(x)$ 在点 x_0 的某邻域内有定义：

（1）如果极限 $\displaystyle\lim_{\Delta x\to 0^-}\frac{f(x_0+\Delta x)-f(x_0)}{\Delta x}$ 存在，则称此极限值为 $f(x)$ 在点 x_0 处的左导数，记作 $f'_-(x_0)$；

（2）如果极限 $\displaystyle\lim_{\Delta x\to 0^+}\frac{f(x_0+\Delta x)-f(x_0)}{\Delta x}$ 存在，则称此极限值为 $f(x)$ 在点 x_0 处的右导数，记作 $f'_+(x_0)$.

显然，当且仅当 $f(x)$ 在点 x_0 处的左、右导数都存在且相等时，函数在该点才是可导的．左、右导数常常用于讨论分段函数在分段点处的可导性．

另外，如果 $f(x)$ 在开区间（a，b）内处处可导，且 $f'_+(a)$ 及 $f'_-(b)$ 均存在，则称 $f(x)$ 在闭区间［a，b］上可导.

例 2 讨论函数 $f(x)=1-|x|$ 在 $x=0$ 处的连续性与可导性（图 3-2）.

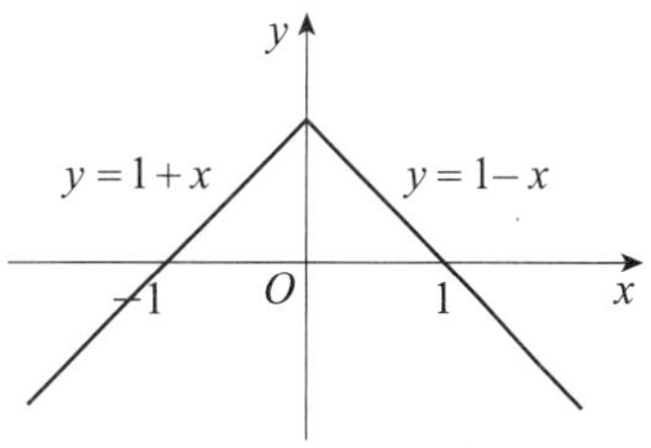

图 3-2

解 函数 $f(x)$ 可表示为

$$f(x)=1-|x|=\begin{cases}1+x, & x<0\\ 1-x, & x\geqslant 0\end{cases}$$

因为 $\lim\limits_{x\to 0^-}f(x)=\lim\limits_{x\to 0^-}(1+x)=1$，$\lim\limits_{x\to 0^+}f(x)=\lim\limits_{x\to 0^+}(1-x)=1$

从而 $\lim\limits_{x\to 0}f(x)=1$. 又 $f(0)=1$

故 $\lim\limits_{x\to 0}f(x)=f(0)$

所以 $f(x)$ 在 $x=0$ 处连续.

又因为

$$f'_-(0)=\lim_{x\to 0^-}\frac{f(x)-f(0)}{x}=\lim_{x\to 0^-}\frac{1+x-1}{x}=1$$

$$f'_+(0)=\lim_{x\to 0^+}\frac{f(x)-f(0)}{x}=\lim_{x\to 0^+}\frac{1-x-1}{x}=-1$$

所以 $f(x)$ 在 $x=0$ 处的左、右导数存在但不相等，于是 $f(x)$ 在 $x=0$ 处不可导.

三、可导与连续之间的关系

设函数 $y=f(x)$ 在点 x_0 处可导，则极限

$$\lim_{\Delta x\to 0}\frac{\Delta y}{\Delta x}=f'(x_0)$$

存在. 由函数极限与无穷小的关系可知

$$\frac{\Delta y}{\Delta x}=f'(x_0)+\alpha$$

其中 $\lim\limits_{\Delta x\to 0}\alpha=0$，等式两边同乘以 Δx 得

$$\Delta y=f'(x_0)\cdot\Delta x+\alpha\cdot\Delta x$$

当 $\Delta x\to 0$ 时，$\Delta y\to 0$，所以函数 $f(x)$ 在 x_0 处连续.

定理 3.2.1 如果函数 $f(x)$ 在 x_0 处可导，则它在点 x_0 处连续.

注意 这个定理的逆定理不成立，即函数 $y=f(x)$ 在点 x_0 处连续，但在点 x_0 处不一定可导.

例 3 试证函数 $y=|x|=\begin{cases}x, & x\geqslant 0\\ -x, & x<0\end{cases}$ 在 $x=0$ 处连续（图 3-3），但不可导.

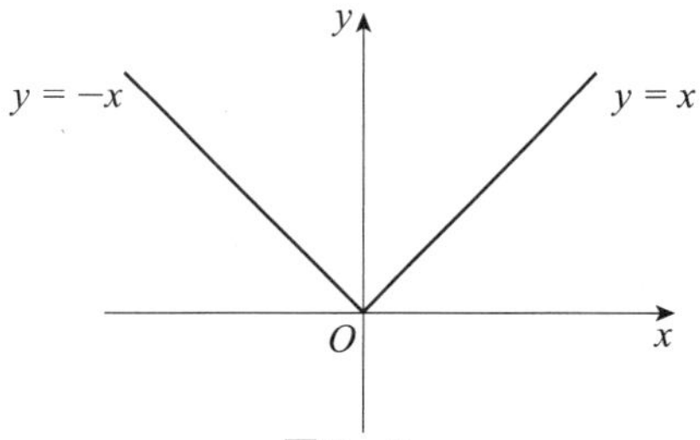

图 3-3

证 显然 $f(x)$ 在 $x=0$ 处有定义，且 $f(0)=0$，又因为

$$\lim_{x\to 0^+}f(x)=\lim_{x\to 0^+}x=0$$

$$\lim_{x\to 0^-}f(x)=\lim_{x\to 0^-}(-x)=0$$

所以，$\lim\limits_{x\to 0}f(x)=f(0)=0$，函数 $y=|x|$ 在点 $x=0$ 处连续.

又因为

$$\lim_{\Delta x\to 0^+}\frac{\Delta y}{\Delta x}=\lim_{\Delta x\to 0^+}\frac{|\Delta x|}{\Delta x}=1$$

$$\lim_{\Delta x\to 0^-}\frac{\Delta y}{\Delta x}=\lim_{\Delta x\to 0^-}\frac{|\Delta x|}{\Delta x}=-1\ .$$

由于左、右极限不相等，所以极限 $\lim\limits_{\Delta x\to 0}\frac{\Delta y}{\Delta x}$ 不存在，故函数在点 $x=0$ 处不可导.

例 4 函数 $f(x)=\begin{cases}x+2, & 0\leqslant x<1\\ 3x-1, & x\geqslant 1\end{cases}$ 在点 $x=1$ 处是否可导？

解 因为

左极限 $\lim\limits_{x\to 1^-}f(x)=\lim\limits_{x\to 1^-}(x+2)=3$

右极限 $\lim\limits_{x\to 1^+}f(x)=\lim\limits_{x\to 1^+}(3x-1)=2$

即 $\lim\limits_{x\to 1^-}f(x)\neq\lim\limits_{x\to 1^+}f(x)$

所以，$\lim\limits_{x\to 1}f(x)$ 不存在，即 $f(x)$ 在 $x=1$ 处不连续，故 $f(x)$ 在 $x=1$ 处不可导.

定理 3.2.1 说明：连续是函数可导的必要条件，而不是充分条件，即可导一定连续，但连续不一定可导.

也就是说：如果我们已经判断出函数在某点处不连续，则可知函数在该点处不可导. 反之，如果函数在某点处连续，则不能就此判定函数在某点处可导.

四、导数的几何意义

函数 $f(x)$ 在 x_0 处的导数 $f'(x_0)$，其几何意义就是函数 $y=f(x)$ 在点 $M(x_0, y_0)$ 处的切线的斜率：

$$f'(x_0)=\lim_{\Delta x\to 0}\frac{\Delta y}{\Delta x}=\lim_{\Delta\varphi\to\alpha}\tan\varphi=\tan\alpha\ \left(\alpha\neq\frac{\pi}{2}\right)$$

如果 $f'(x_0)>0$，则函数曲线在相应点 M 处的切线倾角 α 是锐角，曲线在点 M 附近是上升的（图 3-4(a)).

如果 $f'(x_0)<0$，则函数曲线在相应点 M 处的切线倾角 α 是钝角，曲线在点 M 附近是下降的（图 3-4(b)).

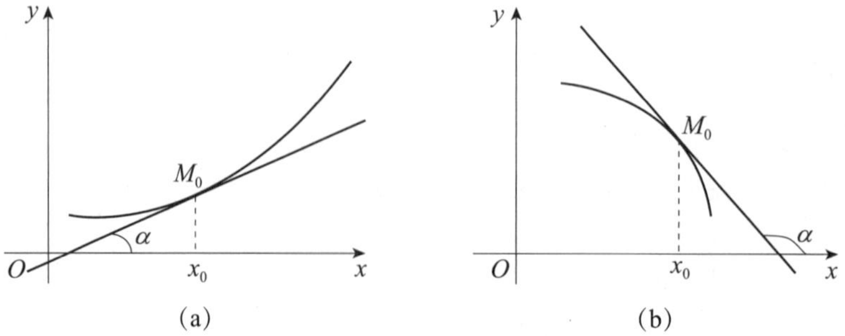

图 3-4

由导数的几何意义及直线的点斜式方程，可得曲线 $y=f(x)$ 在点 $M(x_0, y_0)$ 处的切线方程：

$$y-y_0=f'(x_0)(x-x_0)$$

及法线方程：

$$y-y_0=-\frac{1}{f'(x_0)}(x-x_0).$$

例 5　求曲线 $y=x^3+1$ 在点（1，2）处的切线方程和法线方程.

解　由导数定义可知

$$f'(1)=\lim_{x\to 1}\frac{f(x)-f(1)}{x-1}=\lim_{x\to 1}\frac{x^3+1-2}{x-1}=\lim_{x\to 1}\frac{(x-1)(x^2+x+1)}{x-1}$$
$$=\lim_{x\to 1}(x^2+x+1)=3$$

得曲线在点（1，2）处的切线方程为

$$y-2=3(x-1)$$

即

$$3x-y-1=0.$$

其法线方程为

$$y-2=-\frac{1}{3}(x-1)$$

即

$$x+3y-7=0.$$

五、用导数定义求导数

由导数定义可将求导数的方法概括为以下几个步骤：

（1）求出对应于自变量改变量 Δx 的函数改变量 $\Delta y=f(x+\Delta x)-f(x)$.

（2）求比值：

$$\frac{\Delta y}{\Delta x}=\frac{f(x+\Delta x)-f(x)}{\Delta x}$$

（3）求当 $\Delta x\to 0$ 时，$\frac{\Delta y}{\Delta x}$的极限，即：

$$y'=f'(x)=\lim_{\Delta x\to 0}\frac{f(x+\Delta x)-f(x)}{\Delta x}$$

例 6　（常函数的导数）设 $f(x)=C$（C 为常数），求 y'.

解　$\Delta y=f(x+\Delta x)-f(x)=C-C=0$，$\lim\limits_{\Delta x\to 0}\frac{\Delta y}{\Delta x}=0$，即 $C'=0$.

例 7　（幂函数的导数）设 $y=x^n$（n 为正整数），求 y'.

解　记 $f(x)=x^n$，则

$$\Delta y=(x+\Delta x)^n-x^n=x^n+nx^{n-1}\Delta x+\frac{n(n-1)}{2}x^{n-2}(\Delta x)^2+\cdots+(\Delta x)^n-x^n$$
$$=nx^{n-1}\Delta x+\frac{n(n-1)}{2}x^{n-2}(\Delta x)^2+\cdots+(\Delta x)^n$$

$$\frac{\Delta y}{\Delta x}=nx^{n-1}+\frac{n(n-1)}{2}x^{n-2}\Delta x+\cdots+(\Delta x)^{n-1}$$

$$y'=\lim_{\Delta x\to 0}\frac{\Delta y}{\Delta x}=\lim_{\Delta x\to 0}\left[nx^{n-1}+\frac{n(n-1)}{2}x^{n-2}\Delta x+\cdots+(\Delta x)^{n-1}\right]=nx^{n-1}$$

即 $(x^n)'=nx^{n-1}$

特别地：

若 $n=1$，则 $x'=1$.

若 $n=2$，则 $(x^2)'=2x$.

更一般地，对于幂函数 $y=x^\mu$（μ 为常数），有 $(x^\mu)'=\mu x^{\mu-1}$，$\mu\in\mathbf{R}$，例如

$$\left(\frac{1}{x}\right)'=-\frac{1}{x^2}，(\sqrt{x})'=\frac{1}{2\sqrt{x}}.$$

例 8 （指数函数的导数）设 $y=a^x$（$a>0$，$a\neq1$），求 y'.

解 记 $f(x)=a^x$，则

$$\Delta y=f(x+\Delta x)-f(x)=a^{(x+\Delta x)}-a^x$$

$$\frac{\Delta y}{\Delta x}=\frac{a^x(a^{\Delta x}-1)}{\Delta x}$$

令 $a^{\Delta x}-1=\beta$，则 $\Delta x=\dfrac{\ln(1+\beta)}{\ln a}$，当 $\Delta x\to0$ 时，$\beta\to0$，所以

$$y'=\lim_{\Delta x\to0}\frac{\Delta y}{\Delta x}=\lim_{\Delta x\to0}a^x\cdot\frac{a^{\Delta x}-1}{\Delta x}=\lim_{\beta\to0}a^x\cdot\frac{\beta\ln a}{\ln(1+\beta)}$$

$$=a^x\ln a\cdot\lim_{\beta\to0}\frac{1}{\frac{1}{\beta}\ln(1+\beta)}$$

$$=a^x\ln a\cdot\lim_{\beta\to0}\frac{1}{\ln(1+\beta)^{\frac{1}{\beta}}}=a^x\ln a$$

即 $(a^x)'=a^x\ln a$.

特别地，若 $a=\mathrm{e}$，则 $(\mathrm{e}^x)'=\mathrm{e}^x$.

同理可证：

$$(\log_a x)'=\frac{1}{x\ln a}(a>0);$$

$$(\ln x)'=\frac{1}{x};$$

$$(\sin x)'=\cos x;$$

$$(\cos x)'=-\sin x.$$

六、导数的实际意义

工程师把速度和加速度称为所描述运动的函数的导数，经济学家则把变化率和导数称为边际．通过导数概念的实例分析和导数定义的讨论，可得出如下结论：

（1）瞬时速度 v 是路程函数 $S=S(t)$ 对时间 t 的导数，即 $v=\dfrac{\mathrm{d}S}{\mathrm{d}t}$. 加速度 a 是速度函数 $v=v(t)$ 对时间 t 的导数，即 $a=\dfrac{\mathrm{d}v}{\mathrm{d}t}$.

（2）曲线 $y=f(x)$ 在点 (x, y) 处的切线的斜率 k 是 $f(x)$ 对 x 的导数，即 $k=f'(x)$ 或 $\tan\alpha=f'(x)$，其中 α 为切线的倾斜角.

（3）某产品的产量函数 $P=P(k)$，其中 k 为资本，则产量函数 $P(k)$ 对资本 k 的导

数 $P'(k)$ 称为资本的边际产出.

(4) 某产品的总成本 $C=C(x)$，x 为产品产量，则成本函数 $C(x)$ 对产量 x 的导数 $C'(x)$ 称为边际成本.

例 9　假设在生产 8～30 台空调的情况下，生产 x 台空调的成本为

$$C(x)=x^3-6x^2+15x\ (\text{元})$$

而售出 x 台空调的收入为

$$R(x)=x^3-3x^2+12x\ (\text{元})$$

工厂目前每天生产 10 台空调，若每天再多生产 1 台空调，则边际成本为多少？边际收入为多少？

解　设在每天生产 10 台空调的情况下，若每天再多生产 1 台，则边际成本为 $C'(10)$，即

$$C'(x)=\frac{\mathrm{d}}{\mathrm{d}x}(x^3-6x^2+15x)=3x^2-12x+15$$

$$C'(10)=3\times100-12\times10+15=195\ (\text{元})$$

边际成本为 195 元.

边际收入为

$$R'(x)=\frac{\mathrm{d}}{\mathrm{d}x}(x^3-3x^2+12x)=3x^2-6x+12$$

通过边际收入可以计算出多卖出 1 台空调的收入的增加数量. 如果目前是每天售出 10 台的话，那么，如果每天销售数量增加到 11 台时，可以期望的收入增加约为

$$R'(10)=3\times100-6\times10+12=252\ (\text{元}).$$

习题 3－2

1. 根据导数定义，求下列各函数在给定点的导数 $\left.\frac{\mathrm{d}y}{\mathrm{d}x}\right|_{x=x_0}$.

(1) $y=x^2$，$x_0=5$　　(2) $y=\sin2x$，$x_0=0$

2. 假定 $f'(x_0)$ 存在，指出下列各极限表示什么？

(1) $\lim\limits_{\Delta x\to0}\frac{f(x_0+2\Delta x)-f(x_0)}{\Delta x}$　　(2) $\lim\limits_{h\to0}\frac{f(x_0-h)-f(x_0)}{h}$

(3) $\lim\limits_{h\to0}\frac{f(x_0-2h)-f(x_0)}{h}$　　(4) $\lim\limits_{\Delta x\to0}\frac{f(x_0+2\Delta x)-f(x_0-2\Delta x)}{\Delta x}$

3. 求双曲线 $y=\frac{1}{x}$ 在点 $\left(\frac{1}{2},\ 2\right)$ 处的切线方程和法线方程.

4. 求曲线 $y=\ln x$ 在点 $M(\mathrm{e},\ 1)$ 处的切线方程.

5. 曲线 $y=x^3-2x$ 上何处的切线平行于直线 $y=x+2$？

6. 求下列函数的导数.

(1) $y=x^5$　　(2) $y=x^2\cdot\frac{1}{\sqrt{x}}$　　(3) $y=\sin x$

(4) $y=3^x\cdot 2^x$ (5) $y=\sqrt[3]{x^2}\cdot\sqrt{x}$ (6) $y=\sqrt{x\sqrt{x\sqrt{x}}}$

7. 设 $f(0)=0$，$f'(0)$存在，求$\lim\limits_{x\to 0}\dfrac{f(x)}{x}$.

8. 设 $f(x)=\begin{cases}x^2, & x\geqslant 0\\ -x, & x<0\end{cases}$，求 $f'_-(0)$，$f'_+(0)$，并判断 $f'(0)$是否存在.

9. 函数 $f(x)=\begin{cases}x^2+1, & 0\leqslant x<1\\ 3x-1, & x\geqslant 1\end{cases}$在点 $x=1$ 处是否可导？为什么？

10. 设 $f(x)=\sqrt[3]{x}$，讨论 $f(x)$在点 $x=0$ 处的连续性与可导性.

11. 问 a，b 取何值才能使函数 $f(x)=\begin{cases}x^2, & x\leqslant 1\\ ax+b, & x>1\end{cases}$在 $x=1$ 处连续且可导？

12. 设函数 $f(x)=\begin{cases}\mathrm{e}^{\tan x}+\ln a, & x<0\\ bx, & x\geqslant 0\end{cases}$在 $x=0$ 处可导，求常数 a，b，并求 $f'(0)$.

13. 据估计，某杂志的发行量将随着时间的变化而变化，其关系由 $C(t)=100t^2+400t+500$ 给出（时间 t 的单位为年）.

(1) 求发行量关于时间 t 的变化率；

(2) 求第 5 年发行量的变化率，此时发行量是增加还是减少？

(3) 第 6 年发行量实际变化了多少？

14. 统计资料表明，某地区的人口数将由表达式 $P(t)=20-\dfrac{6}{t+1}$（万人）（t 的单位为年）给出.

(1) 求 t 年后人口数的变化率的表达式；

(2) 1 年后人口增长率是多少？

(3) 第 2 年人口实际增长了多少？

(4) 9 年后的人口增长率是多少？

(5) 许多年以后，该地区的人口增长率将如何变化？

15. 假设生产 x 台洗衣机的成本为 $C(x)=2\,000+100x-0.1x^2$，则

(1) 求生产前 100 台洗衣机的平均成本；

(2) 求当 100 台洗衣机生产出来时的边际成本；

(3) 证明当 100 台洗衣机生产出来时的边际成本近似等于在 100 台之后多生产一台洗衣机的成本，通过直接计算来求得生产第 101 台洗衣机的成本.

项目三 导数的基本公式与运算法则

根据导数的定义，我们可以求出一些常见函数的导数，但如果对每一个函数，都直接按定义去求它的导数，那将是非常麻烦的．因此，我们希望借助导数的基本公式与运算法则，建立已知的基本初等函数导数与初等函数四则运算后所得到的初等函数的导数

计算之间的联系，从而简化一般初等函数导数计算的过程.

一、导数的四则运算

定理 3.3.1 设函数 $u=u(x)$ 与 $v=v(x)$ 在点 x 可导，则有

(1) $(u\pm v)'=u'\pm v'$

(2) $(uv)'=u'\cdot v+u\cdot v'$

(3) $\left(\frac{u}{v}\right)'=\frac{u'v-uv'}{v^2}(v\neq0)$

特别地，当 $v=C$ 时(C 为常数)

$$y'=(Cu)'=Cu',$$

即常数因子可以移到导数符号外面.

公式 (1) 与 (2) 可以推广到有限多个函数的情况，即

$$(u_1+u_2+\cdots+u_n)'=u_1'+u_2'+\cdots+u_n'$$

$$(u_1u_2\cdot\cdots\cdot u_n)'=u_1'u_2\cdot\cdots\cdot u_n+u_1u_2'\cdot\cdots\cdot u_n+\cdots+u_1u_2\cdot\cdots\cdot u_{n-1}u_n'$$

例 1 设 $y=\frac{x-\sqrt{\pi x}+2}{\sqrt{x}}$，求 y'.

解 $y'=\left[\frac{x-\sqrt{\pi x}+2}{\sqrt{x}}\right]'=(x^{\frac{1}{2}}-\sqrt{\pi}+2x^{-\frac{1}{2}})'=(x^{\frac{1}{2}})'-(\sqrt{\pi})'+2(x^{-\frac{1}{2}})'$

$$=\frac{1}{2}x^{-\frac{1}{2}}+2\cdot\left(-\frac{1}{2}\right)x^{-\frac{3}{2}}=\frac{1}{2\sqrt{x}}-\frac{1}{x\sqrt{x}}.$$

例 2 设 $y=\cos x+e^x+\ln x+a^2$，求 y'.

解 $y'=(\cos x+e^x+\ln x+a^2)'$

$$=(\cos x)'+(e^x)'+(\ln x)'+(a^2)'$$

$$=-\sin x+e^x+\frac{1}{x}.$$

例 3 设 $y=a^x+x^a+a^a$，求 y'.

解 $y'=(a^x+x^a+a^a)'=(a^x)'+(x^a)'+(a^a)'=a^x\ln a+ax^{a-1}$.

例 4 设 $y=x^2\sin x$，求 y'.

解 $y'=(x^2)'\sin x+x^2(\sin x)'=2x\sin x+x^2\cos x$.

例 5 设 $y=\tan x$，求 y'.

解 $y'=(\tan x)'=\left(\frac{\sin x}{\cos x}\right)'=\frac{(\sin x)'\cos x-\sin x(\cos x)'}{\cos^2x}=\frac{\cos^2x+\sin^2x}{\cos^2x}=\sec^2x.$

同理可得，$(\cot x)'=-\csc^2x$.

例 6 设 $y=\sec x$，求 y'.

解 $y'=(\sec x)'=\left(\frac{1}{\cos x}\right)'=\frac{0\cdot\cos x-(\cos x)'}{\cos^2x}=\frac{\sin x}{\cos^2x}=\sec x\tan x.$

同理可得，$(\csc x)'=-\csc x\cot x$.

例 7 设 $y=\frac{x}{1-\sin x}$，求 $y'|_{x=0}$.

解 $y'=\frac{(x)'(1-\sin x)-x(1-\sin x)'}{(1-\sin x)^2}=\frac{1-\sin x+x\cos x}{(1-\sin x)^2}$

所以，$y'|_{x=0}=\left.\dfrac{1-\sin x+x\cos x}{(1-\sin x)^2}\right|_{x=0}=1.$

二、复合函数的求导法则

引例 求函数 $y=\sin 2x$ 的导数.

$(\sin 2x)'=\cos 2x$ 是否正确呢？显然是错误的．正确的做法是：

$$y'=(\sin 2x)'=(2\sin x\cos x)'=2(\sin x)'\cos x+2\sin x(\cos x)'$$
$$=2\cos^2 x-2\sin^2 x=2\cos 2x$$

导致错误的原因是什么呢？这是因为 $y=\sin 2x$ 不是基本初等函数，而是关于 x 的复合函数，即函数 $y=\sin 2x$ 是函数 $y=\sin u$ 和 $u=2x$ 的复合函数，分别求导后我们有

$$\frac{\mathrm{d}y}{\mathrm{d}x}=2\cos 2x，\frac{\mathrm{d}y}{\mathrm{d}u}=\cos u，\frac{\mathrm{d}u}{\mathrm{d}x}=2$$

因此可以发现$\dfrac{\mathrm{d}y}{\mathrm{d}x}=\dfrac{\mathrm{d}y}{\mathrm{d}u}\cdot\dfrac{\mathrm{d}u}{\mathrm{d}x}$，这是偶然的吗？

如果我们把导数设想为变化率，直观上告诉我们这种关系是合理的．如果在 $x=\dfrac{\pi}{6}$ 时，$u=2x$ 的变化是 x 变化的 2 倍那样快，而 $y=\sin u$ 的变化是 u 变化的$\dfrac{1}{2}$倍那样快，那么我们预期 $y=\sin 2x$ 的变化和 x 变化一样快．这种效果有点像多个齿轮组成的齿轮链，如图 3－5 所示．因此，复合函数也有自己的求导法则.

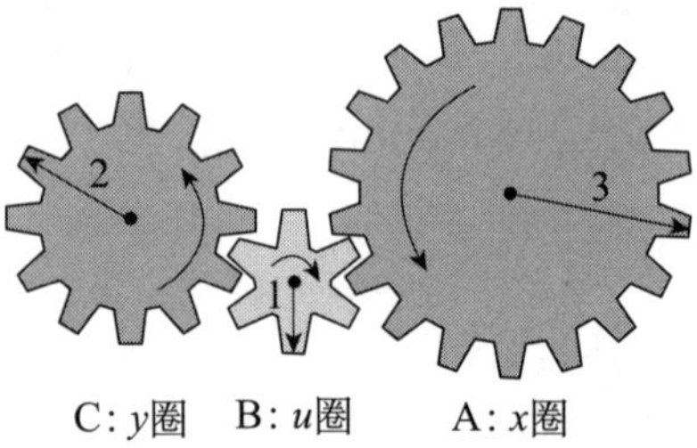

图 3－5

定理 3.3.2 （复合函数的链式求导法则）设函数 $u=\varphi(x)$在点 x 处可导，函数 $y=f(u)$在对应点 u 处可导，则复合函数 $y=f[\varphi(x)]$在点 x 处可导，且

$$\frac{\mathrm{d}y}{\mathrm{d}x}=\frac{\mathrm{d}y}{\mathrm{d}u}\cdot\frac{\mathrm{d}u}{\mathrm{d}x} \tag{3.3.1}$$

或

$$y'=\frac{\mathrm{d}y}{\mathrm{d}x}=f'(u)\cdot\varphi'(x) \tag{3.3.2}$$

上述定理可推广到有限次复合的情况．例如，设 $y=f(u)$，$u=\varphi(v)$，$v=\psi(x)$，则复合函数 $y=f\{\varphi[\psi(x)]\}$ 对 x 的导数是

$$\frac{\mathrm{d}y}{\mathrm{d}x}=\frac{\mathrm{d}y}{\mathrm{d}u}\cdot\frac{\mathrm{d}u}{\mathrm{d}v}\cdot\frac{\mathrm{d}v}{\mathrm{d}x}$$

或

$y'=f'(u)\ \varphi'(v)\ \psi'(x).$

例 8　设 $y=(1-2x)^{2\,024}$，求 y'.

解　设 $y=u^{2\,024}$，$u=1-2x$，则由公式（3.3.1）得

$$y'=(u^{2\,024})'\cdot(1-2x)'=2\,024u^{2\,023}\cdot(-2)=-4\,048\,(1-2x)^{2\,023}.$$

例 9　设 $y=\cos x^2$，求 y'.

解　设 $y=\cos u$，$u=x^2$，则

$$y'=(\cos u)'(x^2)'=-\sin u\cdot 2x=-2x\sin x^2.$$

在熟悉了链式求导法则后，可以不写出中间变量而直接求导，对外函数求导再乘内函数的导数，当内函数是复合函数时，重复使用链式求导法则就可以了．关键是理清复合函数结构，由外向内逐层求导.

例 10　设 $y=\sqrt{\dfrac{1+x}{1-x}}$，求 y'.

解　$$y'=\left[\left(\frac{1+x}{1-x}\right)^{\frac{1}{2}}\right]'=\frac{1}{2}\left(\frac{1+x}{1-x}\right)^{-\frac{1}{2}}\cdot\left(\frac{1+x}{1-x}\right)'=\frac{1}{2}\left(\frac{1-x}{1+x}\right)^{\frac{1}{2}}\cdot\frac{1-x+1+x}{(1-x)^2}$$

$$=\frac{1}{2}\left(\frac{1-x}{1+x}\right)^{\frac{1}{2}}\cdot\frac{2}{(1-x)^2}=\frac{1}{(1-x)(1-x^2)^{\frac{1}{2}}}.$$

三、反函数求导法则

设函数 $y=f(x)$在 x 处有不等于零的导数，且其反函数 $x=\varphi(y)$在相应点处连续，则 $\varphi'(y)$存在，且

$$\varphi'(y)=\frac{1}{f'(x)} \tag{3.3.3}$$

即反函数的导数等于直接函数的导数的倒数.

证　在反函数导数存在的前提下，由于

$$\varphi[f(x)]=x$$

两边对 x 求导，则得

$$\frac{\mathrm{d}\varphi}{\mathrm{d}y}\cdot\frac{\mathrm{d}y}{\mathrm{d}x}=1$$

即

$$\varphi'(y)=\frac{1}{f'(x)}.$$

例 11　设 $y=\arcsin x$（$-1<x<1$），求 y'.

解　$y=\arcsin x$（$-1<x<1$）的反函数为

$$x=\sin y\ \left(-\frac{\pi}{2}<y<\frac{\pi}{2}\right)$$

而　$$(\sin y)'=\cos y>0\ \left(-\frac{\pi}{2}<y<\frac{\pi}{2}\right)$$

$$\cos y=\sqrt{1-\sin^2 y}=\sqrt{1-x^2}>0$$

由式（3.3.3）得

$$y'=(\arcsin x)'=\frac{1}{(\sin y)'}=\frac{1}{\sqrt{1-x^2}}\quad(-1<x<1)$$

即$(\arcsin x)'=\frac{1}{\sqrt{1-x^2}}\ (-1<x<1)$.

同理可得$(\arccos x)'=\frac{-1}{\sqrt{1-x^2}}\ (-1<x<1)$.

例 12 设 $y=\arctan x$，求 y'.

解 $y=\arctan x\ (-\infty<x<+\infty)$的反函数为

$x=\tan y\ (-1<x<1)$

而 $(\tan y)'=\sec^2 y=1+\tan^2 y=1+x^2$，则

$$y'=(\arctan x)'=\frac{1}{(\tan y)'}=\frac{1}{1+x^2}\ (-\infty<x<+\infty)$$

即$(\arctan x)'=\frac{1}{1+x^2}\ (-\infty<x<+\infty)$.

同理可得$(\text{arccot}\, x)'=\frac{-1}{1+x^2}\ (-\infty<x<+\infty)$.

四、隐函数求导法则

函数 $y=f(x)$的形式，是因变量 y 由含有自变量 x 的数学式子直接表示的函数，例如 $y=\cos 2x$，$y=1-x$ 等，称为显函数.

如果变量 x 与 y 的函数关系可以由一个二元方程 $f(x,\ y)=0$ 表示，例如 $e^{xy}+xy=0$，$x^2+y^2=1$，$x+y^3-1=0$ 等，对在给定范围内的每一个 x，通过方程有确定的 y 值与之对应，所以 y 是 x 的函数，这种函数关系称为隐函数.

把隐函数化为显函数，称为隐函数的显化．例如从方程 $x+y^3-1=0$ 中解出 $y=\sqrt[3]{1-x}$，就把隐函数显化为了显函数．但有时隐函数的显化有困难，甚至有时变量 y 不一定能用自变量 x 直接表示，例如 $e^{xy}+xy=0$ 就不能显化．所以不管隐函数能否显化，我们希望有一种方法直接由方程求出它所确定的隐函数的导数.

要求由方程 $f(x,\ y)=0$ 所确定的隐函数 $y(x)$的导数 y'，只要将 y 视为 x 的函数，利用复合函数的求导法则，对方程两边关于 x 求导，得到一个含有 y'的方程，解出 y'就可以了.

例 13 由方程 $y=1+xe^y$ 确定 y 是 x 的函数，求 $y'|_{x=0}$.

解 将方程两边对 x 求导，得

$$y'=e^y+xe^y y'$$

解出 y'，得

$$y'=\frac{e^y}{1-xe^y}$$

令 $x=0$，由 $y=1+xe^y$ 知 $y|_{x=0}=1$，故

$$y'|_{x=0}=e.$$

例 14 由方程 $x^2+xy+y^2=4$ 确定 y 是 x 的函数，求其曲线上点 $(2,\ -2)$处的切线方程.

解 将方程两边对 x 求导，得

$$2x+y+xy'+2yy'=0$$

解出 y'，得

$$y'=-\frac{2x+y}{x+2y}$$

由 $y'\big|_{\substack{x=2\\y=-2}}=1$，于是点(2，−2)处的切线方程是

$$y+2=x-2$$

即 $y=x-4$.

五、参数方程求导法则

有时，我们常常会遇见因变量 y 与自变量 x 之间的关系通过一个参变量 t 来表示，例如，研究抛射体的运动问题时，如果空气阻力忽略不计，那么抛射体的运动轨迹就可表示为

$$\begin{cases}x=v_1t\\ y=v_2t-\dfrac{1}{2}gt^2\end{cases}$$

其中 v_1，v_2 分别为抛射体初速度的水平和铅直分量，g 为重力加速度，t 为飞行时间.

一般地，方程

$$\begin{cases}x=\varphi(t)\\ y=\psi(t)\end{cases}\ (t\text{ 为参数})$$

为函数的参数方程．下面讨论求由参数方程确定的 y 对 x 的导数 y'.

设 $x=\varphi(t)$有连续的反函数 $t=\varphi^{-1}(x)$，又 $\varphi'(t)$与 $\psi'(t)$存在，且 $\varphi'(t)\neq 0$，则 y 为复合函数

$$y=\psi(t)=\psi[\varphi^{-1}(x)]$$

利用反函数和复合函数求导法则，得

$$\frac{\mathrm{d}y}{\mathrm{d}x}=\frac{\mathrm{d}y}{\mathrm{d}t}\cdot\frac{\mathrm{d}t}{\mathrm{d}x}=\psi'(t)\cdot\frac{1}{\varphi'(t)}=\frac{\psi'(t)}{\varphi'(t)} \tag{3.3.4}$$

或

$$\frac{\mathrm{d}y}{\mathrm{d}x}=\frac{\mathrm{d}y}{\mathrm{d}t}\cdot\frac{\mathrm{d}t}{\mathrm{d}x}=\frac{\mathrm{d}y}{\mathrm{d}t}\Big/\frac{\mathrm{d}x}{\mathrm{d}t}=\frac{\psi'(t)}{\varphi'(t)}.$$

例 15　已知星形线的参数方程为 $\begin{cases}x=a\cos^3t\\ y=a\sin^3t\end{cases}$，求$\dfrac{\mathrm{d}y}{\mathrm{d}x}$.

解　因为 $x'(t)=(a\cos^3t)'=-3a\cos^2t\sin t$

$y'(t)=(a\sin^3t)'=3a\sin^2t\cos t$

所以，$\dfrac{\mathrm{d}y}{\mathrm{d}x}=\dfrac{y'(t)}{x'(t)}=\dfrac{3a\sin^2t\cos t}{-3a\cos^2t\sin t}=-\tan t$.

例 16　求曲线$\begin{cases}x=t\ln t\\ y=t\ln^2t\end{cases}$在 $t=\mathrm{e}$ 处的切线方程和法线方程.

解　由于 $\dfrac{\mathrm{d}y}{\mathrm{d}x}=\dfrac{y'(t)}{x'(t)}=\dfrac{\ln^2t+t\cdot 2\ln t\cdot\dfrac{1}{t}}{\ln t+t\cdot\dfrac{1}{t}}=\dfrac{\ln^2t+2\ln t}{\ln t+1}$

所以切线斜率 $k_1=\frac{\mathrm{d}y}{\mathrm{d}x}\Big|_{t=\mathrm{e}}=\frac{1+2}{1+1}=\frac{3}{2}$

法线斜率 $k_2=-\frac{1}{k_1}=-\frac{2}{3}$

当 $t=\mathrm{e}$ 时，$x=\mathrm{e}$，$y=\mathrm{e}$.

故切线方程为

$$y-\mathrm{e}=\frac{3}{2}(x-\mathrm{e})$$

即 $y=\frac{3}{2}x-\frac{\mathrm{e}}{2}$

法线方程为

$$y-\mathrm{e}=-\frac{2}{3}(x-\mathrm{e})$$

即 $y=-\frac{2}{3}x+\frac{5}{3}\mathrm{e}$.

六、对数求导法则

对数求导法是一个能够简化求导运算的方法．该方法利用对数可以化乘、除为加、减，化乘方、开方为乘、除的功能，使函数间的乘、除、乘方、开方的关系转化为加、减、乘、除的关系，从而变乘积的函数导数运算为和函数的导数运算，变商的函数导数运算为差的导数运算，从而减少求导工作量，提高解决问题的效率.

对一些特殊类型的函数 $y=u(x)^{v(x)}$，它既不是幂函数，也不是指数函数，称为幂指函数，我们可以利用对数求导法则来求导.

设 $y=u^v$，其中 $u=u(x)$和 $v=v(x)$在 x 处可导，则 y 在 x 处可导，且有

$$(u^v)'=u^v\left(v'\ln u+v\frac{u'}{u}\right)$$

证 将 $y=u^v$ 两边取对数

$$\ln y=v\ln u$$

两边分别对 x 求导得

$$\frac{1}{y}y'=v'\ln u+v\frac{u'}{u}$$

于是可得

$$y'=y\left(v'\ln u+v\frac{u'}{u}\right)=u^v\left(v'\ln u+v\frac{u'}{u}\right). \tag{3.3.5}$$

如将 $y=u^v$ 改写成 $y=\mathrm{e}^{v\ln u}$，由复合函数求导法则也可推导出公式（3.3.5).

例 17 求 $y=x^{\sin x}$的导数.

解 **方法一** 将方程两边取对数得

$$\ln y=\sin x\ln x$$

两边分别对 x 求导数得

$$\frac{1}{y}y'=\cos x\ln x+\sin x\cdot\frac{1}{x}$$

所以

$$y'=y\left(\cos x\ln x+\frac{\sin x}{x}\right)=x^{\sin x}\left(\cos x\ln x+\frac{\sin x}{x}\right).$$

方法二

$$y'=(\mathrm{e}^{\sin x\ln x})'=\mathrm{e}^{\sin x\ln x}(\sin x\ln x)'=x^{\sin x}\left(\cos x\ln x+\frac{\sin x}{x}\right).$$

例 18　设 $y=\sqrt{\frac{(x-1)(x-2)}{(x-3)(x-4)}}$，求 y'.

解　如直接利用复合函数求导公式求这个函数的导数，将会很复杂，为此，先将方程两边取对数，得

$$\ln y=\frac{1}{2}[\ln(x-1)+\ln(x-2)-\ln(x-3)-\ln(x-4)]$$

两边对 x 求导，得

$$\frac{1}{y}y'=\frac{1}{2}\left(\frac{1}{x-1}+\frac{1}{x-2}-\frac{1}{x-3}-\frac{1}{x-4}\right)$$

于是得

$$y'=\frac{1}{2}\sqrt{\frac{(x-1)(x-2)}{(x-3)(x-4)}}\cdot\left(\frac{1}{x-1}+\frac{1}{x-2}-\frac{1}{x-3}-\frac{1}{x-4}\right).$$

七、分段函数的求导法则

例 19　设 $f(x)=\begin{cases}x, & x<0\\ \ln(1+x), & x\geqslant 0\end{cases}$.

(1) 求 $f'(x)$.

(2) 讨论 $f'(x)$在 $(-\infty,+\infty)$内是否连续.

解　(1) 当 $x<0$ 时，$f'(x)=1$

当 $x>0$ 时，$f'(x)=[\ln(1+x)]'=\frac{1}{1+x}$

当 $x=0$ 时

$$f'_-(0)=\lim_{x\to 0^-}\frac{f(x)-f(0)}{x}=\lim_{x\to 0^-}\frac{x-0}{x}=1$$

$$f'_+(0)=\lim_{x\to 0^+}\frac{f(x)-f(0)}{x}=\lim_{x\to 0^+}\frac{\ln(1+x)-0}{x}=\lim_{x\to 0^+}\ln(1+x)^{\frac{1}{x}}=1$$

故可得

$$f'(x)=\begin{cases}1, & x<0\\ \frac{1}{1+x}, & x\geqslant 0\end{cases}$$

(2) 由 $\lim\limits_{x\to 0^+}f'(x)=\lim\limits_{x\to 0^+}\frac{1}{1+x}=1$，$\lim\limits_{x\to 0^-}f'(x)=1$，得

$$\lim_{x\to 0}f'(x)=1=f'(0),$$

所以 $f'(x)$在 $x=0$ 处连续，

即 $f'(x)$在 $(-\infty, +\infty)$内连续.

以上介绍了基本求导法则及各类初等函数的求导法则，为了便于记忆和使用，我们列出如下求导公式：

基本求导公式

(1) $(C)'=0$（C为常数）

(2) $(x^{\mu})'=\mu x^{\mu-1}$（μ为实数）

(3) $(a^x)'=a^x\ln a$（$a>0$，$a\neq1$）

(4) $(e^x)'=e^x$

(5) $(\log_a x)'=\dfrac{1}{x\ln a}$（$a>0$，$a\neq1$）

(6) $(\ln x)'=\dfrac{1}{x}$

(7) $(\sin x)'=\cos x$

(8) $(\cos x)'=-\sin x$

(9) $(\tan x)'=\sec^2 x$

(10) $(\cot x)'=-\csc^2 x$

(11) $(\sec x)'=\sec x\tan x$

(12) $(\csc x)'=-\csc x\cot x$

(13) $(\arcsin x)'=\dfrac{1}{\sqrt{1-x^2}}$（$-1<x<1$）

(14) $(\arccos x)'=-\dfrac{1}{\sqrt{1-x^2}}$（$-1<x<1$）

(15) $(\arctan x)'=\dfrac{1}{1+x^2}$

(16) $(\mathrm{arccot}\, x)'=-\dfrac{1}{1+x^2}$

导数运算的基本法则

(1) $(u\pm v)'=u'\pm v'$

(2) $(uv)'=u'v+uv'$

(3) $\left(\dfrac{u}{v}\right)'=\dfrac{u'v-uv'}{v^2}$（$v\neq0$）

(4) $\{f[\varphi(x)]\}'=f'[\varphi(x)]\cdot\varphi'(x)$

(5) $[f^{-1}(y)]'=\dfrac{1}{f'(x)}$（$f'(x)\neq0$）

其中u，v，f，φ可导.

习题 3-3

1. 求下列各函数的导数（其中a、b为常量）.

(1) $y=2\sqrt{x}-\dfrac{1}{x}+4\sqrt{3}$

(2) $y=\dfrac{2}{x^2}+\dfrac{x^2}{2}$

(3) $y=\dfrac{ax+b}{a+b}$

(4) $y=(x+1)(x+2)(x+3)$

(5) $y=x\sin x+\cos x$

(6) $y=\dfrac{x}{1-\cos x}$

(7) $y=\tan x-x\cot x$

(8) $y=\dfrac{5\sin x}{1+\cos x}$

(9) $y=\dfrac{\sin x}{x}+\dfrac{x}{\sin x}$

(10) $y=\dfrac{\log_3 x}{\cos x}$

(11) $y=\frac{1-\ln x}{1+\ln x}$　　(12) $y=x\cdot\ln x\cdot\cot x$

2. 求下列各函数的导数.

(1) $y=(2x+1)^{100}$　　(2) $y=\sin 5x-\tan 2x$

(3) $y=3\cos\frac{x}{2}+e^{3x}$　　(4) $y=\sqrt[3]{1-\sin x}$

(5) $y=x\sqrt{1+x^2}$　　(6) $y=\frac{1}{\sqrt{1-\cos x}}$

(7) $y=e^{\sqrt{\sin x}}$　　(8) $y=2^{\sin x}+\cos\sqrt{x}$

(9) $y=e^{\frac{1}{x}}$　　(10) $y=e^{-2x}+e^{x^2}$

(11) $y=\cos^2(x^2+1)$　　(12) $y=\sqrt{\frac{1-\sin x}{x}}$

(13) $y=\ln\sin 3x$　　(14) $y=\ln(x+\sqrt{1+x^2})$

3. 求下列各函数的导数.

(1) $y=\arctan 2x$　　(2) $y=e^{\arcsin x}$

(3) $y=\arccos^3 x$　　(4) $y=\sqrt{4+\arctan x}$

4. 求由下列方程所确定的函数的导数$\frac{dy}{dx}$.

(1) $x^3+2x^2y-3xy^2+9=0$　　(2) $xy=e^{x+y}$

(3) $y=1-xe^y$　　(4) $e^{xy}+y\ln x=\cos 2x$

(5) $x^2-y^3=x\sin y$　　(6) $\sin y=\ln(x+y)$

5. 设 $y=y(x)$是由方程 $e^{x^2+y}-\cos(xy)=1$ 所确定的函数，求 $y'(0)$.

6. 求由下列各参数方程所确定的函数的导数$\frac{dy}{dx}$.

(1) $\begin{cases}x=t\cos t\\ y=t\sin t\end{cases}$　　(2) $\begin{cases}x=\sqrt{1+t^2}\\ y=\sqrt{1-t^2}\end{cases}$

(3) $\begin{cases}x=t-e^{2t}\\ y=e^t+\sin t\end{cases}$　　(4) $\begin{cases}x=\arcsin\frac{1}{\sqrt{1+t^2}}\\ y=\arccos\frac{1}{\sqrt{1+t^2}}\end{cases}$

7. 求下列函数的导数.

(1) $y=x^{x+x^2}$　　(2) $y=(2x+1)^{\sin x}$

(3) $y=(1+x)(2+x^2)^{\frac{1}{3}}$　　(4) $y=\sqrt[3]{\frac{(x+2)(x+4)}{(x+3)(x+5)}}$

8. 已知 $f(x+2)=x^2+3x-2$，求 $f'(x)$.

9. 求椭圆$\frac{x^2}{a^2}+\frac{y^2}{b^2}=1$ 上点 $M(x_0, y_0)$处的切线方程.

10. 求摆线$\begin{cases}x=a(t-\sin t)\\ y=a(1-\cos t)\end{cases}$在对应 $t=\frac{\pi}{2}$点处的切线方程与法线方程.

11. 求下列分段函数的导数，并判断导数在定义域内是否连续.

(1) $f(x)=\begin{cases}\ln(1+3x), & x\geqslant 0\\ x, & x<0\end{cases}$ (2) $f(x)=\begin{cases}\sin x, & x<0\\ \ln(1+x), & x\geqslant 0\end{cases}$

12. 设 $f(x)$是偶函数，且 $f'(0)$存在，证明 $f'(0)=0$.

13. (警察执法) 正在追逐一辆逃逸汽车的警车从北向南驶向一个直角路口，逃逸汽车已拐过路口向东驶去. 当警车离路口向北 0.6 km 而逃逸汽车离路口向东 0.8 km 时，警车用雷达测定两车之间的距离正以 20 km/h 的速度增长. 如果警车在该测量时刻以 60 km/h 的速度行驶，试问该瞬间逃逸汽车的速度时多少?

项目四 高阶导数

我们知道，如果物体的运动方程为 $S=S(t)$，则物体在时刻 t 的瞬时速度是路程 S 对 t 的导数，即 $v=S'$. 显然，速度 $v=S'$仍然是对时间 t 的函数，速度对时间 t 的导数称为物体在时刻 t 的瞬时加速度 a，即 $a=v'=(S')'$为物体速度的变化率，记作 S''，称为 $S=S(t)$对时间 t 的二阶导数.

加速度的突然改变称为“急推”. 人们搭乘公共汽车，当公共汽车急刹车时就会出现“急推”现象，这并不是指有关的加速度必须有多大，而是加速度的变化是突然的. 事实上，“急推”就是加速度关于时间的导数

$$j(t)=\frac{\mathrm{d}a}{\mathrm{d}t}=\frac{\mathrm{d}^3S}{\mathrm{d}t^3}$$

在地球表面附近所有的物体都以常加速度下落. 伽利略关于自由落体的实验揭示了物体从静止落下 t 秒下落的距离和下落时间的平方成比例. 今天，我们用

$$S=\frac{1}{2}gt^2$$

来表示这一结果，其中 S 是距离，g 是由于地球重力引起的加速度. 在真空中这个方程是成立的，真空中没有空气阻力，而且这个方程可以近似地作为诸如岩石或钢制工具那样的致密重物下落前几秒的模型，这时空气阻力还尚未起到开始减缓下落物体速度的作用.

重力常加速度（$g=9.8\ \mathrm{m/s^2}$）的急推为零，即

$$j=\frac{\mathrm{d}}{\mathrm{d}t}(g)=0$$

也就是说，物体在自由下落期间没有急推.

另外在工程学中，常常要了解曲线斜率的变化程度，以求得曲线的弯曲程度，这就需要讨论斜率函数的导数. 也就是说，我们对一个可导函数求导后，还需研究其导函数的导数问题.

一般地，设 $f'(x)$在点 x 的某个邻域内有定义，若极限

$$\lim_{\Delta x\to 0}\frac{f'(x+\Delta x)-f'(x)}{\Delta x}$$

存在，则此极限值为 $y=f(x)$ 在点 x 处的二阶导数，记为

$$y'',\ f''(x),\ \frac{d^2y}{dx^2}\text{或}\frac{d^2f(x)}{dx^2}.$$

类似地，有 $y=f(x)$ 的 n 阶导数 $y^{(n)}$，$f^{(n)}(x)$，$\frac{d^ny}{dx^n}$，$\frac{d^nf(x)}{dx^n}$.

二阶和二阶以上的导数统称为高阶导数.

函数 $f(x)$ 的各阶导数在 $x=x_0$ 处的数值记为

$$f'(x_0),\ f''(x_0),\ \cdots,\ f^{(n)}(x_0)$$

或

$$y'\big|_{x=x_0},\ y''\big|_{x=x_0},\ \cdots,\ y^{(n)}\big|_{x=x_0}$$

求 $f(x)$ 的 n 阶导数，只需对函数 $f(x)$ 逐次求导，同时从低阶导数找规律，即得 $f(x)$ 的 n 阶导数.

例 1　求 $y=x^5-3x^2+2x+1$ 的 n 阶导数.

解　因为

$$y'=5x^4-6x+2$$
$$y''=20x^3-6$$
$$y'''=60x^2$$
$$y^{(4)}=120x$$
$$y^{(5)}=120$$
$$y^{(6)}=0$$

所以，$y^{(n)}=0$（$n>5$）.

例 2　求 $y=a^x$ 的 n 阶导数.

解　因为

$$y'=a^x\ln a$$
$$y''=a^x(\ln a)^2$$
$$y'''=a^x(\ln a)^3$$
$$\vdots$$

从而推得

$y^{(n)}=a^x(\ln a)^n$.

特别地，若 $a=e$，则 $(e^x)^{(n)}=e^x$.

例 3　求 $y=\sin x$ 的 n 阶导数.

解　因为

$$y'=\cos x=\sin\left(x+\frac{\pi}{2}\right)$$

$$y''=\left[\sin\left(x+\frac{\pi}{2}\right)\right]'=\cos\left(x+\frac{\pi}{2}\right)=\sin\left(x+2\cdot\frac{\pi}{2}\right)$$

$$y'''=\left[\sin\left(x+2\cdot\frac{\pi}{2}\right)\right]'=\cos\left(x+2\cdot\frac{\pi}{2}\right)=\sin\left(x+3\cdot\frac{\pi}{2}\right)$$

$$\vdots$$

从而推得

$$(\sin x)^{(n)}=\sin\left(x+n\cdot\frac{\pi}{2}\right).$$

同理可得

$$(\cos x)^{(n)}=\cos\left(x+n\cdot\frac{\pi}{2}\right).$$

例 4 设 $\begin{cases}x=a(t-\sin t)\\ y=a(1-\cos t)\end{cases}$，求 $\dfrac{d^2y}{dx^2}$.

解 $\dfrac{dy}{dx}=\dfrac{y'_t}{x'_t}=\dfrac{a\sin t}{a(1-\cos t)}=\dfrac{\sin t}{1-\cos t}$

$$\frac{d^2y}{dx^2}=\frac{\left(\frac{dy}{dx}\right)'_t}{x'_t}=\frac{\frac{\cos t(1-\cos t)-\sin t\cdot\sin t}{(1-\cos t)^2}}{a(1-\cos t)}$$

$$=\frac{\cos t-1}{a(1-\cos t)^3}=-\frac{1}{a(1-\cos t)^2}.$$

我们必须记住，不要误认为 $\left(\dfrac{dy}{dx}\right)'_t$ 就是 $\dfrac{d^2y}{dx^2}$，还要注意，$\dfrac{d^2y}{dx^2}\neq\dfrac{y''_t}{x''_t}$.

例 5 （方案选择）设某项目的利润 $L(t)$ 有两个方案可以选择：$L_1(t)=\dfrac{3t}{1+t}$，$L_2(t)=\dfrac{t^2}{1+t}+1$，其中 t 表示时间，问：在 $t=1$ 时，这两个方案哪个更优？

解 $L_1(1)=\dfrac{3\times1}{1+1}=\dfrac{3}{2}$，$L_2(1)=\dfrac{1^2}{1+1}+1=\dfrac{3}{2}$，即 $L_1(1)=L_2(1)$.

说明这两个方案在 $t=1$ 时的利润是一样的，此时需要进一步比较利润的变化，即边际利润：

$$L'_1(t)=\left(\frac{3t}{1+t}\right)'=\frac{3}{(1+t)^2}，L'_1(1)=\frac{3}{(1+1)^2}=\frac{3}{4}$$

$$L'_2(t)=\left(\frac{t^2}{1+t}+1\right)'=\frac{t^2+2t}{(1+t)^2}，L'_2(1)=\frac{1^2+2\times1}{(1+1)^2}=\frac{3}{4}$$

即 $L'_1(1)=L'_2(1)$，说明两个方案在 $t=1$ 时的边际利润也是一样的，再进一步比较边际利润的变化率：

$$L''_1(t)=\left[\frac{3}{(1+t]^2}\right]'=-\frac{6}{(1+t)^3}，L''_1(1)=-\frac{6}{(1+1)^3}=-\frac{3}{4}$$

$$L''_2(t)=\left[\frac{t^2+2t}{(1+t)^2}\right]'=\frac{2}{(1+t)^3}，L''_2(1)=\frac{2}{(1+1)^3}=\frac{1}{4}$$

即 $L''_1(1)<0<L''_2(1)$.

由此可见，在 $t=1$ 时，方案一的利润变化率 $L'_1(t)$ 的变化率 $L''_1(t)$ 在减少，而方案二的利润变化率 $L'_2(t)$ 的变化率 $L''_2(t)$ 在增加，因此方案二优于方案一.

由此例可看出：在决策分析中，我们不仅要考虑利润及利润的变化率，还要考虑利润变化率的变化率，因为这将关系到发展的后劲问题.

习题 3－4

1. 求下列函数的二阶导数.

(1) $y=4x^2+\ln x$　　(2) $y=\sin 2x+\cos 3x$

(3) $y=e^{-x}\cos x$　　(4) $y=\ln(1-x^2)$

(5) $y=xe^{x^2}$　　(6) $y=\tan x$

2. 求下列函数在指定点的导数.

(1) $f(x)=(x+1)^6$，求 $f'''(2)$　　(2) $f(x)=x^2\sqrt{1+x}$，求 $f''(3)$

(3) $f(x)=(3x+1)^{10}$，求 $f'''(0)$　　(4) $f(x)=\arctan x$，求 $f''(0)$

3. 求下列函数的 n 阶导数.

(1) $y=x^n+a_1x^{n-1}+a_2x^{n-2}+\cdots+a_{n-1}x+a_n$（$a_i$ 为常数）

(2) $y=xe^x$

(3) $y=\ln x$

4. 验证 $y=C_1\sin\omega x+C_2\cos\omega x$ 满足方程：$y''+\omega^2y=0$（C_1，C_2，ω 为常数）.

5. 设 $\begin{cases}x=t+\cos t\\ y=t+\sin t\end{cases}$，求 $\dfrac{d^2y}{dx^2}$.

项目五　微分

微分是微分学中除导数之外的另一基本概念，是从导数问题转向微分学的一个关键概念. 熟练掌握微分运算有助于学好积分运算.

微分概念是在解决直与曲的矛盾中产生的，其几何意义就是在微小局部以“直”代“曲”，它在数学上的直接运用就是将函数线性化．它反映了对于自变量的微小变化会引起函数的多大变化.

想一想：地球形状明明是圆的，可为什么古代的人们却认为地球是方的呢?

一、微分的定义

设函数 $y=f(x)$在点 x 处可导，则

$$f'(x)=\lim_{\Delta x\to 0}\frac{\Delta y}{\Delta x}$$

这个式子可改写为

$$\frac{\Delta y}{\Delta x}=f'(x)+\alpha$$

其中，α（当 $\Delta x\to 0$ 时）是无穷小量．用 Δx 乘上式两边，有

$$\Delta y=f'(x)\Delta x+\alpha\cdot\Delta x$$

这里函数的改变量 Δy 由两部分组成：第二部分 $\alpha \cdot \Delta x$ 是 $\Delta x \to 0$ 时第一部分的高阶无穷小，而第一部分 $f'(x)\Delta x$ 是该变量的主要项，是 Δx 的线性函数，因而称为函数改变量的线性主要部分．当 $|\Delta x|$ 很小时，可得 $\Delta y \approx f'(x)\Delta x$. 由此：

(1) 用 $f'(x)\Delta x$ 近似代替 Δy，简化了计算.

(2) 用 $f'(x)\Delta x$ 代替 Δy，当 $|\Delta x|$ 越小，则误差越小.

例如，测量边长为 x_0 的正方形面积时，由于测量时对其真实值 x_0 总有误差 Δx，这时边长为 $x_0+\Delta x$，如图 3－6 所示，由此算出的面积与其真实面积的误差 Δy 为

$$\Delta y=(x_0+\Delta x)^2-x_0^2=2x_0\Delta x+(\Delta x)^2$$

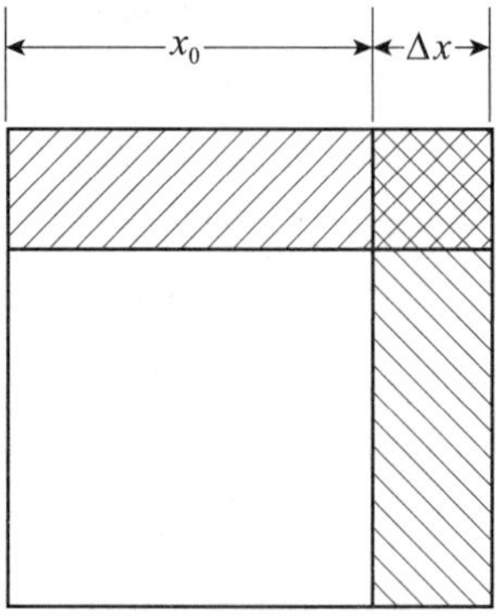

图 3－6

当 Δx 充分小时，$(\Delta x)^2$ 可以忽略不计，因此误差的主要部分为 $2x_0\Delta x$.

据此，我们作如下定义.

定义 3.5.1 设函数 $y=f(x)$ 在点 x 处可导，则称 $f'(x)\Delta x$ 为函数 $y=f(x)$ 在点 x 处的微分，记作

$$\mathrm{d}y=\mathrm{d}f(x)=f'(x)\Delta x$$

通常，把自变量的增量 Δx 记作自变量的微分 $\mathrm{d}x$，则 $f(x)$ 在点 x 处的微分可表示为

$$\mathrm{d}y=\mathrm{d}f(x)=f'(x)\mathrm{d}x$$

由此可知，函数可导也称函数可微，且函数的微分是函数增量 Δy 的线性部分．前面我们曾用 $\frac{\mathrm{d}y}{\mathrm{d}x}$ 表示函数 $y=f(x)$ 的导数，它是一个整体符号．现在引进微分概念后，$\frac{\mathrm{d}y}{\mathrm{d}x}$ 不仅表示 $y=f(x)$ 的导数，而且表示函数微分与自变量微分之商，所以我们又称导数为微商．需要注意的是，虽然微分和导数有着密切的联系，但它们也是有区别的：导数是函数在一点处的变化率，而微分是函数在一点处自变量增量所引起函数增量的主要部分；导数的值只与 x 有关，而微分的值与 x 和 Δx 均有关.

由于求微分的问题可以归结为求导数的问题，因此就将求导数与求微分的方法称为微分法.

例 1 求函数 $y=x^3$ 在 $x=2$，$\Delta x=0.02$ 时的增量与微分.

解 函数的增量

$$\Delta y=(x+\Delta x)^3-x^3$$

当 $x=2$，$\Delta x=0.02$ 时，得

$$\Delta y=2.02^3-2^3=0.242\ 408$$

函数微分

$$\mathrm{d}y=y'\Delta x=3x^2 \cdot \Delta x$$

当 $x=2$，$\Delta x=0.02$ 时，得

$$\mathrm{d}y=3\times 2^2\times 0.02=0.24.$$

比较 Δy 与 $\mathrm{d}y$，知 $\Delta y-\mathrm{d}y=0.002\ 408$，该值较小.

例 2 设 $y=\ln\sin x^2$，求 $\mathrm{d}y$.

解　$dy=y'dx=(\ln\sin x^2)'dx=\frac{1}{\sin x^2}\cdot\cos x^2\cdot 2xdx=2x\cot x^2dx$.

二、微分的几何意义

如图 3－7 所示，在曲线 $y=f(x)$ 上取点 $M(x, y)$，过点 M 作曲线的切线 MT，设 MT 的倾角为 α，则 MT 的斜率为

$$\tan\alpha=f'(x)$$

当自变量在点 x 处取得改变量 Δx 时，得曲线上另一点 M_1（$x+\Delta x$，$y+\Delta y$），由图可知

$$MN=\Delta x，NM_1=\Delta y$$

$$NT=MN\tan\alpha=f'(x)\Delta x=dy$$

所以函数 $y=f(x)$ 的微分 dy 就是曲线过点 $M(x, y)$的切线的改变量 NT. 当 Δx 很小时：

$$\Delta y=M_1N\approx dy=NT$$

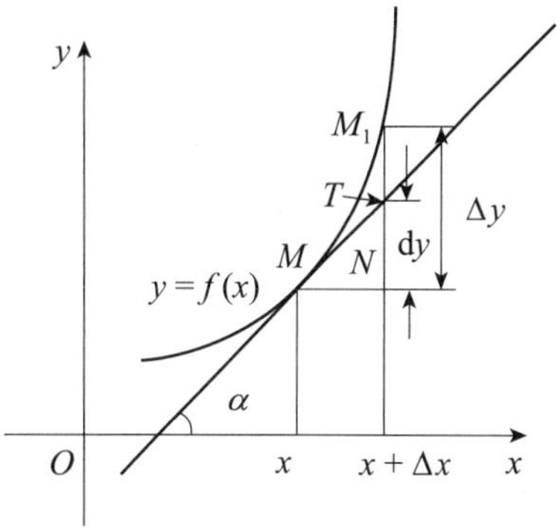

图 3－7

换言之，"曲线" $y=f(x)$的改变量 Δy，可以用"直线"的改变量来近似代替．这就是局部上的"以直代曲"，它是辩证法应用于微分学中的一个典型案例.

三、微分的运算

设 $y=f(x)$在点 x 处可微，则

$$dy=f'(x)dx$$

即求函数 $f(x)$的微分 dy，只要求出函数的导数 $f'(x)$，再乘以 dx 即可．于是，由导数的一些基本公式及法则，可得微分公式.

(1) $d(C)=0$（C 为常数）

(2) $d(x^\mu)=\mu x^{\mu-1}dx$（μ 为实数）

(3) $d(a^x)=a^x\ln a dx$（$a>0$，$a\neq1$）

(4) $d(e^x)=e^x dx$

(5) $d(\log_a x)=\frac{1}{x\ln a}dx$（$a>0$，$a\neq1$）

(6) $d(\ln x)=\frac{1}{x}dx$

(7) $d(\sin x)=\cos x dx$

(8) $d(\cos x)=-\sin x dx$

(9) $d(\tan x)=\sec^2 x dx$

(10) $d(\cot x)=-\csc^2 x dx$

(11) $d(\sec x)=\sec x\tan x dx$

(12) $d(\csc x)=-\csc x\cot x dx$

(13) $d(\arcsin x)=\frac{1}{\sqrt{1-x^2}}dx$

(14) $d(\arccos x)=-\frac{1}{\sqrt{1-x^2}}dx$

(15) $d(\arctan x)=\frac{1}{1+x^2}dx$

(16) $d(\text{arccot} x)=-\frac{1}{1+x^2}dx$

微分运算法则

(1) $d(u\pm v)=du\pm dv$

(2) $d(uv)=udv+vdu$

(3) $d(\frac{u}{v})=\frac{vdu-udv}{v^2}$（$v\neq0$）

(4) $d\{f[\varphi(x)]\}=f'[\varphi(x)]\varphi'(x)dx$

四、微分形式的不变性

设函数 $y=f(u)$在 u 处可导.

(1) 若 u 为自变量时，微分 $\mathrm{d}y=f'(u)\mathrm{d}u$.

(2) 若 $u=\varphi(x)$为 x 的可导函数时，则 $y=f[\varphi(x)]$为 x 的复合函数，此时函数的微分为

$$\mathrm{d}y=\mathrm{d}f[\varphi(x)]=f'[\varphi(x)]\varphi'(x)\mathrm{d}x.$$

而 $\varphi'(x)\mathrm{d}x$ 就是 $u=\varphi(x)$的微分 $\mathrm{d}u$，故

$$\mathrm{d}y=f'[\varphi(x)]\varphi'(x)\mathrm{d}x=f'(u)\mathrm{d}u$$

由此可见，不论 u 是自变量还是中间变量，函数 $y=f(u)$的微分形式同样都是 $f'(u)\mathrm{d}u$，这就叫作微分形式不变性.

例 3 设 $y=a^{\cos x}$，求 $\mathrm{d}y$.

解 利用 $\mathrm{d}y=y'\mathrm{d}x$ 得

$$\mathrm{d}y=a^{\cos x}\ln a\mathrm{d}(\cos x)=a^{\cos x}\ln a(-\sin x)\mathrm{d}x=-a^{\cos x}\ln a\sin x\mathrm{d}x.$$

例 4 设 $y=\mathrm{e}^{-ax}\cos bx$，求 $\mathrm{d}y$.

解

$$\begin{aligned}\mathrm{d}y&=\mathrm{e}^{-ax}\mathrm{d}(\cos bx)+\cos bx\mathrm{d}(\mathrm{e}^{-ax})\\&=\mathrm{e}^{-ax}(-\sin bx)b\mathrm{d}x+\cos bx\cdot\mathrm{e}^{-ax}(-a)\mathrm{d}x\\&=-\mathrm{e}^{-ax}(b\sin bx+a\cos bx)\mathrm{d}x.\end{aligned}$$

例 5 设隐函数为 $x\mathrm{e}^{y}-\ln y+5=0$，求 $\mathrm{d}y$.

解 将方程两端对 x 求微分，得

$$\mathrm{d}(x\mathrm{e}^{y})-\mathrm{d}(\ln y)=0$$

$$\mathrm{e}^{y}\mathrm{d}x+x\mathrm{e}^{y}\mathrm{d}y-\frac{1}{y}\mathrm{d}y=0$$

解出 $\mathrm{d}y$ 得

$$\mathrm{d}y=\frac{y\mathrm{e}^{y}}{1-xy\mathrm{e}^{y}}\mathrm{d}x.$$

五、微分的简单应用

微分的一个重要应用，就是函数的线性化．我们知道，x，y 的一次函数，通常称为线性函数，线性函数是最简单、最容易处理的函数．而微分正好是把函数线性化的一个有力工具.

设 $y=f(x)$在 x_0 处 $f'(x_0)\neq0$. 当$|\Delta x|$很小时，微分 $\mathrm{d}y$ 是函数改变量 Δy 的线性主部，即 $\mathrm{d}y$ 可作为 Δy 的近似值.

$$\Delta y=f(x_0+\Delta x)-f(x_0)\approx\mathrm{d}y=f'(x_0)\Delta x\ (|\Delta x|很小) \tag{3.5.1}$$

此为求函数增量的近似公式．将式 (3.5.1) 改写为

$$f(x_0+\Delta x)\approx f(x_0)+f'(x_0)\Delta x\ (|\Delta x|很小) \tag{3.5.2}$$

此为求函数值的近似公式.

若令 $x=x_0+\Delta x$ ，式 (3.5.2) 为

$$f(x)\approx f(x_0)+f'(x_0)(x-x_0)$$

再令 $x_0=0$，得

$$f(x)\approx f(0)+f'(0)\cdot x \tag{3.5.3}$$

式（3.5.3）即为函数 $f(x)$在 $x=0$ 附近的近似公式.

例 6　半径为 10 cm 的金属圆片加热后，其半径伸长了 0.05 cm，问：圆片面积增大的精确值为多少？其近似值为多少？

解　设圆片的面积为 $A\text{cm}^2$，半径为 $r\text{cm}^2$，则 $A=\pi r^2$.

已知 $r=10\text{cm}$，$\Delta r=0.05\text{cm}$，故圆片的面积增大的精确值为

$$\Delta A=\pi(10+0.05)^2-\pi\times10^2=1.0025\pi(\text{cm}^2)$$

面积增大的近似值为 $\Delta A\approx \mathrm{d}A=2\pi r\cdot\Delta r$

当 $r=10\text{cm}$，$\Delta r=0.05\text{cm}$ 时，

$$\mathrm{d}A=2\pi\times10\times0.05=\pi(\text{cm}^2).$$

例 7　求 $\sin 31°$的近似值.

解　设 $f(x)=\sin x$，则 $f'(x)=\cos x$，已知

$$x_0=30°=\frac{\pi}{6},\ \Delta x=1°=\frac{\pi}{180}$$

所以

$$\begin{aligned}f(x_0+\Delta x)&=\sin 31°\approx f\left(\frac{\pi}{6}\right)+f'\left(\frac{\pi}{6}\right)\Delta x\\&=\sin\left(\frac{\pi}{6}\right)+\cos\left(\frac{\pi}{6}\right)\times\frac{\pi}{180}\\&=\frac{1}{2}+\frac{\sqrt{3}}{2}\times0.01745\\&\approx0.5151.\end{aligned}$$

例 8　（经济消费模型）某地区的国民经济消费模型为 $f(x)=100+5x+0.2\sqrt{x}$，其中：$f(x)$为总消费（单位：亿元），x 为可支配收入（单位：亿元），当 $x=100.05$ 时，问总消费是多少？

解　令 $x_0=100$，$\Delta x=0.05$，因为 Δx 相对于 x_0 较小，可使用近似公式进行计算.

$$f'(x)=(100+5x+0.2\sqrt{x})'=5+\frac{0.1}{\sqrt{x}}$$

$$\begin{aligned}f(100.05)&=f(x_0+\Delta x)\\&\approx f(x_0)+f'(x_0)\Delta x\\&=f(100)+f'(100)\times0.05\\&=100+5\times100+0.2\sqrt{100}+\left(5+\frac{0.1}{\sqrt{100}}\right)\times0.05\\&=602.2505\end{aligned}$$

所以 $x=100.05$ 时，该地区总消费为 602.250 5 亿元.

习题 3－5

1. 已知 $y=x^3-x$，计算在 $x=2$ 处，当 Δx 分别等于 1，0.1，0.01 时的 Δy 及 $\mathrm{d}y$.

2. 求下列函数的微分.

(1) $y=\frac{1}{x}+2\sqrt{x}$ (2) $y=\frac{x}{1+x^2}$

(3) $y=x\sin 2x$ (4) $y=[\ln(1-x)]^2$

(5) $y=x^2 e^{2x}$ (6) $y=e^{-x}\cos(3-x)$

(7) $y=\tan^2(1+2x^2)$ (8) $y=A\sin(\omega t+\varphi)$ (A, ω, φ 是常数)

(9) $y=\arcsin\sqrt{1-x^2}$ (10) $y=\arctan\frac{1-x^2}{1+x^2}$

3. 将适当的函数填入下列括号内，使等式成立.

(1) $d(\quad)=2dx$ (2) $d(\quad)=3xdx$

(3) $d(\quad)=\cos t dt$ (4) $d(\quad)=\sin\omega x dx$

(5) $d(\quad)=\frac{1}{1+x}dx$ (6) $d(\quad)=e^{-2x}dx$

(7) $d(\quad)=\frac{2}{\sqrt{x}}dx$ (8) $d(\quad)=\sec^2 3x dx$

4. 证明当 $|x|$ 很小时，下列各近似公式成立.

(1) $e^x\approx 1+x$ (2) $\sin x\approx x$

(3) $\ln(1+x)\approx x$ (4) $\sqrt[n]{1+x}\approx 1+\frac{x}{n}$

(5) $\arctan x\approx x$ (6) $\frac{1}{1+x}\approx 1-x$

5. 已知方程 $2y^2-\sin(3x-y)=0$，利用微分运算法则求 dy.

6. 计算下列各式的近似值.

(1) $\sqrt[3]{996}$ (2) $\sqrt[6]{65}$ (3) $\cos 29°$ (4) $e^{0.02}$

7. 水管壁的正截面是一个圆环，设它的内径为 R_0，壁厚为 h，利用微分来计算这个圆环面积的近似值（h 相当小）.

8. 一正方体的棱长为 10 m，如果棱长增加 0.1 m，求此正方体体积增加的精确值和近似值.

9. 扩音器插头为圆柱体，截面半径 r 为 0.15 cm，长度 l 为 4 cm，为了提高它的导电性能，要在该圆柱的侧面镀上一层厚为 0.001 cm 的纯铜，问每个插头约需多少克纯铜?

项目六 数学实验（三）
——计算导数和微分

MATLAB 中计算导数的函数为 diff()，主要格式如表 3-1 所示.

表 3-1

输入格式	对应计算
diff(f)或 diff(f,x)	计算一阶导数$\frac{df(x)}{dx}$
diff(f,n)或 diff(f,x,n)	计算 n 阶导数$\frac{d^n f(x)}{dx^n}$
diff(S,x)	求表达式 S 关于 x 的导数
diff(S,x,n)	求表达式 S 关于 x 的 n 阶导数

注意：这里的函数 f 或表达式 S 必须用 syms 定义符号对象，可以用 help diff 查阅有关这个函数的详细信息.

例 1 函数 $y=\frac{2-3x}{2+x}$，求 y'，$y'(2)$.

解 在 MATLAB 中输入：

```
>>syms x
>>y=(2-3*x)/(2+x);
>>dydx1=diff(y,x)           %求 y 的导数
>>dydx=simplify(dydx1)  %对 dydx1 进行化简
```

结果为：

```
dydx=-8/(x + 2)^2
```

所以 $y'=\frac{-8}{(x+2)^2}$.

为求 $y'(2)$，继续输入：

```
>>subs(dydx,x,2)            %函数 subs 用于将表达式 dydx 中的 x 用 2 来代入
```

结果为：

```
ans=-1/2
```

所以，$y'(2)=-\frac{1}{2}$.

例 2 函数 $y=\ln x$，求 $y^{(9)}$.

解 在 MATLAB 中输入：

```
>>syms x
>>y=log(x);
>>diff(y,x,9)
```

结果为：

```
ans=40320/x^9
```

所以，$y^{(9)}=\frac{40\ 320}{x^9}$.

例 3 函数 $\cos(x+\sin y)=\sin y$，求$\frac{dy}{dx}$.

解 在 MATLAB 中输入：

```
>>syms x y
>>f=cos(x+sin(y))-sin(y);                    %定义隐函数表达式
>>dfdx=diff(f,x); dfdy=diff(f,y);            %对隐函数表达式进行求导
>>dydx=-dfdx/dfdy                            %计算导数 dy/dx
```

结果为：

```
dydx=-sin(x+sin(y))/(cos(y)+sin(x+sin(y))*cos(y))
```

所以$\frac{\mathrm{d}y}{\mathrm{d}x}=\frac{-\sin(x+\sin y)}{\cos y+\cos y\cdot\sin(x+\sin y)}$.

例 4 求参数方程$\begin{cases}x=t^2+2t\\ y=\ln(t^2-1)\end{cases}$的导数$\frac{\mathrm{d}y}{\mathrm{d}x}$.

解 在 MATLAB 中输入：

```
>>syms t
>>x=t^2+2*t;
>>y=ln(t^2-1);
>>dydx=simplify(diff(y)/diff(x))
```

结果为：

```
dydx=t/((t^2 -1)*(t + 1))
```

所以，$\frac{\mathrm{d}y}{\mathrm{d}x}=\frac{t}{(t^2-1)(t+1)}$.

例 5 求 $y=\sin^2 3x$ 的微分.

解 在 MATLAB 中输入：

```
>>syms x
>>y=sin(3*x)^2;
>>dydx=simplify(diff(y))
```

结果为：

```
dydx=3*sin(6*x)
```

所以，微分为 $\mathrm{d}y=3\sin6x\mathrm{d}x$.

习题 3-6

1. 已知函数 $y=\sin x-\cos x$，求 y'，$y'|_{x=\frac{\pi}{6}}$.

2. 求函数 $y=x^{\sin x}$ 的导数$\frac{\mathrm{d}y}{\mathrm{d}x}$.

3. 已知函数 $y=x\ln x$，求 y'，y''，$y^{(8)}$.

4. 函数 $1+\sin(x+y)=\mathrm{e}^{-xy}$，求$\frac{\mathrm{d}y}{\mathrm{d}x}$.

5. 求参数方程$\begin{cases}x=\ln(1+t^2)\\ y=t-\arctan t\end{cases}$的导数$\frac{\mathrm{d}y}{\mathrm{d}x}$.

6. 求 $y=x\ln x-x$ 的微分.

拓展与思考（三）

问题 1：请利用生成式人工智能大模型，对本书模块三的课程内容进行概括性总结.

问题 2：结合你自己的知识以及其他可获取的线上和线下资料，运用批判性思维对问题 1 中生成式人工智能大模型生成的模块三课程的内容总结，进行深入分析和修正，以提供一个更加准确、全面的总结.

问题 3：在物理学中，一阶导数、二阶导数以及三阶导数都蕴含着丰富的物理意义. 例如，在运动学部分，一阶导数通常表示速度，二阶导数表示加速度，而三阶导数则代表加速度的变化率，通常被称为“急推”. 请利用生成式人工智能大模型进一步探索更高阶导数在现实生活中具体的应用，并深入探讨其背后所具有的物理意义.

问题 4：模块二中有一个闭区间上连续函数一定存在最大值和最小值的定理，该定理告诉我们在一定条件下，函数的最大值和最小值存在，但没有给出如何来求得最大值和最小值. 问题：用爬山法的思想方法结合模块三的教学内容设计一种求解闭区间上连续函数最大值和最小值的具体算法. 进一步地，探讨算法的设计思想对我们理解自然界和推动科技发展有何种启示或指导作用.

问题 5：微分作为高等数学中的一个核心概念，不仅揭示了函数变化的局部线性规律，还在近似计算与误差分析中发挥着至关重要的作用. 通过微分，我们可以将某类较复杂的非线性问题简化为线性问题来处理，从而大大简化计算过程并提高计算精度. 试用生成式人工智能大模型，思考微分如何将非线性问题转化为线性问题的处理方法，并详细说明这一过程背后的数学原理和实际应用.

模块四
微分中值定理及导数的应用

扫一扫

- 模块四 微分中值定理及导数的应用
  - 项目一 中值定理
    - 罗尔（Roll）定理
    - 拉格朗日（Lagrange）中值定理
    - 柯西中值定理
  - 项目二 未定式的定值法——洛必达法则
    - 未定式$\frac{0}{0}$的定值法
    - 未定式$\frac{\infty}{\infty}$的定值法
    - 其他未定式的定值法
  - 项目三 函数的单调性、极值与最值
    - 函数的单调性
    - 函数的极值
    - 最值问题
  - 项目四 导数在经济学中的应用
    - 边际分析
      - 边际函数
      - 边际成本
      - 边际收入与边际利润
    - 函数弹性
      - 函数弹性的概念
      - 需求弹性
  - 项目五 曲线的凹向与拐点
  - 项目六 函数图形的作法
    - 曲线的渐近线
    - 函数图形的作法
  - 项目七 建模和最优化
  - 项目八 数学实验（四）——计算函数的极值和最值
    - 求函数的极值和最值
    - 求函数的单调性和曲线凹向

模块三中学习讨论了导数和微分的基本概念及计算方法．本模块将进一步研究构成微分学基础理论和反映导数更深刻性质的微分中值定理．微分中值定理把函数在区间上的平均变化率和该区间内的一点处的瞬时变化率联系起来，通过它建立起导数与函数之间的关系，我们可以用来研究函数的性质.

项目一　中值定理

一、罗尔(Rolle)定理

几何直观表明：在可微曲线与 x 轴相交的任何两点之间一定有曲线上的一点，该点处的切线是水平的．300 年前罗尔给出了这个直观结果的理论证明．我们将函数或者向上，或者向下作一个适当的平移，可得下述一般的罗尔中值定理.

罗尔定理　设函数 $y=f(x)$ 在闭区间 $[a, b]$ 上有定义，且满足

(1) 闭区间 $[a, b]$ 上连续；

(2) 开区间 (a, b) 内可导；

(3) $f(a)=f(b)$.

则至少存在一点 $\xi\in(a, b)$，使得 $f'(\xi)=0$.

此处，我们不对定理作出证明而仅作一个几何解释.

由定理的假设，$f(x)$ 在闭区间 $[a, b]$ 上连续，在开区间 (a, b) 内可导，说明 $f(x)$ 在平面上是以 A，B 为端点的连续且处处有切线的曲线段．由 $f(a)=f(b)$ 可知，线段 AB 平行于 x 轴，说明在曲线段 $f(x)$ 上必有一点 C(其横坐标为 ξ)，在该点处的切线平行于 x 轴，即 $f'(\xi)=0$，即曲线段 ACB 上至少存在一点 $C(\xi, f(\xi))$，在该点处有水平切线（图 4－1).

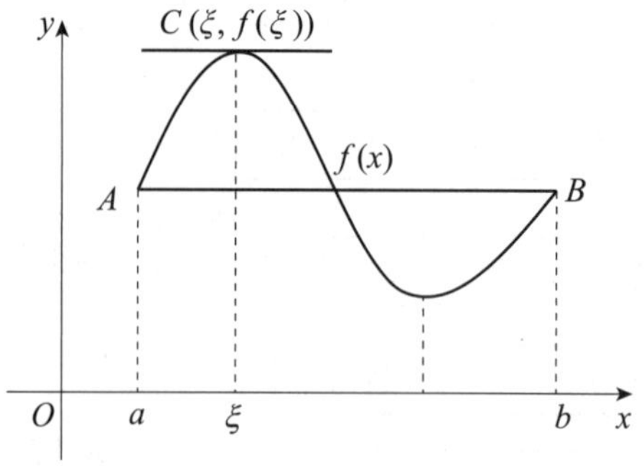

图 4－1

注意：定理中的三个条件即使只有一个不满足，则定理的结论也可能不成立．图 4－2 所示的三个图形表明，函数曲线没有水平切线.

二、拉格朗日(Lagrange)中值定理

拉格朗日中值定理　如函数 $f(x)$ 在闭区间 $[a,b]$ 上有定义，且满足

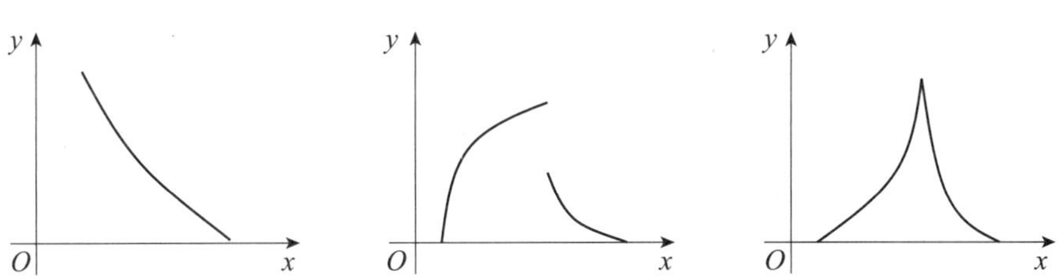

（满足定理条件（1）（2），但不满足（3））　（满足定理条件（2）（3），但不满足（1））　（满足定理条件（1）（3），但不满足（2））

图 4-2

（1）闭区间$[a, b]$上连续；

（2）开区间(a, b)内可导.

则至少存在一点$\xi \in (a, b)$，使得

$$f'(\xi)=\frac{f(b)-f(a)}{b-a} \tag{4.1.1}$$

或

$$f(b)-f(a)=f'(\xi)(b-a).$$

我们可以借助几何图形来分析定理的结论（图 4-3）.

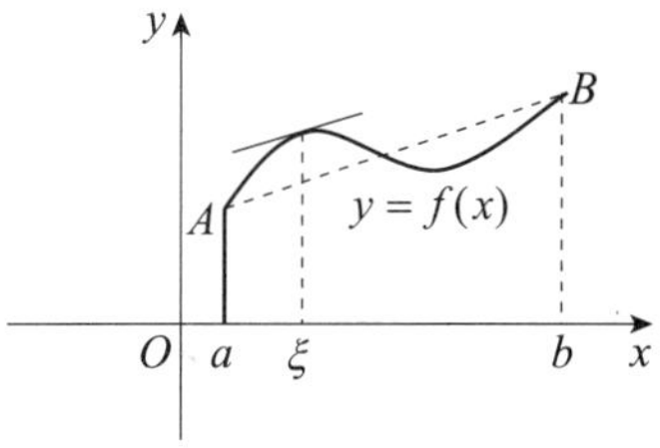

图 4-3

上述条件中连续与可导的条件与罗尔定理证明相同，仅仅少了该函数在两端点的函数值相等的条件，图中弦AB的方程为

$$y=f(a)+\frac{f(b)-f(a)}{b-a}(x-a)$$

所以$\frac{f(b)-f(a)}{b-a}$正是弦AB的斜率，于是

$$f'(\xi)=\frac{f(b)-f(a)}{b-a}$$

说明至少存在一点$\xi \in (a, b)$，使曲线在该点的切线与弦AB平行. 因此，我们有

$$f'(\xi)=\frac{f(b)-f(a)}{b-a}$$

或

$$f(b)-f(a)=f'(\xi)(b-a).$$

下面讨论定理的其他形式：

（1）由于ξ是介于a与b之间，因此可将ξ表示成

$$\xi=a+\theta(b-a)，其中\ 0<\theta<1. \tag{4.1.2}$$

于是有

$$f(b)-f(a)=f'[a+\theta(b-a)](b-a)，\ 0<\theta<1. \tag{4.1.3}$$

（2）若令$a=x_0$，$b=x_0+\Delta x$，则有

$$f(x_0+\Delta x)-f(x_0)=f'(\xi)\Delta x \quad （\xi\ 介于\ x_0\ 与\ x_0+\Delta x\ 之间）$$

或

$$\Delta y=f'(x_0+\theta\Delta x)\Delta x，其中\ 0<\theta<1. \tag{4.1.4}$$

显然，罗尔定理是拉格朗日中值定理当 $f(a)=f(b)$ 时的特殊情形.

物理解释：

把数 $(f(b)-f(a))/(b-a)$ 设想为 $f(x)$ 在 $[a, b]$ 上的平均变化率，而 $f'(C)$ 是 $f(x)$ 在 $x=C$ 的瞬时变化率．中值定理表明：在某个内点处的瞬时变化率一定等于整个区间上的平均变化率.

由拉格朗日中值定理可以得到如下两个推论：

推论 1　如果函数 $f(x)$ 在区间 (a, b) 内的任意点 x 处的导数 $f'(x)$ 恒等于零，则 $f(x)$ 在区间 (a, b) 内是一个常数.

在 (a, b) 内的任意两点 x_1，x_2 上，将 $f(x)$ 在 $[x_1, x_2]$ 上用拉格朗日中值定理. 由 $f'(\xi)=0$，可得 $f(x_2)=f(x_1)$，这就说明了 $f(x)$ 在 (a, b) 内的任意两点的函数值相等. 所以函数在 (a, b) 内是一常数，即 $f(x)=C$.

推论 2　如果函数 $f(x)$ 与 $g(x)$ 在区间 (a, b) 内每一点的导数 $f'(x)$ 与 $g'(x)$ 都相等，则这两个函数在此区间内至多相差一个常数.

证　由假设可知 $f'(x)=g'(x)$，$x\in(a, b)$.

因此

$$[f(x)-g(x)]'=f'(x)-g'(x)=0,\ x\in(a, b).$$

由推论 1 可知 $f(x)-g(x)$ 在 (a,b) 内是一常数．设此常数为 C，则有

$$f(x)-g(x)=C$$

即

$$f(x)=g(x)+C.$$

例 1　通过函数 $f(x)=\ln x$，在闭区间 $[1, \mathrm{e}]$ 上验证拉格朗日中值定理的正确性.

解　显然 $f(x)=\ln x$ 在 $[1, \mathrm{e}]$ 上连续，在 $(1, \mathrm{e})$ 内可导，又

$$f(1)=0,\ f(\mathrm{e})=1,\ f'(x)=\frac{1}{x}$$

由拉格朗日中值定理，至少存在 $\xi\in(1, \mathrm{e})$，使

$$f'(\xi)=\frac{1}{\xi}=\frac{\ln\mathrm{e}-\ln 1}{\mathrm{e}-1}$$

成立．解得

$$\xi=\mathrm{e}-1\in(1, \mathrm{e})$$

故可取 $\xi=\mathrm{e}-1$，使 $f'(\xi)=\dfrac{f(\mathrm{e})-f(1)}{\mathrm{e}-1}$ 成立.

例 2　证明不等式 $\arctan x_2-\arctan x_1\leqslant x_2-x_1\quad(x_1<x_2)$ 成立.

证　设 $f(x)=\arctan x$ 在闭区间 $[x_1, x_2]$ 上满足拉格朗日中值定理的条件，因此有

$$\arctan x_2-\arctan x_1=\frac{1}{1+\xi^2}(x_2-x_1),\ \xi\in(x_1, x_2)$$

因为 $\dfrac{1}{1+\xi^2}\leqslant 1$

所以可得

$$\arctan x_2-\arctan x_1\leqslant x_2-x_1.$$

三、柯西中值定理

如果我们把描述拉格朗日中值定理的几何曲线（见图 4－3）用参数方程

$$\begin{cases} x=\varphi(t) \\ y=\psi(t) \end{cases} (a\leqslant t\leqslant b) \tag{4.1.5}$$

表示，则对应 A 的坐标为$(\varphi(a), \psi(a))$，B 的坐标为$(\varphi(b), \psi(b))$，而弦 AB 的斜率为

$$k=\frac{\psi(b)-\psi(a)}{\varphi(b)-\varphi(a)}$$

设在曲线上点 $P(t=\xi)$处的切线平行于弦 AB. 由参数方程在点 P 的导数

$$\left.\frac{\mathrm{d}y}{\mathrm{d}x}\right|_{t=\xi}=\frac{\psi'(\xi)}{\varphi'(\xi)}$$

可知，点 P 处的切线斜率等于弦 AB 的斜率 k，即

$$\frac{\psi'(\xi)}{\varphi'(\xi)}=\frac{\psi(b)-\psi(a)}{\varphi(b)-\varphi(a)}$$

一般地有如下定理：

柯西中值定理　设函数 $f(x)$与 $g(x)$在闭区间$[a, b]$上有定义，且满足：

(1) 闭区间$[a, b]$上连续；

(2) 开区间(a, b)内可导，且在(a, b)内 $g'(x)\neq 0$.

则至少存在一点 $\xi\in(a, b)$，使

$$\frac{f(b)-f(a)}{g(b)-g(a)}=\frac{f'(\xi)}{g'(\xi)} \tag{4.1.6}$$

证明从略.

不难看出，拉格朗日中值定理是柯西中值定理的特例：由于当 $g(x)=x$ 时，$g(b)-g(a)=b-a$，$g'(x)=1$. 由柯西中值定理可知，至少存在 $\xi\in(a, b)$，满足

$$\frac{f(b)-f(a)}{b-a}=f'(\xi)$$

习题 4－1

1. 下列函数在指定的区间上是否满足罗尔定理的条件？在对应的开区间内罗尔定理的结论是否成立？

(1) $f(x)=\frac{1}{x^2}$，$x\in[-2, 2]$　　(2) $f(x)=(x-4)^2$，$x\in[-2, 4]$

(3) $f(x)=x^3$，$x\in[-1, 2]$　　(4) $f(x)=\sin x$，$x\in[-\pi, \pi]$

2. 验证下列函数在给定区间上满足拉格朗日中值定理，并求出结论中的 ξ 值.

(1) $y=4x^3-5x^2+x-2$，$x\in[0, 1]$

(2) $y=\ln x$，$x\in[1, \mathrm{e}]$

(3) $y=\arctan x$，$x\in[0, 1]$

3. 不用求函数 $f(x)=x(x-1)(x-2)$的导数，说明方程 $f'(x)=0$ 有几个根，并指出它们所在的区间.

4. 证明：若 $f'(x)=k$（k 为常数），则 $f(x)=kx+b$.

5. 证明：对函数 $f(x)=px^2+qx+r$ 应用拉格朗日中值定理时所求得的 ξ，总是位于区间的中点.

6. 利用拉格朗日中值定理证明下列不等式：

（1）当 $a>b>0$ 时，$nb^{n-1}(a-b)<a^n-b^n<na^{n-1}(a-b)$（$n>1$）

（2）$|\arctan a-\arctan b|\leqslant|a-b|$

（3）若 $x>0$，则 $\dfrac{x}{1+x}<\ln(1+x)<x$

7. 若 $f(x)$ 在 $[a,b]$ 上具有二阶导数，且 $f(a)=f(b)=f(c)=0$（$a<c<b$），则在 (a,b) 内至少存在一点 x，使得 $f''(\xi)=0$.

8. 函数 $f(x)=\sin x$，$g(x)=\cos x$ 在区间 $\left[0,\dfrac{\pi}{2}\right]$ 上是否满足柯西中值定理的全部条件？如果满足，求出定理中的 ξ 的值.

项目二　未定式的定值法
——洛必达法则

在模块二项目三无穷小量与无穷大量中，我们知道有限个无穷小的和、差、积都是无穷小，而无穷小的商是什么呢？这里我们将利用微分中值定理来研究两个无穷小之比或两个无穷大之比的极限．通常称这类极限式为“未定式”或“待定式”，记为 $\dfrac{0}{0}$ 或 $\dfrac{\infty}{\infty}$. 下面我们将利用柯西中值定理导出求未定式极限的方法，这就是洛必达法则.

一、未定式 $\dfrac{0}{0}$ 的定值法

定理 4.2.1　设函数 $f(x)$ 与 $g(x)$ 满足条件：

（1）$\lim\limits_{x\to x_0}f(x)=\lim\limits_{x\to x_0}g(x)=0$；

（2）在点 x_0 的某个邻域内（点 x_0 可除外）可导，且 $g'(x)\neq0$；

（3）$\lim\limits_{x\to x_0}\dfrac{f'(x)}{g'(x)}=A$（或∞）.

则必有 $\lim\limits_{x\to x_0}\dfrac{f(x)}{g(x)}=\lim\limits_{x\to x_0}\dfrac{f'(x)}{g'(x)}=A$（或∞）.

定理说明：

（1）如果 $\lim\limits_{x\to x_0}\dfrac{f'(x)}{g'(x)}=A$，则 $\lim\limits_{x\to x_0}\dfrac{f(x)}{g(x)}=A$；如果 $\lim\limits_{x\to x_0}\dfrac{f'(x)}{g'(x)}=\infty$，则 $\lim\limits_{x\to x_0}\dfrac{f(x)}{g(x)}=\infty$；但如果 $\lim\limits_{x\to x_0}\dfrac{f'(x)}{g'(x)}$ 不存在，却不能断定 $\lim\limits_{x\to x_0}\dfrac{f(x)}{g(x)}$ 不存在，只是说明洛必达法则失效，此时需用其他方法判断未定式的极限.

（2）如果$\lim\limits_{x\to x_0}\frac{f'(x)}{g'(x)}$还是未定式，且函数 $f'(x)$与 $g'(x)$仍然满足定理 4.2.1 的三个条件，则继续使用洛必达法则，最后确定$\lim\limits_{x\to x_0}\frac{f(x)}{g(x)}$，即

$$\lim_{x\to x_0}\frac{f(x)}{g(x)}=\lim_{x\to x_0}\frac{f'(x)}{g'(x)}=\lim_{x\to x_0}\frac{f''(x)}{g''(x)}=A\text{（或}\infty\text{）}.$$

例 1　求$\lim\limits_{x\to 1}\frac{x^3-2x+1}{x^3+x^2+5x-7}$　（$\frac{0}{0}$型未定式）.

解　$\lim\limits_{x\to 1}\frac{x^3-2x+1}{x^3+x^2+5x-7}=\lim\limits_{x\to 1}\frac{3x^2-2}{3x^2+2x+5}=\frac{1}{10}$.

例 2　求$\lim\limits_{x\to 0}\frac{(1+x)^\alpha-1}{x}$　（α 为任何实数）（$\frac{0}{0}$型未定式）.

解　$\lim\limits_{x\to 0}\frac{(1+x)^\alpha-1}{x}=\lim\limits_{x\to 0}\frac{\alpha(1+x)^{\alpha-1}}{1}=\alpha$.

上式表明当 $x\to 0$ 时，$(1+x)^\alpha-1\sim\alpha x$.

例 3　求$\lim\limits_{x\to 0}\frac{\tan x-x}{x-\sin x}$　（$\frac{0}{0}$型未定式）.

解　
$$\begin{aligned}\lim_{x\to 0}\frac{\tan x-x}{x-\sin x}&=\lim_{x\to 0}\frac{\sec^2 x-1}{1-\cos x}\\&=\lim_{x\to 0}\frac{1-\cos^2 x}{\cos^2 x}\cdot\frac{1}{1-\cos x}\\&=\lim_{x\to 0}\frac{1+\cos x}{\cos^2 x}=\frac{2}{1}=2.\end{aligned}$$

此例表明，分子和分母求导后要进行化简（设法约去公因子），然后再求极限．此外，如果有极限存在的乘积因子也要及时分离出来求极限，以便简化极限的运算.

例 4　求$\lim\limits_{x\to 0}\frac{x^2\sin\frac{1}{x}}{\sin x}$　（$\frac{0}{0}$型未定式）.

解　$\lim\limits_{x\to 0}\frac{x^2\sin\frac{1}{x}}{\sin x}=\lim\limits_{x\to 0}\frac{2x\sin\frac{1}{x}-\cos\frac{1}{x}}{\cos x}$.

由于当 $x\to 0$ 时，$\sin\frac{1}{x}$，$\cos\frac{1}{x}$振荡无极限，所以此题不能使用洛必达法则求解．事实上，经过适当变形后，用其他方法仍能求得它的极限.

$$\begin{aligned}\lim_{x\to 0}\frac{x^2\sin\frac{1}{x}}{\sin x}&=\lim_{x\to 0}\frac{x}{\sin x}\left(x\sin\frac{1}{x}\right)\\&=\lim_{x\to 0}\frac{x}{\sin x}\lim_{x\to 0}x\sin\frac{1}{x}=1\times 0=0.\end{aligned}$$

二、未定式$\frac{\infty}{\infty}$的定值法

定理 4.2.2　设函数 $f(x)$与 $g(x)$满足条件：

（1）$\lim\limits_{x\to x_0}f(x)=\lim\limits_{x\to x_0}g(x)=\infty$；

(2) 在点 x_0 的某邻域内（点 x_0 可除外）可导，且 $g'(x)\neq 0$；

(3) $\lim\limits_{x\to x_0}\dfrac{f'(x)}{g'(x)}=A(\text{或}\infty)$.

则必有 $\lim\limits_{x\to x_0}\dfrac{f(x)}{g(x)}=\lim\limits_{x\to x_0}\dfrac{f'(x)}{g'(x)}=A(\text{或}\infty)$.

证明略.

例 5 求 $\lim\limits_{x\to 0^+}\dfrac{\ln x}{1+2\ln\sin x}$ （$\dfrac{\infty}{\infty}$型未定式）.

解
$$\lim_{x\to 0^+}\frac{\ln x}{1+2\ln\sin x}=\lim_{x\to 0^+}\frac{\frac{1}{x}}{2\,\frac{\cos x}{\sin x}}$$
$$=\frac{1}{2}\lim_{x\to 0^+}\frac{1}{\cos x}\,\frac{\sin x}{x}=\frac{1}{2}.$$

例 6 求 $\lim\limits_{x\to\frac{\pi}{2}}\dfrac{\sec x}{1+\tan x}$ （$\dfrac{\infty}{\infty}$型未定式）.

解
$$\lim_{x\to\frac{\pi}{2}}\frac{\sec x}{1+\tan x}=\lim_{x\to\frac{\pi}{2}}\frac{\sec x\cdot\tan x}{\sec^2 x}$$
$$=\lim_{x\to\frac{\pi}{2}}\frac{\tan x}{\sec x}=\lim_{x\to\frac{\pi}{2}}\frac{\sec^2 x}{\sec x\cdot\tan x}$$
$$=\lim_{x\to\frac{\pi}{2}}\frac{\sec x}{\tan x}=\cdots$$

此题利用洛必达法则求解失效，然而，稍加化简即可得
$$\lim_{x\to\frac{\pi}{2}}\frac{\sec x}{\tan x}=\lim_{x\to\frac{\pi}{2}}\frac{1}{\cos x}\cdot\frac{\cos x}{\sin x}=\lim_{x\to\frac{\pi}{2}}\frac{1}{\sin x}=1.$$

当定理 4.2.1 与定理 4.2.2 中当 $x\to x_0$ 改为 $x\to\infty$时，洛必达法则同样有效，即
$$\lim_{x\to\infty}\frac{f(x)}{g(x)}=\lim_{x\to\infty}\frac{f'(x)}{g'(x)}\left(\text{对}\frac{0}{0}\text{型或}\frac{\infty}{\infty}\text{型}\right).$$

三、其他未定式的定值法

洛必达法则不仅可以用来求解$\dfrac{0}{0}$型和$\dfrac{\infty}{\infty}$未定式的极限，还可以用来求解其他未定式，例如 $0\cdot\infty$，$\infty-\infty$，1^∞，0^0，∞^0等型的极限．只要经过适当的变换和改写，将它们化为$\dfrac{0}{0}$或$\dfrac{\infty}{\infty}$型未定式的极限即可.

例 7 求 $\lim\limits_{x\to+\infty}x\left(\dfrac{\pi}{2}-\arctan x\right)$ （$\infty\cdot 0$ 型未定式）.

解 当 $x\to+\infty$时，此题为$\infty\cdot 0$ 型的未定式，可以将其转化为$\dfrac{0}{0}$型的未定式求极限. 根据洛必达法则，有
$$\lim_{x\to+\infty}x\left(\frac{\pi}{2}-\arctan x\right)=\lim_{x\to+\infty}\frac{\frac{\pi}{2}-\arctan x}{\frac{1}{x}}=\lim_{x\to+\infty}\frac{-\frac{1}{1+x^2}}{-\frac{1}{x^2}}=\lim_{x\to+\infty}\frac{x^2}{1+x^2}=1.$$

例 8　求$\lim\limits_{x\to0}\left(\frac{1}{x}-\frac{1}{e^x-1}\right)$　（$\infty-\infty$型未定式）.

解　当$x\to0$时，此题为$\infty-\infty$型的未定式，可以将其转化为$\frac{0}{0}$型的未定式求极限．根据洛必达法则，有

$$\lim_{x\to0}\left(\frac{1}{x}-\frac{1}{e^x-1}\right)=\lim_{x\to0}\frac{e^x-1-x}{x(e^x-1)}$$

因为当$x\to0$时，$e^x-1\sim x$，所以

$$原式=\lim_{x\to0}\frac{e^x-1-x}{x^2}=\lim_{x\to0}\frac{e^x-1}{2x}=\frac{1}{2}.$$

有时，通过先取对数可以处理未定式1^∞、0^0、∞^0的极限，然后我们使用洛必达法则求出对数的极限，再取指数揭示原来函数的性态.

$$\lim_{x\to\alpha}\ln f(x)=L\Rightarrow\lim_{x\to\alpha}e^{\ln f(x)}=e^{\lim\limits_{x\to\alpha}\ln f(x)}=e^L$$

这里α是有限数或无穷，$f(x)>0$.

例 9　求$\lim\limits_{x\to1}x^{\frac{1}{1-x}}$　（1^∞型未定式）.

解　记$y=x^{\frac{1}{1-x}}$，则

$$\lim_{x\to1}\ln y=\lim_{x\to1}\frac{1}{1-x}\ln x=\lim_{x\to1}\frac{\frac{1}{x}}{-1}=-1$$

故　$\lim\limits_{x\to1}x^{\frac{1}{1-x}}=e^{\lim\limits_{x\to1}\ln y}=e^{-1}$.

例 10　求$\lim\limits_{x\to0^+}\left(\ln\frac{1}{x}\right)^x$　（∞^0型未定式）.

解　记$y=\left(\ln\frac{1}{x}\right)^x$，则

$$\lim_{x\to0^+}\ln y=\lim_{x\to0^+}x\ln\ln\frac{1}{x}=\lim_{x\to0^+}\frac{\ln(-\ln x)}{\frac{1}{x}}$$

$$=\lim_{x\to0^+}\frac{\frac{-1}{x\ln x}}{-\frac{1}{x^2}}=\lim_{x\to0^+}\frac{x}{\ln x}=0$$

故　$\lim\limits_{x\to0^+}\left(\ln\frac{1}{x}\right)^x=e^0=1$.

例 11　求　$\lim\limits_{x\to0}x^x$　（0^0型未定式）.

解　记$y=x^x$，则

$$\lim_{x\to0}\ln y=\lim_{x\to0}x\ln x=\lim_{x\to0}\frac{\ln x}{\frac{1}{x}}=\lim_{x\to0}\frac{\frac{1}{x}}{-\frac{1}{x^2}}=0$$

故　$\lim\limits_{x\to0}x^x=e^0=1$.

习题 4-2

1. 求下列极限.

(1) $\lim\limits_{x\to 2}\dfrac{x^3-x^2-8x+12}{x^3-6x^2+12x-8}$

(2) $\lim\limits_{x\to 0}\dfrac{e^{\sin x}-e^x}{\sin x-x}$

(3) $\lim\limits_{\theta\to\frac{\pi}{2}}\dfrac{\cos\theta}{\pi-2\theta}$

(4) $\lim\limits_{x\to 0^+}\dfrac{\ln\tan 7x}{\ln\tan 3x}$

(5) $\lim\limits_{x\to+\infty}\dfrac{x}{e^{ax}}(a>0)$

(6) $\lim\limits_{\theta\to\frac{\pi}{2}}\dfrac{\ln\left(\theta-\frac{\pi}{2}\right)}{\tan\theta}$

(7) $\lim\limits_{x\to 0}\left[\dfrac{1}{x}-\dfrac{1}{\ln(1+x)}\right]$

(8) $\lim\limits_{x\to+\infty}x(e^{\frac{1}{x}}-1)$

(9) $\lim\limits_{x\to 1}(1-x)\tan\dfrac{\pi x}{2}$

(10) $\lim\limits_{x\to 0^+}x^x$

(11) $\lim\limits_{x\to 0^+}\left(\dfrac{\sin x}{x}\right)^{\frac{1}{x^2}}$

(12) $\lim\limits_{x\to+\infty}\dfrac{\ln(1+x)}{\arctan\dfrac{1}{x}}$

(13) $\lim\limits_{x\to 0^+}\dfrac{\ln\cot x}{\ln x}$

(14) $\lim\limits_{x\to 0}\dfrac{e^{-x}+e^x-2}{1-\cos x}$

(15) $\lim\limits_{x\to a}\dfrac{x^m-a^m}{x^n-a^n}(m, n\in\mathbf{N}, a\neq 0)$

(16) $\lim\limits_{x\to 0}\dfrac{x^3\cos x}{x-\sin x}$

2. 验证极限 $\lim\limits_{x\to+\infty}\dfrac{x}{\sqrt{1+x^2}}$ 存在，但不能用洛必达法则求得.

项目三　函数的单调性、极值与最值

一、函数的单调性

为确定函数的几何性态，我们需要知道哪些信息？我们需要知道，函数曲线延伸时它是上升的还是下降的，图形弯曲的程度，这些特征可参见图 4-4. 在本项目中，我们通过函数的一阶和二阶导数的信息来确定函数图形的信息.

我们从函数在区间上增加或减少的定义开始. 模块一中我们已学习了函数在某区间内单调性的定义，本项目我们将讨论利用导数判定函数单调性的方法.

如果函数 $y=f(x)$在 $[a, b]$ 上单调增加（或单调减少），那么它的图形是一条沿 x 轴正向上升（或下降）的曲线. 这时，如图 4-4 所示，曲线上各点处的切线是非负的（或非正的），即 $y'=f'(x)\geqslant 0$(或 $f'(x)\leqslant 0$). 由此可见，函数的单调性与导数的正负符号有着密切的关系.

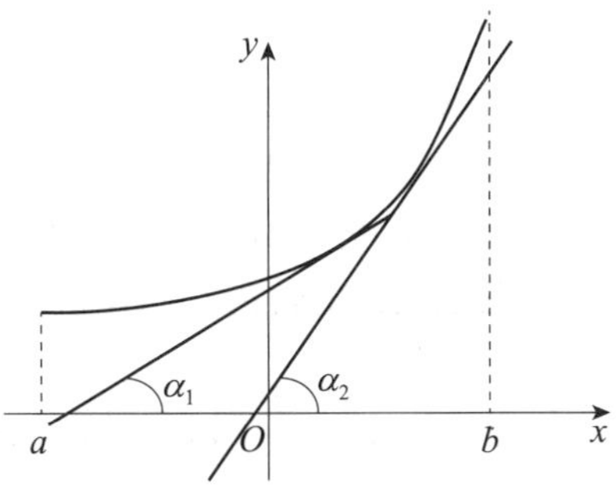

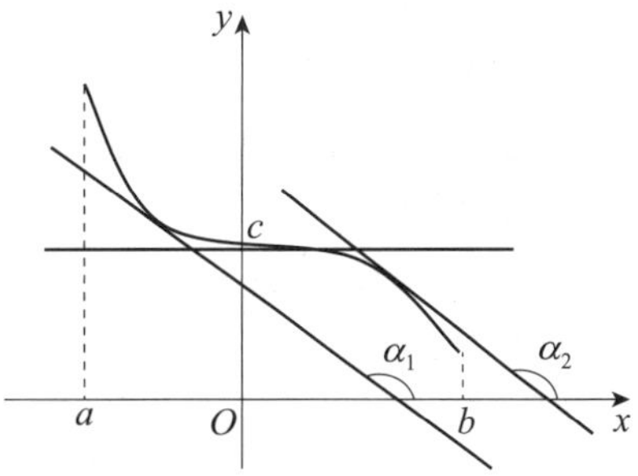

图 4-4

定理 4.3.1　设函数 $f(x)$在区间 (a, b)内可导，那么：

(1) 如果 $x \in (a, b)$时，$f'(x)>0$，则 $f(x)$在 (a, b)内单调增加；

(2) 如果 $x \in (a, b)$时，$f'(x)<0$，则 $f(x)$在 (a, b)内单调减少.

证　任取 x_1，$x_2 \in (a, b)$，且 $x_1<x_2$，则由拉格朗日中值定理有

$$f(x_2)-f(x_1)=f'(\xi)(x_2-x_1), \ \xi \in (x_1, x_2)$$

(1) 如果 $x \in (a, b)$时，$f'(x)>0$，则 $f'(\xi)>0$，即

$$f(x_2)>f(x_1)$$

所以函数 $f(x)$在 (a, b)内单调增加.

(2) 如果 $x \in (a, b)$时，$f'(x)<0$，则 $f'(\xi)<0$，即

$$f(x_2)<f(x_1)$$

所以函数 $f(x)$在 (a, b)内单调减少.

例 1　求函数 $y=\dfrac{x^3}{3}-\dfrac{x^2}{2}-2x$ 的单调区间.

解　因为 $y'=x^2-x-2=(x+1)(x-2)$

令 $y'=0$

得 $x_1=-1$，$x_2=2$. 用这两点把定义域 $(-\infty, +\infty)$划分成区间 $(-\infty, -1)$，$(-1, 2)$及 $(2, +\infty)$，其讨论结果见表 4-1.

表 4-1

x	$(-\infty, -1)$	$(-1, 2)$	$(2, +\infty)$
y'	+	−	+
y	↗	↘	↗

所以，函数在 $(-\infty, -1)$和 $(2, +\infty)$内单调增加；在 $(-1, 2)$内单调减小.

综上所述，求函数 $y=f(x)$单调区间的步骤如下：

(1) 确定函数的定义域；

(2) 求出 $f(x)$单调区间所有可能的分界点（$f(x)$的间断点，$y'=0$ 及 y'不存在的点）并由分界点将函数的定义域分割为若干个小区间；

(3) 判断一阶导数 y'在各区间内的符号，从而判断函数在各区间内的单调性.

二、函数的极值

在讨论函数的单调性时，常常遇到这样的情形，函数开始时是单调增加的，可到达某一点后它又变为单调减少；也有开始单调减少，后又变为单调增加．于是，我们发现在函数的单调性发生转折的地方，就出现了这样的函数值，它与附近的函数值相比较，是最大（或最小）的，通常我们把这种使函数单调性发生变化的转折点叫作函数的极值点．下面给出它们的定义：

定义 4.3.1 设函数 $f(x)$在点 x_0 的某邻域内有定义，如果对于该邻域内任意一点 x（$x \neq x_0$）恒有 $f(x_0) > f(x)$ [或 $f(x_0) < f(x)$]，则称点 x_0 为 $f(x)$的极大值点（或极小值点），而 $f(x_0)$为函数 $f(x)$的极大值（或极小值）.

如图 4－5 所示，$f(x)$在点 x_1 和点 x_3 处取得极大值，在点 x_2 和点 x_4 处取得极小值.

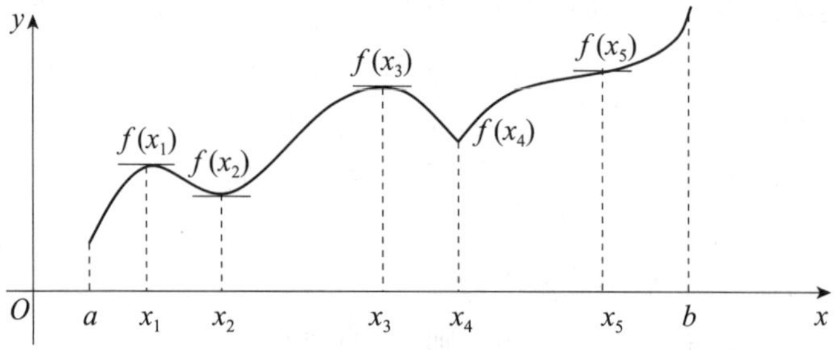

图 4－5

极大值和极小值统称为极值，极大值点和极小值点统称为极值点．显然，极值是局部性概念，它只是在局部范围内（即在该点的邻域内）达到最大或最小，未必是区间上的最大（或最小）值.

从图中还可看到，函数取得极值处，曲线的切线是水平的，但曲线上有水平切线处却未必取得极值.

由极值的定义，下面给出函数极值存在的必要条件.

定理 4.3.2 （必要条件）设函数 $f(x)$在点 x_0 处可导，且在 x_0 处取得极值，则 $f'(x_0)=0$.

注意： $f'(x_0)=0$ 是 x_0 为极值点的必要条件而非充分条件.

使 $f'(x_0)=0$ 的点为函数 $f(x)$的驻点．即对可导函数而言，极值点一定是驻点，但驻点未必是极值点．另外，函数在不可导的点处也可能取得极值，例如 $y=|x|$ 在 $x=0$ 处不可导，但函数在该点取得极小值.

定义 4.3.2 如果函数 $f(x)$在定义域的某一点处满足 $f'(x)=0$ 或该点处一阶导数不存在，则我们称该点为函数 $f(x)$的临界点.

由此，我们可以得到如下结论：

函数的极值点必定是函数的临界点，但临界点却不一定是函数的极值点．那么如何去判断驻点或是不可导的点是否为极值点呢？下面给出函数取得极值的充分条件.

定理 4.3.3 （一阶充分性条件）设函数 $f(x)$在点 x_0 的某去心邻域内连续并可导.

(1) 当 $x<x_0$ 时，$f'(x)>0$，而当 $x>x_0$ 时，$f'(x)<0$，则函数 $f(x)$在点 x_0 处取得极大值 $f(x_0)$；

(2) 当 $x<x_0$ 时，$f'(x)<0$，而当 $x>x_0$ 时，$f'(x)>0$，则函数 $f(x)$在点 x_0 处取得极小值 $f(x_0)$；

(3) 当 $x<x_0$，或 $x>x_0$ 时，$f'(x)$不变号，在 $f(x)$在点 x_0 处无极值.

证明从略，读者可以由函数的单调性很直观地从几何图形上加以验证．该定理可直观地简述为：

当 x_0 为函数 $f(x)$的临界点时，有

(1) 如果 $f'(x)$在 x_0 处从负变到正，则 x_0 为 $f(x)$的极小值点，$f(x_0)$为 $f(x)$的极小值.

(2) 如果 $f'(x)$在 x_0 处从正变到负，则 x_0 为 $f(x)$的极大值点，$f(x_0)$为 $f(x)$的极大值.

(3) 如果 $f'(x)$在 x_0 处两边正、负号相同，则 $f(x)$在 x_0 处没有极值.

例 2　求函数 $f(x)=x-\frac{3}{2}x^{\frac{2}{3}}$ 的单调区间和极值.

解　函数的定义域为 $(-\infty,+\infty)$，其一阶导数为

$$f'(x)=1-x^{-\frac{1}{3}}=\frac{\sqrt[3]{x}-1}{\sqrt[3]{x}}$$

令 $f'(x)=0$，得 $x=1$，$f'(x)$不存在的点为 $x=0$，故临界点为 $x=0$ 和$x=1$. 把定义域划分成若干个区间，其结果见表 4-2。

表 4-2

x	$(-\infty, 0)$	0	$(0, 1)$	1	$(1, +\infty)$
$f'(x)$	+	不存在	−	0	+
$f(x)$	↗	极大值 0	↘	极小值−1/2	↗

当函数在驻点处二阶导数存在且不为零时，可由如下定理判别函数 $f(x)$在点 x_0 处的极值.

定理 4.3.4　(二阶充分性条件) 设函数 $f(x)$在点 x_0 处 $f'(x_0)=0$，$f''(x_0)\neq 0$，则

(1) 当 $f''(x_0)<0$ 时，函数 $f(x)$在点 x_0 处取得极大值 $f(x_0)$；

(2) 当 $f''(x_0)>0$ 时，函数 $f(x)$在点 x_0 处取得极小值 $f(x_0)$.

由已知条件，通过二阶导数的定义，结合极限保号性及定理 4.3.3 很容易得出上述定理结论.

定理 4.3.4 表明：如果函数 $f(x)$在驻点 x_0 处的二阶导数 $f''(x)\neq 0$，则该点一定是极值点，并且可按 $f''(x)$的符号来判定 $f(x_0)$是极大值还是极小值．如果 $f''(x_0)=0$，则定理 4.3.4 失效，此时还得通过定理 4.3.3 来判定.

例 3　求 $f(x)=x^3-9x^2+15x+3$ 的极值.

解　由于

$f'(x)=3x^2-18x+15=3(x^2-3x+5)=3(x-1)(x-5)$，令 $f'(x)=0$，所以驻点为 $x=1$，$x=5$，而

$f''(x)=6x-18=6(x-3)$

则有

$f''(1)=-12<0$，$f''(5)=12>0$

根据定理 4.3.4 可得，$f(1)=10$ 是极大值，$f(5)=-22$ 是极小值.

综上所述，我们可以把求函数极值的步骤归纳如下：

(1) 由导数 $f'(x)$求出 $f(x)$在定义域内的临界点；

(2) 通过应用极值存在的一阶充分条件或二阶充分条件，确定上述点是否为极值点，若是，要确定是极大值点还是极小值点；

(3) 求出各极值点处的函数值，从而求得 $f(x)$的全部极值.

三、最值问题

在工农业生产、工程技术及科学实验中，常常会遇到这样一类问题：在一定条件下，如何使"投入最少，产出最多，成本最低，收益最高，利润最大"等．这些问题反映在数学上就是求某一函数（目标函数）的最大值或最小值问题（这里简称为求最值问题）.

与极值的概念不同，最值是个全局性的概念，是函数在所考虑的区间上全部函数值中的最大值或最小值.

一般说来，闭区间$[a, b]$上的连续函数的最值，可以由以下两个方面取得：它们可以在闭区间内部取得，此时这个最大值或最小值同时是极大值或极小值，也就是 $f(x)$在 (a, b)内的驻点或不可导点；另外它们有可能在区间的端点 a 和 b 处取得．由此，我们把求函数 $f(x)$在闭区间 $[a, b]$上的最值的步骤归纳如下：

(1) 求出 $f(x)$在闭区间 $[a, b]$上的所有驻点和导数不存在的点；

(2) 求出上述诸点及端点的函数值；

(3) 对上述函数值进行比较，其中最大者即为最大值，最小者即为最小值.

特殊地：

(1) 如果函数 $f(x)$在$[a, b]$上单调增加（或单调减少），则 $f(a)$是 $f(x)$在$[a, b]$上的最小值（或最大值），$f(b)$是 $f(x)$在$[a, b]$上的最大值（或最小值）.

(2) 如果连续函数在区间 (a, b)内有且仅有一个极大值，则此极大值就是 $f(x)$在$[a, b]$上的最大值．同样，如果 $f(x)$在 (a, b)内有且仅有一个极小值，则该极小值就是 $f(x)$在 $[a, b]$上的最小值.

(3) 实际问题的应用中，往往根据问题的性质就可以断定可导函数 $f(x)$确实有最大值或最小值，而且一定在区间内部取得，这时如果 $f(x)$在定义区间内只有唯一驻点 x_0，则立即可断定 $f(x_0)$就是最大或最小值.

例 4 求函数 $f(x)=x^4-2x^2+3$ 在$[-2, 2]$上的最大值与最小值.

解 $f'(x)=4x^3-4x=4x(x+1)(x-1)$

令 $f'(x)=0$，解得 $x=-1$，$x=0$，$x=1$.

计算出以下值：

$f(0)=3$，$f(\pm1)=2$，$f(\pm2)=11$.

比较上述函数值，得出 $f(x)$在$[-2,\ 2]$上的最大值为 $f(\pm2)=11$，最小值为 $f(\pm1)=2$.

习题 4－3

1. 讨论下列函数的单调性.

(1) $y=x^3-3x+1$　　(2) $y=x+\sqrt{1-x}$

(3) $y=x-\mathrm{e}^x$　　(4) $y=2x^2-\ln x$

(5) $y=x-2\sin x\ (0\leqslant x\leqslant 2\pi)$　　(6) $y=\ln(x+\sqrt{1+x^2})$

(7) $y=x-\ln(1+x^2)$　　(8) $y=\arctan x-x$

2. 证明方程 $\sin x=x$ 只有一个实根.

3. 求下列函数的极值.

(1) $y=x^3-3x$　　(2) $y=x-\ln(1+x)$

(3) $y=x+\sqrt{1-x}$　　(4) $y=\dfrac{x}{1+x^2}$

(5) $y=x\mathrm{e}^{-x}$　　(6) $y=2-(x-1)^{\frac{2}{3}}$

4. 求下列函数在指定区间上的最值.

(1) $y=x+\sqrt{x}$，$x\in[0,\ 4]$　　(2) $y=\sqrt{100-x^2}$，$x\in[-6,\ 8]$

(3) $y=-x^3+3x^2-6x+2$，$x\in[-1,\ 1]$　　(4) $y=2^x$，$x\in[-2,\ 2]$

项目四　导数在经济学中的应用

一、边际分析

在经济学中，通常用平均和边际这两个概念来描述一个经济变量 y 对于另一个经济变量 x 的变化关系．平均概念是指 x 在某一范围内取值 y 的平均变化量；边际概念是指当 x 的改变量 Δx 趋于 0 时，y 的相应改变量 Δy 与 Δx 的比值的变化关系，即当 x 在某一给定值附近有微小变化时，相应 y 的瞬时变化.

1. 边际函数

设函数 $y=f(x)$可导，函数值的增量与自变量增量的比值

$$\frac{\Delta y}{\Delta x}=\frac{f(x_0+\Delta x)-f(x_0)}{\Delta x}$$

表示 $f(x)$在 $x_0\sim x_0+\Delta x$ 内的平均变化率.

根据导数的定义，导数 $f'(x_0)$表示 $f(x)$在 $x=x_0$ 处的变化率．而在经济学中，$f(x)$在$x=x_0$ 处的导数就是 $f(x)$在 $x=x_0$ 处的边际函数值.

当函数的自变量 x 从 x_0 改变一个单位（即 $\Delta x=1$）时，函数的增量为 $f(x_0+1)-f(x_0)$，但当 x 改变的“单位”非常小时，或 x 的“一个单位”与 x_0 值相比非常小时，则有近似式

$$\frac{f(x_0+1)-f(x_0)}{1}=f(x_0+1)-f(x_0)\approx f'(x_0)$$

此式表明：当自变量在 x_0 处产生一个单位的改变时，函数 $f(x)$的改变量可近似地用 $f'(x_0)$来表示．在经济学中，在解释边际函数值的实际意义时，通常略去了“近似”这二字.

例如，设函数 $y=x^2$，则 $y'=2x$，此时在 $x=2$ 处的边际函数值为 $y'(2)=4$，它表示当 $x=2$ 时，x 改变一个单位，y（近似）改变 4 个单位.

2. 边际成本

把成本函数 $C=C(x)$（x 是产量）的导数 $C'(x)$称为边际成本函数.

我们把每单位产品所承担的费用定义为平均成本函数，即

$$\bar{C}(x)=\frac{C(x)}{x}\ (x\text{ 是产量})$$

注意到$\frac{C(x)}{x}$可以被描述为该函数曲线上的一点与原点间连线的斜率．此外 $\bar{C}(x)$在 $x=0$ 处无定义，表明生产数量为零时，讨论平均成本是毫无意义的．又由

$$\bar{C}'(x)=\frac{xC'(x)-C(x)}{x^2}=0$$

得到 $C'(x)=\frac{C(x)}{x}$

即当边际成本等于其平均成本时，其平均成本达到最小.

例 1 设月产量为 x 单位时，总成本函数为

$$C(x)=\frac{1}{4}x^2+8x+4\ 900\ (\text{元})$$

求最低平均成本和相应产量的边际成本.

解 平均成本为

$$\bar{C}(x)=\frac{C(x)}{x}=\frac{1}{4}x+8+\frac{4\ 900}{x}$$

令 $\bar{C}'(x)=\frac{1}{4}-\frac{4\ 900}{x^2}=0$，得驻点为 $x=140$.

又由于 $\bar{C}''(140)>0$，故 $x=140$ 是 $\bar{C}(x)$的极小值点，也是它的最小值点. 因此，当月产量为 140 单位时，平均成本最低，其最低平均成本为

$$\bar{C}(140)=\frac{1}{4}\times 140+8+\frac{4\ 900}{140}=78\ (\text{元})$$

边际成本函数为

$$C'(x)=\frac{1}{2}x+8$$

故当产量为 140 单位时，边际成本为 $C'(140)=78$（元).

3. 边际收入与边际利润

若假定市场上产品销售量为 x 时，相应产品所定的价格为 $P(x)$，则称 $P(x)$ 为价格函数，$P(x)$ 通常为 x 的递减函数. 于是：

收入函数　　$R(x)=xP(x)$

利润函数　　$L(x)=R(x)-C(x)$（$C(x)$ 是成本函数）

收入函数的导数 $R'(x)$ 称为边际收入函数；利润函数的导数 $L'(x)$ 称为边际利润函数.

例 2　设某产品的需求函数为 $x=1\ 000-100P$，求需求量 $x=300$ 时，产品的总收入、平均收入和边际收入.

解　销售 x 件价格为 P 的产品，其收入函数为 $R(x)=x\cdot P$. 将需求函数 $x=1\ 000-100P$，即 $P=10-0.01x$ 代入上式，得到收入函数

$$R(x)=x(10-0.01x)=10x-0.01x^2$$

则平均收入函数为

$$\overline{R}(x)=\frac{R(x)}{x}=\frac{x(10-0.01x)}{x}=10-0.01x$$

其边际收入函数为

$$R'(x)=(10x-0.01x^2)'=10-0.02x$$

当 $x=300$ 时，其总收入为

$$R(300)=10\times300-0.01\times300^2=2\ 100$$

平均收入为

$$\overline{R}(300)=10-0.01\times300=7$$

边际收入为

$$R'(300)=10-0.02\times300=4.$$

例 3　设某产品的需求函数为 $P=80-0.1x$（P 是价格，x 是需求量），成本函数为 $C(x)=5\ 000+20x$（元）.

(1) 试求边际利润函数 $L'(x)$，并分别求 $x=150$ 和 $x=400$ 时的边际利润；

(2) 需求量 x 为多大时，其利润最大？

解　(1) 已知 $P=80-0.1x$，$C(x)=5\ 000+20x$，则有

$$R(x)=x\cdot P=x(80-0.1x)=80x-0.1x^2$$

$$L(x)=R(x)-C(x)=(80x-0.1x^2)-(5\ 000+20x)$$
$$=-0.1x^2+60x-5\ 000$$

边际利润函数为

$$L'(x)=(-0.1x^2+60x-5\ 000)'=-0.2x+60$$

当 $x=150$ 时边际利润为

$$L'(150)=-0.2\times150+60=30$$

当 $x=400$ 时边际利润为

$$L'(400)=-0.2\times400+60=-20$$

可见销售第 151 个产品，利润会增加 30 元，而销售第 401 个产品，利润将会减

少 20 元.

(2) 令 $L'(x)=0$，得到唯一驻点 $x=300$，因为

$$L''(300)=-0.2<0$$

故 $x=300$ 时 $L(x)$ 取得极大值，也是最大值.

$$L(300)=4\ 000\ (元).$$

二、函数弹性

1. 函数弹性的概念

在边际分析中，所研究的是函数的绝对改变量与绝对变化率，经济学中常需要研究一个变量对另一个变量的相对变化情况，为此引入下面的定义.

定义 4.4.1 设函数 $y=f(x)$ 可导，函数的相对改变量 $\frac{\Delta y}{y}=\frac{f(x-\Delta x)-f(x)}{f(x)}$ 与自变量的相对改变量 $\frac{\Delta x}{x}$ 之比 $\frac{\Delta y/y}{\Delta x/x}$，称为函数 $f(x)$ 在 x 与 $x+\Delta x$ 两点之间的弹性（或相对变化率），而极限 $\lim\limits_{\Delta x\to 0}\frac{\Delta y/y}{\Delta x/x}$ 称为函数 $f(x)$ 在点 x 处的弹性（或相对变化率），记为

$$\frac{\mathrm{E}f(x)}{\mathrm{E}x}=\frac{\mathrm{E}y}{\mathrm{E}x}=\lim_{\Delta x\to 0}\frac{\Delta y/y}{\Delta x/x}=\lim_{\Delta x\to 0}\frac{\Delta y}{\Delta x}\cdot\frac{x}{y}=y'\frac{x}{y}$$

注： 函数 $f(x)$ 在点 x 处的弹性 $\frac{\mathrm{E}y}{\mathrm{E}x}$ 反映随 x 的变化 $f(x)$ 变化幅度的大小，即 $f(x)$ 对 x 变化反应的强烈度或灵敏度．数值上，$\frac{\mathrm{E}y}{\mathrm{E}x}$ 表示 $f(x)$ 在点 x 处，当 发生 1%改变时，函数 $f(x)$ 近似地改变 $\frac{\mathrm{E}y}{\mathrm{E}x}\%$. 在应用问题中，解释弹性的具体意义时，我们通常略去“近似”二字.

例如，求函数 $y=3+2x$ 在 $x=3$ 处的弹性.

由 $y'=2$ 得

$$\frac{\mathrm{E}y}{\mathrm{E}x}=y'\frac{x}{y}=\frac{2x}{3+2x}$$

$$\left.\frac{\mathrm{E}y}{\mathrm{E}x}\right|_{x=3}=\frac{2\times 3}{3+2\times 3}=\frac{2}{3}\approx 0.67.$$

2. 需求弹性

假设需求函数为 $Q=f(P)$，这里 P 表示产品的价格，于是具体可定义该产品在价格为 P 时的需求弹性

$$\eta=\eta(P)=\lim_{\Delta P\to 0}\frac{\Delta Q/Q}{\Delta P/P}=\lim_{\Delta P\to 0}\frac{\Delta Q}{\Delta P}\cdot\frac{P}{Q}=P\frac{f'(P)}{f(P)}$$

当 ΔP 非常小时，有

$$\eta=P\frac{f'(P)}{f(P)}\approx\frac{P}{f(P)}\frac{\Delta Q}{\Delta P}$$

故需求弹性 η 近似地表示价格为 P 时，价格变动 1%，需求量将变化 $\eta\%$.

注意： 一般地，需求函数是单调减少函数，需求量随着价格的提高而减少（当 $\Delta P>0$

时，$\Delta Q<0$），故需求弹性一般是负值，它反映产品需求量对价格变动反应的强烈程度（灵敏度）.

例 4　设某种商品的需求量 Q 与价格 P 的关系为

$$Q(P)=1\,600\left(\frac{1}{4}\right)^P$$

（1）求需求弹性 $\eta(P)$；

（2）当商品价格 $P=10$（元）时，再提高价格 1%，求该商品需求量的变化情况.

解　（1）需求弹性为

$$\eta(P)=P\frac{Q'(P)}{Q(P)}=P\frac{\left[1\,600\left(\frac{1}{4}\right)^P\right]'}{1\,600\left(\frac{1}{4}\right)^P}$$

$$=P\frac{1\,600\left(\frac{1}{4}\right)^P\ln\frac{1}{4}}{1\,600\left(\frac{1}{4}\right)^P}$$

$$=P\ln\frac{1}{4}=(-2\ln 2)P$$

$$\approx -1.39P.$$

需求弹性为负，说明商品价格 P 提高 1%时，商品需求量 Q 将减少 $1.39P\%$.

（2）当商品的价格 $P=10$（元）时：

$$\eta(10)=1.39\times 10=-13.9$$

这表示价格 $P=10$（元）时，若再提高价格 1%，商品的需求量将减少 13.9%. 若价格降低 1%，需求量将增加 13.9%.

习题 4－4

1. 某企业的成本函数和收入函数分别为

$$C(x)=1\,000+5x+\frac{x^2}{10}\ (\text{元}),\quad R(x)=200x+\frac{x^2}{20}\ (\text{元})$$

求：（1）边际成本、边际收入和边际利润；（2）已知生产并销售 25 个单位产品，则销售利润为多少？

2. 一个公司已估算出产品的成本函数为

$$C(x)=2\,600+2x+0.001x^2$$

则产量多大时，平均成本能达到最低？求出最低平均成本.

3. 某型号电视机的生产成本（元）与生产量（台）的函数关系为：

$$C(x)=6\,000+900x-0.8x^2$$

求：（1）生产前 100 台电视机的平均成本；（2）当第 100 台电视机生产出来时的边际成本.

4. 某煤炭公司每天生产 x 吨煤的总成本函数为 $C(x)=2\,000+450x+0.02x^2$，如果每吨煤的销售价为 490 元，求：

（1）边际成本 $C'(x)$；

（2）利润函数 $L(x)$及边际利润 $L'(x)$；

（3）边际利润为 0 时的产量.

5. 已知某厂生产 x 件产品的成本为 $C(x)=2\ 500+200x+\frac{1}{40}x^2$. 问：

（1）若使平均成本最小，应生产多少件产品？

（2）若产品以每件 500 元售出，要使利润最大，应生产多少件产品？

6. 某产品的销售量是根据价格确定的. 若每千克售价 50 元，则可售出 10 000 千克；若售价每降低 2 元，则可多售出 2 000 千克. 又设生产这种产品的固定成本为 60 000 元，变动成本为每千克 20 元，在产销平衡的条件下，求：

（1）销量 x 与价格 P 之间的函数关系；

（2）获利最大时的产量及相应的价格.

项目五　曲线的凹向与拐点

在研究函数曲线的变化时，我们不仅要了解曲线的单调性和极值，还必须研究曲线在上升和下降过程中的弯曲情况.

例如 $y=x^2$ 和 $y=\sqrt{x}$ 在 $x\geqslant 0$ 时，曲线都是单调增加的，但它们的图形差别却很大，如图 4-6 所示

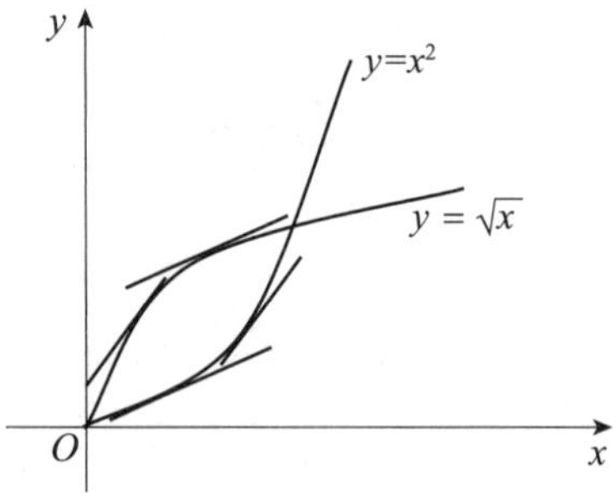

图 4-6

曲线 $y=x^2$ 位于它的每一点的切线的上方，其图形是上凹的. 而曲线 $y=\sqrt{x}$ 则位于它的每一点的切线的下方，其图形是下凹的.

由此，给出如下的定义：

定义 4.5.1 如果在某区间内，曲线弧位于其上任意一点切线的上方，则称曲线在这个区间内是上凹的，如图 4-7 所示；如果在某区间内，曲线弧位于其上任意一点切线的下方，则称曲线在这个区间内是下凹的，如图 4-8 所示.

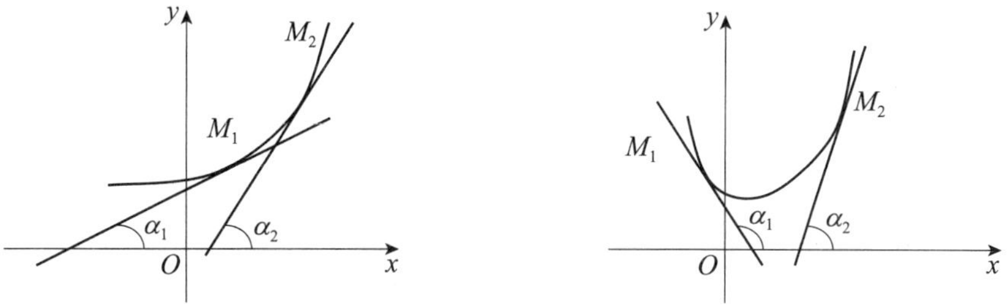

图 4-7

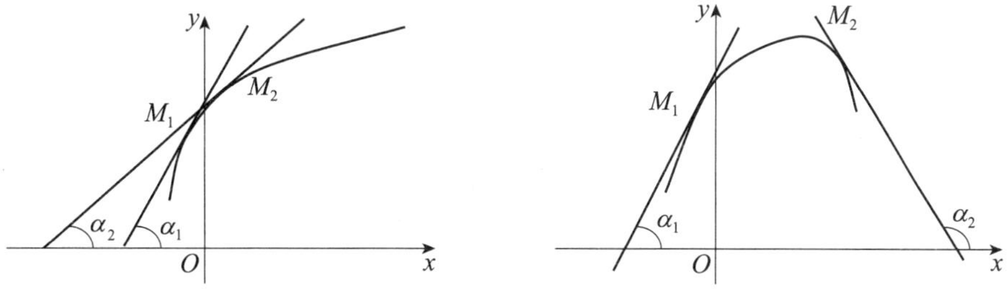

图 4-8

定理 4.5.1　设函数 $f(x)$在区间 (a, b)内具有二阶导数，那么：

(1) 如果 $x\in(a, b)$时，恒有 $f''(x)>0$，则曲线 $y=f(x)$在 (a, b)内上凹；

(2) 如果 $x\in(a, b)$时，恒有 $f''(x)<0$，则曲线 $y=f(x)$在 (a, b)内下凹.

因为 $f''(x)>0$，所以 $f'(x)$单调增加，即 $\tan\alpha$ 由小变大，由图 4-7 可见曲线上凹；因为 $f''(x)<0$，所以 $f'(x)$单调减少，即 $\tan\alpha$ 由大变小，由图 4-8 可见曲线下凹.

定义 4.5.2　曲线上凹与下凹的分界点称为曲线的拐点.

由拐点的定义可知：在拐点的左、右邻域其二阶导数 $f''(x)$必定异号，因而在拐点处必有 $f''(x)=0$ 或 $f''(x)$不存在．于是，对于二阶可导函数 $f(x)$求拐点的一般步骤为：

(1) 求满足 $f''(x)=0$ 的点及二阶导数不存在的点；

(2) 由二阶导数判定这些点是否为拐点.

例 1　判定 $f(x)=x-\ln(x+1)$的凹向.

解　函数的定义域为 $(-1, +\infty)$，因为

$$f'(x)=1-\frac{1}{x+1},\quad f''(x)=\frac{1}{(x+1)^2}>0$$

所以，函数在定义域 $(-1, +\infty)$内上凹.

例 2　求 $f(x)=x^4-2x^3+1$ 的凹向与拐点.

解　因为

$$f'(x)=4x^3-6x^2$$

$$f''(x)=12x^2-12x=12x(x-1)$$

令 $y''=0$，得 $x_1=0$，$x_2=1$，把定义域分成 3 个小区间，其讨论结果见表 4-3.

表 4-3

x	$(-\infty, 0)$	0	$(0, 1)$	1	$(1, +\infty)$
$f''(x)$	+	0	−	0	+
$f(x)$	上凹	拐点 $(0, 1)$	下凹	拐点 $(1, 0)$	上凹

习题 4-5

1. 讨论下列函数的凹向，并求拐点.

(1) $y=2x^3-3x+1$

(2) $y=\dfrac{2x}{1+x^2}$

(3) $y=x^3-5x^2+3x-9$

(4) $y=(\ln x)^2$

(5) $y=x+\dfrac{1}{x}$ $(x>0)$

(6) $y=x+\dfrac{x}{x^2-1}$

(7) $y=x+\dfrac{1}{x}$ $(x>0)$

(8) $y=x\arctan x$

2. 证明：曲线 $y=\dfrac{x+1}{x^2+1}$有 3 个拐点，且位于一条直线上.

3. 试确定 a，b 的值，使点 $(1, 3)$是曲线 $y=ax^3+bx^2$ 的拐点.

项目六　函数图形的作法

在讨论清楚函数的单调性与极值，以及曲线的凹向和拐点之后，为了准确描绘函数的图形，还须讨论曲线的渐近线.

一、曲线的渐近线

定义 4.6.1 如果曲线上的一点沿曲线无限远离原点时，该点与某直线距离趋于零，则称此直线为该曲线的渐近线.

渐近线有水平渐近线、铅直渐近线和斜渐近线（本书内容对斜渐近线不作要求）.

1. 水平渐近线

如果曲线 $y=f(x)$的定义域是无限区间，且有 $\lim\limits_{x\to-\infty}f(x)=b$，或 $\lim\limits_{x\to+\infty}f(x)=b$，则直线 $y=b$ 为曲线 $y=f(x)$的水平渐近线.

例如 $y=\mathrm{e}^x$，因为 $\lim\limits_{x\to-\infty}\mathrm{e}^x=0$，所以直线 $y=0$ 是 $y=\mathrm{e}^x$ 的水平渐近线，如图 4-9 所示

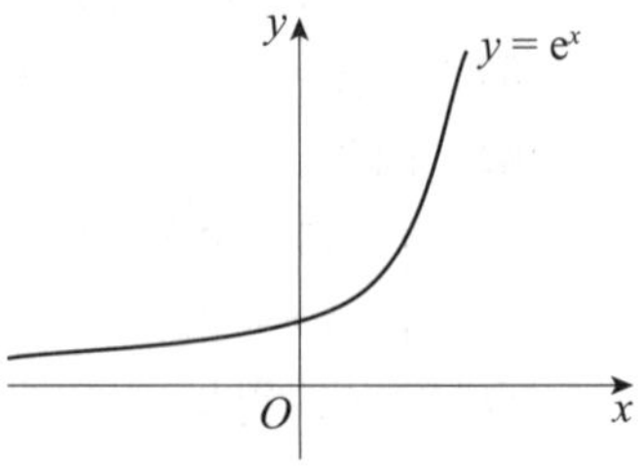

图 4-9

例 1　求曲线 $y=\dfrac{1}{x-1}$ 的水平渐近线.

解　因为

$$\lim_{x\to\pm\infty}\frac{1}{x-1}=0$$

所以，$y=0$ 是曲线的一条水平渐近线，如图 4-10 所示.

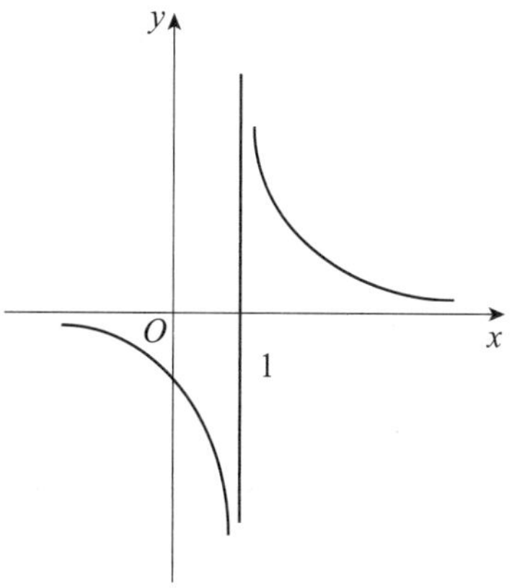

图 4-10

2. 铅直渐近线

如果曲线 $y=f(x)$ 有 $\lim\limits_{x\to c^-}f(x)=\infty$，或 $\lim\limits_{x\to c^+}f(x)=\infty$，则直线 $x=c$ 为曲线 $y=f(x)$ 的一条铅直渐近线.

例 2　求曲线 $y=\dfrac{1}{x-1}$ 的铅直渐近线.

解　因为

$$\lim_{x\to1^-}\frac{1}{x-1}=-\infty,\quad \lim_{x\to1^+}\frac{1}{x-1}=+\infty$$

所以，$x=1$ 是曲线的一条铅直渐近线，如图 4-10 所示.

例 3　曲线 $f(x)=\dfrac{e^x}{1+x}$ 的渐近线.

解　因为

$$\lim_{x\to-\infty}\frac{e^x}{1+x}=0$$

所以 $y=0$ 是 $f(x)$ 的一条水平渐近线.

$$\lim_{x\to-1}\frac{e^x}{1+x}=\infty$$

所以 $x=-1$ 是 $f(x)$ 的一条铅直渐近线.

二、函数图形的作法

本模块中前面分几个项目讨论的函数的各个性态，可应用于函数图形的描绘. 描绘函数图形的一般步骤是：

(1) 确定函数的定义域；

(2) 确定函数曲线的对称性和周期性；

(3) 讨论函数的单调性和极值；

(4) 讨论函数曲线的凹性和拐点；

(5) 确定函数曲线的渐近线；

(6) 由函数方程，计算一些曲线上的相关点，特别是曲线与坐标轴的交点坐标.

例 4　作函数 $y=x-\ln(x+1)$ 的图形.

解　函数的定义域为 $(-1,+\infty)$，由于

$$y'=1-\frac{1}{x+1}=\frac{x}{x+1}$$

$$y''=\frac{1}{(x+1)^2}$$

令 $y'=0$，得 $x=0$.

因 $\lim\limits_{x\to -1^+}[x-\ln(x+1)]=\infty$

所以 $x=-1$ 是函数的铅直渐近线.

列表 4-4：

表 4-4

x	$(-1,\ 0)$	0	$(0,\ +\infty)$
y'	$-$	0	$+$
y''	$+$		$+$
y	↘	极小值 0	↗

函数图形如图 4-11 所示.

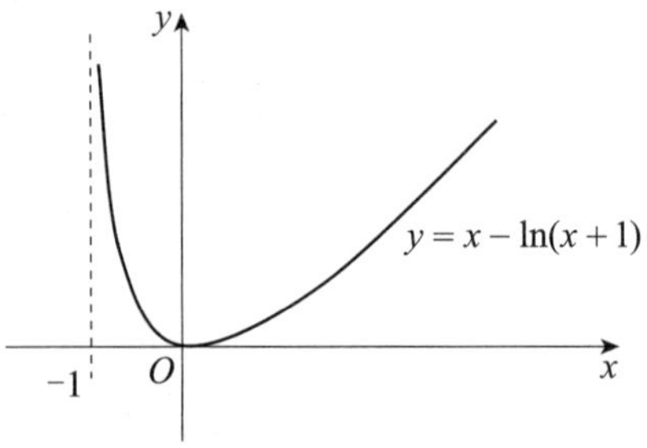

图 4-11

例 5 作函数 $y=\dfrac{x^3}{3}-x^2+2$ 的图形.

解 函数的定义域为 $(-\infty,\ +\infty)$，由于

$$y'=x^2-2x=x(x-2)$$

$$y''=2x-2=2(x-1)$$

令 $y'=0$，得 $x=0$，$x=2$；又由 $y''=0$，得 $x=1$.

列表 4-5：

表 4-5

x	$(-\infty,\ 0)$	0	$(0,\ 1)$	1	$(1,\ 2)$	2	$(2,\ +\infty)$
y'	$+$	0	$-$		$-$	0	$+$
y''	$-$		$-$	0	$+$		$+$
y	↗	极大值 2	↘	拐点 $\left(1,\ \frac{4}{3}\right)$	↘	极小值 2/3	↗

因为 $f(-1)>0$ 及 $f(-2)<0$，所以曲线图形在 $(-2,\ -1)$ 内与 x 轴有一交点.函数曲线如图 4-12 所示.

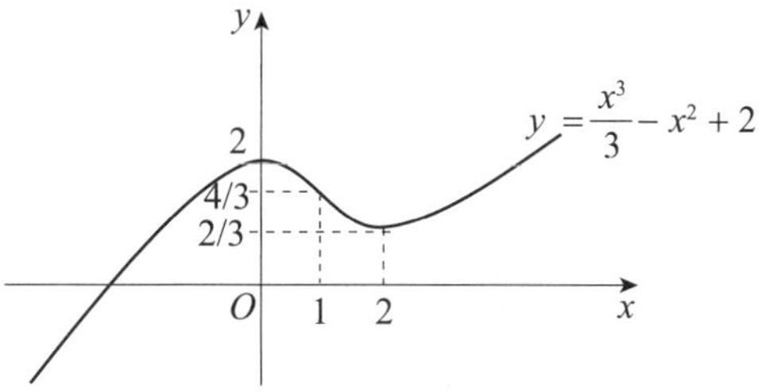

图 4-12

习题 4-6

1. 求下列函数的渐近线.

(1) $y=\frac{x^3}{2(x+1)^2}$　　(2) $y=xe^{\frac{1}{x}}+2$

(3) $y=\frac{1}{(x-1)^2}+1$　　(4) $y=x+\ln(1+\frac{1}{x})$

2. 作出下列函数的图形.

(1) $y=x+\frac{1}{x}$　　(2) $y=(x-1)^2(x-2)^3$

(3) $y=\frac{(x-1)^3}{(x+1)^2}$

项目七　建模和最优化

最优化问题一直是人们在工程技术、经济管理和科学研究等领域中最常遇到的一类问题．设计师总是希望在满足强度要求等条件下选择一定的材料尺寸，使结构的总重量最轻；公司经理总是希望根据生产成本和市场需求确定产品的价格，使所获得的利润最大化；调度人员总是希望在满足物资需求和装载条件下安排从各供应点到各需求点的运量和路线，使运输总费用最低；投资者要选择一些股票和债券进行投资，使他的投资收益最大，而风险最小.

有些人习惯于依赖过去的经验解决面临的优化问题，认为这样切实可行，并且没有太大风险．但是这种处理过程常常会融入决策者太多的主观因素，从而无法确保结果的最优性．也有些人习惯于做大量的试验反复比较，认为这样真实可靠，但是显然需要花费很多资金和人力，而且得到的最优结果基本上跑不出原来设计的试验范围.

用数学建模的方法来处理优化问题，即建立和求解所谓优化模型．虽然由于建模时要作适当的简化，可能使得结果不一定完全可行或达到实际上的最优，但是它基于客观规律和数据，不需要多大的费用．如果在建模的基础上再辅之以适当的经验和试验，就可以期望得到实际问题的一个比较圆满的回答．在决策科学化、定量化的呼声日益高涨的今天，这无疑是符合时代潮流和形势发展需要的.

简单的优化模型可归结为微积分中的函数极值问题，可以直接用微分法求解.

当用数学建模方法来处理一个优化问题的时候，首先，要确定优化的目标是什么，寻求的决策是什么，决策受到哪些条件的限制（如果有限制的话）. 其次，用数学工具（变量、常数、函数等）表示它们．当然，在这个过程中要对实际问题作若干合理的简化假设．最后，在用微分法求出最优决策后，要对结果作一些定性、定量的分析和必要的检验.

例 1　（油罐的设计）一容积为 300m^3 的带盖直圆柱油罐，怎样设计才能使所用材料最省?

分析　显然，要求所用材料最省，就是要使直圆柱油罐的表面积最小．由于直圆柱油罐的容积确定为常数 300m^3，所以半径一旦被确定，则高 h 也随之而定.

建立模型: 由已知 $V=\pi r^2h=300$，可得：$h=\frac{300}{\pi r^2}$，因此取 r 为自变量，总表面积为

$$S=2\pi r^2+2\pi rh=2\pi r^2+2\pi r\cdot\frac{300}{\pi r^2}=2\pi r^2+\frac{600}{r}\quad(0<r<+\infty).$$

解　我们的目标是求使总表面积 S 的值最小时的 r. 当 $r>0$ 时，S 关于 r 是可微的，因此只能在 S 的一阶导数为零时的 r 值处总表面积取到最小值．令 $S'=0$，即 $4\pi r-\frac{600}{r^2}=0$，化简得

$$r^3-\frac{150}{\pi}=0$$

求解得 $r=\sqrt[3]{\frac{150}{\pi}}$ 为函数在 $(0,+\infty)$内的唯一驻点，因而就是该问题的最小值点.

由于 $h=\frac{300}{\pi r^2}$，将 $r=\sqrt[3]{\frac{150}{\pi}}$ 代入得

$$h=\frac{300}{\pi\sqrt[3]{\left(\frac{150}{\pi}\right)^2}}=2\sqrt[3]{\frac{150}{\pi}}$$

即 $h=2r$.

解释: 所用材料最省的容量为 300 m^3 的直圆柱油罐的高等于其底面圆的直径.

例 2　某工厂计划生产某商品 4 000 套，平均分成若干批生产，已知每批生产准备费为 100 元，每套产品库存费为 5 元，如果产品均匀投放市场（上一批用完后立即生产下一批，因此库存量为批量的一半），试问每批生产多少套产品才能使生产准备费与库存费之和为最小?

建立模型: 设每批生产 x 套，总费用为 y 元．由已知得年生产批数为$\frac{4\,000}{x}$，生产准备费为 $100\times\frac{4\,000}{x}=\frac{400\,000}{x}$，库存费为 $5\cdot\frac{x}{2}$，所以

$$y=\frac{400\ 000}{x}+\frac{5x}{2}$$

识别临界点：因为

$$y'=-\frac{400\ 000}{x^2}+\frac{5}{2}$$

令 $y'=0$，得 $x=400$. 又因为，$y''=\frac{800\ 000}{x^3}$，当 $x=400$ 时，$y''>0$，所以，当 $x=400$ 时，y 取极小值，即最小值.

解释：每批生产 400 套产品时，生产准备费与库存费之和最小.

习题 4－7

1. 有一长方形的铁片，长为 8cm，宽为 5cm，在每个角上去掉同样大小的正方形，问正方形的边长为多大，才能使剩下的铁片折起来所做成的开口盒子的容积为最大？

2. 要建造一个容积为 54m^3 的圆柱形容器，问底面半径和高分别为多少时，所用材料最省？

3. 一个半径为 8cm 的圆，问内接矩形的长和宽各为多少时，能使矩形的面积最大？

4. 一扇形面积为 25cm^2，问当半径 r 为多少时，其周长 C 的值最小？

5. 求 200m 长的篱笆围成的面积最大的矩形的尺寸.

6. 侧壁倾斜的水槽用三块等宽的木板钉成，问侧壁之间的夹角等于何值时，斜槽的容量最大？

项目八　数学实验（四）——计算函数极值和最值

用导数对函数的性态进行研究，大量的工作在于求导和解方程，而利用 MATLAB 软件中的求导语句和解方程语句，可使我们免去研究函数性态时的繁琐计算．本项目介绍利用 MATLAB 软件求函数的极值和最值，以及求函数的单调性和曲线凹向.

一、求函数的极值和最值

例 1　求函数 $y=x^3-3x^2-9x+14$ 在区间 $[-5, 4]$ 上的极值.

分析　先求出函数的驻点，然后作出函数的图像，观察驻点处左、右两边函数的单调性，进而求出函数的极值.

解　首先建立函数关系，求出函数的导数，得到驻点，在 MATLAB 中输入：

```
>>syms x
>>y=x^3-3*x^2-9*x+14;
```

```
>>dydx=diff(y);              %求 y 对 x 的一阶导数
>>zd=solve(dydx)             %计算 dydx=0 的解,也就是一阶导数等于 0 的根
```

得到驻点 zd=−1 和 zd=3.

接下来作出函数图像,在 MATLAB 中继续输入:

```
>>ezplot(y,[-5,4])                       %绘制出 y 在[-5,4]上的图像
>>title('y=x^3-3*x^2-9*x+14')            %给图像添加标题
```

得到图像如图 4-13 所示:

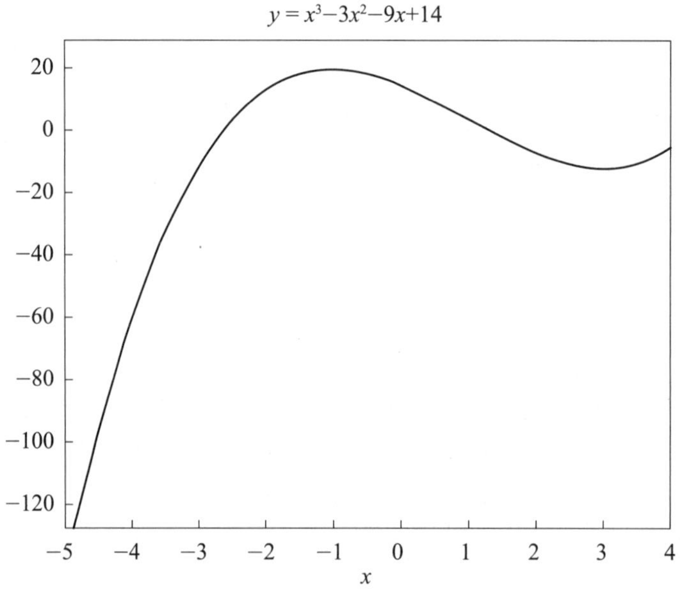

图 4-13

根据图形可知,$x=-1$ 是极大值点,$x=3$ 是极小值点. 将−1 和 3 代入到函数中,即可得到极值:

```
>>m=subs(y,x,3)
>>M=subs(y,x,-1)
```

求得极小值 $y(3)=-13$,极大值 $y(-1)=19$.

例 2 求函数 $y=\dfrac{2x}{1+x^2}$在区间 [−2, 2] 上的最大值和最小值.

分析 MATLAB 中求函数在给定区间上最小值的命令是

```
[x,faval]=fminbnd(y,x1,x2)
```

其中 x1, x2 是自变量 x 的变化范围的下界和上界,y 是函数表达式,x 和 faval 分别是求出的最小值点和最小值. 命令 fminbnd 仅用于求函数的最小值,若要求函数的最大值,可先将函数变号为“−y”,求出最小值,再次改变符号,则得到所求函数的最大值.

解 在 MATLAB 中输入:

```
>>syms x y1
```

```
>>y1='2*x/(1+x^2)';
>>[x_min,y1_min]=fminbnd(y1,-2,2)
```

求得最小值 $y(-1)=-1$.

继续求函数的最大值,先改变函数的符号,再求最大值,在 MATLAB 中继续输入:

```
>>syms x y2
>>y2='-(2*x)/(1+x^2)';
>>[x_max,y2_min]=fminbnd(y2,-2,2)
>>y2_max=-y2_min
```

求得最大值 $y(1)=1$.

二、求函数的单调性和曲线凹向

例 3　讨论函数 $f(x)=2x^3-6x^2-18x+7$ 的单调区间和曲线凹向.

分析　先求出函数的驻点和拐点，确定函数增减和曲线凹向的分界点，然后作出函数图像，观察驻点和拐点左、右两边函数的图像，进而得出函数的单调性以及曲线的凹向.

解　首先建立函数关系，求出一阶导数和二阶导数，得到驻点和拐点，在 MATLAB 中输入:

```
>>syms x
>>f=2*x^3-6*x^2-18*x+7;
>>dy=diff(f);
>>dy=diff(f,x,1);
>>d2y=diff(f,x,2);
>>zd=solve(dy)
>>gd=solve(d2y)
```

得到驻点 zd=−1 和 3，拐点 gd=1.

接下来作出函数图像，在 MATLAB 中继续输入:

```
>>ezplot(f,[-5,5])
```

得到函数图像如图 4－14 所示.

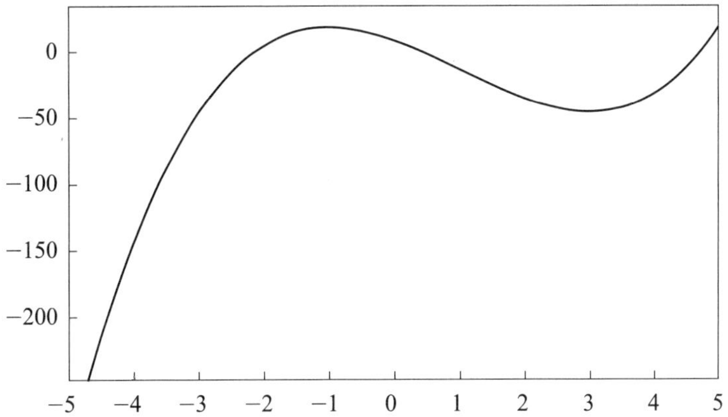

图 4－14

观察图形，可知该函数在区间（$-\infty$，-1]，[3，$+\infty$）内单调增加，在区间 [-1，3] 内单调减少；在（$-\infty$，1] 内为下凹的，在 [1，$+\infty$）为上凹的.

习题 4－8

1. 利用 MATLAB 软件计算下列函数的极值.

(1) $y=x^3-3x^2+7$　　(2) $y=\sqrt{2+x-x^2}$

(3) $y=x-\ln(4x)$　　(4) $y=2e^x+e^{-x}$

2. 利用 MATLAB 软件计算下列函数在给定区间上的最大值和最小值.

(1) $y=x^4-2x^2+5$，$x\in[-2,\ 2]$　　(2) $y=x+\sqrt{x}$，$x\in[0,\ 4]$

(3) $y=\dfrac{x^3+x^2-1}{e^x+e^{-x}}$，$x\in[-5,\ 5]$　　(4) $y=\ln x^2+1)$，$x\in[-1,\ 2]$

3. 利用 MATLAB 软件讨论下列函数的单调性和曲线的凹向.

(1) $y=x^2-x^3$　　(2) $y=xe^x$

(3) $y=x^2+\dfrac{1}{x}$　　(4) $y=3x^5-5x^3$

拓展与思考（四）

问题 1：请利用生成式人工智能大模型，对本书模块四的课程内容进行概括性总结.

问题 2：结合你自己的知识以及其他可获取的线上和线下资料，运用批判性思维对问题 1 中生成式人工智能大模型生成的模块四课程内容总结进行深入分析和修正，以提供一个更加准确、全面的总结.

问题 3：假设你驾驶一辆汽车在一条平直的高速公路上行驶，油箱满油时可以行驶 600 公里. 你记录了在不同恒定速度下（比如 60 km/h，80 km/h，100 km/h，120 km/h）的油耗情况，发现油耗（单位距离消耗的油量）并非一成不变，而是随着速度的变化而变化，即每一速度对应一油耗，油耗可以描述为速度的函数. 利用微分中值定理（特别是拉格朗日中值定理），分析并解释为什么在某个速度区间内，必然存在一个速度值，使得在该速度下行驶的油耗变化率等于从起始速度到这个速度区间终点速度的油耗变化的平均值. 如何利用拉格朗日中值定理构建油耗变化与速度之间的关系模型？这个发现对于日常驾驶中节能省油有什么实际指导意义？

问题 4：罗尔定理的拓展应用：假设函数 $f(x)$在闭区间$[a,\ b]$上连续，在开区间$(a,\ b)$内可导，并且 $f(a)=f(b)=0$. 证明存在一个点 $c\in(a,b)$，使得 $f'(c)=\dfrac{f(c)-f(a)}{c-a}+\dfrac{f(c)-f(b)}{c-b}$（即 c 点处 $f(x)$的导数等于 $f(x)$与 a，b 两点处 $f(x)$的差商之和）.

模块五
不定积分

扫一扫

- 模块五 不定积分
  - 项目一 不定积分的概念
    - 原函数与不定积分的概念
    - 不定积分的几何意义
  - 项目二 基本积分公式
  - 项目三 不定积分的性质
  - 项目四 换元积分法
    - 第一类换元积分法（凑微分法）
    - 第二类换元积分法
  - 项目五 分部积分法
  - 项目六 数学实验（五）——计算不定积分

从本模块开始，我们将介绍高等数学中另一个重要内容——积分学．微积分的出现，与其说是整个数学史、不如说是整个人类历史的一件大事．它从生活实践、生产技术和自然科学的需要中产生，同时又反过来深刻地影响着科学技术的发展．假若我们现在把微积分从工程技术、天文、物理等学科中脱离出来，那将是难以想象的事．微积分对今天的自然科学工作者来说，如同望远镜之于天文学家，显微镜之于生物学家那样重要.

积分的思想，早在古希腊时代已经萌芽．公元前 5 世纪，德谟克利特创立“原子学说”，他认为万物的始源只有两个：原子与虚空．他把物体看作是由大量微小部分叠合而成，从而求得锥体体积是等高柱体体积的 1/3. 阿基米德在解决抛物线弓形和回转锥线体体积的问题中也隐含着近代积分学的思想．经过相当长时间的酝酿，微分学与积分学经牛顿、莱布尼兹之手诞生了.

积分学分为不定积分与定积分两个部分，本章首先介绍不定积分，讨论如何寻求一个可导函数，使其导数等于已知函数的问题.

项目一　不定积分的概念

从微分学中我们已经知道如何通过计算瞬时变化率来确定切线的斜率，但是这仅仅揭示了事物性质的一半．除了需要描述函数在给定的时刻是如何变化的之外，我们还需描述那些瞬时的变化如何在一个时间段内积累产生该函数．也就是说，通过研究事物行为的改变，从而达到研究事物行为的本身.

一、原函数与不定积分的概念

先看汽车遇黄灯刹车的案例．一辆小汽车以 30 km/h 的速度正常行驶，在距离交通路口 10 m 处突然发现黄灯亮起，司机立即刹车制动，如果制动后的速度为 $v=8.3-2.7t$（单位：m/s），问制动距离是多少？

分析　由物理知识可知，令速度为零，先计算出制动所用时间，即令 $8.3-2.7t=0$，得 $t\approx 3.07(\mathrm{s})$，接着要计算制动距离，必须求出路程 S 与时间 t 的函数关系式 $S=S(t)$，由题意已知 $v(t)$，如何求出 $S(t)$呢?

在运动学中，已知质点作直线运动，其运动方程为 $S=S(t)$，则质点的速度是求函数 $S(t)$的导数，即

$$v=S'(t).$$

此类问题我们已经在微分学中研究过了，现在研究其相反问题．即已知一质点沿直线运动的速度 $v=v(t)$，要求它的运动规律 $S=S(t)$. 又如：已知某产品产量的变化率是时间 t 的函数 $Q'(t)$，要求该产品的产量 $Q(t)$. 类似的问题还有许多，为解决这类问题，首先需建立原函数与不定积分的概念.

定义 5.1.1　设函数 $f(x)$在某区间 I 内有定义，如果存在函数 $F(x)$，使得对 I 内的每一点 x，都有

$$F'(x)=f(x) \quad 或 \quad \mathrm{d}F(x)=f(x)\mathrm{d}x$$

则称 $F(x)$ 为 $f(x)$ 在 I 内的一个原函数.

例如，在区间（$-\infty$，$+\infty$）内有 $(x^3)'=3x^2$，故 x^3 是 $3x^2$ 在（$-\infty$，$+\infty$）内的一个原函数.

显然，$3x^2$ 的原函数除了 x^3 以外，诸如 x^3+1，x^3-3，$x^3+\frac{2}{3}$等，只要与 x^3 相差一个常数的函数 x^3+C，都是 $3x^2$ 的原函数.

从上面可以看到，给出一个函数，它的导数是唯一的，但是给定一个函数，它的原函数就不是唯一的了，而是有无限多个.

一般地，若 $F(x)$ 是 $f(x)$ 在某区间 I 内的一个原函数，则 $F(x)+C$（C 为任意常数）都是 $f(x)$ 的原函数．这是因为如果 $F'(x)=f(x)$，则必有 $[F(x)+C]'=F'(x)=f(x)$. 这就说明了，如果 $f(x)$ 有一个原函数 $F(x)$，那么 $f(x)$ 有无限多个原函数 $F(x)+C$.

既然 $F(x)+C$ 都是 $f(x)$ 的原函数，那么 $F(x)+C$ 是否包括了 $f(x)$ 的全体原函数呢？回答是肯定的．设 $F(x)$ 为 $f(x)$ 在某区间 I 内的一个原函数，$\Phi(x)$ 是 $f(x)$ 在同一区间 I 内的另一个原函数，则 $F'(x)=f(x)$，$\Phi'(x)=f(x)$，于是

$$[\Phi(x)-F(x)]'=\Phi'(x)-F'(x)=f(x)-f(x)=0.$$

由拉格朗日中值定理的推论知

$$\Phi(x)-F(x)=C\ (C\ 为常数)$$

所以 $\Phi(x)=F(x)+C$. 这表明，如果 $F(x)$ 是 $f(x)$ 的一个原函数，则 $F(x)+C$ 就可表示 $f(x)$ 的全体原函数（其中 C 为任意常数）.

由此，我们引进不定积分概念.

定义 5.1.2　函数 $f(x)$ 在某区间 I 内的全体原函数称为 $f(x)$ 在该区间 I 内的不定积分，记为 $\int f(x)\mathrm{d}x$，其中，符号 $\int$ 称为积分号，$f(x)$ 称为被积函数，$f(x)\mathrm{d}x$ 称为被积表达式，x 称为积分变量.

根据上面的讨论可知，如果 $F(x)$ 是 $f(x)$ 的一个原函数，那么 $\int f(x)\mathrm{d}x=F(x)+C$（$C$ 为任意常数）. 因此，求 $f(x)$ 的不定积分时，只要求出 $f(x)$ 的某一个原函数，再加上任意常数即可.

由模块一可知，需求量 Q 是价格 P 的函数 $Q=Q(P)$，若已知边际需求为 $Q'(P)$，则总需求函数 $Q(P)$ 为

$$Q(P)=\int Q'(P)\mathrm{d}P$$

其中，积分常数 C 由初始条件 $Q(P)\big|_{P=0}=Q_0$ 确定.

设产量为 x 时的边际成本为 $C'(x)$，固定成本为 C_0，则产量为 x 时的总成本函数为

$$C(x)=\int C'(x)\mathrm{d}x$$

其中，积分常数 C 由初始条件 $C(0)=C_0$ 确定.

设产量为 x 时的边际收入为 $R'(x)$，则产量为 x 时的总收入函数可由不定积分公式求得

$$R(x)=\int R'(x)\mathrm{d}x$$

其中,积分常数 C 由初始条件 $R(0)=0$ 确定．一般地，假设产量为 0 时，总收入为 0.

设某产品边际收入为 $R'(x)$，边际成本为 $C'(x)$，则总利润为

$$L(x)=R(x)-C(x)=\int R'(x)\mathrm{d}x-\int C'(x)\mathrm{d}x$$

下面举几个简单例子,说明如何求一个初等函数的不定积分.

例 1 求 $\int x^5\mathrm{d}x$.

解 因为 $\left(\frac{x^6}{6}\right)'=x^5$，所以 $\frac{x^6}{6}$ 是 x^5 的一个原函数，因此

$$\int x^5\mathrm{d}x=\frac{x^6}{6}+C.$$

例 2 求 $\int\frac{1}{1+x^2}\mathrm{d}x$.

解 因为 $(\arctan x)'=\frac{1}{1+x^2}$，所以 $\arctan x$ 是 $\frac{1}{1+x^2}$ 的一个原函数，因此

$$\int\frac{1}{1+x^2}\mathrm{d}x=\arctan x+C.$$

求一个不定积分有时很困难，但是一旦求出积分结果，检验其是否是原函数相对而言是较容易的，即对积分结果求导，其导数应该是被积函数.

例 3 检验不定积分的正确性：

(1) $\int x\cos x\mathrm{d}x=x\sin x+\cos x+C$

(2) $\int x\cos x\mathrm{d}x=x\sin x+C$

解 (1) 正确．理由：对积分结果求导，其导数正好是被积函数，即

$$\frac{\mathrm{d}}{\mathrm{d}x}(x\sin x+\cos x+C)=x\cos x+\sin x-\sin x+0=x\cos x$$

(2) 错误．理由：对积分结果求导，其导数不是被积函数，即

$$\frac{\mathrm{d}}{\mathrm{d}x}(x\sin x+C)=x\cos x+\sin x+0\neq x\cos x.$$

二、不定积分的几何意义

由于函数 $f(x)$ 的不定积分中含有任意常数 C，因此，对于每一个给定的 C，都有一个确定的原函数．在几何上，相应地就有一条确定的曲线，称为 $F(x)$ 的积分曲线．因为 C 可以取任意值，因此，不定积分表示 $F(x)$ 的一族积分曲线，而 $f(x)$ 正是积分曲线在 x 点的斜率．由于积分曲线族中的每一条曲线对应于同一横坐标 $x=x_0$ 的点处有相同的斜率 $f(x_0)$，所以对应于这些点处，它们的切线互相平行，任意两个曲线的纵坐

标之间相差一个常数．所以，积分曲线族 $y=F(x)+C$ 中每一条曲线都可以由曲线 $y=F(x)$ 沿 y 轴方向上、下移动而得到．如图 5－1 所示.

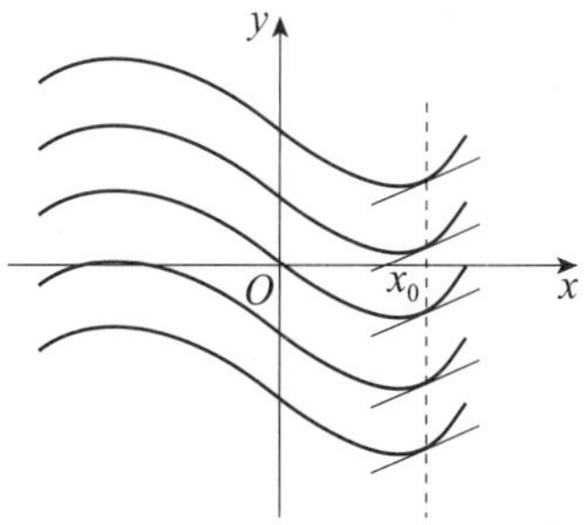

图 5－1

在实际应用中，往往需要从全体原函数中求出一个满足已知条件的确定解，即要定出常数 C 的具体数值，如下例所示．

例 4　已知某曲线上任一点 $M(x, y)$ 处切线的斜率为 $2x$，且该曲线通过点（1，2），求该曲线方程.

解　设所求的曲线方程为 $y=f(x)$，由导数的几何意义知 $\frac{dy}{dx}=2x$.

即 $f(x)$ 是 $2x$ 的一个原函数.

因为

$$\int 2x\mathrm{d}x=x^2+C$$

即曲线方程为 $y=x^2+C$. 故必有某个常数 C 使 $f(x)=x^2+C$.

因所求曲线通过（1，2），故

$$2=1+C, \text{得 } C=1.$$

于是所求曲线方程为 $f(x)=x^2+1$.

函数 $f(x)$ 的原函数的图形称为 $f(x)$ 的积分曲线．

例 4 即是求函数 $2x$ 的通过点（1，2）的那条积分曲线．显然，这条积分曲线可以由另一条积分曲线（例如 $y=x^2$）经 y 轴方向平移而得（图 5－2）.

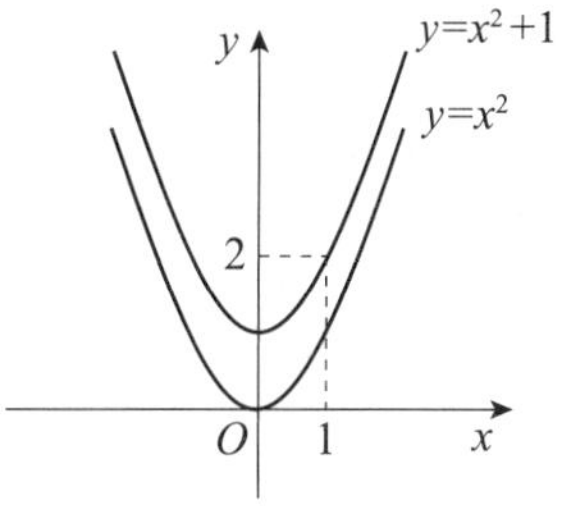

图 5－2

下面介绍简单问题的数学模型的建立的步骤.

数学模型的建立通常有四个步骤：首先，我们观察现实世界中的某种事物（例如，从静止下落的重球或在咳嗽期间收缩的气管），并构造一个数学变量的系统和模仿该事物重要特征的一些关系，建立一个人们能够理解的数学比喻．其次，我们将数学知识用于变量及其关系，求解模型并得出关于变量的结论．再次，将数学结论翻译成研究系统的信息．最后，对照观测的结果检验这些信息，判别模型是否有预言性的价值．

与此同时，我们也研究该模型用于其他系统的可能性．好的模型的结论与观察的结果基本相同，有预言性的价值，应用起来不会太难.

建模步骤

第一步：观察现实世界行为；

第二步：为确定变量及其关系假设，建立模型；

第三步：求解模型得到数学解；

第四步：解释模型并将其与现实世界进行观察对照.

例如，已知一个质点沿直线运动的速度 $v=v(t)$，由不定积分概念，我们可以得到

其运动规律为

$$S=S(t)=\int v(x)\mathrm{d}x$$

其中,积分常数 C 由初始条件$S(t)\big|_{t=t_0}=S_0$ 确定.

例 5 一架直升机位于距地面 80 m 的高空，一个邮包从直升机上滑落，该邮包以 12 m/s 的速度掉落下来，问该邮包多长时间落到地面?

解 (1) 设在时刻 t，邮包的速度为 $v(t)$，离地面高度为 $S(t)$. 地球表面附近的重力加速度为 9.8 $\mathrm{m/s^2}$. 假设没有其他的力作用在下落的邮包上，有

$$\frac{\mathrm{d}v}{\mathrm{d}t}=-9.8$$

其中，$v(0)=12$，这就是邮包运动的数学模型．由此模型我们可以求出邮包的速度.

(2) 由重力加速度为邮包速度的导数的关系

等式两边积分

$$\int\frac{\mathrm{d}v}{\mathrm{d}t}\mathrm{d}t=\int-9.8\mathrm{d}t$$

可以得到邮包速度$\frac{\mathrm{d}v}{\mathrm{d}t}=-9.8$ 与时间的依赖关系

$$v=-9.8t+C$$

由于 $t=0$ 时，$v=12$，则有

$$C=12$$

所以邮包的下落速度为

$$v=-9.8t+12$$

又由于速度是高度的导数，且当 $t=0$ 时邮包掉落瞬时其位于离地面 80 m 的高空，从而得到另一个高度和速度之间的关系：

$$\frac{\mathrm{d}S}{\mathrm{d}t}=v(t)$$

即

$$\frac{\mathrm{d}S}{\mathrm{d}t}=-9.8t+12$$

且满足 $S(0)=80$.

对上述导函数的等式两边求不定积分，有

$$\int\frac{\mathrm{d}S}{\mathrm{d}t}\mathrm{d}t=\int(-9.8t+12)\mathrm{d}t$$

解得 $S(t)=-4.9t^2+12t+C$

由于 $t=0$ 时，$S(0)=80$，故

$$C=80$$

在 t 时刻邮包离地面的高度为

$$S(t)=-4.9t^2+12t+80.$$

(3) 模型的求解：为了求该邮包落到地面的时间，设 $S=0$，求解 t.

$$-4.9t^2+12t+80=0$$

得 $t=\frac{120\pm\sqrt{171\ 200}}{98}$

$t_1\approx5.45$，$t_2\approx-2.998$

（4）模型解的检验：由于时间 $t\geqslant0$，$t_2\approx-2.998$ 无意义，舍去，故邮包从直升机上掉落后，大约 5.45 秒落到地面.

习题 5-1

1. 判断下列不定积分是否正确.

(1) $\int x^2\sin x\mathrm{d}x=x\sin x+\cos x+C$　　(2) $\int\frac{x+\sin x}{1+\cos x}\mathrm{d}x=x\tan\frac{x}{2}+C$

(3) $\int\sqrt{x\sqrt{x\sqrt{x}}}\,\mathrm{d}x=\frac{7}{8}x^{-\frac{1}{8}}+C$　　(4) $\int\cot^2x\mathrm{d}x=-\cot x-x+C$

2. 一曲线通过点$(\sqrt{3}, 5\sqrt{3})$，且在任一点处的切线的斜率等于 $5x^2$，求该曲线方程.

3. 设 $\int f(x)\mathrm{d}x=\arccos x+C$，求 $f(x)$.

4. 设生产某产品 x 单位的总成本 C 是 x 的函数 $C(x)$，固定成本（即 $C(0)$）为 20 元，边际成本函数为 $C'(x)=2x+10$（元/单位），求总成本函数 $C(x)$.

项目二　基本积分公式

由不定积分的定义，我们利用函数导数的基本公式，不难得到下列基本积分公式（C 为任意常数）：

(1) $\int k\mathrm{d}x=kx+C$（k 为常数）　　(2) $\int x^\mu\mathrm{d}x=\frac{1}{\mu+1}x^{\mu+1}+C$（$\mu\neq-1$）

(3) $\int\frac{1}{x}\mathrm{d}x=\ln|x|+C$　　(4) $\int\frac{1}{1+x^2}\mathrm{d}x=\arctan x+C$

(5) $\int\frac{1}{\sqrt{1-x^2}}\mathrm{d}x=\arcsin x+C$　　(6) $\int\sin x\mathrm{d}x=-\cos x+C$

(7) $\int\cos x\mathrm{d}x=\sin x+C$　　(8) $\int\frac{1}{\cos^2x}\mathrm{d}x=\int\sec^2x\mathrm{d}x=\tan x+C$

(9) $\int\frac{1}{\sin^2x}\mathrm{d}x=\int\csc^2x\mathrm{d}x=-\cot x+C$　　(10) $\int\tan x\cdot\sec x\mathrm{d}x=\sec x+C$

(11) $\int\cot x\cdot\csc x\mathrm{d}x=-\csc x+C$　　(12) $\int a^x\mathrm{d}x=\frac{1}{\ln a}a^x+C$（$a\neq1$，$a>0$）

(13) $\int\mathrm{e}^x\mathrm{d}x=\mathrm{e}^x+C$

以上基本积分公式，是求不定积分的基础，必须熟记．不仅要记住右端的结果，还要熟悉左端被积函数的形式．我们后面所涉及的不定积分计算，无一例外都要转化为以上基本积分公式才能求出来.

下面我们举几个例子，看看如何利用以上公式计算下列不定积分.

例 1 求 $\int(3^x-\sin x)\mathrm{d}x$.

解 $\int(3^x-\sin x)\mathrm{d}x=\int 3^x\mathrm{d}x-\int\sin x\mathrm{d}x=\frac{3^x}{\ln 3}+\cos x+C.$

例 2 求 $\int\sqrt{x}(x-1)^2\mathrm{d}x$.

解
$$\begin{aligned}\int\sqrt{x}(x-1)^2\mathrm{d}x&=\int(x^{\frac{5}{2}}-2x^{\frac{3}{2}}+x^{\frac{1}{2}})\mathrm{d}x\\&=\int x^{\frac{5}{2}}\mathrm{d}x-\int 2x^{\frac{3}{2}}\mathrm{d}x+\int x^{\frac{1}{2}}\mathrm{d}x\\&=\frac{2}{7}x^{\frac{7}{2}}-\frac{4}{5}x^{\frac{5}{2}}+\frac{2}{3}x^{\frac{3}{2}}+C.\end{aligned}$$

例 3 求 $\int\frac{\mathrm{d}x}{x\sqrt{x}}$.

解 $\int\frac{\mathrm{d}x}{x\sqrt{x}}=\int x^{-\frac{3}{2}}\mathrm{d}x=\frac{1}{-\frac{3}{2}+1}x^{-\frac{3}{2}+1}+C=-2x^{-\frac{1}{2}}+C=-\frac{2}{\sqrt{x}}+C.$

例 4 求 $\int 2^x\mathrm{e}^x\mathrm{d}x$.

解 $\int 2^x\mathrm{e}^x\mathrm{d}x=\int(2\mathrm{e})^x\mathrm{d}x=\frac{1}{\ln(2\mathrm{e})}(2\mathrm{e})^x+C=\frac{1}{1+\ln 2}2^x\cdot\mathrm{e}^x+C.$

习题 5－2

1. 求下列不定积分.

(1) $\int\frac{\mathrm{d}x}{x^2\sqrt{x}}$　　(2) $\int\left(\sqrt[3]{x}-\frac{1}{\sqrt{x}}\right)\mathrm{d}x$

(3) $\int(2^x+x^2)\mathrm{d}x$　　(4) $\int\sqrt{x}(x-3)\mathrm{d}x$

(5) $\int\frac{3x^4+3x^2+1}{x^2+1}\mathrm{d}x$　　(6) $\int\frac{x^2}{1+x^2}\mathrm{d}x$

(7) $\int\left(\frac{x}{2}-\frac{1}{x}+\frac{3}{x^3}-\frac{4}{x^4}\right)\mathrm{d}x$　　(8) $\int\left(\frac{3}{1+x^2}-\frac{2}{\sqrt{1-x^2}}\right)\mathrm{d}x$

(9) $\int\sqrt{x\sqrt{x\sqrt{x}}}\,\mathrm{d}x$　　(10) $\int\frac{\mathrm{d}x}{x^2(1+x^2)}$

(11) $\int\frac{\mathrm{e}^{2x}-1}{\mathrm{e}^x-1}\mathrm{d}x$　　(12) $\int 3^x\mathrm{e}^x\mathrm{d}x$

2. 一曲线通过点$(\mathrm{e}^2, 3)$，且在任一点处的切线的斜率等于该点横坐标的倒数，求该曲线的方程.

3. 某商品的需求量 Q 是价格 P 的函数，该商品的最大需求量为 1 000（即 $P=0$，$Q=1\,000$ 时），已知需求量 Q 的变化率为 $Q'(P)=-1\,000\ln 3\cdot\left(\frac{1}{3}\right)^P$，求该商品的需求函数 $Q(P)$.

4. 某零售商购进一船大米，共 10 000 千克．预计每月销售 2 000 千克，5 个月售完. 如果仓储费为每月 0.01 元/千克，问该零售商 5 个月后将支付多少仓储费？

项目三　不定积分的性质

性质 1　(1) $\left[\int f(x)\mathrm{d}x\right]'=f(x)$　或　$\mathrm{d}\left[\int f(x)\mathrm{d}x\right]=f(x)\mathrm{d}x$.

(2) $\int f'(x)\mathrm{d}x=f(x)+C$　或　$\int \mathrm{d}f(x)=f(x)+C$.

该性质表明：微分运算（以记号 d 表示）与不定积分的运算（以记号 $\int$ 表示）是互逆的．当用记号 $\int$ 与 d 把它们联结在一起时，或者抵消，或者抵消后差一个常数.

性质 2　$\int kf(x)\mathrm{d}x=k\int f(x)\mathrm{d}x$（其中 k 为常数，且 $k\neq 0$）.

证　只需验证等式右端的导数等于左端的被积函数即可

$$\left[k\int f(x)\mathrm{d}x\right]'=k\left[\int f(x)\mathrm{d}x\right]'=kf(x).$$

从而可知 $k\int f(x)\mathrm{d}x$ 是 $kf(x)$ 的不定积分.

性质 3　$\int[f(x)\pm g(x)]\mathrm{d}x=\int f(x)\mathrm{d}x\pm\int g(x)\mathrm{d}x$.

证明与性质 2 的证明类似．性质 3 可以推广到有限个函数.

$$\int[f_1(x)+f_2(x)+\cdots+f_n(x)]\mathrm{d}x=\int f_1(x)\mathrm{d}x+\int f_2(x)\mathrm{d}x+\cdots+\int f_n(x)\mathrm{d}x.$$

利用基本积分公式及不定积分的性质，我们就可以求出一些简单的不定积分.

例 1　求 $\int(3x^2-5x-2)\mathrm{d}x$.

解　$\int(3x^2-5x-2)\mathrm{d}x=3\int x^2\mathrm{d}x-5\int x\mathrm{d}x-2\int \mathrm{d}x$

$$=3\times\frac{1}{3}x^3-5\times\frac{1}{2}x^2-2x+C=x^3-\frac{5}{2}x^2-2x+C.$$

每一项积分结果都应加上一个任意常数，但由于任意个常数的代数和仍为任意常数，故只需加上一个任意常数即可.

例 2　求 $\int\frac{2x^3-\sqrt{x^3}+3x}{x^2}\mathrm{d}x$.

解 对被积函数恒等变形（分子的各项除以分母），化为幂函数的代数和的形式，再利用不定积分的性质逐项积分.

$$\begin{aligned}\int\frac{2x^3-\sqrt{x^3}+3x}{x^2}\mathrm{d}x&=\int\left(2x-x^{-\frac{1}{2}}+\frac{3}{x}\right)\mathrm{d}x\\&=2\int x\mathrm{d}x-\int x^{-\frac{1}{2}}\mathrm{d}x+3\int\frac{1}{x}\mathrm{d}x\\&=2\times\frac{1}{2}x^2-\frac{1}{-\frac{1}{2}+1}x^{-\frac{1}{2}+1}+3\ln|x|+C\\&=x^2-2\sqrt{x}+3\ln|x|+C.\end{aligned}$$

例 3 求 $\int\tan^2 x\mathrm{d}x$.

解 $\int\tan^2 x\mathrm{d}x=\int(\sec^2 x-1)\mathrm{d}x=\tan x-x+C.$

例 4 求 $\int\frac{\cos 2x}{\cos x-\sin x}\mathrm{d}x$.

解
$$\begin{aligned}\int\frac{\cos 2x}{\cos x-\sin x}\mathrm{d}x&=\int\frac{\cos^2 x-\sin^2 x}{\cos x-\sin x}\mathrm{d}x=\int\frac{(\cos x-\sin x)(\cos x+\sin x)}{\cos x-\sin x}\mathrm{d}x\\&=\int(\cos x+\sin x)\mathrm{d}x=\sin x-\cos x+C.\end{aligned}$$

例 5 求 $\int\frac{(1+x)^2}{x(1+x^2)}\mathrm{d}x$.

解
$$\begin{aligned}\int\frac{(1+x)^2}{x(1+x^2)}\mathrm{d}x&=\int\frac{1+2x+x^2}{x(1+x^2)}\mathrm{d}x=\int\frac{(1+x^2)+2x}{x(1+x^2)}\mathrm{d}x\\&=\int\left(\frac{1}{x}+\frac{2}{1+x^2}\right)\mathrm{d}x=\ln|x|+2\arctan x+C.\end{aligned}$$

例 6 生产某产品 x 个单位的总成本 G 为产量 x 的函数. 已知边际成本函数 $G'(x)=8+\frac{24}{\sqrt{x}}$，固定成本为 10 000 元，试求总成本与产量 x 的函数关系.

解 由题设 $G'(x)=8+\frac{24}{\sqrt{x}}$，故总成本函数应为

$$G(x)=\int\left(8+\frac{24}{\sqrt{x}}\right)\mathrm{d}x=8x+48\sqrt{x}+C$$

又已知固定成本为 10 000 元，即 $G(0)=10\ 000$，得 $C=10\ 000$，故所求成本函数为

$$G(x)=8x+48\sqrt{x}+10\ 000.$$

从以上几个例子可以看出，求解不定积分时，常常要利用代数或三角函数的知识对被积函数恒等变形并进行化简，转化为基本积分公式中的被积函数的代数和的形式，再运用基本积分公式和不定积分的性质直接求出，这种积分方法称为**直接积分法**. 与求导数相比，求积分有较大的灵活性. 这就需要熟记基本积分公式，通过做一定数量的练习，总结经验，才能逐渐掌握求原函数的基本技巧.

习题 5－3

1. 求下列不定积分.

(1) $\int 5a^2x^6\mathrm{d}x$

(2) $\int \frac{1}{x^2}\mathrm{d}x$

(3) $\int x\sqrt[3]{x}\mathrm{d}x$

(4) $\int \frac{1}{x\sqrt{x}}\mathrm{d}x$

(5) $\int 3x^{-0.6}\mathrm{d}x$

(6) $\int 5^t\mathrm{d}t$

(7) $\int \sqrt[5]{y^3}\mathrm{d}y$

(8) $\int 5^x\mathrm{e}^x\mathrm{d}x$

(9) $\int \left(\frac{12}{\sqrt{1-x^2}}-\frac{3}{1+x^2}\right)\mathrm{d}x$

(10) $\int \frac{2^t-3^t}{4^t}\mathrm{d}t$

(11) $\int (u^3+10u+10)\mathrm{d}u$

(12) $\int \mathrm{e}^x\left(1-\frac{\mathrm{e}^{-x}}{x}\right)\mathrm{d}x$

(13) $\int \left(3\sin x+\frac{2}{\cos^2 x}\right)\mathrm{d}x$

(14) $\int \cos^2\frac{x}{2}\mathrm{d}x$

2. 求下列不定积分.

(1) $\int \frac{1+x^2}{x}\mathrm{d}x$

(2) $\int \frac{10x^3+3}{x^4}\mathrm{d}x$

(3) $\int (\sqrt{x}+1)(\sqrt{x}-1)\mathrm{d}x$

(4) $\int (a+bx^2)^2\mathrm{d}x$

(5) $\int \frac{x^2+3}{1+x^2}\mathrm{d}x$

(6) $\int (x-1)^2\mathrm{d}x$

(7) $\int \left(\cos x-\frac{3}{\sqrt{1-x^2}}\right)\mathrm{d}x$

(8) $\int \left(\frac{3}{1+x^2}-\sec^2 x\right)\mathrm{d}x$

(9) $\int \frac{10\,(x+3)^2}{x\sqrt{x^3}}\mathrm{d}x$

(10) $\int \frac{x^3+3x^2-4}{x+2}\mathrm{d}x$

(11) $\int \cot^2 x\mathrm{d}x$

(12) $\int \frac{1}{1+\cos 2x}\mathrm{d}x$

(13) $\int \frac{1}{\cos 2x+\sin^2 x}\mathrm{d}x$

(14) $\int \frac{3-2\tan^2 x}{\sin^2 x}\mathrm{d}x$

(15) $\int \left(\sin\frac{\theta}{2}+\cos\frac{\theta}{2}\right)^2\mathrm{d}\theta$

(16) $\int \frac{\cos 2x}{\sin^2 x\cos^2 x}\mathrm{d}x$

3. 一曲线过原点，且在每一点的切线斜率都等于 $2x$，试求曲线方程.

4. 在曲线 $y=\frac{1}{1+x^2}$ 上求一点，使得通过该点的切线平行于 x 轴.

5. 设 $f(x)$ 的导函数是 $\sin x$，求 $f(x)$ 的原函数.

6. 设 $f(x)$ 的一个原函数是 $\sin x+\cos x$，求 $f(x)$ 和 $\int f(x)\mathrm{d}x$.

7. 某厂生产某种产品 x 吨的边际成本为 $C'(x)=5+0.02x$（万元/吨），固定成本为 400 万元，每吨产品的售价为 10 万元，求生产 x 吨该产品时的总利润 $L(x)$.

项目四　换元积分法

在不定积分的计算过程中，并非所有不定积分经过化简后都可以直接套用基本积分公式求出答案，甚至有时候被积函数看起来似乎很简单，用直接积分法对它们也是无能为力，例如 $\int\sin2x\mathrm{d}x$ 中被积函数 $\sin2x$ 是复合函数，不能直接套用公式 $\int\sin x\mathrm{d}x=-\cos x+C$，即 $\int\sin2x\mathrm{d}x\neq-\cos2x+C$，我们尝试将原积分变形后计算，$\int\sin2x\mathrm{d}x=\frac{1}{2}\int\sin2x\mathrm{d}(2x)\xlongequal{令u=2x}\frac{1}{2}\int\sin u\mathrm{d}u=-\frac{1}{2}\cos u+C\xlongequal{u回代}-\frac{1}{2}\cos2x+C$. 上述解法的特点是引入新变量 u，从而把原积分化为关于 u 的一个简单的积分，再套用基本积分公式求解即可.

本项目介绍的换元积分法即是通过对积分变量进行适当的代换，把要计算的积分化为基本积分公式中所列出的或较简易的积分．通常，按引入新变量方式的不同，把换元积分法分成第一类换元积分法和第二类换元积分法.

一、第一类换元积分法（凑微分法）

定理 5.4.1　设 $f(u)$具有原函数 $F(u)$，$u=\varphi(x)$ 可导，则有

$$\int f[\varphi(x)]\varphi'(x)\mathrm{d}x=F[\varphi(x)]+C.$$

证　设 $g(x)=F[\varphi(x)]$，则由复合函数的求导法则

$$g'(x)=\frac{\mathrm{d}F}{\mathrm{d}u}\cdot\frac{\mathrm{d}u}{\mathrm{d}x}=f(u)\cdot\varphi'(x)=f[\varphi(x)]\cdot\varphi'(x)$$

即 $g(x)=F[\varphi(x)]$是 $f[\varphi(x)]\varphi'(x)$的一个原函数．所以有

$$\int f[\varphi(x)]\varphi'(x)\mathrm{d}x=F[\varphi(x)]+C.$$

定理告诉我们，在求 $\int\Phi(x)\mathrm{d}x$ 时，如果被积表达式 $\Phi(x)\mathrm{d}x$ 可以化为

$$\Phi(x)\mathrm{d}x=f[\varphi(x)]\varphi'(x)\mathrm{d}x=f[\varphi(x)]\mathrm{d}\varphi(x)$$

而 $f(u)$的原函数 $F(u)$可以求出，则可设 $u=\varphi(x)$，于是

$$\begin{aligned}\int\Phi(x)\mathrm{d}x&=\int f[\varphi(x)]\varphi'(x)\mathrm{d}x=\int f[\varphi(x)]\mathrm{d}\varphi(x)\\&\xlongequal{令u=\varphi(x)}\int f(u)\mathrm{d}u=F(u)+C\\&\xlongequal{把u=\varphi(x)代回}F[\varphi(x)]+C.\end{aligned}$$

例 1　求 $\int\cos3x\mathrm{d}x$.

解　不定积分 $\int\cos 3x\mathrm{d}x$ 的值显然不等于 $\sin 3x+C$，这是因为

$$(\sin 3x+C)'=3\cos 3x\neq\cos 3x.$$

但被积表达式可以整理为

$$\cos 3x\mathrm{d}x=\frac{1}{3}\cos 3x(3x)'\mathrm{d}x=\frac{1}{3}\cos 3x\mathrm{d}(3x)$$

且 $\int\cos u\mathrm{d}u=\sin u+C$

因此，设 $u=3x$，于是

$$\int\cos 3x\mathrm{d}x=\frac{1}{3}\int\cos u\mathrm{d}u=\frac{1}{3}\sin u+C=\frac{1}{3}\sin 3x+C.$$

例 2　求 $\int(2x+3)^{2\,008}\mathrm{d}x$.

解　令 $u=2x+3$，于是

$$\int(2x+3)^{2\,008}\mathrm{d}x=\frac{1}{2}\int u^{2\,008}\mathrm{d}u=\frac{1}{2}\cdot\frac{1}{2\,009}u^{2\,009}+C=\frac{1}{4\,018}(2x+3)^{2\,009}+C.$$

例 3　求 $\int x\sqrt{x^2-3}\,\mathrm{d}x$.

解　由于 $\int x\sqrt{x^2-3}\,\mathrm{d}x=\int\sqrt{x^2-3}\cdot\frac{1}{2}\cdot(x^2-3)'\mathrm{d}x=\frac{1}{2}\int\sqrt{x^2-3}\,\mathrm{d}(x^2-3)$

因此，令 $u=x^2-3$，于是

$$\int x\sqrt{x^2-3}\,\mathrm{d}x=\frac{1}{2}\int\sqrt{u}\,\mathrm{d}u=\frac{1}{2}\cdot\frac{2}{3}u^{\frac{3}{2}}+C=\frac{1}{3}(x^2-3)^{\frac{3}{2}}+C.$$

例 4　求 $\int\tan x\mathrm{d}x$.

解　由于 $\int\tan x\mathrm{d}x=\int\frac{\sin x}{\cos x}\mathrm{d}x=-\int\frac{(\cos x)'}{\cos x}\mathrm{d}x=-\int\frac{\mathrm{d}\cos x}{\cos x}$

因此，设 $u=\cos x$，于是

$$\int\tan x\mathrm{d}x=-\int\frac{\mathrm{d}u}{u}=-\ln|u|+C=-\ln|\cos x|+C.$$

类似地可得 $\int\cot x\mathrm{d}x=\ln|\sin x|+C$.

例 5　求 $\int 2x\mathrm{e}^{x^2}\mathrm{d}x$.

解　由于 $\int 2x\mathrm{e}^{x^2}\mathrm{d}x=\int\mathrm{e}^{x^2}(x^2)'\mathrm{d}x=\int\mathrm{e}^{x^2}\mathrm{d}x^2$

因此，令 $u=x^2$，于是

$$\int 2x\mathrm{e}^{x^2}\mathrm{d}x=\int\mathrm{e}^u\mathrm{d}u=\mathrm{e}^u+C=\mathrm{e}^{x^2}+C.$$

对变量代换比较熟练以后，就不一定写出中间变量 u.

例 6　$\int\frac{\mathrm{d}x}{\sqrt{a^2-x^2}}$ $(a>0)$.

解 $\int\frac{dx}{\sqrt{a^2-x^2}}=\int\frac{dx}{a\sqrt{1-\left(\frac{x}{a}\right)^2}}$

$$=\int\frac{\left(\frac{x}{a}\right)'dx}{\sqrt{1-\left(\frac{x}{a}\right)^2}}=\int\frac{d\left(\frac{x}{a}\right)}{\sqrt{1-\left(\frac{x}{a}\right)^2}}$$

$$=\arcsin\frac{x}{a}+C$$

在本例中，实际上已经用了变量代换，并在求出积分$\int\frac{du}{\sqrt{1-u^2}}$之后，已经将变量代回，只是没有把这些步骤写出来.

例 7 求$\int\frac{\ln^3 x}{x}dx$.

解 $\int\frac{\ln^3 x}{x}dx=\int\ln^3 x\ (\ln x)'dx=\int\ln^3 x d\ln x=\frac{1}{4}\ln^4 x+C.$

例 8 求$\int\frac{dx}{a^2+x^2}$.

解 $\int\frac{dx}{a^2+x^2}=\frac{1}{a^2}\int\frac{dx}{1+\left(\frac{x}{a}\right)^2}=\frac{1}{a}\int\frac{d\left(\frac{x}{a}\right)}{1+\left(\frac{x}{a}\right)^2}=\frac{1}{a}\arctan\frac{x}{a}+C.$

例 9 求$\int\frac{1}{\sqrt{x}}e^{\sqrt{x}}dx$.

解 $\int\frac{1}{\sqrt{x}}e^{\sqrt{x}}dx=2\int e^{\sqrt{x}}d\sqrt{x}=2e^{\sqrt{x}}+C.$

例 10 求$\int\frac{1}{x^2-a^2}dx$ $(a>0)$.

解 由于$\frac{1}{x^2-a^2}=\frac{1}{(x-a)(x+a)}=\frac{1}{2a}\left(\frac{1}{x-a}-\frac{1}{x+a}\right)$，得

$$\int\frac{1}{x^2-a^2}dx=\frac{1}{2a}\int\left(\frac{1}{x-a}-\frac{1}{x+a}\right)dx$$

$$=\frac{1}{2a}\left[\int\frac{1}{x-a}d(x-a)-\int\frac{1}{x+a}d(x+a)\right]$$

$$=\frac{1}{2a}(\ln|x-a|-\ln|x+a|)+C$$

$$=\frac{1}{2a}\ln\left|\frac{x-a}{x+a}\right|+C.$$

第一类换元积分法在积分学中经常使用，不过如何适当地选择变量代换，却没有一般的规律可循，这种方法的特点是凑微分，要掌握这种方法，需要熟记一些函数的凑微分公式．现将常见的凑微分公式列出（a，b为常数，且$a\neq 0$）：

（1）$dx=\frac{1}{a}d(ax+b)$　　（2）$xdx=\frac{1}{2}d(x^2)$

(3) $\frac{1}{x}\mathrm{d}x=\mathrm{d}(\ln|x|)$

(4) $\frac{1}{x^2}\mathrm{d}x=-\mathrm{d}\left(\frac{1}{x}\right)$

(5) $\frac{1}{\sqrt{x}}\mathrm{d}x=2\mathrm{d}(\sqrt{x})$

(6) $\mathrm{e}^x\mathrm{d}x=\mathrm{d}(\mathrm{e}^x)$

(7) $\mathrm{e}^{ax}\mathrm{d}x=\frac{1}{a}\mathrm{d}(\mathrm{e}^{ax})$

(8) $\sin x\mathrm{d}x=-\mathrm{d}(\cos x)$

(9) $\cos x\mathrm{d}x=\mathrm{d}(\sin x)$

(10) $\sec^2 x\mathrm{d}x=\mathrm{d}(\tan x)$

(11) $\csc^2 x\mathrm{d}x=-\mathrm{d}(\cot x)$

(12) $\sec x\tan x\mathrm{d}x=\mathrm{d}(\sec x)$

(13) $\csc x\cot x\mathrm{d}x=-\mathrm{d}(\csc x)$

(14) $\frac{1}{\sqrt{1-x^2}}\mathrm{d}x=\mathrm{d}(\arcsin x)$

(15) $\frac{1}{1+x^2}\mathrm{d}x=\mathrm{d}(\arctan x)$

二、第二类换元积分法

第一类换元积分法是通过凑微分 $\varphi'(x)\mathrm{d}x=\mathrm{d}[\varphi(x)]$ 的途径，把积分 $\int f[\varphi(x)]\varphi'(x)\mathrm{d}x$ 化为积分 $\int f(u)\mathrm{d}u$，其中 $u=\varphi(x)$. 如果 $\int f(u)\mathrm{d}u$ 可以求出，原积分就可以求出.

但是，我们常常也会遇到相反的情形，即对于 $\int f(x)\mathrm{d}x$ 不易求出，如 $\int\frac{1}{1+\sqrt{x}}\mathrm{d}x$ 等，但适当选择变量代换 $x=\psi(t)$，得

$$\int f(x)\mathrm{d}x=\int f[\psi(t)]\psi'(t)\mathrm{d}t$$

而 $f[\psi(t)]\psi'(t)$ 的原函数可以求出，设为 $F(t)$，即

$$\int f[\psi(t)]\psi'(t)\mathrm{d}t=F(t)+C$$

如果 $x=\psi(t)$ 存在反函数 $t=\psi^{-1}(x)$，则有

$$\int f(x)\mathrm{d}x=F[\psi^{-1}(x)]+C.$$

这种积分方法称为第二类换元积分法．下面给出定理.

定理 5.4.2 设 $x=\psi(t)$ 单调可微，且 $\psi'(t)\neq 0$，若

$$\int f[\psi(t)]\psi'(t)\mathrm{d}t=F(t)+C,$$

则 $\int f(x)\mathrm{d}x=F[\psi^{-1}(x)]+C$. 其中 $t=\psi^{-1}(x)$ 是 $x=\psi(t)$ 的反函数.

证 由假设 $F'(t)=F[\psi(t)]\psi'(t)$，又由复合函数及反函数微分法，有

$$\begin{aligned}\{F[\psi^{-1}(x)]\}'&=F'(t)\ \frac{\mathrm{d}\psi^{-1}(x)}{\mathrm{d}x}\\&=f[\psi(t)]\psi'(t)\ \frac{1}{\psi'(t)}\\&=f[\psi(t)]=f(x)\end{aligned}$$

即 $F[\psi^{-1}(x)]$ 是 $f(x)$ 的一个原函数，于是

$$\int f(x)\mathrm{d}x=F[\psi^{-1}(x)]+C.$$

定理告诉我们：对于积分$\int f(x)\mathrm{d}x$，可以通过变量代换$x=\psi(t)$化为积分变量为t的积分$\int f[\psi(t)]\psi'(t)\mathrm{d}t$，积分后再用$x=\psi(t)$的反函数$t=\psi^{-1}(x)$回代即可.

若被积函数中包含了根式，运用第二类换元积分法的主要目标在于简化表达式，特别是去除其中的根号，一般有两种类型：

（1）根式代换：当被积函数中含有$\sqrt[n]{ax+b}$时，可令$\sqrt[n]{ax+b}=t$，消除根式，从而求得积分.

例 11 求$\int\frac{1}{1+\sqrt{x}}\mathrm{d}x$.

解 设$\sqrt{x}=t$，即$x=t^2$，则$\mathrm{d}x=2t\mathrm{d}t$，于是

$$\begin{aligned}\int\frac{1}{1+\sqrt{x}}\mathrm{d}x&=\int\frac{2t\mathrm{d}t}{1+t}=2\int\frac{1+t-1}{1+t}\mathrm{d}t=2\int(1-\frac{1}{1+t})\mathrm{d}t\\&=2t-2\ln(1+t)+C\\&=2\sqrt{x}-2\ln(1+\sqrt{x})+C.\end{aligned}$$

例 12 求$\int\frac{x+1}{\sqrt[3]{3x+1}}\mathrm{d}x$.

解 设$\sqrt[3]{3x+1}=t$，即$x=\frac{1}{3}(t^3-1)$，则$\mathrm{d}x=t^2\mathrm{d}t$，于是

$$\begin{aligned}\int\frac{x+1}{\sqrt[3]{3x+1}}\mathrm{d}x&=\int\frac{\frac{1}{3}(t^3-1)+1}{t}t^2\mathrm{d}t\\&=\frac{1}{3}\int(t^4+2t)\mathrm{d}t=\frac{1}{3}(\frac{1}{5}t^5+t^2)+C\\&=\frac{1}{15}t^5+\frac{1}{3}t^2+C=\frac{1}{15}(3x+1)^{\frac{5}{3}}+\frac{1}{3}(3x+1)^{\frac{2}{3}}+C.\end{aligned}$$

（2）三角代换：一般地，进行以下三角代换.

$$\text{当被积函数中含有}\begin{cases}\sqrt{a^2-x^2}\text{时，令 }x=a\sin t\\\sqrt{a^2+x^2}\text{时，令 }x=a\tan t\cdot\\\sqrt{x^2-a^2}\text{时，令 }x=a\sec t\end{cases}$$

例 13 求$\int\sqrt{a^2-x^2}\,\mathrm{d}x\ (a>0)$.

解 为了消去根号，可以设$x=a\sin t$，则$\sqrt{a^2-x^2}=a\cos t$，$\mathrm{d}x=a\cos t\mathrm{d}t$，于是

$$\begin{aligned}\int\sqrt{a^2-x^2}\,\mathrm{d}x&=\int a\cos t\cdot a\cos t\mathrm{d}t=a^2\int\cos^2t\mathrm{d}t\\&=a^2\int\frac{1+\cos2t}{2}\mathrm{d}t=a^2(\frac{1}{2}t+\frac{1}{4}\sin2t)+C\\&=\frac{a^2}{2}t+\frac{a^2}{2}\sin t\cos t+C\end{aligned}$$

将 $t=\arcsin\dfrac{x}{a}$，$\sin t=\dfrac{x}{a}$，$\cos t=\sqrt{1-\sin^2 t}=\sqrt{1-\left(\dfrac{x}{a}\right)^2}=\dfrac{\sqrt{a^2-x^2}}{a}$代入上式，得

$$\int\sqrt{a^2-x^2}\,dx=\frac{a^2}{2}\arcsin\frac{x}{a}+\frac{1}{2}x\sqrt{a^2-x^2}+C.$$

例 14　求$\displaystyle\int\frac{dx}{\sqrt{x^2+a^2}}$（$a>0$）.

解　为了消去根号，可以设 $x=a\tan t$，则

$$\sqrt{x^2+a^2}=a\sec t,\ dx=a\sec^2 t dt$$

于是

$$\int\frac{dx}{\sqrt{x^2+a^2}}=\int\frac{a\sec^2 t}{a\sec t}dt=\int\sec t dt=\ln|\sec t+\tan t|+C_1.$$

最后应该把 $\tan t$ 和 $\sec t$ 全换成 x 的函数，可以根据 $\tan t=\dfrac{x}{a}$作辅助直角三角形（图 5－3），便有

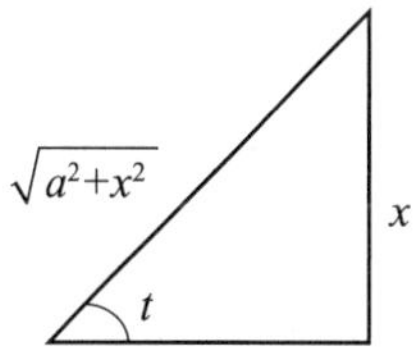

图 5－3

$$\sec t=\frac{\sqrt{x^2+a^2}}{a},\text{ 所以}$$

$$\int\frac{dx}{\sqrt{x^2+a^2}}=\ln|\sec t+\tan t|+C_1$$

$$=\ln\left|x+\sqrt{x^2+a^2}\right|+C\ （其中\ C=C_1-\ln a）.$$

例 15　求$\displaystyle\int\frac{dx}{\sqrt{x^2-a^2}}$（$a>0$）.

解　与以上两道例题类似，也是为了消去根号，可以设 $x=a\sec t$，则

$$\sqrt{x^2-a^2}=a\tan t,\ dx=a\sec t\tan t dt$$

于是

$$\int\frac{dx}{\sqrt{x^2-a^2}}=\int\frac{a\sec t\tan t}{a\tan t}dt=\int\sec t dt=\ln|\sec t+\tan t|+C_1$$

为了把结果换成 x 的函数，可以根据 $\sec t=\dfrac{x}{a}$作辅助直角三角形（图 5－4），

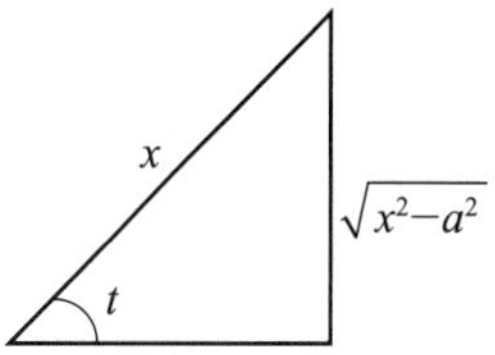

图 5－4

从而有 $\tan t=\dfrac{\sqrt{x^2-a^2}}{a}$，所以

$$\int\frac{dx}{\sqrt{x^2-a^2}}=\ln\left|\frac{x}{a}+\frac{\sqrt{x^2-a^2}}{a}\right|+C_1$$

$$=\ln\left|x+\sqrt{x^2-a^2}\right|+C\ （其中\ C=C_1-\ln a）.$$

合并例 14 和例 15，得

$$\int\frac{dx}{\sqrt{x^2\pm a^2}}=\ln\left|x+\sqrt{x^2\pm a^2}\right|+C\ （a>0）.$$

习题 5－4

1. 在下列各题等号右端的横线上填入适当的系数，使等式成立.

(1) $dx=$________ $d\left(\frac{x}{4}\right)$

(2) $dx=$________ $d(3-7x)$

(3) $x dx=$________ $d(x^2+1)$

(4) $x^2 dx=$________ $d(1-2x^3)$

(5) $x^3 dx=$________ $d(3x^4-1)$

(6) $\frac{1}{\sqrt{x}}dx=$________ $d(\sqrt{x})$

(7) $xe^{-2x^2}dx=$________ de^{-2x^2}

(8) $\sin\frac{3x}{2}dx=$________ $d\cos\frac{3x}{2}$

(9) $\frac{1}{x}dx=$________ $d(3-5\ln x)$

(10) $\frac{1}{\cos^2 x}dx=$________ $d(1-\frac{1}{2}\tan x)$

(11) $\frac{1}{1+9x^2}dx=$________ $d(\arctan 3x)$

(12) $(x-\frac{1}{2})dx=$________ $d(x^2-x+5)$

2. 求下列不定积分.

(1) $\int \sin\frac{x}{2}dx$

(2) $\int e^{-3x}dx$

(3) $\int (\frac{x}{2}+5)^{100}dx$

(4) $\int \frac{1}{3-2x}dx$

(5) $\int (2x-1)^5 dx$

(6) $\int \frac{1}{(2-x)^2}dx$

(7) $\int \pi e^{-\frac{\pi}{4}x}dx$

(8) $\int xe^{\frac{x^2}{2}}dx$

(9) $\int \frac{1}{\sqrt[3]{2+3x}}dx$

(10) $\int \frac{\tan\sqrt{x}}{\sqrt{x}}dx$

(11) $\int \frac{x}{\sqrt{1-3x^2}}dx$

(12) $\int \frac{a^x}{1+a^x}dx$

(13) $\int \frac{x}{a+bx}dx$

(14) $\int \frac{1}{x\ln^2 x}dx$

(15) $\int \frac{1}{1+\sqrt[3]{x}}dx$

(16) $\int \frac{\sqrt{x}}{\sqrt{x}-\sqrt[3]{x}}dx$

(17) $\int \frac{1}{4x^2-1}dx$

(18) $\int \frac{x^2-4}{x+1}dx$

(19) $\int \frac{2t}{2-5t^2}dt$

(20) $\int \frac{x}{a^4-x^4}dx$

(21) $\int \frac{x^2}{4+x^6}dx$

(22) $\int \frac{4-\ln x}{x}dx$

(23) $\int \sin x\cos x\mathrm{d}x$　　(24) $\int \sin^2(\omega t+\varphi)\mathrm{d}t$

(25) $\int \frac{1}{x^2}\cos\frac{2}{x}\mathrm{d}x$　　(26) $\int \frac{\sqrt{x+1}}{1+\sqrt{1+x}}\mathrm{d}x$

(27) $\int \frac{1-x}{\sqrt{9-4x^2}}\mathrm{d}x$　　(28) $\int \frac{1}{1+\cos x}\mathrm{d}x$

(29) $\int \frac{\cos x}{\sqrt{2+\cos 2x}}\mathrm{d}x$　　(30) $\int \frac{1}{1+\sin x}\mathrm{d}x$

(31) $\int \frac{\sin x\cos x}{1+\cos^2 x}\mathrm{d}x$　　(32) $\int \frac{x+1}{\sqrt[3]{x+4}}\mathrm{d}x$

(33) $\int \frac{1}{\mathrm{e}^x+\mathrm{e}^{-x}}\mathrm{d}x$　　(34) $\int \frac{x^3}{7+x^2}\mathrm{d}x$

(35) $\int \cos^5 x\mathrm{d}x$　　(36) $\int \cot^3 x\mathrm{d}x$

(37) $\int \frac{1}{x^2+2x+3}\mathrm{d}x$　　(38) $\int \frac{1}{2x^2+x-1}\mathrm{d}x$

3. 求下列不定积分.

(1) $\int \frac{1}{x^2\sqrt{4-x^2}}\mathrm{d}x$　　(2) $\int \frac{\sqrt{a^2+x^2}}{x^2}\mathrm{d}x$

(3) $\int \frac{1}{\sqrt{(x^2-a^2)^3}}\mathrm{d}x$　　(4) $\int \frac{x^3}{\sqrt{1+x^2}}\mathrm{d}x$

(5) $\int \frac{1+x}{\sqrt{1-x^2}}\mathrm{d}x$　　(6) $\int \frac{x^2}{\sqrt{x^2-2}}\mathrm{d}x$

(7) $\int \frac{x}{\sqrt{2x^2-4x}}\mathrm{d}x$　　(8) $\int \frac{1}{\sqrt{3+2x-x^2}}\mathrm{d}x$

(9) $\int \frac{1}{\sqrt{x^2+2x+3}}\mathrm{d}x$　　(10) $\int \frac{1}{\sqrt{1+\mathrm{e}^x}}\mathrm{d}x$

(11) $\int \frac{1}{x\sqrt{x^2+3x-4}}\mathrm{d}x$　　(12) $\int \frac{1}{(1-x^2)^{\frac{3}{2}}}\mathrm{d}x$

项目五　分部积分法

前面介绍的换元积分法虽然可以解决许多积分问题，但有些积分，如 $\int x\cos x\mathrm{d}x$，$\int x^4\ln x\mathrm{d}x$ 等用换元积分法也无能为力．即当被积函数是两种不同类型函数的乘积时，求解时往往需要使用另一种基本的积分方法——分部积分法.

首先我们利用两个函数乘积的求导法则，来推导分部积分公式．

设 $u=u(x)$，$v=v(x)$具有连续导数，则由函数乘积的导数公式

$$(uv)'=u'v+uv'，得\ uv'=(uv)'-u'v$$

两边求不定积分，得

$$\int uv'\mathrm{d}x=\int (uv)'\mathrm{d}x-\int u'v\mathrm{d}x=uv-\int u'v\mathrm{d}x$$

公式 $\int uv'\mathrm{d}x=uv-\int u'v\mathrm{d}x$ 称为分部积分公式. 经常把此公式写成

$$\int u\mathrm{d}v=uv-\int v\mathrm{d}u$$

如果求 $\int u\mathrm{d}v$ 有困难，而求 $\int v\mathrm{d}u$ 较容易，我们就可以用分部积分公式，将求 $\int u\mathrm{d}v$ 转化为求 $\int v\mathrm{d}u$.

例 1 求 $\int x\cos x\mathrm{d}x$.

解 设 $u=x$，$\mathrm{d}v=\cos x\mathrm{d}x$，于是 $\mathrm{d}u=\mathrm{d}x$，$v=\sin x$，由分部积分公式

$$\int x\cos x\mathrm{d}x=x\sin x-\int \sin x\mathrm{d}x=x\sin x+\cos x+C.$$

注 解此题时如果设 $u=\cos x$，$\mathrm{d}v=x\mathrm{d}x$，则 $\mathrm{d}u=-\sin x\mathrm{d}x$，$v=\frac{x^2}{2}$，于是

$$\int x\cos x\mathrm{d}x=\frac{x^2}{2}\cos x+\int \frac{x^2}{2}\sin x\mathrm{d}x$$

这时右端的积分比原积分更不易求出. 显然，这样选取 u 与 $\mathrm{d}v$ 是不恰当的.

由此可见，正确地选取 u 与 $\mathrm{d}v$ 是应用分部积分公式求不定积分的关键. 一般而言，选取 u 与 $\mathrm{d}v$ 必须考虑到：(1) v 要便于求得；(2) $\int v\mathrm{d}u$ 要比 $\int u\mathrm{d}v$ 更容易求出.

例 2 求 $\int x^4\ln x\mathrm{d}x$.

解 设 $u=\ln x$，$\mathrm{d}v=x^4\mathrm{d}x$，于是 $\mathrm{d}u=\frac{1}{x}\mathrm{d}x$，$v=\frac{1}{5}x^5$，由分部积分公式

$$\int x^4\ln x\mathrm{d}x=\frac{1}{5}x^5\ln x-\frac{1}{5}\int x^4\mathrm{d}x=\frac{1}{5}x^5\ln x-\frac{1}{25}x^5+C.$$

例 3 求 $\int \mathrm{e}^x\sin x\mathrm{d}x$.

解 $\int \mathrm{e}^x\sin x\mathrm{d}x=\int \sin x\mathrm{d}\mathrm{e}^x=\mathrm{e}^x\sin x-\int \mathrm{e}^x\cos x\mathrm{d}x$

对于积分 $\int \mathrm{e}^x\cos x\mathrm{d}x$ 再用一次分部积分公式. 于是

$$\begin{aligned}\int \mathrm{e}^x\sin x\mathrm{d}x&=\mathrm{e}^x\sin x-\int \mathrm{e}^x\cos x\mathrm{d}x\\&=\mathrm{e}^x\sin x-\mathrm{e}^x\cos x+\int \mathrm{e}^x\mathrm{d}\cos x\\&=\mathrm{e}^x\sin x-\mathrm{e}^x\cos x-\int \mathrm{e}^x\sin x\mathrm{d}x\end{aligned}$$

移项解得

$$\int e^x \sin x dx = \frac{1}{2} e^x (\sin x - \cos x) + C.$$

由于移项后，上式右端已不再含有积分项，因此必须加上任意常数 C.

综合以上各例，一般情况下，u 与 dv 按以下规律选择：

(1) 形如 $\int x^n \sin kx dx$，$\int x^n \cos kx dx$，$\int x^n e^{kx} dx$（其中 n 为正整数）的不定积分，令 $u = x^n$，余下的为 dv（即 $\sin kx dx = dv$，$\cos kx dx = dv$ 或 $e^{kx} dx = dv$）.

(2) 形如 $\int x^n \ln x dx$，$\int x^n \arcsin x dx$，$\int x^n \arctan x dx$（其中 n 为正整数）的不定积分，令 $dv = x^n dx$，余下的为 u（即令 $u = \ln x$，$u = \arcsin x$ 或 $u = \arctan x$）.

(3) 形如 $\int e^{ax} \sin bx dx$，$\int e^{ax} \cos bx dx$ 的不定积分，可以任意选择 u 和 dv，但应注意，因为要使用两次分部积分公式，两次选择 u 和 dv 应保持一致，即如果第一次令 $u = e^{ax}$，则第二次须令 $u = e^{ax}$，只有这样才能出现循环公式，然后用解方程的方法求出积分.

例 4　求 $\int \ln x dx$.

解　设 $u = \ln x$，$dv = dx$，于是 $du = \frac{1}{x} dx$，$v = x$，由分部积分公式

$$\int \ln x dx = x \ln x - \int x d\ln x = x \ln x - \int dx = x \ln x - x + C.$$

例 5　求 $\int x^2 e^x dx$.

解　设 $u = x^2$，$dv = e^x dx$，于是 $du = 2x dx$，$v = e^x$，从而

$$\int x^2 e^x dx = x^2 e^x - \int 2x e^x dx = x^2 e^x - 2\int x e^x dx$$

对积分 $\int x e^x dx$ 再用一次分部积分公式：设 $u = x$，$dv = e^x dx$，于是 $du = dx$，$v = e^x$，所以

$$\begin{aligned}\int x^2 e^x dx &= x^2 e^x - 2\int x e^x dx = x^2 e^x - 2\int x de^x \\ &= x^2 e^x - 2(x e^x - \int e^x dx) = x^2 e^x - 2(x e^x - e^x) + C \\ &= e^x (x^2 - 2x + 2) + C.\end{aligned}$$

当分部积分公式用得比较熟练以后，在运算的过程中就不必写出 u 与 dv 了，只要把积分写成 $\int u dv$，再直接使用分部积分公式即可.

例 6　求 $\int \frac{x}{\sin^2 x} dx$.

解

$$\begin{aligned}\int \frac{x}{\sin^2 x} dx &= \int x \csc^2 x dx = -\int x d\cot x = -x\cot x + \int \cot x dx \\ &= -x\cot x + \int \frac{\cos x}{\sin x} dx = -x\cot x + \int \frac{1}{\sin x} d\sin x \\ &= -x\cot x + \ln|\sin x| + C\end{aligned}$$

在不定积分的计算过程中，换元积分法与分部积分法往往会交替使用，因此在解题过程中千万不要拘泥于一种方法.

例 7 求 $\int e^{\sqrt[3]{x}}dx$.

解 先设法去根号，令 $\sqrt[3]{x}=t$，即 $x=t^3$，$dx=3t^2dt$

于是

$$\int e^{\sqrt[3]{x}}dx=3\int t^2e^tdt$$

由本项目例 5 可知

$$\int t^2e^tdt=e^t(t^2-2t+2)+C$$

所以

$$\int e^{\sqrt[3]{x}}dx=3\int t^2e^tdt=3e^t(t^2-2t+2)+C=3e^{\sqrt[3]{x}}(\sqrt[3]{x^2}-2\sqrt[3]{x}+2)+C.$$

在本模块将要结束之时，我们必须指出：有些函数的原函数虽然在理论上能证明它们是存在的，但事实上它们不能表示为初等函数，例如 $\int e^{-x^2}dx$，$\int\frac{\sin x}{x}dx$，$\int\sqrt{\sin x}\,dx$，$\int\frac{1}{\ln x}dx$，$\int\frac{dx}{\sqrt{1+x^4}}$，$\int\sin(x^2)dx$ 等等.

习题 5－5

求下列不定积分.

(1) $\int x\cos x\,dx$　　(2) $\int xe^{-3x}dx$

(3) $\int x^2e^{3x}dx$　　(4) $\int(x-1)\sin 2x\,dx$

(5) $\int\ln(1+x^2)dx$　　(6) $\int x\sin\frac{x}{2}dx$

(7) $\int x^2\ln x\,dx$　　(8) $\int e^{-x}\sin 2x\,dx$

(9) $\int x\cos^2x\,dx$　　(10) $\int\cos(\ln x)dx$

(11) $\int x^2\arctan x\,dx$　　(12) $\int(\arcsin x)^2dx$

(13) $\int\frac{\ln x}{\sqrt{1+x}}dx$　　(14) $\int x^2\cos nx\,dx$

(15) $\int\frac{x\arcsin x}{\sqrt{1-x^2}}dx$　　(16) $\int e^{\sqrt{x}}dx$

(17) $\int x\sin\sqrt{x}\,dx$　　(18) $\int\ln(x+\sqrt{1+x^2})dx$

项目六 数学实验（五）——计算不定积分

在深入探讨不定积分时，对于复杂函数的积分计算，手动操作不仅耗时而且容易出错．为了提高计算效率与准确性，我们常常借助 MATLAB 这一功能强大的数学软件工具．MATLAB 中的 int 函数为我们提供了求解不定积分的强大能力．具体而言，int 函数的调用格式有两种：

（1）int(fun)，用于计算函数 fun 关于默认变量的不定积分；

（2）int(fun,x)，用于计算函数 fun 对指定变量 x 的不定积分，即 $\int \mathrm{fun}\mathrm{d}x$.

例 1 计算不定积分 $\int\left(x^5+x^3-\frac{\sqrt{x}}{4}\right)\mathrm{d}x$.

解 在 MATLAB 中输入：

```
>>syms x
>>fun=x^5+x^3-sqrt(x)/4;
>>int(fun,x)
```

结果显示：ans=x^4/4 －x^(3/2)/6 ＋ x^6/6

也就是 $\frac{x^4}{4}-\frac{x^{\frac{3}{2}}}{6}+\frac{x^6}{6}$.

由于 int 函数求取的不定积分是不带有积分常数的，要得到一般形式的不定积分，可以重新编写以下语句：

```
>>syms x C
>>fun=x^5+x^3-sqrt(x)/4;
>>int(fun,x)+C
```

结果显示：ans=C+x^4/4 －x^(3/2)/6+x^6/6

即 $\int\left(x^5+x^3-\frac{\sqrt{x}}{4}\right)\mathrm{d}x=\frac{x^4}{4}-\frac{x^{\frac{3}{2}}}{6}+\frac{x^6}{6}+C$.

例 2 计算不定积分 $\int\frac{1}{1+\sqrt{5x+4}}\mathrm{d}x$.

解 在 MATLAB 中输入：

```
>>syms x C
>>fun=1/(1+sqrt(5*x+4));
>>int(fun,x)+C
```

结果显示：ans=C －(2*log((5*x ＋ 4)^(1/2) ＋ 1))/5 ＋ (2*(5*x ＋ 4)^(1/2))/5

即 $\int\frac{1}{1+\sqrt{5x+4}}\mathrm{d}x=\frac{2\sqrt{5x+4}}{5}-\frac{2\ln(\sqrt{5x+4}+1)}{5}+C$.

若用微分命令 diff 验证积分的正确性，命令及结果为：

```
>>diff(2*sqrt(5*x+4)/5-2*log(sqrt(5*x+4)+1)/5+C)
```

结果显示：ans=1/((5*x + 4)^(1/2)+1)，这就是被积函数.

例 3 计算不定积分 $\int\frac{x+\sin x}{1+\cos x}\mathrm{d}x$.

解 在 MATLAB 中输入：

```
>>syms x C
>>fun=(x+sin(x))/(1+cos(x));
>>I=int(fun,x)+C
```

结果显示：I=C + x*tan(x/2)

即 $\int\frac{x+\sin x}{1+\cos x}\mathrm{d}x=x\tan\frac{x}{2}+C$.

在上述语句的基础上再编写如下语句可观察函数的积分曲线族：

```
>>xx=linspace(-2,2);
>>plot(xx,subs(fun,xx),'k','LineWidth',2);
>>hold on                    %同一坐标系绘制多个图形
>>y0=subs(I,C,0);plot(xx,subs(y0,xx),'LineStyle','--');
>>y1=subs(I,C,1);plot(xx,subs(y1,xx),'LineStyle','--');
>>y2=subs(I,C,2);plot(xx,subs(y2,xx),'LineStyle','--');
>>y3=subs(I,C,3);plot(xx,subs(y3,xx),'LineStyle','--');
>>y4=subs(I,C,4);plot(xx,subs(y4,xx),'LineStyle','--');
>>grid on                                              %添加网格
>>title('积分曲线族')                                  %添加标题
>>legend('被积函数(x+sin(x))/(1+cos(x))','原函数') %添加图例
```

运行结果如图 5-5 所示.

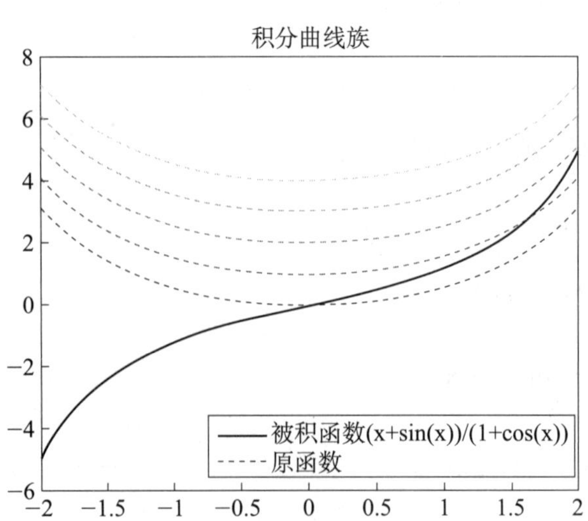

图 5-5

习题 5－6

使用 MATLAB 软件计算下列不定积分.

(1) $\int \sin 2x \mathrm{d}x$

(2) $\int \frac{x^4}{1+x^2} \mathrm{d}x$

(3) $\int \sqrt{4-x^2} \mathrm{d}x$

(4) $\int \mathrm{e}^x \sin x \mathrm{d}x$

(5) $\int x^5 \cos x^3 \mathrm{d}x$

(6) $\int \frac{1}{(a^2+x^2)^4} \mathrm{d}x$

(7) $\int \sin^{10} x \mathrm{d}x$

(8) $\int \frac{1}{\sqrt[3]{(x+1)^2 (x-1)^4}} \mathrm{d}x$

(9) $\int \frac{x^2 \arctan x}{1+x^2} \mathrm{d}x$

(10) $\int \ln(\cos x) \cdot \tan x \mathrm{d}x$

拓展与思考(五)

问题 1：请利用生成式人工智能大模型，对本书模块五的课程内容进行概括性总结.

问题 2：结合你自己掌握的知识以及其他可获取的线上和线下资料，运用批判性思维对问题 1 中生成式人工智能大模型生成的模块五课程内容总结进行深入分析和修正，以提供一个更加准确、全面的总结.

问题 3：原函数存在定理说明连续函数在其定义域内必存在其原函数，那么，对于存在间断点的函数，是否一定不存在其原函数呢？借助生成式人工智能大模型，探讨间断函数与原函数之间的微妙关系，以及如何理解和计算这类函数的不定积分.

问题 4：在计算不定积分时，我们学习了多种求不定积分的方法．其中换元积分法把一个不能直接求的（或较难求的）不定积分通过构造一个新的积分元，转化为一个可求的不定积分；同样的分部积分法通过二个乘积函数的全微分公式，把所求困难的微分项的不定积分转化为可求的不定积分．请使用不定积分中换元积分法和分部积分法求解问题所包含的思想和方法，深入探究这两种思想和方法各自在日常生活中的应用场景，帮助我们解决现实社会中遇到的问题.

问题 5：有些函数的原函数虽然在理论上被证实存在，但它们无法用初等函数来表示，这使得它们的求解过程既复杂又充满挑战，如椭圆积分和贝塞尔积分．请利用生成式人工智能大模型，探索这些特殊类型积分的性质，并研究它们的求解策略，包括特殊函数的应用和数值方法的利用.

模块六
定积分

扫一扫

- 模块六 定积分
  - 项目一 定积分的概念
    - 定积分问题举例
    - 定积分的定义
    - 定积分的几何意义
  - 项目二 定积分的性质
  - 项目三 定积分与原函数的联系
    - 积分上限函数及其导数
    - 牛顿—莱布尼兹公式
  - 项目四 定积分的换元积分法
  - 项目五 定积分的分部积分法
  - 项目六 广义积分
    - 无穷限的广义积分
    - 无界函数的广义积分
  - 项目七 定积分的应用
    - 平面图形的面积
    - 旋转体的体积
    - 定积分在物理和工程中的应用
      - 变力沿直线做功
      - 工程应用
    - 定积分在经济中的应用
      - 已知边际函数求总函数
      - 资本现值和投资问题
  - 项目八 数学实验（六）——计算定积分

在自然科学与社会科学中，许多问题都可以归结为积分学的另一个基本问题——定积分问题．在我们开始定积分模块的学习之前，先简单回顾一下微积分发展的历史.

微积分的发明是 17 世纪科学史的光辉一页，是数学在 17 世纪最伟大的成就．牛顿和莱布尼兹两人在 17 世纪后半叶独立地建立了微积分．当时探索微积分的至少有十几位大数学家和几十位小数学家，而牛顿和莱布尼兹分别进行了卓越的创造性的工作，并一举获得了成功.

牛顿是从物理学观点上来研究数学的，他创立的微积分学原理是同他的力学研究分不开的．他先后写成的三篇论文《运用无穷多项的方程的分析学》《流数法和无穷级数》《求曲边形的面积》，是他对创建微积分的主要贡献．1687 年牛顿出版了他的名著《自然哲学的数学原理》，这本书是研究天体力学的，微积分的一些基本概念和原理就包括在这本书里.

莱布尼兹是从几何学观点发现微积分的，他主要是在研究曲线的切线以及面积的问题上运用分析学方法引进微积分概念的．他从 1684 年起发表了一系列微积分著作．莱布尼兹的最大的功绩在于精心设计了非常巧妙、简洁并能反映事物本质的微积分学里的一些数学符号．例如微分符号 $\mathrm{d}x$，积分符号 $\int y\mathrm{d}x$，导数符号 $\frac{\mathrm{d}}{\mathrm{d}x}$ 等．除了微积分里的符号外，他还创设了其他的一些数学符号，从而他又以“数学符号大师”的称号闻名于世.

牛顿和莱布尼兹以不同的研究途径创立了微积分，荣誉应由他们两人共享，然而不幸的是历史上发生过发明微积分的“优先权”的争论，从而使数学家分裂成两派．两派争论激烈，甚至尖锐地互相敌对、嘲笑，这一争论已成为科学史上的前车之鉴．后经充分的调查证实：事实上，牛顿和莱布尼兹是各自独立地创立了微积分，只不过在创作年代上牛顿先于莱布尼兹，而在公开发表的时间上莱布尼兹却早于牛顿.

创立初期的微积分还存在严重的逻辑缺陷，但它却有旺盛的生命力，经过几代数学家的不懈努力和完善，直到 19 世纪 20 年代，经过以法国数学家柯西、德国数学家维尔斯特拉斯为代表的一批数学家的努力，以极限理论为基础的微积分严谨体系才逐步建立起来．在这一过程中一些数学家做出了巨大的贡献．比如 19 世纪的德国数学家黎曼给出了沿用至今的目前教科书中通用的有关定积分的定义．为了纪念他，人们把积分和称为黎曼和，把定积分称为黎曼积分.

随着微积分的蓬勃发展，它渐渐成为了数学的一个重要部分，它渗透了数学的各个领域，并且成为自然科学技术发展以及社会科学中解决实际问题的一个有力工具.

微积分作为数学的一个基础部分，它必将与现代数学的其他分支以及科学技术的其他学科一起不断地为人类的进步事业发挥重要作用.

本模块我们首先从实际问题引进定积分的概念，然后讨论定积分的性质和计算方法，最后介绍定积分在几何问题和物理工程以及经济问题中的某些应用.

项目一 定积分的概念

一、定积分问题举例

引例 1 曲边梯形的面积.

在初等数学中，我们学习过计算多边形及圆形等简单平面图形的面积．但在生产实际中常常需要求曲边梯形的面积．所谓曲边梯形是这样的图形，它的三条边是直线段，其中两条边相互平行，第三条直线边与前两条边垂直（叫底边），第四条边是曲线段（叫曲边）．特殊情况下，当互相平行的两条直线边中的任一条缩成一点时，该图形仍然称为曲边梯形.

设 $y=f(x)$ 在 $[a, b]$ 上连续且 $f(x)\geqslant 0$，由直线 $x=a$，$x=b$，$y=0$ 以及曲线 $y=f(x)$ 所围成的图形为曲边梯形（图 6-1).

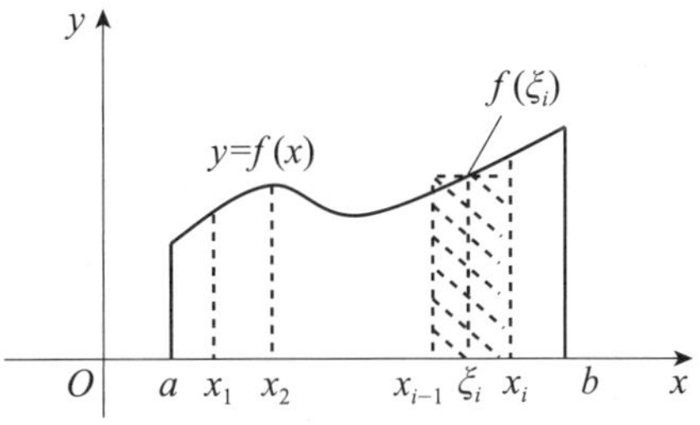

图 6-1

现在计算该曲边梯形的面积 S.

解决该问题的主要思路是“以直代曲”：将区间 $[a, b]$ 分成许多小区间，从而把曲边梯形相应地分成许多小曲边梯形．由于 $f(x)$ 连续，它在每个小区间上变化不大，因此可以用小区间上某一点 ξ_i 处的函数值 $f(\xi_i)$ 近似代替对应的小曲边梯形的高 $f(x)$，用以 $f(\xi_i)$ 为高的小矩形“直”的面积近似对应的小曲边梯形“曲”的面积．用上述所有小矩形面积的和作为所求曲边梯形面积 S 的近似值.

显然，把 $[a, b]$ 分得越细，每个小矩形的面积越接近小曲边梯形的面积，所有小矩形面积的和就越接近于所求曲边梯形的面积．直至把区间 $[a, b]$ 无限细分，使每个小区间的长度趋于零，这时，所有小矩形面积之和的极限值就可理解为曲边梯形的面积 S.

具体计算步骤如下：

(1) **分割**：把区间 $[a, b]$ 任意分成 n 个小区间，设分点坐标为

$$a=x_0<x_1<x_2<\cdots<x_{i-1}<x_i<\cdots<x_{n-1}<x_n=b$$

n 个小区间为 $[x_{i-1}, x_i]$ $(i=1, 2, \cdots, n)$，每个小区间的长度为 $\Delta x_i=x_i-x_{i-1}$ $(i=1, 2, \cdots, n)$，过各分点作垂直于 x 轴的直线段，把曲边梯形分成 n 个以这些小区间为底边的小曲边梯形，用 ΔS_i 表示第 i 个小曲边梯形面积，则有

$$S=\Delta S_1+\Delta S_2+\cdots+\Delta S_n=\sum_{i=1}^{n}\Delta S_i$$

(2) **近似代替**：在小区间 $[x_{i-1}, x_i]$ 上任取一点 $\xi_i(x_{i-1}\leqslant\xi_i\leqslant x_i)$，以 Δx_i 为底，$f(\xi_i)$ 为高作小矩形（图 6-1)，用它的面积 $f(\xi_i)\cdot\Delta x_i$ 作为第 i 个小曲边梯形面积的近似值．即

$$\Delta S_i \approx f(\xi_i) \cdot \Delta x_i \quad (i=1, 2, \cdots, n)$$

（3）**求和**：把这 n 个小矩形面积相加，得到曲边梯形的近似值，即

$$S \approx f(\xi_1) \cdot \Delta x_1 + f(\xi_2) \cdot \Delta x_2 + \cdots + f(\xi_n) \cdot \Delta x_n = \sum_{i=1}^{n} f(\xi_i) \cdot \Delta x_i$$

（4）**取极限**：把 Δx_1，Δx_2，$\cdots$，Δx_n，中的最大值 $\max\{\Delta x_1, \Delta x_2, \cdots, \Delta x_n\}$ 记为 λ. 当 $\lambda \to 0$ 时，即每个小区间的长度趋于零（这时 $[a, b]$ 无限细分，即分点无限增加，即 $n \to \infty$），取上式右端和式的极限，就得到了所求曲边梯形的面积

$$S = \lim_{\lambda \to 0} \sum_{i=1}^{n} f(\xi_i) \cdot \Delta x_i.$$

引例 2　直线形构件的质量.

在设计直线形构件时，根据构件各部分受力情况，把构件上各点处的粗细程度设计得不完全一样．因此可以认为该构件的线密度（单位长度的质量）是个变量.

假设该构件所占的位置为 x 轴上的一段，它的端点是 $A(a, 0)$和 $B(b, 0)$，在 AB 上任一点 x 处的线密度为$\rho(x)$，并设 $\rho(x)$在 $[a, b]$ 上连续，现在要计算这个构件的质量.

如果构件是均匀的（即线密度为常数），那么这个构件的质量就等于它的线密度与长度的乘积，现在面临的问题是线密度不是常数而是变量．由于线密度 $\rho(x)$是连续变化的，在很小的一段上它变化不大，所以在很小的一段构件上可以“以均匀代替非均匀”，而且小段的长度越短，这种近似替代的精确度就越高．这样一来，我们又可以采用与引例 1 类似的方法了.

把区间 $[a, b]$ 任意分成 n 个小区间，设分点坐标为

$$a = x_0 < x_1 < x_2 < \cdots < x_{i-1} < x_i < \cdots < x_{n-1} < x_n = b$$

小区间为 $[x_{i-1}, x_i]$，$i=1, 2, \cdots, n$. 记各小区间长度为 $\Delta x_i = x_i - x_{i-1}$，$i=1, 2, \cdots, n$. 在 $[x_{i-1}, x_i]$ 上任取一点 ξ_i，用 ξ_i 处的线密度 $\rho(\xi_i)$代替 $[x_{i-1}, x_i]$ 上对应的小段构件上其他各点处的线密度，于是这一小段构件的质量的近似值为

$$\rho(\xi_i) \cdot \Delta x_i$$

从而，整个构件的质量近似为

$$M \approx \rho(\xi_1) \cdot \Delta x_1 + \rho(\xi_2) \cdot \Delta x_2 + \cdots + \rho(\xi_n) \cdot \Delta x_n = \sum_{i=1}^{n} \rho(\xi_i) \cdot \Delta x_i$$

当分点无限增多且每个小段的长度无限缩小时，上述和式的极限就是该直线形构件的质量 M. 即令 $\lambda = \max\{\Delta x_1, \Delta x_2, \cdots, \Delta x_n\}$，则

$$M = \lim_{\lambda \to 0} \sum_{i=1}^{n} \rho(\xi_i) \cdot \Delta x_i .$$

上述两个引例虽然实际意义不同，但解决问题的思路、方法却完全相同，最后都归结为求同一个结构的和式的极限．抽去这些问题的具体意义，抓住它们在数量关系上共同的本质与特性并加以概括，我们就可以抽象出定积分的定义.

二、定积分的定义

定义 6.1.1　设函数 $f(x)$在区间 $[a, b]$ 上有界，任取分点 $x_i (i=1, 2, \cdots, n)$并

使得

$$a=x_0<x_1<x_2<\cdots<x_{n-1}<x_n=b$$

把区间 $[a,\ b]$ 分成 n 个小区间 $[x_{i-1},\ x_i]$ $(i=1,\ 2,\ \cdots,\ n)$. 小区间的长度为 $\Delta x_i=x_i-x_{i-1}(i=1,\ 2,\ \cdots,\ n)$. 在每个小区间 $[x_{i-1},\ x_i]$ 上任取 $\xi_i(x_{i-1}\leqslant\xi_i\leqslant x_i)$，作乘积 $f(\xi_i)\cdot\Delta x_i(i=1,\ 2,\ \cdots,\ n)$，并作和 $\sum\limits_{i=1}^{n}f(\xi_i)\cdot\Delta x_i$. 记 $\lambda=\max\{\Delta x_1,\ \Delta x_2,\ \cdots,\ \Delta x_n\}$，如果不论对 $[a,\ b]$ 如何分法，也不论在小区间 $[x_{i-1},\ x_i]$ 上点 ξ_i 如何取法，当 $\lambda\to 0$ 时，和式 $\sum\limits_{i=1}^{n}f(\xi_i)\cdot\Delta x_i$ 总趋于确定的极限 I，则称此极限值 I 为函数 $f(x)$ 在区间 $[a,\ b]$ 上的定积分，记为 $\int_a^b f(x)\mathrm{d}x$，即

$$\int_a^b f(x)\mathrm{d}x=\lim_{\lambda\to 0}\sum_{i=1}^{n}f(\xi_i)\cdot\Delta x_i$$

其中 x 称为积分变量，$f(x)$ 称为被积函数，$f(x)\mathrm{d}x$ 称为被积表达式，$[a,\ b]$ 称为积分区间，a 称为积分下限，b 称为积分上限.

如果 $f(x)$ 在 $[a,\ b]$ 上的定积分存在，我们就说 $f(x)$ 在 $[a,\ b]$ 上可积.

在建立了定积分的概念后，我们知道，定积分 $\int_a^b f(x)\mathrm{d}x$ 在几何上表示由曲线 $y=f(x)\geqslant 0$ 直线 $x=a$，$x=b$ 及 x 轴所围成的曲边梯形的面积. 直线形构件的质量 M 是它的线密度 $\rho(t)$ 在区间 $[a,\ b]$ 上的定积分，即

$$M=\int_a^b\rho(t)\mathrm{d}t.$$

关于定积分的概念再作几点说明：

(1) 由定积分的定义知，定积分是和式的极限，因此是一个数值. 定积分 $\int_a^b f(x)\mathrm{d}x$ 只与被积函数 $f(x)$ 及积分区间 $[a,\ b]$（即积分上、下限）有关，而与积分变量用什么字母表示无关，即

$$\int_a^b f(x)\mathrm{d}x=\int_a^b f(u)\mathrm{d}u=\int_a^b f(t)\mathrm{d}t$$

(2) 关于可积性问题，我们只给出以下两个充分条件（证明略）.

1）如果函数 $f(x)$ 在 $[a,\ b]$ 上连续，则 $f(x)$ 在 $[a,\ b]$ 上可积.

2）如果函数 $f(x)$ 在 $[a,\ b]$ 上有界，且只有有限个间断点，则 $f(x)$ 在 $[a,\ b]$ 上可积.

(3) 在定积分的定义中假设了积分上、下限的关系为 $a<b$，但在定积分的理论分析及实际应用中，有时会遇到 $a>b$ 或 $a=b$ 的情况. 为此，我们对定积分作以下两点补充规定：

1）当 $a>b$ 时，定义 $\int_a^b f(x)\mathrm{d}x=-\int_b^a f(x)\mathrm{d}x$

2）当 $a=b$ 时，定义 $\int_a^b f(x)\mathrm{d}x=0$

三、定积分的几何意义

在闭区间 $[a, b]$ 上，当 $f(x)\geqslant 0$ 时，由上述讨论知 $\int_a^b f(x)\mathrm{d}x$ 在几何上表示曲线 $y=f(x)$，直线 $x=a$，$x=b$ 以及 x 轴所围成的曲边梯形的面积.

如果在 $[a, b]$ 上，$f(x)\leqslant 0$，此时相应的曲边梯形在 x 轴下方（图 6-2），该曲边梯形的面积为 S，则

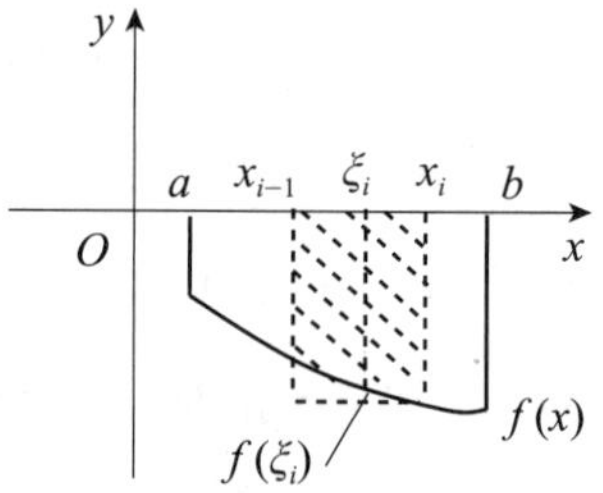

图 6-2

$$S=\lim_{\lambda\to 0}\sum_{i=1}^{n}[-f(\xi_i)]\cdot\Delta x_i$$
$$=-\lim_{\lambda\to 0}\sum_{i=1}^{n}f(\xi_i)\cdot\Delta x_i$$
$$=-\int_a^b f(x)\mathrm{d}x$$

于是

$$\int_a^b f(x)\mathrm{d}x=-S.$$

也就是说，当在 $[a, b]$ 上 $f(x)\leqslant 0$ 时，$\int_a^b f(x)\mathrm{d}x$ 在几何上表示由曲线 $y=f(x)$，直线 $x=a$，$x=b$ 以及 x 轴所围成的曲边梯形面积的负值.

如果在 $[a, b]$ 上 $f(x)$既取得正值又取得负值时，曲线 $f(x)$的图形某些部分在 x 轴上方，而某些部分在 x 轴下方（图 6-3）. 若用 S_1，S_2，S_3，S_4 分别表示各小曲边梯形的面积，则

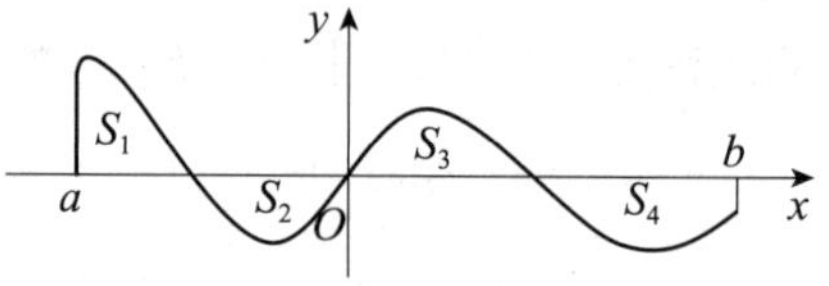

图 6-3

$$\int_a^b f(x)\mathrm{d}x=S_1-S_2+S_3-S_4$$

习题 6-1

1. 根据定积分的几何意义，判断下面定积分的正负号.

(1) $\int_0^{\frac{\pi}{2}}\sin x\mathrm{d}x$　　(2) $\int_{-1}^{2}x^3\mathrm{d}x$

2. 根据定积分的几何意义，求下列定积分的值.

(1) $\int_0^1 2x\mathrm{d}x$　　(2) $\int_{-3}^{3}\sqrt{9-x^2}\mathrm{d}x$

3. 根据定积分的几何意义，说明下列等式.

(1) $\int_{-\pi}^{\pi}\sin x\mathrm{d}x=0$　　(2) $\int_{-\frac{\pi}{2}}^{\frac{\pi}{2}}\cos x\mathrm{d}x=2\int_0^{\frac{\pi}{2}}\cos x\mathrm{d}x$

4. 试将下列极限表示成定积分.

(1) $\lim\limits_{\lambda\to 0}\sum\limits_{i=1}^{n}(\xi^2-3\xi)\Delta x_i$，$\lambda$ 是区间$[-7,5]$上的分割小区间的最大值.

(2) $\lim\limits_{\lambda\to 0}\sum\limits_{i=1}^{n}\sqrt{4-\xi^2}\Delta x_i$，$\lambda$ 是区间$[0,1]$上的分割小区间的最大值.

5. 利用定积分的几何意义求 $\int_a^b\sqrt{(x-a)(b-x)}\,\mathrm{d}x(b>a)$ 的值.

项目二　定积分的性质

为了进一步讨论定积分的理论，进而探索定积分的较简单的计算方法，本项目先学习定积分的几个基本性质．以下性质中总假定所列出的定积分都是存在的.

性质 1　函数的和（差）的定积分等于它们的定积分的和（差). 即

$$\int_a^b[f(x)\pm g(x)]\mathrm{d}x=\int_a^b f(x)\mathrm{d}x\pm\int_a^b g(x)\mathrm{d}x$$

证

$$\begin{aligned}\int_a^b[f(x)\pm g(x)]\mathrm{d}x&=\lim_{\lambda\to 0}\sum_{i=1}^{n}[f(\xi_i)\pm g(\xi_i)]\cdot\Delta x_i\\&=\lim_{\lambda\to 0}\sum_{i=1}^{n}f(\xi_i)\cdot\Delta x_i\pm\lim_{\lambda\to 0}\sum_{i=1}^{n}g(\xi_i)\cdot\Delta x_i\\&=\int_a^b f(x)\mathrm{d}x\pm\int_a^b g(x)\mathrm{d}x\end{aligned}$$

性质 2　被积函数的常数因子，可以提到积分号外，即：

$$\int_a^b kf(x)\mathrm{d}x=k\int_a^b f(x)\mathrm{d}x\ (k\text{ 为常数})$$

证明与性质 1 的证明类似.

性质 3　如果区间 $[a,b]$ 被点 c 分成 $[a,c]$ 和 $[c,b]$，则

$$\int_a^b f(x)\mathrm{d}x=\int_a^c f(x)\mathrm{d}x+\int_c^b f(x)\mathrm{d}x$$

性质 4　如果在 $[a,b]$ 上，$f(x)\equiv 1$，则

$$\int_a^b f(x)\mathrm{d}x=\int_a^b\mathrm{d}x=b-a$$

此性质可由定积分的定义直接推导出.

设在 $[a,b]$ 上 $0\leqslant f(x)\leqslant g(x)$，由定积分的几何意义知

$$\int_a^b f(x)\mathrm{d}x\leqslant\int_a^b g(x)\mathrm{d}x$$

一般地，我们有下面的性质：

性质 5　如果在区间 $[a,b]$ 上 $f(x)\leqslant g(x)$，则

$$\int_a^b f(x)\mathrm{d}x\leqslant\int_a^b g(x)\mathrm{d}x(a<b)$$

性质 6　设 M 及 m 分别是函数 $f(x)$在区间 $[a,b]$ 上的最大值及最小值，则

$$m(b-a)\leqslant\int_a^b f(x)\mathrm{d}x\leqslant M(b-a)\ (a<b)$$

证 因为在 $[a, b]$ 上 $m \leqslant f(x) \leqslant M$，因此由性质 5 得

$$\int_a^b m\,\mathrm{d}x \leqslant \int_a^b f(x)\,\mathrm{d}x \leqslant \int_a^b M\,\mathrm{d}x$$

再由性质2及性质 4，得

$$M(b-a) \leqslant \int_a^b f(x)\,\mathrm{d}x \leqslant M(a-b)$$

性质 6 可被用来估计积分值的范围．例如，定积分 $\int_{\mathrm{e}}^{\mathrm{e}^2} \ln x\,\mathrm{d}x$，它的被积函数 $f(x)=\ln x$ 在 $[\mathrm{e}, \mathrm{e}^2]$ 上是单调增加的，于是最小值 $m=f(\mathrm{e})=\ln\mathrm{e}=1$，最大值 $M=\ln\mathrm{e}^2=2$. 由性质 6 得

$$1 \cdot (\mathrm{e}^2-\mathrm{e}) \leqslant \int_{\mathrm{e}}^{\mathrm{e}^2} \ln x\,\mathrm{d}x \leqslant 2 \cdot (\mathrm{e}^2-\mathrm{e})$$

即 $\mathrm{e}(\mathrm{e}-1) \leqslant \int_{\mathrm{e}}^{\mathrm{e}^2} \ln x\,\mathrm{d}x \leqslant 2\mathrm{e}(\mathrm{e}-1)$.

性质 7 （积分中值定理）设函数 $f(x)$ 在闭区间 $[a, b]$ 上连续，则在 $[a, b]$ 上至少有一点 ξ，使

$$\int_a^b f(x)\,\mathrm{d}x = f(\xi)(b-a) \quad (a \leqslant \xi \leqslant b)$$

此式称为积分中值公式.

积分中值定理的几何意义是：当 $f(x)$ 在闭区间 $[a, b]$ 上连续时，则在闭区间 $[a, b]$ 上至少有一点 ξ，使得以区间 $[a, b]$ 为底边，以曲线 $y=f(x)$ 为曲边的曲边梯形的面积恰好等于同底边而高为 $f(\xi)$ 的矩形的面积（图 6－4）.

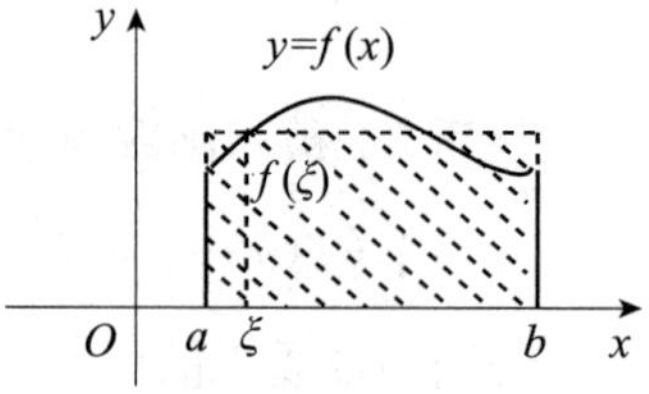

图 6－4

从积分中值定理的几何意义出发，我们又可看到数值 $f(\xi)=\frac{1}{b-a}\int_a^b f(x)\,\mathrm{d}x$ 可以理解为闭区间 $[a, b]$ 上连续函数 $f(x)$ 的“平均高度”，即 $f(x)$ 在 $[a, b]$ 上的平均值为

$$\bar{y}=\frac{1}{b-a}\int_a^b f(x)\,\mathrm{d}x.$$

性质 8 设函数 $f(x)$ 在闭区间 $[-a, a]$ 上连续.

（1）若 $f(x)$ 为偶函数，则 $\int_{-a}^{a} f(x)\,\mathrm{d}x = 2\int_0^a f(x)\,\mathrm{d}x$.

（2）若 $f(x)$ 为奇函数，则 $\int_{-a}^{a} f(x)\,\mathrm{d}x = 0$.

例 计算 $\int_{-\frac{\pi}{2}}^{\frac{\pi}{2}} x^{10}\sin x\,\mathrm{d}x$

解 因 $f(x)=x^{10}\sin x$ 是奇函数，积分区间对称于原点，于是得 $\int_{-\frac{\pi}{2}}^{\frac{\pi}{2}} x^{10}\sin x\,\mathrm{d}x = 0$.

习题 6－2

1. 利用定积分的性质，比较下列各题中两个定积分值的大小.

(1) $\int_0^1 x^2 dx$ 与 $\int_0^1 x^3 dx$　　(2) $\int_1^2 x^2 dx$ 与 $\int_1^2 x^3 dx$

(3) $\int_0^{\frac{\pi}{2}} \sin x dx$ 与 $\int_0^{\frac{\pi}{2}} \sin^2 x dx$　　(4) $\int_3^4 \ln x dx$ 与 $\int_3^4 \ln^2 x dx$

(5) $\int_0^1 e^x dx$ 与 $\int_0^1 e^{x^2} dx$　　(6) $\int_0^{\frac{\pi}{2}} x dx$ 与 $\int_0^{\frac{\pi}{2}} \sin x dx$

2. 估计下列定积分的值.

(1) $\int_0^1 \sqrt{1+x^4}\, dx$　　(2) $\int_1^2 \frac{x}{1+x^2} dx$

(3) $\int_{\frac{\pi}{4}}^{\frac{5\pi}{4}} (1+\sin^2 x) dx$　　(4) $\int_0^{-2} x e^x dx$

3. 假定 $f(x)$ 连续，且 $\int_0^3 f(x) dx = 3, \int_0^4 f(x) dx = 7$.

求：(1) $\int_3^4 f(x) dx$；

(2) $\int_4^3 f(x) dx$.

4. 证明不等式：$\int_2^3 \sqrt{x^2 - x}\, dx \geqslant \sqrt{2}$.

5. 求 $f(x)=2^x$ 在 $[0, 2]$ 上的平均值.

项目三　定积分与原函数的联系

前面我们已经讨论了定积分的概念以及定积分的基本性质．但是按定积分的定义去计算定积分需要计算复杂的和式极限，并且对于不同的被积函数有时还需有不同的计算方法，而且在绝大多数情况下，用定义去计算定积分，实际上是办不到的．下面将探讨定积分与原函数之间的内在联系，建立微积分基本公式，即牛顿—莱布尼兹公式，用简便而有效的方法解决许多函数的定积分计算问题.

一、积分上限的函数及其导数

设函数 $f(x)$ 在闭区间 $[a, b]$ 上连续，对任意的 $x \in [a, b]$，定积分 $\int_a^x f(x) dx$ 一定存在．这里 x 既表示积分变量，又表示积分上限，为便于区分起见，可以把积分变量 x 换成 t，于是上面的定积分可以写成 $\int_a^x f(t) dt$.

令上限 x 在区间 $[a, b]$ 上变化，这时对于每一个取定的 x 值，定积分就有一个确定的数值与之对应，所以它在 $[a, b]$ 上定义了一个 x 的函数，记作 $\Phi(x)$. 即

$$\Phi(x)=\int_a^x f(t)\mathrm{d}t \quad (a\leqslant x\leqslant b)$$

我们把这个函数 $\Phi(x)$ 称为积分上限函数，函数的自变量是定积分的上限，这是一种新的表示函数的方法.

函数 $\Phi(x)$ 具有下面的重要性质.

定理 6.3.1 设函数 $f(x)$ 在区间 $[a, b]$ 上连续，则积分上限函数 $\Phi(x)=\int_a^x f(t)\mathrm{d}t$ 在 $[a, b]$ 上可导，且有

$$\Phi'(x)=\frac{\mathrm{d}}{\mathrm{d}x}\int_a^x f(t)\mathrm{d}t = f(x) \quad (a\leqslant x\leqslant b)$$

证 （此处只证明 $a<x<b$ 的情况，当 $x=a$ 及 $x=b$ 时证明类似）对任意 $x\in(a, b)$，给 x 以增量 Δx，且假设 $x+\Delta x\in(a, b)$，则 $\Phi(x)$ 在点 $x+\Delta x$ 的函数值为

$$\Phi(x+\Delta x)=\int_a^{x+\Delta x} f(t)\mathrm{d}t$$

于是

$$\begin{aligned}\Delta\Phi &=\Phi(x+\Delta x)-\Phi(x)=\int_a^{x+\Delta x} f(t)\mathrm{d}t-\int_a^x f(t)\mathrm{d}t\\ &=\int_a^x f(t)\mathrm{d}t+\int_x^{x+\Delta x} f(t)\mathrm{d}t-\int_a^x f(t)\mathrm{d}t\\ &=\int_x^{x+\Delta x} f(t)\mathrm{d}t\end{aligned}$$

由积分中值定理

$$\Delta\Phi=\int_x^{x+\Delta x} f(t)\mathrm{d}t = f(\xi)\cdot\Delta x$$

其中 ξ 在 x 与 $x+\Delta x$ 之间.

令 $\Delta x\to 0$，则必有 $\xi\to x$，又因为 $f(x)$ 为连续函数，从而

$$\lim_{\Delta x\to 0}\frac{\Delta\Phi}{\Delta x}=\lim_{\Delta x\to 0}\frac{f(\xi)\Delta x}{\Delta x}=\lim_{\xi\to x}f(\xi)=f(x)$$

即 $\Phi(x)$ 可导，且 $\Phi'(x)=f(x)$.

上述定理同时也指出了一个重要结论：若 $f(x)$ 在 $[a, b]$ 上连续，则函数 $\Phi(x)=\int_a^x f(t)\mathrm{d}t$ 就是 $f(x)$ 在 $[a, b]$ 上的一个原函数. 即连续函数的原函数必存在.

例 1 设 $\Phi(x)=\int_0^x \mathrm{e}^{-t^2}\mathrm{d}t$，求 $\Phi'(x)$，$\Phi'(0)$.

解 $\Phi'(x)=\frac{\mathrm{d}}{\mathrm{d}x}\int_0^x \mathrm{e}^{-t^2}\mathrm{d}t = \mathrm{e}^{-x^2}$

$\Phi'(0)=\mathrm{e}^{-x^2}\big|_{x=0}=1.$

例 2 求 $\frac{\mathrm{d}}{\mathrm{d}x}\int_0^{x^2}\frac{1}{1+t^3}\mathrm{d}t$.

解 $\int_0^{x^2}\frac{1}{1+t^3}\mathrm{d}t$ 是以 x^2 为上限的积分，作为 x 的函数，可看成是以 $u=x^2$ 为中间

变量的复合函数．于是

$$\frac{\mathrm{d}}{\mathrm{d}x}\int_0^{x^2}\frac{1}{1+t^3}\mathrm{d}t=\frac{\mathrm{d}}{\mathrm{d}u}\int_0^{u}\frac{1}{1+t^3}\mathrm{d}t\cdot\frac{\mathrm{d}u}{\mathrm{d}x}$$

$$=\frac{1}{1+u^3}\cdot(x^2)'=\frac{1}{1+(x^2)^3}\cdot 2x=\frac{2x}{1+x^6}.$$

二、牛顿—莱布尼兹公式

微积分的基本原理在牛顿、莱布尼兹之前已散见于各国的著作中，然而系统、全面地应用微积分方法却是17世纪最后三十年以后的事．牛顿和莱布尼兹最杰出的贡献是将两个貌似不相关的切线问题（微分学的中心问题）和求积问题（积分学的中心问题）联系在一起，并且建立起了两者之间的桥梁——现今通称的“牛顿—莱布尼兹公式”.

定理 6.3.2　设函数 $f(x)$在闭区间 $[a, b]$ 上连续，$F(x)$是 $f(x)$在 $[a, b]$ 上的任一原函数，则

$$\int_a^b f(x)\mathrm{d}x=F(b)-F(a) \tag{6.3.1}$$

证　由定理 6.3.1 知 $\Phi(x)=\int_a^x f(t)\mathrm{d}t$ 是 $f(x)$ 的一个原函数，又由假设知，$F(x)$ 也是 $f(x)$ 在$[a, b]$上的一个原函数，于是有

$$F(x)-\Phi(x)=C$$

先确定常数 C，在上式中令 $x=a$，得

$$F(a)-\Phi(a)=C$$

由 $\Phi(a)=\int_a^a f(t)\mathrm{d}t=0$ 得 $C=F(a)$，从而

$$F(x)-\Phi(x)=F(a)$$

即

$$\int_a^x f(t)\mathrm{d}t=F(x)-F(a)$$

在上式中令 $x=b$，即得

$$\int_a^b f(t)\mathrm{d}t=F(b)-F(a)$$

把积分变量写为 x，便有

$$\int_a^b f(x)\mathrm{d}x=F(b)-F(a)$$

我们把 $F(b)-F(a)$常记作 $F(x)\big|_a^b$或$[F(x)]_a^b$.

式（6.3.1）称为牛顿—莱布尼兹公式．该公式揭示了定积分与不定积分的内在联系，而不定积分与微分互为逆运算；微分与导数又有紧密的联系，这样微分学与积分学中的一些重要概念又有了一定的联系，故通常也把式（6.3.1）叫作微积分基本公式.

式（6.3.1）把一个计算连续函数在 $[a, b]$ 上的定积分的问题，即求一个和式的极限问题转化为求被积函数的原函数在区间 $[a, b]$ 端点处的函数值之差，这个转化极大地简化了被积函数是连续函数的定积分的计算.

例 3 计算$\int_{-1}^{1}\frac{1}{1+x^2}\mathrm{d}x$.

解 $\int_{-1}^{1}\frac{1}{1+x^2}\mathrm{d}x=\arctan x\Big|_{-1}^{1}=\arctan 1-\arctan(-1)=\frac{\pi}{4}-(-\frac{\pi}{4})=\frac{\pi}{2}$.

例 4 计算$\int_{-2}^{-1}\frac{\mathrm{d}x}{x}$.

解 $\int_{-2}^{-1}\frac{\mathrm{d}x}{x}=\ln|x|\Big|_{-2}^{-1}=\ln 1-\ln 2=-\ln 2$.

例 5 计算$\int_{\frac{\pi}{4}}^{\frac{\pi}{3}}\frac{1}{\sin^2 x\cos^2 x}\mathrm{d}x$.

解
$$\begin{aligned}\int_{\frac{\pi}{4}}^{\frac{\pi}{3}}\frac{1}{\sin^2 x\cos^2 x}\mathrm{d}x&=\int_{\frac{\pi}{4}}^{\frac{\pi}{3}}\frac{\sin^2 x+\cos^2 x}{\sin^2 x\cos^2 x}\mathrm{d}x\\&=\int_{\frac{\pi}{4}}^{\frac{\pi}{3}}\frac{1}{\cos^2 x}\mathrm{d}x+\int_{\frac{\pi}{4}}^{\frac{\pi}{3}}\frac{1}{\sin^2 x}\mathrm{d}x\\&=\tan x\Big|_{\frac{\pi}{4}}^{\frac{\pi}{3}}-\cot x\Big|_{\frac{\pi}{4}}^{\frac{\pi}{3}}=\sqrt{3}-1-\frac{\sqrt{3}}{3}+1=\frac{2}{3}\sqrt{3}.\end{aligned}$$

例 6 设$f(x)=\begin{cases}\sqrt{x}, & 0\leqslant x\leqslant 1\\ \mathrm{e}^{-x}, & 1<x<3\end{cases}$，计算$\int_0^3 f(x)\mathrm{d}x$.

解 由于$f(x)$是分段函数，在积分区间$[0,3]$上被积函数用两个不同的式子来表示，因此定积分须分段计算．于是

$$\begin{aligned}\int_0^3 f(x)\mathrm{d}x&=\int_0^1 f(x)\mathrm{d}x+\int_1^3 f(x)\mathrm{d}x\\&=\int_0^1\sqrt{x}\mathrm{d}x+\int_1^3\mathrm{e}^{-x}\mathrm{d}x=\frac{2}{3}x^{\frac{3}{2}}\Big|_0^1-\mathrm{e}^{-x}\Big|_1^3\\&=\frac{2}{3}(1-0)-(\mathrm{e}^{-3}-\mathrm{e}^{-1})\\&=\frac{2}{3}-\frac{1-\mathrm{e}^2}{\mathrm{e}^3}.\end{aligned}$$

习题 6－3

1. 求函数$\Phi(x)=\int_0^x t\cos^2 t\mathrm{d}t$在点$x=1,x=\frac{\pi}{2}$及$x=\pi$处的导数.

2. 设函数$f(x)$在区间$[a,b]$上连续，试问积分下限函数$\int_x^b f(t)\mathrm{d}t$的导数等于什么?并求函数$\int_x^{-2}\sqrt[3]{t}\ln(1+t^2)\mathrm{d}t$的导数.

3. 求下列极限.

(1) $\lim\limits_{x\to 0}\frac{\int_0^x\arctan t\mathrm{d}t}{x^2}$　(2) $\lim\limits_{x\to 0}\frac{\int_0^{\sin x}\sin t^2\mathrm{d}t}{x^3}$　(3) $\lim\limits_{x\to 0}\frac{\int_0^x t\ln(1+t^2)\mathrm{d}t}{\int_0^x(\mathrm{e}^t-1)t^2\mathrm{d}t}$

4. 计算下列各导数.

(1) $\frac{\mathrm{d}}{\mathrm{d}x}\int_1^x \sin e^t \mathrm{d}t$　　(2) $\frac{\mathrm{d}}{\mathrm{d}x}\int_{x^2}^{x^3}\frac{\mathrm{d}t}{\sqrt{1+t^4}}$　　(3) $\frac{\mathrm{d}}{\mathrm{d}x}\int_{\sin x}^{\cos x}\cos(\pi t^2)\mathrm{d}t$

5. 计算下列定积分.

(1) $\int_1^2 e^x \mathrm{d}x$　　(2) $\int_1^3 x^3 \mathrm{d}x$

(3) $\int_0^{\frac{\pi}{2}} \cos\varphi \mathrm{d}\varphi$　　(4) $\int_1^2 \frac{1}{2x-1}\mathrm{d}x$

(5) $\int_{-\frac{1}{2}}^{\frac{1}{2}} \frac{1}{\sqrt{1-x^2}}\mathrm{d}x$　　(6) $\int_{-\frac{\pi}{2}}^{\frac{\pi}{2}} \cos^2 t \mathrm{d}t$

(7) $\int_2^4 \frac{1}{x^2+2x+3}\mathrm{d}x$　　(8) $\int_0^{2\pi} |\sin x| \mathrm{d}x$

(9) $\int_0^{\frac{\pi}{2}} \sqrt{1-\sin 2x}\,\mathrm{d}x$　　(10) $\int_0^4 |x-2| \mathrm{d}x$

6. 已知函数 $f(x)=\begin{cases}1-\cos x, & x\leqslant 0\\ x-e^x, & x>0\end{cases}$，求 $\int_{-\frac{\pi}{2}}^{2} f(x)\mathrm{d}x$.

7. 当 x 为何值时，函数 $f(x)=\int_0^x t e^{-t^2}\mathrm{d}t$ 取极值?

8. 当印刷了 x 份广告时印刷一份广告的边际成本为 $\frac{\mathrm{d}C}{\mathrm{d}x}=\frac{1}{2\sqrt{x}}$（元），求：

(1) 印刷 2 到 100 份广告的成本 $C(100)-C(1)$；

(2) 印刷 101 到 400 份广告的成本 $C(400)-C(100)$.

9. 某公司估计，某销售额将会以函数 $S'(t)=20e^t$ 所给出的速度连续增长，其中 $S'(t)$ 是在时间 t 天的销售额的增长速度，以元/天为单位．求：

(1) 初始 5 天的累计销售额；

(2) 第 2 天到第 5 天的销售额.

10. 已知边际成本 $C'(q)=25+30q-9q^2$，固定成本为 55，试求总成本 $C(q)$、平均成本与变动成本.

项目四　定积分的换元积分法

有了牛顿—莱布尼兹公式，计算连续函数 $f(x)$ 在闭区间 $[a, b]$ 上的定积分就归结为求 $f(x)$ 在 $[a, b]$ 上的一个原函数 $F(x)$，即可用到求 $f(x)$ 的不定积分的方法．由于求 $f(x)$ 的不定积分有换元法和分部积分法，因此与之相应的有定积分的换元积分法和分部积分法．接下来我们讨论定积分的换元积分法．先介绍如下定理.

定理 6.4.1　设函数 $f(x)$ 在区间 $[a, b]$ 上连续，函数 $x=\varphi(t)$ 满足条件：

(1) $\varphi(\alpha)=a$，$\varphi(\beta)=b$；

(2) $\varphi(t)$ 在 $[\alpha, \beta]$（或 $[\beta, \alpha]$）上具有连续导数，且 $f(t)$ 在 $[\alpha, \beta]$（或 $[\beta,$

$\alpha]$）上连续，则有

$$\int_a^b f(x)\mathrm{d}x = \int_\alpha^\beta f[\varphi(t)]\varphi'(t)\mathrm{d}t \tag{6.4.1}$$

该公式称为定积分的换元公式.

在应用以上换元公式计算定积分时必须注意：用变量代换 $x=\varphi(t)$引进新变量 t 时，积分限也要换成相应于新变量 t 的积分限，即换元须换限．这样求出 $f[\varphi(t)]\varphi'(t)$的一个原函数 $\Phi(t)$后，只要把新变量 t 的上、下限分别代入 $\Phi(t)$求出其差就可以了.

例 1 计算 $\int_0^3 \frac{x^2}{\sqrt{1+x}}\mathrm{d}x$.

解 令 $\sqrt{1+x}=t$，即 $x=t^2-1$，则 $\mathrm{d}x=2t\mathrm{d}t$，且当 $x=0$ 时，$t=1$；当 $x=3$ 时，$t=2$. 于是

$$\begin{aligned}\int_0^3 \frac{x^2}{\sqrt{1+x}}\mathrm{d}x &= \int_1^2 \frac{(t^2-1)^2}{t}\cdot 2t\mathrm{d}t \\ &= 2\left(\frac{t^5}{5}-\frac{2}{3}t^3+t\right)\Big|_1^2 = \frac{76}{15}.\end{aligned}$$

例 2 计算 $\int_0^2 \frac{1}{(x^2+4)^{\frac{3}{2}}}\mathrm{d}x$.

解 设 $x=2\tan t$，则 $\mathrm{d}x=2\sec^2 t\mathrm{d}t$，当 $x=0$ 时，$t=0$；当 $x=2$ 时，$t=\frac{\pi}{4}$. 于是

$$\begin{aligned}\int_0^2 \frac{1}{(x^2+4)^{\frac{3}{2}}}\mathrm{d}x &= \int_0^{\frac{\pi}{4}} \frac{2\sec^2 t}{(4\tan^2 t+4)^{\frac{3}{2}}}\mathrm{d}t \\ &= \int_0^{\frac{\pi}{4}} \frac{2\sec^2 t}{8\sec^3 t}\mathrm{d}t = \frac{1}{4}\int_0^{\frac{\pi}{4}} \frac{1}{\sec t}\mathrm{d}t \\ &= \frac{1}{4}\int_0^{\frac{\pi}{4}} \cos t\mathrm{d}t = \frac{1}{4}\sin t\Big|_0^{\frac{\pi}{4}} \\ &= \frac{\sqrt{2}}{8}.\end{aligned}$$

例 3 计算 $\int_1^4 \frac{\mathrm{e}^{\sqrt{x}}\mathrm{d}x}{\sqrt{x}}$.

解 $\int_1^4 \frac{\mathrm{e}^{\sqrt{x}}\mathrm{d}x}{\sqrt{x}} = 2\int_1^4 \mathrm{e}^{\sqrt{x}}\mathrm{d}(\sqrt{x}) = 2\mathrm{e}^{\sqrt{x}}\Big|_1^4 = 2(\mathrm{e}^2-\mathrm{e})$.

此题在求原函数的过程中采用的是第一类换元法，没有明显地引入新变量，此时定积分的上、下限就不要变更．

习题 6－4

1. 计算下列定积分.

(1) $\int_{\frac{\pi}{3}}^{\pi} \sin\left(x+\frac{\pi}{3}\right)\mathrm{d}x$　　(2) $\int_{-2}^{1} \frac{1}{(11+5x)^3}\mathrm{d}x$

(3) $\int_{0}^{\frac{\pi}{2}} \sin x \cos^3 x \mathrm{d}x$　　(4) $\int_{\frac{\pi}{6}}^{\frac{\pi}{2}} \cos^2 x \mathrm{d}x$

(5) $\int_{0}^{5} \frac{x^3}{x^2+1} \mathrm{d}x$　　(6) $\int_{0}^{5} \frac{2x^2+3x-5}{x+3} \mathrm{d}x$

(7) $\int_{0}^{1} \frac{\sqrt{x}}{2-\sqrt{x}} \mathrm{d}x$　　(8) $\int_{-3}^{0} \frac{x+1}{\sqrt{x+4}} \mathrm{d}x$

(9) $\int_{-1}^{1} \frac{x}{\sqrt{5-4x}} \mathrm{d}x$　　(10) $\int_{1}^{e} \frac{2+\ln x}{x} \mathrm{d}x$

(11) $\int_{0}^{1} \frac{\sqrt{e^x}}{\sqrt{e^x+e^{-x}}} \mathrm{d}x$　　(12) $\int_{0}^{1} t e^{-\frac{t^2}{2}} \mathrm{d}t$

2. 计算下列定积分.

(1) $\int_{1}^{\sqrt{3}} \frac{1}{x\sqrt{1+x^2}} \mathrm{d}x$　　(2) $\int_{\frac{\sqrt{2}}{2}}^{1} \frac{\sqrt{1-x^2}}{x^2} \mathrm{d}x$

(3) $\int_{a}^{2a} \frac{\sqrt{x^2-a^2}}{x^4} \mathrm{d}x (a>0)$　　(4) $\int_{-\sqrt{2}}^{-2} \frac{1}{\sqrt{x^2-1}} \mathrm{d}x$

3. 设 $f(x)$在 $[0, a]$ 上连续，证明：$\int_{0}^{a} f(x) \mathrm{d}x = \int_{0}^{a} f(a-x) \mathrm{d}x$.

4. 设 $f(t)$是连续函数，证明：

(1) 当 $f(t)$是偶函数时，$\Phi(x) = \int_{0}^{x} f(t) \mathrm{d}t$ 为奇函数；

(2) 当 $f(t)$是奇函数时，$\Phi(x) = \int_{0}^{x} f(t) \mathrm{d}t$ 为偶函数.

项目五　定积分的分部积分法

分部积分法的主要思想是利用导数的性质把一个计算比较难的积分问题转化为较易计算的积分．不定积分的计算中有分部积分法，同样定积分的计算中也有分部积分法.

设函数 $u(x)$，$v(x)$在 $[a, b]$ 上具有连续导数 $u'(x)$，$v'(x)$，则

$$(uv)' = u'v + uv'$$

在等式的两边求由 a 到 b 的定积分，得

$$\int_{a}^{b} (uv)' \mathrm{d}x = \int_{a}^{b} u'v \mathrm{d}x + \int_{a}^{b} uv' \mathrm{d}x$$

即

$$(uv)\Big|_{a}^{b} = \int_{a}^{b} u'v \mathrm{d}x + \int_{a}^{b} uv' \mathrm{d}x = \int_{a}^{b} v \mathrm{d}u + \int_{a}^{b} u \mathrm{d}v$$

移项，得

$$\int_{a}^{b} u \mathrm{d}v = (uv)\Big|_{a}^{b} - \int_{a}^{b} v \mathrm{d}u \tag{6.5.1}$$

式（6.5.1）称为定积分的分部积分公式.

例 1 计算 $\int_0^{\frac{\pi}{2}} x\sin x\mathrm{d}x$

解 $\int_0^{\frac{\pi}{2}} x\sin x\mathrm{d}x = -\int_0^{\frac{\pi}{2}} x\mathrm{d}\cos x = -x\cos x\Big|_0^{\frac{\pi}{2}} + \int_0^{\frac{\pi}{2}} \cos x\mathrm{d}x = \sin x\Big|_0^{\frac{\pi}{2}} = 1$.

例 2 计算 $\int_0^1 \arctan x\mathrm{d}x$.

解
$$\begin{aligned}\int_0^1 \arctan x\mathrm{d}x &= (x\cdot\arctan x)\Big|_0^1 - \int_0^1 x\frac{1}{1+x^2}\mathrm{d}x\\ &= \frac{\pi}{4} - \frac{1}{2}\int_0^1 \frac{1}{1+x^2}\mathrm{d}(1+x^2)\\ &= \frac{\pi}{4} - \frac{1}{2}\ln(1+x^2)\Big|_0^1\\ &= \frac{\pi}{4} - \frac{1}{2}\ln 2.\end{aligned}$$

与求不定积分一样，求定积分有时换元积分法与分部积分法可交替使用.

例 3 计算 $\int_0^1 \mathrm{e}^{\sqrt{x}}\mathrm{d}x$.

解 先用换元积分法，令 $\sqrt{x}=t$，即 $x=t^2$，则 $\mathrm{d}x=2t\mathrm{d}t$

$$\int_0^1 \mathrm{e}^{\sqrt{x}}\mathrm{d}x = \int_0^1 \mathrm{e}^t 2t\mathrm{d}t = 2\int_0^1 t\mathrm{e}^t\mathrm{d}t$$

再用分部积分法计算 $\int_0^1 t\mathrm{e}^t\mathrm{d}t$. 于是

$$\begin{aligned}\int_0^1 \mathrm{e}^{\sqrt{x}}\mathrm{d}x &= 2\int_0^1 t\mathrm{e}^t\mathrm{d}t = 2\int_0^1 t\mathrm{d}\mathrm{e}^t\\ &= 2\left(t\cdot\mathrm{e}^t\Big|_0^1 - \int_0^1 \mathrm{e}^t\mathrm{d}t\right)\\ &= 2\left(\mathrm{e} - \mathrm{e}^t\Big|_0^1\right) = 2[\mathrm{e} - (\mathrm{e}-1)] = 2.\end{aligned}$$

习题 6－5

求下列定积分.

(1) $\int_0^{\ln 2} x\mathrm{e}^{-x}\mathrm{d}x$

(2) $\int_0^{\frac{\pi}{2}} x\sin 2x\mathrm{d}x$

(3) $\int_1^4 \frac{\ln x}{\sqrt{x}}\mathrm{d}x$

(4) $\int_0^{\pi} x\cos^2 x\mathrm{d}x$

(5) $\int_0^2 \ln(x+3)\mathrm{d}x$

(6) $\int_0^{\frac{\pi}{2}} \mathrm{e}^{2x}\cos x\mathrm{d}x$

(7) $\int_0^{\sqrt{3}} x\arctan x\mathrm{d}x$

(8) $\int_0^{\frac{1}{2}} \arcsin x\mathrm{d}x$

(9) $\int_1^{\mathrm{e}} x\ln x\mathrm{d}x$

(10) $\int_{\frac{\pi}{4}}^{\frac{\pi}{3}} \frac{x}{\sin^2 x}\mathrm{d}x$

项目六　广义积分

我们知道，在前面讨论的定积分，事实上有两个前提：积分区间为有限区间，被积函数是积分区间上的有界函数．但在实践中，往往需考虑积分区间为无穷区间，或被积函数为无界函数的积分，因此需要对定积分的概念从这两个方面加以推广，从而就形成了广义积分的概念.

一、无穷限的广义积分

定义 6.6.1　设函数 $f(x)$在区间 $[a, +\infty)$上连续，取 $t>a$，如果极限

$$\lim_{t\to\infty}\int_a^t f(x)\mathrm{d}x \tag{6.6.1}$$

存在，就称此极限为函数 $f(x)$ 在无穷区间 $[a, +\infty)$ 上的广义积分，记为 $\int_a^{+\infty} f(x)\mathrm{d}x$，即

$$\int_a^{+\infty} f(x)\mathrm{d}x = \lim_{t\to\infty}\int_a^t f(x)\mathrm{d}x$$

这时也称广义积分 $\int_a^{+\infty} f(x)\mathrm{d}x$ 收敛，如果极限（6.6.1）不存在，就称广义积分 $\int_a^{+\infty} f(x)\mathrm{d}x$ 发散.

类似地，设函数 $f(x)$在区间 $(-\infty, b]$ 上连续，取 $t<b$，如果极限

$$\lim_{t\to-\infty}\int_t^b f(x)\mathrm{d}x \tag{6.6.2}$$

存在，就称此极限为函数 $f(x)$ 在无穷区间 $(-\infty, b]$ 上的广义积分，记为 $\int_{-\infty}^{b} f(x)\mathrm{d}x$，即

$$\int_{-\infty}^{b} f(x)\mathrm{d}x = \lim_{t\to-\infty}\int_t^b f(x)\mathrm{d}x$$

这时也称广义积分 $\int_{-\infty}^{b} f(x)\mathrm{d}x$ 收敛，如果极限(6.6.2) 不存在，就称广义积分 $\int_{-\infty}^{b} f(x)\mathrm{d}x$ 发散.

设函数 $f(x)$在 $(-\infty, +\infty)$内连续，如果广义积分 $\int_{-\infty}^{0} f(x)\mathrm{d}x$ 和 $\int_0^{+\infty} f(x)\mathrm{d}x$ 都收敛，就称这两个广义积分之和为函数 $f(x)$在无穷区间 $(-\infty, +\infty)$内的广义积分，记为 $\int_{-\infty}^{+\infty} f(x)\mathrm{d}x$，即

$$\begin{aligned}\int_{-\infty}^{+\infty} f(x)\mathrm{d}x &= \int_{-\infty}^{0} f(x)\mathrm{d}x + \int_0^{+\infty} f(x)\mathrm{d}x \\ &= \lim_{t\to-\infty}\int_t^0 f(x)\mathrm{d}x + \lim_{t\to+\infty}\int_0^t f(x)\mathrm{d}x\end{aligned}$$

这时也说广义积分 $\int_{-\infty}^{+\infty} f(x)\mathrm{d}x$ 收敛；否则就说广义积分 $\int_{-\infty}^{+\infty} f(x)\mathrm{d}x$ 发散.

例 1 计算广义积分 $\int_0^{+\infty} x\mathrm{e}^{-x^2}\mathrm{d}x$.

解
$$\begin{aligned}\int_0^{+\infty} x\mathrm{e}^{-x^2}\mathrm{d}x &= \lim_{t\to+\infty}\int_0^t x\mathrm{e}^{-x^2}\mathrm{d}x = \lim_{t\to+\infty} -\frac{1}{2}\int_0^t \mathrm{e}^{-x^2}\mathrm{d}(-x^2)\\ &= \lim_{t\to+\infty}\left(-\frac{1}{2}\mathrm{e}^{-x^2}\Big|_0^t\right)\\ &= -\frac{1}{2}\lim_{t\to+\infty}(\mathrm{e}^{-t^2}-\mathrm{e}^0) = \frac{1}{2}.\end{aligned}$$

例 2 试确定广义积分 $\int_1^{+\infty}\frac{\mathrm{d}x}{x^p}$ 当 p 取什么值时收敛，取什么值时发散.

解 当 $p=1$ 时
$$\int_1^{+\infty}\frac{1}{x}\mathrm{d}x = \lim_{t\to+\infty}\int_1^t \frac{1}{x}\mathrm{d}x = \lim_{t\to+\infty}\ln|x|\Big|_1^t = \lim_{t\to+\infty}\ln t = +\infty.$$
即广义积分发散.

当 $p\neq 1$ 时
$$\begin{aligned}\int_1^{+\infty}\frac{1}{x^p}\mathrm{d}x &= \lim_{t\to+\infty}\int_1^t\frac{1}{x^p}\mathrm{d}x = \lim_{t\to+\infty}\frac{1}{1-p}x^{1-p}\Big|_1^t = \lim_{t\to+\infty}\frac{1}{1-p}(t^{1-p}-1)\\ &= \begin{cases}\dfrac{1}{p-1}, & \text{当 } p>1 \text{ 时}\\ \infty, & \text{当 } p<1 \text{ 时}\end{cases}\end{aligned}$$

综上所述，当 $p>1$ 时广义积分 $\int_1^{+\infty}\frac{1}{x^p}\mathrm{d}x$ 收敛(其值为$\frac{1}{p-1}$)；当 $p\leqslant 1$ 时，该广义积分发散.

二、无界函数的广义积分

定义 6.6.2 设函数 $f(x)$在 $(a, b]$ 上连续，且$\lim\limits_{x\to a^+}f(x)=\infty$，取 $t>a$，如果极限

$$\lim_{t\to a^+}\int_t^b f(x)\mathrm{d}x \tag{6.6.3}$$

存在，就称此极限为函数 $f(x)$在 $(a, b]$ 上的广义积分，仍然记作 $\int_a^b f(x)\mathrm{d}x$ ，即

$$\int_a^b f(x)\mathrm{d}x = \lim_{t\to a^+}\int_t^b f(x)\mathrm{d}x$$

这时也说广义积分 $\int_a^b f(x)\mathrm{d}x$ 收敛．如果极限(6.6.3) 式不存在，则广义积分 $\int_a^b f(x)\mathrm{d}x$ 发散.

类似地，设函数 $f(x)$在 $[a, b)$上连续，且$\lim\limits_{x\to b^-}f(x)=\infty$，取 $t<b$，如果极限

$$\lim_{t\to b^-}\int_a^t f(x)\mathrm{d}x \tag{6.6.4}$$

存在，就称此极限为函数 $f(x)$在 $[a, b)$上的广义积分，仍然记作 $\int_a^b f(x)\mathrm{d}x$ ，即

$$\int_a^b f(x)\mathrm{d}x = \lim_{t\to b^-}\int_a^t f(x)\mathrm{d}x$$

这时也说广义积分 $\int_a^b f(x)\mathrm{d}x$ 收敛．如果极限（6.6.4）式不存在，则广义积分 $\int_a^b f(x)\mathrm{d}x$ 发散.

设函数 $f(x)$ 在 $[a,\ c)$ 及 $(c,\ b]$ 上连续，且 $\lim\limits_{x\to c}f(x)=\infty$，如果两个广义积分 $\int_a^c f(x)\mathrm{d}x$ 与 $\int_c^b f(x)\mathrm{d}x$ 都收敛，则定义

$$\int_a^b f(x)\mathrm{d}x = \int_a^c f(x)\mathrm{d}x + \int_c^b f(x)\mathrm{d}x = \lim_{t\to c^-}\int_a^t f(x)\mathrm{d}x + \lim_{t\to c^+}\int_t^b f(x)\mathrm{d}x$$

这时也说广义积分 $\int_a^b f(x)\mathrm{d}x$ 收敛;否则就说广义积分 $\int_a^b f(x)\mathrm{d}x$ 发散.

例 3　计算广义积分 $\int_0^1 \dfrac{\mathrm{d}x}{\sqrt{1-x}}$.

解　因为 $\lim\limits_{x\to 1^-}\dfrac{1}{\sqrt{1-x}}=+\infty$，故

$$\begin{aligned}\int_0^1 \frac{\mathrm{d}x}{\sqrt{1-x}} &= \lim_{t\to 1^-}\int_0^t \frac{\mathrm{d}x}{\sqrt{1-x}} = \lim_{t\to 1^-}\int_0^t (1-x)^{-\frac{1}{2}}\mathrm{d}x \\ &= \lim_{t\to 1^-}\left[-\int_0^t (1-x)^{-\frac{1}{2}}\mathrm{d}(1-x)\right] = \lim_{t\to 1^-}\left[-2(1-x)^{\frac{1}{2}}\Big|_0^t\right] \\ &= \lim_{t\to 1^-}(-2\sqrt{1-t}+2) = 2.\end{aligned}$$

例 4　讨论广义积分 $\int_{-1}^1 \dfrac{1}{x^2}\mathrm{d}x$ 是否收敛.

解　被积函数 $f(x)=\dfrac{1}{x^2}$ 在区间 $[-1,\ 0)$ 及 $(0,\ 1]$ 上连续，而 $\lim\limits_{x\to 0}\dfrac{1}{x^2}=\infty$. 由于

$$\int_{-1}^0 \frac{1}{x^2}\mathrm{d}x = \lim_{t\to 0^-}\int_{-1}^t \frac{1}{x^2}\mathrm{d}x = \lim_{t\to 0^-} -\frac{1}{x}\Big|_{-1}^t = \lim_{t\to 0^-}\left(-\frac{1}{t}-1\right)=+\infty.$$

即广义积分 $\int_{-1}^0 \dfrac{1}{x^2}\mathrm{d}x$ 发散，从而广义积分 $\int_{-1}^1 \dfrac{1}{x^2}\mathrm{d}x$ 发散.

注　在解本题时，如果忽略了 $x=0$ 是被积函数的无穷间断点，而错误地直接套用牛顿—莱布尼兹公式，就会产生以下错误的结果：

$$\int_{-1}^1 \frac{1}{x^2}\mathrm{d}x = \left(-\frac{1}{x}\right)\Big|_{-1}^1 = -1-1 = -2.$$

习题 6 - 6

1. 计算下列广义积分或判断收敛性.

(1) $\int_0^{+\infty} \mathrm{e}^{-3x}\mathrm{d}x$　　　　(2) $\int_0^{+\infty} \dfrac{1}{\sqrt{x}}\mathrm{d}x$

(3) $\int_{-\infty}^{+\infty}\frac{1}{x^2+2x+2}\mathrm{d}x$　　(4) $\int_{e}^{+\infty}\frac{\ln x}{x}\mathrm{d}x$

(5) $\int_{0}^{+\infty}x\mathrm{e}^{-x^2}\mathrm{d}x$　　(6) $\int_{0}^{1}\frac{x}{\sqrt{1-x^2}}\mathrm{d}x$

(7) $\int_{1}^{2}\frac{x}{\sqrt{x-1}}\mathrm{d}x$　　(8) $\int_{0}^{1}\frac{1}{(2-x)\sqrt{1-x}}\mathrm{d}x$

2. 设 $f(x)=\begin{cases}\mathrm{e}^x, & x<0\\ 1, & 0\leqslant x\leqslant 1.\\ \frac{1}{x}, & x>1\end{cases}$ 问积分 $\int_{0}^{+\infty}f(x)\mathrm{d}x$，$\int_{-\infty}^{0}f(x)\mathrm{d}x$，$\int_{-\infty}^{+\infty}f(x)\mathrm{d}x$ 是否收敛？它们的几何意义是什么？

3. 下列计算是否正确？为什么？

(1) $\int_{-1}^{1}\frac{1}{x^2}\mathrm{d}x=\left(-\frac{1}{x}\right)\Big|_{-1}^{1}=-1-1=-2$

(2) $\int_{-\infty}^{+\infty}\frac{x}{\sqrt{1+x^2}}\mathrm{d}x=0$（因为被积函数为奇函数）

项目七　定积分的应用

一、平面图形的面积

根据定积分的几何意义，由连续曲线 $y=f(x)$（$f(x)\geqslant 0$），直线 $x=a$，$x=b$ 及 x 轴所围成的曲边梯形的面积为

$$S=\int_a^b f(x)\mathrm{d}x$$

设在 $[a, b]$ 上曲线 $y=f(x)$ 位于曲线 $y=g(x)$ 上方，且两条曲线都在 x 轴上方，则曲线 $y=g(x)$，$y=f(x)$ 及直线 $x=a$，$x=b$ 所围成的图形面积（图 6－5）为：

$$S=\int_a^b f(x)\mathrm{d}x-\int_a^b g(x)\mathrm{d}x=\int_a^b[f(x)-g(x)]\mathrm{d}x.$$

当两条曲线的相对位置不变但不都在 x 轴上方时（图 6－6），可以想象把 x 轴向下平移一段使这两条曲线都在 x 轴的上方，显然这时所围成的图形面积不变，于是上述公式仍成立.

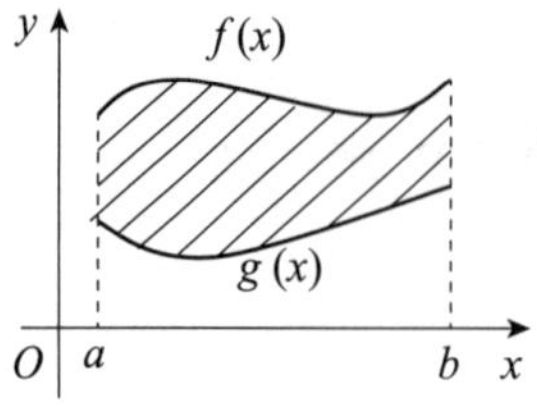

图 6－5

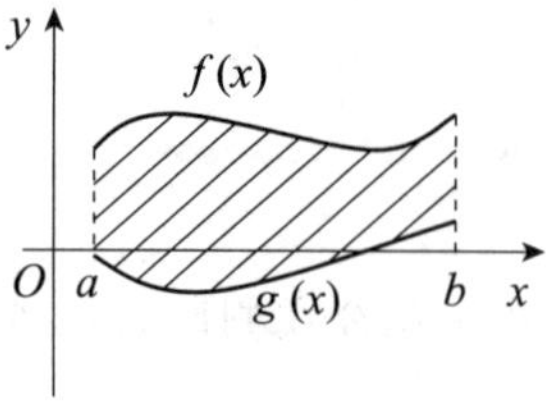

图 6－6

一般地，设 $f(x)$，$g(x)$在区间 $[a, b]$ 上连续，且 $g(x)\leqslant f(x)$，则由曲线 $y=g(x)$，$y=f(x)$直线 $x=a$，$x=b$ 所围成的平面图形的面积为：

$$S=\int_a^b[f(x)-g(x)]\mathrm{d}x \tag{6.7.1}$$

类似地，可得如下的面积计算公式：

设 $\varphi(y)$，$\psi(y)$在区间 $[c, d]$ 上连续，且 $\psi(y)\leqslant\varphi(y)$，则由曲线 $x=\psi(y)$，$x=\varphi(y)$及直线 $y=c$，$y=d$ 所围成的平面图形（图 6-7）的面积为：

$$S=\int_c^d[\varphi(y)-\psi(y)]\mathrm{d}y \tag{6.7.2}$$

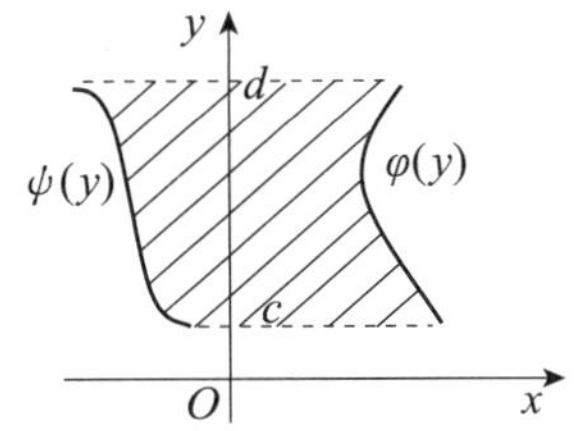

图 6-7

例 1 求由曲线 $y=\sqrt{x}$，$y=-\sin x$ 及 $x=\pi$ 所围图形的面积.

解 题设曲线所围成的图形如图 6-8 所示．图中 x 的变化范围为 $[0, \pi]$，且曲线 $y=\sqrt{x}$在 $y=-\sin x$ 的上方，利用式（6.7.1）计算所求面积.

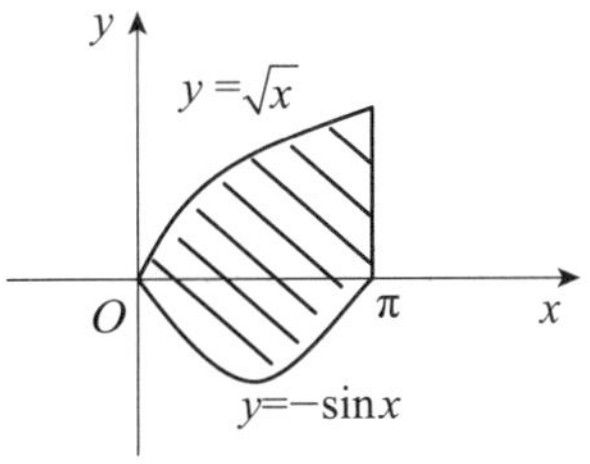

图 6-8

$$S=\int_0^\pi[\sqrt{x}-(-\sin x)]\mathrm{d}x=\int_0^\pi\sqrt{x}\,\mathrm{d}x+\int_0^\pi\sin x\mathrm{d}x$$

$$=\frac{2}{3}x^{\frac{3}{2}}\Big|_0^\pi+(-\cos x)\Big|_0^\pi=\frac{2\pi\sqrt{\pi}}{3}+2.$$

例 2 计算抛物线 $y^2=2x$ 与直线 $x-y-4=0$ 所围成的图形面积.

解 所围图形如图 6-9 所示．为了确定积分变量的变化区间，先求出抛物线 $y^2=2x$ 与直线 $x-y-4=0$ 的交点．解方程组$\begin{cases}y^2=2x\\x-y=4\end{cases}$得到交点为 $A(2, -2)$，$B(8, 4)$.

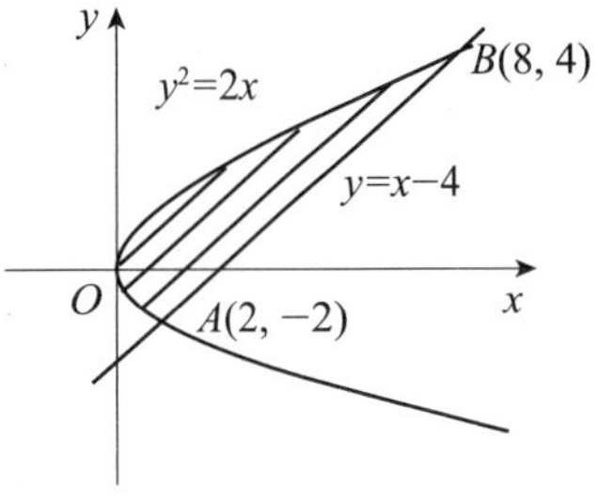

图 6-9

由图形可知，直线 $x-y-4=0$ 位于抛物线 $y^2=2x$ 的右方，选取 y 为积分变量，它的变化区间为 $[-2, 4]$．利用式（6.7.2）得所求图形的面积

$$S=\int_{-2}^{4}\left[(y+4)-\frac{1}{2}y^2\right]dy=\left(\frac{y^2}{2}+4y-\frac{1}{6}y^3\right)\Big|_{-2}^{4}=18.$$

本题如果选取 x 为积分变量，需要把所围图形的面积分成两部分来计算，这样计算不如选取 y 为积分变量简便．由此可知，在计算平面图形面积时，积分变量选择得恰当，能使计算简单.

例 3 计算由椭圆$\frac{x^2}{a^2}+\frac{y^2}{b^2}=1$所围成的图形面积.

解 由于椭圆关于 x 轴，y 轴对称（图 6－10），于是所求面积：$S=4S_1$．其中 S_1 是这个图形在第一象限部分的面积．而

$$S_1=\int_0^a y\mathrm{d}x=\int_0^a\frac{b}{a}\sqrt{a^2-x^2}\,\mathrm{d}x=\frac{b}{a}\int_0^a\sqrt{a^2-x^2}\,\mathrm{d}x$$

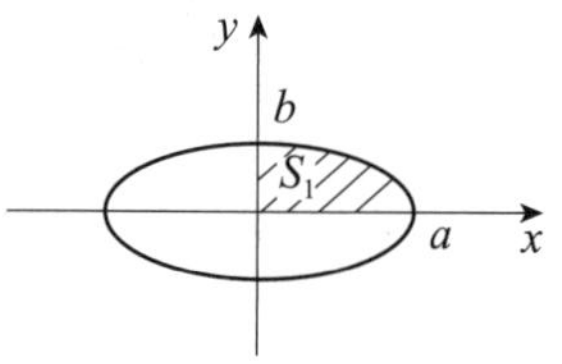

图 6－10

令 $x=a\sin t$，则 $\mathrm{d}x=a\cos t\mathrm{d}t$，且当 $x=0$ 时，$t=0$；当 $x=a$ 时，$t=\frac{\pi}{2}$．于是

$$S_1=\frac{b}{a}\int_0^a\sqrt{a^2-x^2}\,\mathrm{d}x=\frac{b}{a}\int_0^{\frac{\pi}{2}}a\cos t\cdot a\cos t\mathrm{d}t$$

$$=ab\int_0^{\frac{\pi}{2}}\frac{1+\cos 2t}{2}\mathrm{d}t=ab\left(\frac{\pi}{2}+\frac{1}{4}\sin 2t\right)\Big|_0^{\frac{\pi}{2}}=\frac{\pi}{4}ab.$$

从而

$$S=4S_1=ab\pi.$$

二、旋转体的体积

设函数 $f(x)$在区间 $[a,b]$ 上连续，且 $f(x)\geqslant 0$．由曲线 $y=f(x)$，直线 $x=a$，$x=b$ 及 x 轴围成的曲边梯形绕 x 轴旋转，得到一个旋转体（图 6－11），现推导该旋转体体积 V_x 用定积分表示的公式.

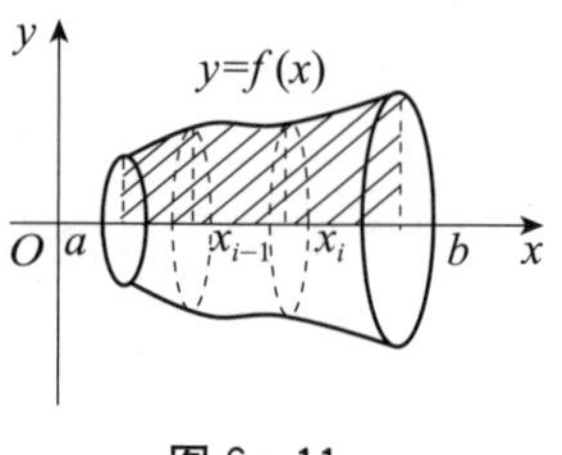

图 6－11

（1）先用分点 $a=x_0<x_1<x_2<\cdots<x_{n-1}<x_n=b$ 把区间 $[a,b]$ 分成 n 个小区间 $[x_{i-1},x_i]$，$i=1,2,\cdots,n$．这些小区间的长度 $\Delta x_i=x_i-x_{i-1}$，$i=1,2,\cdots,n$．过 $x_i(i=1,2,\cdots,n)$作与 x 轴垂直的平面，将旋转体分成 n 个小旋转体，它们的体积分别记为 $V_i(i=1,2,\cdots,n)$，用小圆柱体体积近似小旋转体体积．任取 $\xi_i\in[x_{i-1},x_i]$，$i=1,2,\cdots,n$，于是小区间 $[x_{i-1},x_i]$ 所对应的小旋转体的体积$V_i\approx\pi[f(\xi_i)]^2\Delta x_i$，$i=1,2,\cdots,n$.

（2）把 n 个小圆柱体的体积相加，得到旋转体体积的近似值，即

$$V_x\approx\sum_{i=1}^{n}\pi[f(\xi_i)]^2\Delta x_i$$

（3）记 $\lambda=\max\{\Delta x_1,\Delta x_2,\cdots,\Delta x_n\}$，取上述和式当 $\lambda\to 0$ 时的极限，就得到

$$V_x=\lim_{\lambda\to 0}\sum_{i=1}^{n}\pi[f(\xi_i)]^2\cdot\Delta x_i=\int_a^b\pi[f(x)]^2\mathrm{d}x \tag{6.7.3}$$

这样我们就得到了 V_x 的计算公式.

类似地，我们可以得到：由连续曲线 $x=\varphi(y)(\varphi(y)\geqslant 0)$直线 $y=c$，$y=d(c<d)$所

围成的曲边梯形绕 y 轴旋转而成的旋转体（图 6－12）的体积为

$$V_y=\int_c^d \pi[\varphi(y)]^2 \mathrm{d}y \tag{6.7.4}$$

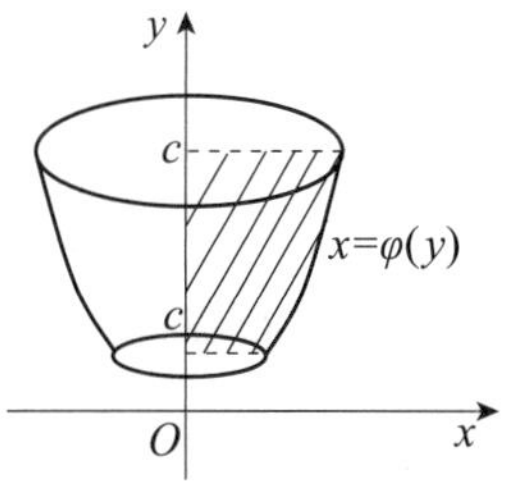

图 6－12

例 4　计算由曲线 $y=x^2$ 及 $x=y^2$ 所围成的平面图形绕 x 轴旋转所成的旋转体的体积.

解　如图 6－13 所示. 由 $y=\sqrt{x}$，$x=1$ 及 x 轴围成的曲边梯形绕 x 轴旋转所成的旋转体体积，由式（6.7.3）得，

$$V_1=\int_0^1 \pi(\sqrt{x})^2 \mathrm{d}x=\pi\int_0^1 x\mathrm{d}x=\pi \left.\frac{x^2}{2}\right|_0^1=\frac{\pi}{2}.$$

由 $y=x^2$，$x=1$ 及 x 轴围成的曲边梯形绕 x 轴旋转所成的旋转体体积，由公式（6.7.3）得，

$$V_2=\int_0^1 \pi(x^2)^2 \mathrm{d}x=\pi\int_0^1 x^4 \mathrm{d}x=\pi \left.\frac{x^5}{5}\right|_0^1=\frac{\pi}{5}.$$

故题设图形绕 x 轴旋转而成的旋转体体积为

$$V_x=V_1-V_2=\frac{\pi}{2}-\frac{\pi}{5}=\frac{3}{10}\pi.$$

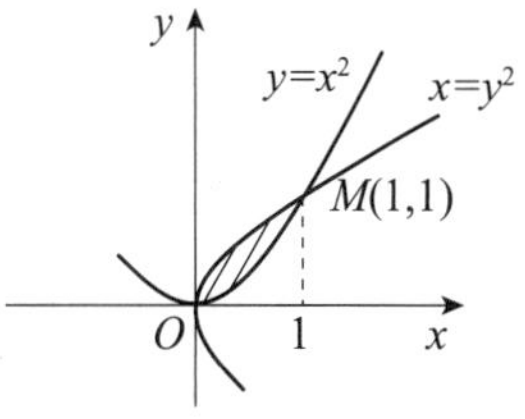

图 6－13

三、定积分在物理和工程中的应用

1. 变力沿直线做功

如果物体在运动过程中所受的力是变化的，如压缩一个弹簧，作用力 $F=kx$ 是不断变化的，这就面临一个变力做功的问题. 假定力 F 沿 x 轴作用在一条直线上，力的大小 F 是位移 x 的连续函数，求力 F 从 $x=a$ 到 $x=b$ 所做的功.

这里如果将区间 $[a, b]$ 分割为若干个小区间 $[x_{i-1}, x_i]$，$i=1, 2, \cdots, n$；再任取 $\xi_i\in[x_{i-1}, x_i]$，当小区间长度 $\Delta x_i=x_i-x_{i-1}$ 足够小的时候，F 在区间 $[x_{i-1}, x_i]$ 上所做的功近似为 $f(\xi_i)\Delta x_i$，则 F 在 $[a, b]$ 上所做的功的和是

$$W\approx\sum_{i=1}^n f(\xi_i)\Delta x_i$$

于是 F 在 $[a, b]$ 上所做的功是

$$W=\int_a^b f(x)\mathrm{d}x$$

例 5　假设某弹簧的弹性系数为 $k=50\mathrm{N/m}$，求把该弹簧拉长 0.3m 所做的功.

解　由胡克定律 $f(x)=kx$（k 为比例常数）可知 $f(x)=50x$，于是拉长弹簧所做的功

$$W=\int_0^{0.3} 50x\mathrm{d}x=25x^2\Big|_0^{0.3}=2.25(\mathrm{J}).$$

例 6　若要火箭飞离地球的引力范围，火箭的初速度应为多少?

解　假设地球的质量为 M，火箭的质量为 m，地球中心到火箭的距离为 r，则地球对火箭的引力为 $F=k\dfrac{Mm}{r^2}$，其中 k 为引力常数.

假设火箭在地面上，即 $r=R$（R 为地球半径），地球对火箭的引力为 $F=k\dfrac{Mm}{R^2}=mg$，

其中 g 为重力加速度，由上式可得 $k=\frac{R^2 g}{M}$，故有

$$F=\frac{R^2 g}{M}\frac{Mm}{r^2}=mg\left(\frac{R}{r}\right)^2$$

火箭距离地球中心从 R_1 到 R_2 地球引力所做的功为

$$\begin{aligned}W&=\int_{R_1}^{R_2}-F\mathrm{d}r=-\int_{R_1}^{R_2}mg\left(\frac{R}{r}\right)^2\mathrm{d}r\\&=-mgR^2\int_{R_1}^{R_2}r^{-2}\mathrm{d}r=\left.\frac{mgR^2}{r}\right|_{R_1}^{R_2}\\&=mgR^2\left(\frac{1}{R_2}-\frac{1}{R_1}\right)\end{aligned}$$

取 $R_1=R$，$R_2\to+\infty$，得 $W=-mgR$. 因此克服地球引力对火箭所做的功达到 mgR，即火箭的动能达到 mgR，火箭才能脱离地球的引力范围，故而

$$\frac{1}{2}mv_0^2=mgR$$

代入 $g=9.8\ \mathrm{m/s^2}$，$R=6\ 371\times10^6\ \mathrm{m}$，可得 $v_0=11.2\ \mathrm{km/s}$.

2. 工程应用

例 7 根据历史统计数据可知，世界石油消耗总量在 1990 年到 1995 年间的增长速度为 $r(t)=320\mathrm{e}^{0.05t}$（亿桶/年），试求 1990 年到 1995 年这五年内的石油消耗总量.

解 假设从 1990 年起的第 t 年消耗的石油总量为 $q(t)$，由题意可知

$$q'(t)=r(t)=320\mathrm{e}^{0.05t},\quad 0\leqslant t\leqslant5$$

从 1990 年到 1995 年这五年内的石油消耗总量

$$\begin{aligned}q(5)&=\int_0^5 q'(t)\mathrm{d}t=\int_0^5 320\mathrm{e}^{0.05t}\mathrm{d}t\\&=320\times\left.\frac{1}{0.05}\mathrm{e}^{0.05t}\right|_0^5=6\ 400(\mathrm{e}^{0.25}-1)\approx1\ 817.76\ (\text{亿桶}).\end{aligned}$$

例 8 赵州桥是世界上现存跨度最大、保存最完整的古代单孔敞肩石拱桥，距今已有 1 400 多年历史，是我国古代劳动人民智慧的结晶．拱桥的形状为抛物线．假设已知该抛物线的拱高为 h，宽为 b，试求桥下拱形的面积.

解 建立如图 6－14 所示直角坐标系，设抛物线方程为 $y=ax^2+h$，且过点 $\left(\frac{b}{2},0\right)$，则可求得 $a=-\frac{4h}{b^2}$，即 $y=-\frac{4h}{b^2}x^2+h$，所以桥下拱形的面积为

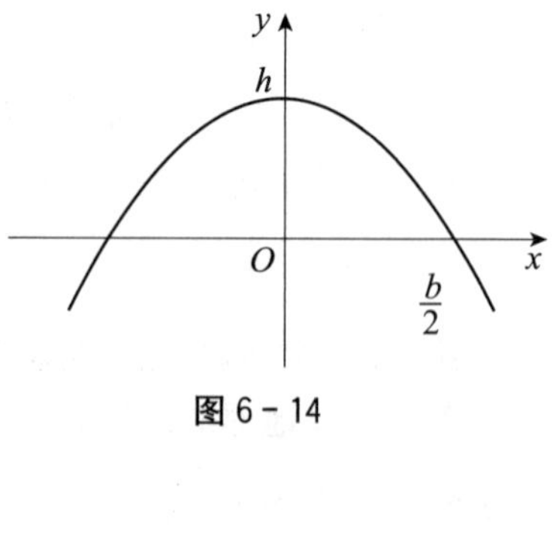

图 6－14

$$\begin{aligned}S&=\int_{-\frac{b}{2}}^{\frac{b}{2}}\left(-\frac{4h}{b^2}x^2+h\right)\mathrm{d}x\\&=2\int_0^{\frac{b}{2}}\left(-\frac{4h}{b^2}x^2+h\right)\mathrm{d}x\\&=2\left.\left(-\frac{4h}{3b^2}x^3+hx\right)\right|_0^{\frac{b}{2}}=\frac{2}{3}bh\end{aligned}$$

四、定积分在经济中的应用

1. 已知边际函数求总函数

由前面边际分析知，对一已知经济函数 $F(x)$（如总成本函数 $C(x)$、总收入函数 $R(x)$和利润函数 $L(x)$等），它的边际函数就是它的导函数 $F'(x)$. 作为导数（微分）的逆运算，利用牛顿—莱布尼兹公式

$$\int_0^x F'(x)\mathrm{d}x = F(x) - F(0)$$

求得原经济函数

$$F(x) = \int_0^x F'(x)\mathrm{d}x + F(0)$$

并可求出经济函数从 a 到 b 的变动值（或增量）

$$\Delta F = F(b) - F(a) = \int_a^b F'(x)\mathrm{d}x$$

例 9 已知生产某商品 x 单位时，边际收益函数为 $R'(x)=200-\frac{x}{50}$（元/单位），试求生产 x 单位时总收益 $R(x)$以及平均单位收益 $\bar{R}(x)$. 并求生产这种产品 2 000 单位时的总收益和平均单位收益.

解 因为 $\int_0^x R'(t)\mathrm{d}t = R(x) - R(0)$，而 $R(0)=0$，所以生产 x 单位时的总收益为

$$R(x) = \int_0^x \left(200 - \frac{t}{50}\right)\mathrm{d}t = \left(200t - \frac{t^2}{100}\right)\Big|_0^x = 200x - \frac{x^2}{100}$$

则平均单位收益 $\bar{R}(x) = \frac{R(x)}{x} = 200 - \frac{x}{100}$

当生产 2 000 单位时，总收益为

$$R(2\,000) = 400\,000 - \frac{2\,000^2}{100} = 360\,000 \text{（元）}$$

平均单位收益为

$$\bar{R}(2\,000) = 180 \text{（元）}.$$

例 10 某商品的边际成本函数为 $C'(Q)=Q^2-4Q+6$，固定成本为 2.

（1）求总成本函数 $C(Q)$；

（2）当产品从 2 个单位增至 4 个单位时，求总成本的增量 ΔC.

解 （1）总成本函数

$$C(Q) = \int_0^Q C'(Q)\mathrm{d}Q + C_0 = \int_0^Q (Q^2 - 4Q + 6)\mathrm{d}Q + 2$$

$$= \frac{Q^3}{3} - 2Q^2 + 6Q + 2 \ (C_0 \text{ 为固定成本}).$$

（2）当产品从 2 个单位增至 4 个单位时，求总成本的增量

$$\Delta C = C(4) - C(2) = \frac{46}{3} - \frac{26}{3} = \frac{20}{3}.$$

例 11 某商场售出 x 件某种商品的总利润 $L(x)$（元）的变化率为

$$L'(x) = 12.5 - \frac{x}{80} \quad (x \geqslant 0).$$

试求：(1) 售出 40 件时的总利润；

(2) 售出 60 件时，前 30 件的平均利润和后 30 件的平均利润.

解 (1) $\int_0^x L'(t)\mathrm{d}t = L(x)-L(0)$ ，而显然 $L(0)=0$，

于是

$$
\begin{aligned}
L(40) &= \int_0^{40}(12.5-\frac{t}{80})\mathrm{d}t \\
&=(12.5t-\frac{t^2}{160})\Big|_0^{40} \\
&=12.5\times 40-\frac{40^2}{160}=490\ (\text{元})
\end{aligned}
$$

(2) 积分中值定理曾给出连续函数 $f(x)$在 $[a, b]$ 上的平均值为

$$\bar{y}=\frac{1}{b-a}\int_a^b f(x)\mathrm{d}x\ .$$

于是售出 60 件时，前 30 件的平均利润为

$$
\begin{aligned}
\frac{1}{30}\int_0^{30}(12.5-\frac{x}{80})\mathrm{d}x &= \frac{1}{30}\left(12.5x-\frac{x^2}{160}\right)\Big|_0^{30} \\
&= \frac{1}{30}\left(12.5\times 30-\frac{30^2}{160}\right) \\
&= 12.31(\text{元}).
\end{aligned}
$$

后 30 件的平均利润为

$$
\begin{aligned}
\frac{1}{60-30}\int_{30}^{60}\left(12.5-\frac{x}{80}\right)\mathrm{d}x &= \frac{1}{30}\left(12.5x-\frac{x^2}{160}\right)\Big|_{30}^{60} \\
&= \frac{1}{30}\left(12.5\times 60-\frac{60^2}{160}-12.5\times 30+\frac{30^2}{160}\right) \\
&= \frac{1}{30}\times 358.1 = 11.94(\text{元}).
\end{aligned}
$$

2. 资本现值和投资问题

在模块二项目五中已知，设有本金为 A_0 元，若按年利率作连续复利计算，则 k 年后的价值为 $A_0\mathrm{e}^{rk}$元；反之，若 k 年后要有货币 A_0 元，则按连续复利计算，现在应有 $A_0\mathrm{e}^{-rk}$元，称此为资本现值.

设在时间区间 $[0, T]$ 内 t 时刻的单位时间收入为 $f(x)$，称此为收入率，若按年利率为 r 的连续复利计算，则在时间区间 $[t, t+\mathrm{d}t]$ 内的收入现值为 $f(t)\mathrm{e}^{-rt}\mathrm{d}t$. 按照定积分微元法的思想，则在 $[0, T]$ 内得到的总收入现值为

$$y=\int_0^T f(t)\mathrm{e}^{-rt}\mathrm{d}t$$

若收入率 $f(t)=a$ (a 为常数)，称其为均匀收入率，如果年利率也为常数，则总收入的现值为

$$y=\int_0^T a\mathrm{e}^{-rt}\mathrm{d}t = a\cdot\frac{-1}{r}\mathrm{e}^{-rt}\Big|_0^T = \frac{a}{r}(1-\mathrm{e}^{-rT})$$

例 12 现对企业给予一笔投资 A 元，经测算，该企业在 T 年中可以按每年 a 元的均匀收入率获得收入，若年利率为 r，试求：

(1) 该投资的纯收入贴现值；

(2) 收回该笔投资的时间为多少？

解　(1) 求投资纯收入贴现值：

因收入率为 a，年利率为 r，故投资后的 T 年中获得的总收入的现值为

$$y=\int_0^T a\mathrm{e}^{-rt}\,\mathrm{d}t=\frac{a}{r}(1-\mathrm{e}^{-rT})$$

从而，投资所获得的纯收入的贴现值为

$$R=y-A=\frac{a}{r}(1-\mathrm{e}^{-rT})-A$$

(2) 求收回投资的时间：

收回投资，即总收入的现值等于投资，故有

$$\frac{a}{r}(1-\mathrm{e}^{-rT})=A$$

由此解得

$$T=\frac{1}{r}\ln\frac{a}{a-Ar}$$

即收回投资的时间为

$$T=\frac{1}{r}\ln\frac{a}{a-Ar}$$

假如，对企业投资 $A=800$ 万元，年利率为 5%，投资在 20 年中的均匀收入为 200 万元/年，则总收入的现值为：

$$\begin{aligned}y&=\frac{200}{0.05}(1-\mathrm{e}^{-0.05\times 20})\\&=4\ 000\ (1-\mathrm{e}^{-1})\approx 2\ 528.4(\text{万元})\end{aligned}$$

从而投资所得的纯收入为

$$R=y-A=2\ 528.4-800=1\ 728.4(\text{万元})$$

投资回收期为

$$\begin{aligned}T&=\frac{1}{0.05}\ln\frac{200}{200-800\times 0.05}\\&=20\ln 1.25\approx 4.46(\text{年})\end{aligned}$$

由此可知，该投资在 20 年中可得纯利润为 1 728.4 万元，投资回收期约为 4.46 年.

习题 6－7

1. 求下列平面曲线所围成图形的面积.

(1) $2y=x^2$ 与 $x=y-4$

(2) $y=2x-x^2$ 与 $y=2x^2-4x$

(3) $y=\sin x$，$x=\frac{\pi}{4}$，$x=\pi$ 与 $y=0$

(4) $y=x^3$，$y=x^2$，$x=1$ 与 $x=2$

(5) $y=\sin x$，$y=\cos x$，$x=-\frac{\pi}{4}$与$x=\frac{\pi}{4}$

(6) $\sqrt{x}+\sqrt{y}=1$，$x=0$与$y=0$

(7) $x=a\cos^3 t$，$y=a\sin^3 t$ $(a>0)$

2. 已知$y=ax^2$与$y=x^3$所围成图形的面积为8，求a的值$(a>0)$.

3. 计算下列曲线围成的区域绕指定轴旋转所成的旋转体的体积.

(1) $y=x^3$，$x=2$，$y=0$，绕x轴

(2) $xy=4$，$y=1$，$y=4$，$x=0$，绕y轴

(3) $\frac{x^2}{a^2}+\frac{y^2}{b^2}=1$，绕$x$轴

(4) $x=1+\sqrt{y}$，$x=1$，$x=3$，绕y轴

4. 生产某商品x单位的边际收入函数$R'=\frac{ab}{(x+b)^2}+c$（元/单位），求生产x单位时的总收入函数.

5. 一家公司以250 000元买了一台新机器．从销售这台机器生产的产品中所获得的边际利润$L'(t)=4\,000t$，机器残值以$V'(t)=25\,000\mathrm{e}^{-0.1t}$的速度下降．$T$年后来自机器的总利润为

$$\begin{aligned}L(T)&=\text{来自产品销售的利润}+\text{来自机器残值的利润}-\text{机器的成本}\\&=\int_0^T L'(t)\mathrm{d}t+\int_0^T V'(t)\mathrm{d}t-250\,000\end{aligned}$$

(1) 求$L(T)$；

(2) 求$L(10)$.

6. 现购买一栋价值为300万元的别墅，若首付为50万元，以后分期付款，每年付款数目相同，10年付清，年利率为6%，若按连续复利计算，问每年应该付款多少$(\mathrm{e}^{-0.6}\approx 0.548\,8)$?

7. 一位居民准备购买一栋别墅，现价为300万元，如果以分期付款的方式，要求每年付款21万元，且20年付清，而银行贷款的年利率为4%，若按连续复利计息，请你帮这位购房者作一决策，是采用一次性付款合算还是分期付款合算?

项目八　数学实验（六）——计算定积分

MATLAB进行定积分运算的命令和计算不定积分是一样的，也是使用函数int. int函数计算定积分的格式为：

(1) int(fun,a,b)，计算函数fun关于默认变量的定积分$\int_a^b \mathrm{fund}x$；

(2) int(fun,x,a,b)，计算函数fun关于指定变量x的定积分$\int_a^b \mathrm{fundx}$.

其中，fun是函数的符号表达式，x是积分变量，a，b分别是积分上、下限.

例 1　计算定积分 $\int_1^2 x\ln x\mathrm{d}x$.

解　在 MATLAB 中输入：

```
>>syms x
>>y=x*log(x);
>>int(y,1,2)
```

输出结果：ans=log(4)−3/4，即 $\int_1^2 x\ln x\mathrm{d}x=\ln4-\frac{3}{4}$.

例 2　计算广义积分 $\int_0^{+\infty} x^2\mathrm{e}^{-2x^2}\mathrm{d}x$.

解　在 MATLAB 中输入：

```
>>syms x
>>y=x^2*exp(-2*x^2);
>>int(y,0,Inf)
```

输出结果：ans=(2^(1/2)*pi^(1/2))/16，即 $\int_0^{+\infty} x^2\mathrm{e}^{-2x^2}\mathrm{d}x=\frac{\sqrt{2\pi}}{16}$.

例 3　计算积分 $\int_0^a \frac{1}{\sqrt{a^2-x^2}}\mathrm{d}x$.

解　在 MATLAB 中输入：

```
>>syms x a
>>y=1/sqrt(a^2-x^2);
>>int(y,x,0,a)
```

输出结果：ans=pi/2，即 $\int_0^a \frac{1}{\sqrt{a^2-x^2}}\mathrm{d}x=\frac{\pi}{2}$.

进行积分运算时，有些被积函数的原函数不能用初等函数表示，此时的定积分不能用 int 命令求解．此时可以采用命令"quad（'fun'，a，b）"求出定积分的近似解，其中 fun 是函数的符号表达式，a，b 分别是积分上、下限.

例 4　计算定积分 $\int_0^1 \frac{\sin x^2}{1+x}\mathrm{d}x$.

解　在 MATLAB 中输入：

```
>>syms x
>>y=sin(x^2)/(1+x);
>>int(y,0,1)
```

输出结果：ans=int(sin(x^2)/(x + 1)，x，0，1)，此时不能计算这个定积分.

在 MATLAB 中重新输入：

```
>>quad('sin(x.^2)./(1+x)',0,1)
```

输出结果：ans=0.180 8，即 $\int_0^1 \frac{\sin x^2}{1+x}\mathrm{d}x\approx0.1808$.

习题 6-8

利用 MATLAB 软件计算下列定积分.

(1) $\int_0^1 (-3x+2)^{10}\mathrm{d}x$

(2) $\int_0^{\frac{1}{2}} x\sin x\mathrm{d}x$

(3) $\int_0^{\frac{\pi}{4}} \sec^4 x\tan x\mathrm{d}x$

(4) $\int_0^4 \frac{1-\sqrt{x}}{1+\sqrt{x}}\mathrm{d}x$

(5) $\int_{\frac{1}{e}}^{e^2} x\ln|x|\mathrm{d}x$

(6) $\int_0^{+\infty} \frac{x}{(1+x^2)^2}\mathrm{d}x$

(7) $\int_{-\infty}^0 x\mathrm{e}^x\mathrm{d}x$

(8) $\int_0^{\sqrt{3a}} \frac{1}{a^2+x^2}\mathrm{d}x\ (a\neq 0)$

拓展与思考（六）

问题 1：请利用生成式人工智能大模型，对本书模块六的课程内容进行概括性总结.

问题 2：结合你自己对定积分基本思想的理解以及其他可获取的线上和线下资料，运用批判性思维对问题 1 中生成式人工智能大模型生成的模块六课程内容总结进行深入分析和修正，以提供一个更加准确、全面的总结.

问题 3：经典的欧氏几何学告诉我们：一条线由无数多个点构成；一个面由无数多条线构成；一个体由无数多个面构成．定积分是高等数学中的一个核心概念，根据模块六引例 1 曲边梯形面积可知：它描述了一个量在连续变化过程中的累积效果．定积分的思想可以概括为“以直代曲”，即通过无限细分后的近似，并通过近似求和的方式，求得整体的数量特征（从分析学角度而言，积分是一种整体分析的工具）．这一思想与哲学中的事物的辩证法原理有着深刻的内在联系．请结合学习完本模块后对积分思想的理解，根据微分学的原理，用微分的直角三角形的斜边代替微分段的弧长，推导出计算平面曲线的长度公式．借助生成式人工智能大模型进一步探究，简要阐述定积分的“以直代曲”思想与哲学中事物的辩证法原理之间的内在联系，并探讨这种内在联系在理解自然现象、解决社会实际问题以及推动科学发展中的意义和作用.

问题 4：积分中值定理直观解释：在连续变化的量中，总存在一个特定的点，使得在该点的量值等于整个区间的平均值．比如一条路上行驶的汽车，其速度随着时间的推移而连续变化．平均速度就是总的路程除以总的时间．积分中值定理告诉我们，在这条路的这一段上，虽然汽车的速度在不断变化，但是总有那么一个时刻，汽车在那个时刻的速度，正好就等于汽车在这段路上的平均速度．借助生成式人工智能大模型，了解你所学专业大类领域，如经济、物理、工程设计等中是否有积分中值定理的应用场景，并举例说明.

模块七
无穷级数

扫一扫

- 模块七 无穷级数
  - 项目一 无穷级数的基本概念和性质
    - 无穷级数的基本概念
    - 级数的基本性质
  - 项目二 正项级数
  - 项目三 交错项级数与任意项级数
    - 交错项级数
    - 任意项级数
  - 项目四 幂级数
    - 函数项级数的概念
    - 幂级数
    - 幂级数的运算和性质
      - 幂级数的运算
      - 和函数的性质
  - 项目五 函数展开为幂级数
    - 泰勒（Taylor）级数
    - 函数用直接法展开成幂级数
    - 函数用间接法展开成幂级数
  - 项目六 傅立叶级数
    - 傅立叶级数展开式中的系数
      - 三角函数的正交性
      - 傅立叶级数的计算
    - 傅立叶级数的收敛性
    - 周期延拓
    - 傅立叶余弦级数和正弦级数
      - 偶延拓：傅立叶余弦级数
      - 奇延拓：傅立叶正弦级数
  - 项目七 数学实验（七）——计算无穷级数
    - 数项级数求和
    - 幂级数的收敛半径和收敛域
    - 函数的泰勒级数展开
    - 傅立叶级数展开

无穷级数是高等数学中至关重要的组成部分，其研究与微积分的发展紧密相连．级数研究的是无穷项之和的问题，广泛应用于函数的表示及其性质的探讨，因此成为研究微积分的得力助手．级数的历史源远流长，早在古希腊时期，数学家芝诺的二分法便涉及了将 1 分解为无穷级数$\frac{1}{2}+\frac{1}{2^2}+\frac{1}{2^3}+\cdots$，亚里士多德则阐述了公比介于 0 和 1 之间的几何级数之和的特性．随后，阿基米德在他的著作《抛物线图形求积法》中，利用几何级数求和法成功计算出了抛物线弓形的面积.

在我国，对无穷级数的研究同样有着悠久的历史．南北朝时期，数学家祖冲之在割圆术、开方术等研究的基础上，阐明了以级数展开来逼近任意轨迹或形状的思想．古代文献《庄子・天下》篇中的"一尺之锤，日取其半，万世不竭"蕴含了极限的思想，这实质上也是一种无穷级数的数学表达．清代数学家明安图更是开创了中算史上无穷级数研究的先河，并独创了割圆连比例法这一独特的证明方法.

到了 17、18 世纪，级数研究迎来了黄金时期．西方数学家如牛顿、莱布尼兹、格雷戈尔、欧拉、泰勒、麦克劳林等，在不同阶段对级数的发展做出了杰出的贡献．直至 19 世纪，柯西建立了系统的级数理论，阿贝尔进一步完善了这一体系．后来魏尔施特拉斯提出了一致收敛性概念，从而将整个级数理论推向了新的高度.

本模块在介绍常数项级数的基本内容的基础上，进一步介绍一般项级数和函数项级数性质.

芝诺悖论　古希腊数学家芝诺提出了一系列关于运动的不可分性的哲学悖论，其中最著名的是"阿基里斯跑不过乌龟"．阿基里斯（又名阿喀琉斯）是古希腊神话中善跑的英雄，在他和乌龟的竞赛中，他的速度为乌龟的 10 倍，乌龟在前面 100 米跑，他在后面追，但他不可能追上乌龟．因为在竞赛中，追者首先必须到达被追者的出发点，当阿基里斯追到 100 米时，乌龟已经又向前爬了 10 米，于是，一个新的起点产生了；阿基里斯必须继续追，而当他追到乌龟爬的这 10 米时，乌龟又已经向前爬了 1 米，阿基里斯只能再追向那个 1 米．如此这般，阿基里斯岂不是永远也追不上乌龟？

我们用极限来理解的话，每次追赶的距离为 $S_1=100$，$S_2=10$，$S_3=1$，…，$S_n=10^{3-n}$，因此有$\lim\limits_{n\to\infty}S_n=0$，它是趋于零而非等于零，也就是说这段距离不会凭空消失，只要乌龟不停地奋力向前爬，它总能在自己与阿基里斯之间制造出一个距离，无论这个距离有多小，阿基里斯都将永远追不上乌龟．这个结果显然与常理矛盾，与我们的生活经验不同．也就是说，芝诺得到的结论是荒谬的，所以被称为悖论．那么这一悖论的"症结"在哪里呢？

显然，芝诺将阿基里斯追赶乌龟的路程分成了无限段 S_1，S_2，S_3，…，S_n，…，则追赶乌龟的总路程为 $S_1+S_2+S_3+\cdots+S_n+\cdots$，芝诺认为，这无限多个数相加是一直持续下去，是没有和的．那么这无限多个数相加有没有和呢？如果有和又该如何求和呢？

项目一　无穷级数的基本概念和性质

一、无穷级数的基本概念

在初等数学中，我们已经遇到过公比为 q 的等比数列 c，cq，…，cq^n，求其前 k 项和 S_k 的问题．等比数列前 k 项和为

$$S_k=c+cq+\cdots+cq^{k-1}=\frac{c(1-q^k)}{1-q}$$

当此等比数列有无限多项时，那么无限多项数列的"和" $c+cq+\cdots+cq^n+\cdots$ 如何计算呢?

为解决无限多项数列的求和问题，我们引入无穷级数的概念.

定义 7.1.1　设给定无穷数列 $\{u_n\}$，则该无穷数列的和

$$u_1+u_2+\cdots+u_n+\cdots$$

称为无穷级数，简称为级数，记为 $\sum\limits_{n=1}^{\infty}u_n$ ，即

$$\sum_{n=1}^{\infty}u_n=u_1+u_2+\cdots+u_n+\cdots \tag{7.1.1}$$

其中，第 n 项 u_n 为级数（7.1.1）的一般项（或称通项）.

例如：级数 $\sum\limits_{n=1}^{\infty}\frac{1}{2^n}=\frac{1}{2}+\frac{1}{4}+\cdots+\frac{1}{2^n}+\cdots$ 的一般项为 $u_n=\frac{1}{2^n}$；级数 $\sum\limits_{n=1}^{\infty}n=1+2+\cdots+n+\cdots$ 的一般项为 $u_n=n$.

上述级数的定义是一个形式上的定义，为了讨论无穷多项"相加"的问题，我们从有限项的和出发，观察有限项和的变化趋势，由此来理解无穷多项和的含义.

定义 7.1.2　设给定无穷数列 $\{u_n\}$，则其前 n 项和

$$S_n=u_1+u_2+\cdots+u_n=\sum_{i=1}^{n}u_i \tag{7.1.2}$$

称为级数（7.1.1）的前 n 项部分和，简称为部分和.

由此可以从级数 $\sum\limits_{n=1}^{\infty}u_n$ 中得到一个部分和数列

$$S_1,\ S_2,\ \cdots,\ S_n,\ \cdots$$

若 $\lim\limits_{n\to\infty}S_n=S$ 存在，则称级数 $\sum\limits_{n=1}^{\infty}u_n$ 收敛，并称此极限值 S 为级数 $\sum\limits_{n=1}^{\infty}u_n$ 的和，记为 $S=\sum\limits_{n=1}^{\infty}u_n$. 若 $\lim\limits_{n\to\infty}S_n$ 不存在，则称级数 $\sum\limits_{n=1}^{+\infty}u_n$ 发散.

17 世纪末 18 世纪初，莱布尼兹的学生瑞士数学家雅各布・伯努利对函数的级数表示及其在求函数的微分与积分、求曲线与坐标轴所围图形的面积和计算曲线长等方面的应用作了深入研究，对微积分的算法作出了重要贡献．但就级数理论而言，其中的一个

重要工作就是给出了调和级数 $1+\frac{1}{2}+\frac{1}{3}+\cdots+\frac{1}{n}+\cdots$ 的和为发散的证明．他指出了

$$\frac{1}{n+1}+\frac{1}{n+2}+\cdots+\frac{1}{n^2}>(n^2-n)\ \frac{1}{n^2}=1-\frac{1}{n}$$

所以

$$\frac{1}{n+1}+\frac{1}{n+2}+\cdots+\frac{1}{n^2}>\frac{1}{2}$$

这意味着可将原级数中的项进行分组并使每一组的和都大于 1/2，这样我们总可以得到调和级数的有限多项的和，使它大于任何给定的数．此调和级数的值随项数增加而无限增加，即调和级数是发散的．18 世纪围绕调和级数的讨论引起了诸多数学家对发散级数的广泛兴趣并产生了许多重要的结论．其中一个非常有趣的发现是通过研究发散级数获得了一个非常重要的常数—欧拉常数 γ. 此常数是欧拉在应用对数函数逼近调和级数时发现的．它证明了下述部分和

$$L_n=1+\frac{1}{2}+\cdots+\frac{1}{n}-\ln n \tag{7.1.3}$$

是收敛的．令 $\gamma=\lim\limits_{n\to\infty}L_n$，欧拉曾计算出：$\gamma=0.577\ 218\cdots\cdots$.

有趣的是，迄今为止还不知道 γ 究竟是有理数还是无理数，γ 究竟是有理数还是无理数是至今没有解决的一个著名数学问题.

例 1 试判断级数 $\sum\limits_{n=1}^{\infty}(\sqrt{n+1}-\sqrt{n})$ 的敛散性.

解 由于 $u_n=\sqrt{n+1}-\sqrt{n}$，所以前 n 项的部分和

$$\begin{aligned}S_n&=u_1+u_2+\cdots+u_n=(\sqrt{2}-\sqrt{1})+(\sqrt{3}-\sqrt{2})+\cdots+(\sqrt{n+1}-\sqrt{n})\\&=\sqrt{n+1}-1\end{aligned}$$

显然 $\lim\limits_{n\to\infty}S_n=\lim\limits_{n\to\infty}(\sqrt{n+1}-1)=\infty$

因此，级数 $\sum\limits_{n=1}^{\infty}(\sqrt{n+1}-\sqrt{n})$ 发散.

例 2 试判断级数 $\sum\limits_{n=1}^{\infty}\frac{1}{n(n+1)}$ 的敛散性.

解 由于 $u_n=\frac{1}{n(n+1)}=\frac{1}{n}-\frac{1}{n+1}$，所以前 n 项的部分和

$$\begin{aligned}S_n&=\frac{1}{1\times2}+\frac{1}{2\times3}+\cdots+\frac{1}{n(n+1)}\\&=(\frac{1}{1}-\frac{1}{2})+(\frac{1}{2}-\frac{1}{3})+\cdots+(\frac{1}{n}-\frac{1}{n+1})\\&=1-\frac{1}{n+1}\end{aligned}$$

于是 $\lim\limits_{n\to\infty}S_n=\lim\limits_{n\to\infty}(1-\frac{1}{n+1})=1$. 所以，级数 $\sum\limits_{n=1}^{\infty}\frac{1}{n(n+1)}$ 收敛，且其和为 1.

例 3 试判断级数 $\sum\limits_{n=1}^{\infty}q^{n-1}$ 的敛散性.

解　此级数为几何级数（又称等比级数）. 当 $q=1$ 时，其前 n 项的部分和为

$$S_n=1+q+\cdots+q^{n-1}=1+1+\cdots+1=n$$

于是 $\lim\limits_{n\to\infty}S_n=\lim\limits_{n\to\infty}n=\infty$.

故当公比 $q=1$ 时，级数 $\sum\limits_{n=1}^{\infty}q^{n-1}$ 发散.

当 $q\neq1$ 时，所给无穷级数的前 n 项部分和为

$$S_n=1+q+\cdots+q^{n-1}=\frac{1-q^n}{1-q}=\frac{1}{1-q}-\frac{q^n}{1-q}$$

当 $|q|<1$ 时

$$\lim_{n\to\infty}\frac{q^n}{1-q}=0$$

因而

$$\lim_{n\to\infty}S_n=\frac{1}{1-q}$$

所以级数 $\sum\limits_{n=1}^{\infty}q^{n-1}$ 收敛，且其和为 $\frac{1}{1-q}$.

当 $|q|>1$ 时

$$\lim_{n\to\infty}\frac{q^n}{1-q}=\infty$$

因而 $\lim\limits_{n\to\infty}S_n$ 不存在，即级数发散.

当 $q=-1$ 时，$\sum\limits_{n=1}^{\infty}q^{n-1}=1-1+1-1+\cdots$，其前 n 项和

$$S_n=1-1+1-1+\cdots+(-1)^{n-1}$$

其部分和 $S_n=\begin{cases}0, & n=2k\\1, & n=2k+1\end{cases}$（$k$ 为正整数）

显然，$n\to\infty$ 时，S_n 的极限不存在，故级数 $\sum\limits_{n=1}^{\infty}(-1)^{n-1}$ 发散.

综上所述，对于几何级数 $\sum\limits_{n=1}^{\infty}q^{n-1}$，当 $|q|<1$ 时收敛，其和为 $\frac{1}{1-q}$；当 $|q|\geqslant1$ 时，几何级数发散.

在 17 世纪末和 18 世纪初，瑞士数学家雅各布·伯努利和意大利数学家格兰弟，从不同的角度研究了发散级数 $\sum\limits_{n=1}^{\infty}(-1)^{n-1}$. 雅各布·伯努利在其 1696 年的论文中利用下述展开式

$$\frac{1}{m+n}=\frac{1}{m}\left(1+\frac{n}{m}\right)^{-1}=\frac{1}{m}\left[1-\frac{n}{m}+\left(\frac{n}{m}\right)^2-\cdots+(-1)^n\left(\frac{n}{m}\right)^n+\cdots\right]$$

当 $m=n=1$ 时得到

$$\frac{1}{2}=1-1+1-1+\cdots$$

此外　$1-1+1-1+1-1+\cdots=(1-1)+(1-1)+\cdots=0$

及　$1-1+1-1+1-1+\cdots=1-(1-1)+(1-1)+\cdots=1$

伯努利称这些互相矛盾的结论为“有趣的悖论”. 1703 年格兰弟通过$\frac{1}{1+x}$的级数展开又重新发现了一个悖论. 这类发散级数悖论大大刺激了人们对无穷级数敛散性的思考. 18 世纪以后，先后发现了一系列级数收敛的判别法则，如：莱布尼兹交错级数收敛定理，达朗贝尔无穷级数收敛的判别准则等，关于无穷级数敛散性问题的严格处理到了 19 世纪才开始逐步完成.

前面我们通过利用级数的前 n 项和的变化趋势来研究级数的敛散性，但通常一个级数的前 n 项和是很难表示成易于求极限的表达式，因此，在以后的项目中我们将讨论判断常数项无穷级数敛散性的其他途径.

二、级数的基本性质

根据级数收敛和发散的定义及极限的运算法则，不难验证级数具有下列基本性质.

性质 1　若级数 $\sum_{n=1}^{\infty} u_n$ 与 $\sum_{n=1}^{\infty} v_n$ 都收敛，其和分别为 U 和 V，则级数 $\sum_{n=1}^{\infty}(u_n \pm v_n)$ 必收敛，且其和为 $U \pm V$.

性质 2　(1) 若级数 $\sum_{n=1}^{\infty} u_n$ 收敛，其和为 U，k 为常数，则级数 $\sum_{n=1}^{\infty} ku_n$ 也收敛，其和为 kU.

(2) 若级数 $\sum_{n=1}^{\infty} u_n$ 发散，$k \neq 0$，则级数 $\sum_{n=1}^{\infty} ku_n$ 必定发散.

例 4　试判断无穷级数 $\sum_{n=1}^{\infty}(\frac{1}{2^{n-1}}+\frac{4}{3^{n-1}})$ 的敛散性

解　由于级数 $\sum_{n=1}^{\infty} \frac{1}{2^{n-1}}$ 和 $\sum_{n=1}^{\infty} \frac{4}{3^{n-1}}$ 均为几何级数，且公比分别为$\frac{1}{2}$和$\frac{1}{3}$，由例 3 可知 $\sum_{n=1}^{\infty} \frac{1}{2^{n-1}}$ 和 $\sum_{n=1}^{\infty} \frac{1}{3^{n-1}}$ 均收敛. 故由性质 2 得：级数 $\sum_{n=1}^{\infty} 4 \cdot \frac{1}{3^{n-1}}$ 收敛. 再由性质 1 可得：两个收敛的级数的和收敛，即 $\sum_{n=1}^{\infty}\left(\frac{1}{2^{n-1}}+\frac{4}{3^{n-1}}\right)$ 收敛.

性质 3　在级数 $\sum_{n=1}^{\infty} u_n$ 中去掉、添加有限项，所得到的新级数与原来级数具有相同的敛散性.

性质 3 表明，级数 $\sum_{n=1}^{\infty} u_n$ 的敛散性与其前面有限项无关，而是取决于 n 充分大以后的 u_n 的变化趋势.

性质 4　在级数 $\sum_{n=1}^{\infty} u_n$ 中添加括号，将有限项用括号括起来作为一项，得到新级数. 如果原级数收敛，则新级数也收敛，且其和不变；如果新级数发散，则原级数也发散.

值得注意是：收敛级数去掉括号后所得的新的级数不一定是收敛的. 例如：

$(1-1)+(1-1)+\cdots+(1-1)+\cdots$

收敛于 0，但是去掉括号后得到的新级数

$$1-1+1-1+\cdots+(-1)^{n-1}+\cdots$$

为发散的级数.

上述结果表明不能将有限项求和的所有代数性质随意用在无限项求和的运算过程中.

性质 5　（级数收敛的必要条件）若级数 $\sum_{n=1}^{\infty} u_n$ 收敛，则 $\lim_{n\to\infty} u_n=0$.

推论　若 $\lim_{n\to\infty} u_n\neq 0$，则级数 $\sum_{n=1}^{\infty} u_n$ 发散.

我们常用此推论来判断级数是发散的.

例 5　试判断级数 $\sum_{n=1}^{\infty} \frac{n}{2n-1}$ 的敛散性.

解　由于 $\lim_{n\to\infty} u_n=\lim_{n\to\infty}\frac{n}{2n-1}=\lim_{n\to\infty}\frac{1}{2-\frac{1}{n}}=\frac{1}{2}\neq 0$，所以级数发散.

有必要指出：一般项趋于零的级数未必一定收敛．例如，例 1 中的级数 $\sum_{n=1}^{\infty}(\sqrt{n+1}-\sqrt{n})$ 满足

$$\lim_{n\to\infty} u_n=\lim_{n\to\infty}(\sqrt{n+1}-\sqrt{n})=0,$$

但原级数是发散的.

习题 7－1

1. 写出下列级数的前 3 项、第 10 项和第 $k+m$ 项.

(1) $\sum_{n=1}^{\infty} \frac{1+n}{1+n^2}$　　(2) $\sum_{n=1}^{\infty} (-1)^{n-1}\frac{1+n}{b^{n-1}}$ $(b\neq 0)$

2. 写出下列级数的一般项.

(1) $-1+\frac{1}{2}-\frac{1}{4}+\frac{1}{8}-\cdots$

(2) $\frac{1}{1\cdot 2}+\frac{a}{3\cdot 4}+\frac{a^2}{5\cdot 6}+\frac{a^3}{7\cdot 8}+\frac{a^4}{9\cdot 10}+\cdots$

(3) $\frac{1}{1}-\frac{8}{1\cdot 2}+\frac{27}{1\cdot 2\cdot 3}-\frac{64}{1\cdot 2\cdot 3\cdot 4}+\cdots$

(4) $\frac{2}{1}-\frac{3}{2}+\frac{4}{3}-\frac{5}{4}+\frac{6}{5}-\frac{7}{6}+\cdots$

(5) $-\frac{3}{1}+\frac{4}{4}-\frac{5}{9}+\frac{6}{16}-\frac{7}{25}+\frac{8}{36}-\cdots$

(6) $\frac{\sqrt{x}}{2}+\frac{x}{2\cdot 4}+\frac{x\sqrt{x}}{2\cdot 4\cdot 6}+\frac{x^2}{2\cdot 4\cdot 6\cdot 8}+\cdots$

3. 根据级数收敛的定义，判定下列级数的敛散性.

(1) $\frac{1}{1\cdot 3}+\frac{1}{3\cdot 5}+\frac{1}{5\cdot 7}+\cdots+\frac{1}{(2n-1)(2n+1)}+\cdots$

(2) $\sum_{n=1}^{\infty}\frac{1}{\sqrt{n}+\sqrt{n-1}}$

(3) $\sum_{n=1}^{\infty}\ln\frac{1+n}{n}$

(4) $\sum_{n=2}^{\infty}\frac{(-1)^n}{\sqrt{n+(-1)^n}}$

4. 判定下列级数的敛散性.

(1) $\sum_{n=1}^{\infty}\frac{5}{a^n}\ (a>0)$

(2) $\sum_{n=1}^{\infty}\frac{3+(-1)^n}{3^n}$

(3) $\sum_{n=1}^{\infty}\frac{n}{10n+1}$

(4) $\sum_{n=1}^{\infty}\left(\frac{1+n}{n}\right)^n$

(5) $\sum_{n=1}^{\infty}n^2\left(1-\cos\frac{1}{n}\right)$

(6) $\sum_{n=1}^{\infty}\sin nx\ (x\neq k\pi,k=0,1,2,\cdots)$

5. 求下列级数的和.

(1) $\sum_{n=1}^{\infty}\frac{1}{(n+1)(n+2)}$

(2) $\sum_{n=1}^{\infty}\frac{1}{n(n+1)(n+2)}$

项目二　正项级数

在项目一中，我们学习了级数收敛的充分必要条件. 收敛级数的性质以及几种常见的级数敛散性的判定，但是有些级数，通过定义判断是比较困难的，如 $\sum_{n=1}^{\infty}\sin\frac{1}{n}$，$\sum_{n=1}^{\infty}\frac{1}{\sqrt{n(n+1)}}$ 等，因为部分和往往很难写出一般表达式，那么我们有更加简单有效的方法来判断级数的敛散性吗？下面我们先来讨论最简单、最具有代表性的级数——正项级数.

定义 7.2.1　设级数 $\sum_{n=1}^{\infty}u_n$，如果 $u_n\geqslant 0$ ($n=1$, 2, …)，则称级数 $\sum_{n=1}^{\infty}u_n$ 为正项级数.

对于正项级数 $\sum_{n=1}^{\infty}u_n$，其部分和数列 $\{S_n\}$ 是单调增加数列，由数列极限的存在准则可知：若单调增加数列 $\{S_n\}$ 有上界，则 $\lim\limits_{n\to\infty}S_n$ 存在，否则 $\lim\limits_{n\to\infty}S_n=\infty$. 由此可得到下述定理：

定理 7.2.1　正项级数收敛的充要条件是它的部分和数列 $\{S_n\}$ 有上界.

根据定理 7.2.1 所提供的正项级数收敛的充分必要条件，可以得到判断正项级数敛散性常用的比较判别法.

定理 7.2.2　(比较判别法) 若级数 $\sum_{n=1}^{\infty} u_n$ 和 $\sum_{n=1}^{\infty} v_n$ 都是正项级数，且满足

$$u_n \leqslant v_n \quad (n=1, 2, \cdots) \tag{7.2.1}$$

(1) 若正项级数 $\sum_{n=1}^{\infty} v_n$ 收敛，则正项级数 $\sum_{n=1}^{\infty} u_n$ 也收敛；

(2) 若正项级数 $\sum_{n=1}^{\infty} u_n$ 发散，则正项级数 $\sum_{n=1}^{\infty} v_n$ 也发散.

比较判别法可以通俗地说成：若“大”的级数收敛，则“小”的级数也收敛；若“小”的级数发散，则“大”的级数也发散．因此要想判断一个正项级数是收敛的，必须要找一个通项比它大而且是收敛的级数；要想判断一个正项级数是发散的，必须要找一个通项比它小而且是发散的级数.

值得注意的是：其实不必从 $n=1$ 起始就要求比较判别法的条件 $u_n \leqslant v_n$ 成立．由上一项目的性质 3 可知，改变一个级数的有限项并不影响该级数的敛散性，所以只要从某一项起

$$u_n \leqslant v_n (n=N, N+1, \cdots)$$

就可以了，此结果与定理 7.2.1 相比更实用.

例 1　试判断级数 $\sum_{n=1}^{\infty} \sin\frac{\pi}{3^n}$ 的敛散性.

解　由题设可知，所给定级数的一般项为 $u_n = \sin\frac{\pi}{3^n}$，且 $u_n > 0$ $(n=1, 2, \cdots)$，因此级数 $\sum_{n=1}^{\infty} \sin\frac{\pi}{3^n}$ 为正项级数．此外，当 $x>0$ 时，有 $\sin x < x$，故

$$u_n = \sin\frac{\pi}{3^n} < \frac{\pi}{3^n} \quad (n=1, 2, \cdots)$$

取 $v_n = \frac{\pi}{3^n}$，则 $\sum_{n=1}^{\infty} v_n = \sum_{n=1}^{\infty} \frac{\pi}{3^n}$ 为几何级数，其公比 $q=\frac{1}{3}$，所以 $\sum_{n=1}^{\infty} v_n = \sum_{n=1}^{\infty} \frac{\pi}{3^n}$ 收敛．由比较判别法可知，$\sum_{n=1}^{\infty} \sin\frac{\pi}{3^n}$ 收敛.

一般称正项级数

$$\sum_{n=1}^{\infty} \frac{1}{n^p} = 1 + \frac{1}{2^p} + \cdots + \frac{1}{n^p} + \cdots$$

为 p—级数（或称广义调和函数）. 前述的调和级数是广义调和级数 $p=1$ 时的特殊情形. 可以证明

(1) 当 $p>1$ 时，p—级数 $\sum_{n=1}^{\infty} \frac{1}{n^p}$ 收敛；

(2) 当 $p \leqslant 1$ 时，p—级数 $\sum_{n=1}^{\infty} \frac{1}{n^p}$ 发散.

用比较判别法判定一个正项级数的敛散性时，关键是找到一个已知敛散性的参考级数，将需要判断的级数的一般项与参考级数的一般项进行比较，然后通过定理 7.2.2 确

定该级数的敛散性．最常用的参考级数是几何级数 $\sum_{n=0}^{\infty} aq^n$ 或 p—级数 $\sum_{n=1}^{\infty} \frac{1}{n^p}$．

关于 p—级数现在仍然存在一些不解之谜．1749 年欧拉的一个很重要的工作是求出 $\sum_{n=1}^{\infty} \frac{1}{n^{2m}}(m=1,2,\cdots)$ 的具体数值，其中当 $m=1$ 时，$\sum_{n=1}^{\infty} \frac{1}{n^2}=\frac{\pi^2}{6}$；当 $m=2$ 时，$\sum_{n=1}^{\infty} \frac{1}{n^4}=\frac{\pi^4}{90}$；…．但级数 $\sum_{n=1}^{\infty} \frac{1}{n^{2m+1}}$ $(m=1,2,\cdots)$是否能求出它的值，仍然是一个未揭开的数学之谜.

对于级数 $\sum_{n=1}^{\infty} \frac{1}{n^{2m+1}}(m=1,2,\cdots)$，除了现在还不能计算出它的值外，即使要确定该收敛级数的值是有理数还是无理数也是一个相当困难的数学问题．所幸的是，1978 年，在芬兰赫尔辛基举行的世界数学家大会上，法国数学家阿皮列证明了 $\sum_{n=1}^{\infty} \frac{1}{n^3}$ 是一个无理数．这结果大大出乎数学大师们的意料. 然而，$\sum_{n=1}^{\infty} \frac{1}{n^{2m+1}}(m\geqslant 2)$ 的有理性或无理性仍然还没有得到证实．这也为广大数学工作者和数学爱好者留下了一个很好的研究课题.

例 2 试判断级数 $\sum_{n=1}^{\infty} \frac{1}{\sqrt{n^2+1}}$ 的敛散性.

解 由于所给定级数的一般项为 $u_n=\frac{1}{\sqrt{n^2+1}}$，且满足

$$u_n=\frac{1}{\sqrt{n^2+1}}>\frac{1}{\sqrt{1+2n+n^2}}=\frac{1}{n+1}$$

令 $v_n=\frac{1}{n+1}$，则 $\sum_{n=1}^{\infty} v_n=\sum_{n=1}^{\infty} \frac{1}{n+1}=\sum_{n=2}^{\infty} \frac{1}{n}$ 为去掉第一项的调和级数，并可知 $\sum_{n=1}^{\infty} v_n$ 发散．故由比较判别法可知 $\sum_{n=1}^{\infty} \frac{1}{\sqrt{n^2+1}}$ 也发散.

例 3 试判断级数 $\sum_{n=1}^{\infty} \frac{1}{3^n+1}$ 的敛散性.

解 已知所给定级数的一般项为 $u_n=\frac{1}{3^n+1}$，且满足

$$u_n=\frac{1}{3^n+1}<\frac{1}{3^n}$$

令 $v_n=\frac{1}{3^n}$，则 $\sum_{n=1}^{\infty} v_n=\sum_{n=1}^{\infty} \frac{1}{3^n}$ 为几何级数，公比为 $q=\frac{1}{3}$，可知级数 $\sum_{n=1}^{\infty} v_n$ 收敛，故由比较判别法可知 $\sum_{n=1}^{\infty} \frac{1}{3^n+1}$ 也收敛.

注意到级数的基本性质 2 与性质 3，即级数的各项同乘以不为零的常数 k，去掉或添加有限项仍然不改变级数的敛散性．由此可以得到下述更实用的结果.

推论　（1）若正项级数 $\sum_{n=1}^{\infty} v_n$ 收敛，且存在 N，当 $n \geqslant N$ 时，有 $0 \leqslant u_n \leqslant k v_n$，则正项级数 $\sum_{n=1}^{\infty} u_n$ 也收敛.

（2）若正项级数 $\sum_{n=1}^{\infty} v_n$ 发散，且存在 N，当 $n \geqslant N$ 时，有 $u_n \geqslant k v_n (k>0)$，则正项级数 $\sum_{n=1}^{\infty} u_n$ 也发散.

顺便指出，由比较判别法及极限定义可以得出下面更实用的极限形式的比较判别法.

定理 7.2.2′　（极限形式的比较判别法）若级数 $\sum_{n=1}^{\infty} u_n$ 和 $\sum_{n=1}^{\infty} v_n$ 都是正项级数，且

$$\lim_{n\to\infty}\frac{u_n}{v_n}=k\ (k>0)$$

则正项级数 $\sum_{n=1}^{\infty} u_n$ 与 $\sum_{n=1}^{\infty} v_n$ 有相同的敛散性.

如例 2 中，取 $v_n=\frac{1}{n}$，由 $\lim_{n\to\infty}\frac{u_n}{v_n}=\lim_{n\to\infty}\frac{\frac{1}{\sqrt{n^2+1}}}{\frac{1}{n}}=1$ 及 $\sum_{n=1}^{\infty} v_n=\sum_{n=1}^{\infty}\frac{1}{n}$ 发散，可知级数 $\sum_{n=1}^{\infty}\frac{1}{\sqrt{n^2+1}}$ 也发散．利用极限形式的比较判别法，可以免去放大或缩小 u_n 的困难.

从上述两例不难发现，应用比较判别法需要与一个已知敛散性的级数作比较，通常情况下不容易找到这个已知敛散性的级数．下面给出一种更方便实用的比值判别法.

定理 7.2.3　（比值判别法）若正项级数 $\sum_{n=1}^{\infty} u_n (u_n>0, n=1,2,\cdots)$，满足条件

$$\lim_{n\to\infty}\frac{u_{n+1}}{u_n}=l \tag{7.2.2}$$

（1）若 $l<1$，则级数 $\sum_{n=1}^{\infty} u_n$ 收敛；

（2）若 $l>1$（或 $\lim_{n\to\infty}\frac{u_{n+1}}{u_n}=\infty$），则级数 $\sum_{n=1}^{\infty} u_n$ 发散.

注： 若 $l=1$，则本判别法不能判断所给定的级数的敛散性.

例 4　试判断级数 $\sum_{n=1}^{\infty}\frac{4^n}{5^n-3^n}$ 的敛散性.

解　已知正项级数的一般项为 $u_n=\frac{4^n}{5^n-3^n}$，由于

$$\lim_{n\to\infty}\frac{u_{n+1}}{u_n}=\lim_{n\to\infty}\frac{\frac{4^{n+1}}{5^{n+1}-3^{n+1}}}{\frac{4^n}{5^n-3^n}}=\lim_{n\to\infty}\frac{\frac{4^{n+1}}{5^{n+1}\left[1-\left(\frac{3}{5}\right)^{n+1}\right]}}{\frac{4^n}{5^n\left[1-\left(\frac{3}{5}\right)^n\right]}}$$

$$=\lim_{n\to\infty}\frac{4}{5}\cdot\frac{1-\left(\frac{3}{5}\right)^{n}}{1-\left(\frac{3}{5}\right)^{n+1}}=\frac{4}{5}=l<1$$

故由比值判别法可知，级数 $\sum_{n=1}^{\infty}\frac{4^n}{5^n-3^n}$ 收敛.

例 5 试判断级数 $\sum_{n=1}^{\infty}\frac{n!}{10^n}$ 的敛散性.

解 已知的正项级数的一般项为 $u_n=\frac{n!}{10^n}$，由于

$$\lim_{n\to\infty}\frac{u_{n+1}}{u_n}=\lim_{n\to\infty}\frac{\frac{(n+1)!}{10^{n+1}}}{\frac{n!}{10^n}}=\lim_{n\to\infty}\frac{n+1}{10}=\infty$$

由比值判别法可知，级数 $\sum_{n=1}^{\infty}\frac{n!}{10^n}$ 发散.

例 6 试判断级数 $\sum_{n=1}^{\infty}\frac{1}{4n^2-1}$ 的敛散性.

解 该正项级数的一般项为 $u_n=\frac{1}{4n^2-1}$，由于

$$\lim_{n\to\infty}\frac{u_{n+1}}{u_n}=\lim_{n\to\infty}\frac{4n^2-1}{4(n+1)^2-1}=\lim_{n\to\infty}\left(\frac{2n+1}{2n+3}\cdot\frac{2n-1}{2n+1}\right)=1$$

所以比值判别法失效，此时可考虑运用比较判别法.

因为 $u_n=\frac{1}{4n^2-1}=\frac{1}{(2n-1)(2n+1)}<\frac{1}{n^2}$，而 p—级数 $\sum_{n=1}^{\infty}\frac{1}{n^2}$ 是收敛的，所以级数 $\sum_{n=1}^{\infty}\frac{1}{4n^2-1}$ 收敛.

习题 7－2

1. 用比较判别法或其极限形式判别下列正项级数的敛散性.

(1) $\sum_{n=1}^{\infty}\frac{1}{1+2n}$　　(2) $\sum_{n=1}^{\infty}\frac{1}{1+3^n}$

(3) $\sum_{n=1}^{\infty}(\sqrt{n^2+1}-\sqrt{n^2-1})$　　(4) $\sum_{n=1}^{\infty}\frac{1}{n\sqrt{n+1}}$

(5) $\sum_{n=1}^{\infty}\sin\frac{\pi}{4^n}$　　(6) $\sum_{n=1}^{\infty}\frac{n}{n^3+1}$

(7) $\sum_{n=1}^{\infty}\frac{1}{\sqrt{n}}\sin\frac{2}{\sqrt{n}}$　　(8) $\sum_{n=1}^{\infty}\frac{1}{na+b}\quad(a>0,b>0)$

2. 用比值判别法或其极限形式判别下列正项级数的敛散性.

(1) $\sum_{n=1}^{\infty}\frac{3^n}{n2^n}$　　(2) $\sum_{n=1}^{\infty}\frac{n^n}{n!}$

(3) $\frac{1}{\sqrt{2}}+\frac{3}{2}+\frac{5}{2\sqrt{2}}+\cdots+\frac{2n-1}{(\sqrt{2})^n}+\cdots$

(4) $\sum_{n=1}^{\infty}\frac{3\cdot5\cdot7\cdot\cdots\cdot(2n+1)}{4\cdot7\cdot10\cdot\cdots\cdot(3n+1)}$

(5) $\sum_{n=1}^{\infty}\frac{n!}{2^n+1}$

(6) $\sum_{n=1}^{\infty}\frac{1}{2^{2n-1}(2n-1)}$

(7) $\sum_{n=1}^{\infty}\frac{4^n}{5^n-3^n}$

(8) $\sum_{n=1}^{\infty}n\left(\frac{3}{5}\right)^n$

3. 若 $\sum_{n=1}^{\infty}a_n^2$ 及 $\sum_{n=1}^{\infty}b_n^2$ 收敛，证明下列级数也收敛.

(1) $\sum_{n=1}^{\infty}(a_n^2+b_n^2)$

(2) $\sum_{n=1}^{\infty}|a_nb_n|$

(3) $\sum_{n=1}^{\infty}(a_n+b_n)^2$

(4) $\sum_{n=1}^{\infty}\frac{|a_n|}{n}$

4. 判别级数 $\sum_{n=1}^{\infty}\left(\frac{b}{a_n}\right)^n$ 的敛散性，其中 $a_n\to a(n\to\infty)$，且 a_n，b，a 均为正数.

项目三 交错项级数与任意项级数

一、交错项级数

定义 7.3.1 若 $u_n>0$ ($n=1, 2, \cdots$)，则称级数

$$\sum_{n=1}^{\infty}(-1)^{n-1}u_n=u_1-u_2+u_3-u_4+\cdots \quad 或$$

$$\sum_{n=1}^{\infty}(-1)^{n}u_n=-u_1+u_2-u_3+u_4-\cdots$$

为交错项级数.

1713 年，莱布尼兹给出了交错项级数敛散性的下述重要结论.

定理 7.3.1 （莱布尼兹判别法）若交错项级数 $\sum_{n=1}^{\infty}(-1)^{n-1}u_n(u_n>0)$ 满足

(1) $u_n\geqslant u_{n+1}(n=1, 2, \cdots)$，即$\{u_n\}$单调减少；

(2) $\lim\limits_{n\to\infty}u_n=0$.

则交错项级数 $\sum_{n=1}^{\infty}(-1)^{n-1}u_n$ 收敛，且其和 $S\leqslant u_1$.

对于上述交错项级数 $\sum_{n=1}^{\infty}(-1)^{n-1}u_n$ 而言，若极限$\lim\limits_{n\to\infty}u_n$ 不存在，或存在但$\lim\limits_{n\to\infty}u_n\neq 0$，则交错项级数 $\sum_{n=1}^{\infty}(-1)^{n-1}u_n$ 的一般项的极限 $\lim\limits_{n\to\infty}(-1)^{n-1}u_n$ 不存在，因此级数 $\sum_{n=1}^{\infty}(-1)^{n-1}u_n$ 发散.

例 1　试判断交错项级数 $\sum\limits_{n=1}^{\infty}(-1)^{n-1}\frac{1}{n}$ 的敛散性.

解　由于级数 $\sum\limits_{n=1}^{\infty}(-1)^{n-1}\frac{1}{n}=\sum\limits_{n=1}^{\infty}(-1)^{n-1}u_n$ 为交错项级数，其中 $u_n=\frac{1}{n}$，故

$\frac{u_{n+1}}{u_n}=\frac{n}{n+1}<1$，即 $u_n>u_{n+1}$

且 $\lim\limits_{n\to\infty}u_n=\lim\limits_{n\to\infty}\frac{1}{n}=0$

由莱布尼兹判别法可知，交错项级数 $\sum\limits_{n=1}^{\infty}(-1)^{n-1}\frac{1}{n}$ 收敛.

交错项级数 $\sum\limits_{n=1}^{\infty}(-1)^{n-1}\frac{1}{n}$ 常被称为莱布尼兹级数，以后将此级数认作标准无穷级数.

例 2　试判别交错项级数 $\sum\limits_{n=1}^{\infty}(-1)^{n-1}\frac{2n}{3n-1}$ 的敛散性.

解　因为 $\lim\limits_{n\to\infty}u_n=\lim\limits_{n\to\infty}\frac{2n}{3n-1}=\frac{2}{3}\neq 0$，所以，交错项级数 $\sum\limits_{n=1}^{\infty}(-1)^{n-1}\frac{2n}{3n-1}$ 发散.

二、任意项级数

正负项可以任意出现的级数称为任意项级数．由此可见，交错项级数是任意项级数的一种特殊情形．由于要判断任意项级数的敛散性没有一般的通用法则，故先研究

$$\sum_{n=1}^{\infty}|u_n|=|u_1|+|u_2|+\cdots+|u_n|+\cdots \tag{7.3.1}$$

的敛散性．且有下述性质定理：

定理 7.3.2　若级数 $\sum\limits_{n=1}^{\infty}|u_n|$ 收敛，则级数 $\sum\limits_{n=1}^{\infty}u_n$ 必定收敛.

注意到前面所述的莱布尼兹级数 $\sum\limits_{n=1}^{\infty}(-1)^{n-1}\frac{1}{n}$ 是收敛的，但其各项取绝对值所构成的级数 $\sum\limits_{n=1}^{\infty}\frac{1}{n}$ 为调和级数，是发散的级数．由此可知，级数 $\sum\limits_{n=1}^{\infty}u_n$ 收敛，并不能保证级数 $\sum\limits_{n=1}^{\infty}|u_n|$ 收敛．下面我们引入判定任意项级数敛散性所涉及的绝对收敛与条件收敛的概念.

定义 7.3.2　设有任意项级数 $\sum\limits_{n=1}^{\infty}u_n$，若级数 $\sum\limits_{n=1}^{\infty}|u_n|$ 收敛，则称级数 $\sum\limits_{n=1}^{\infty}u_n$ 绝对收敛；若级数 $\sum\limits_{n=1}^{\infty}|u_n|$ 发散，而级数 $\sum\limits_{n=1}^{\infty}u_n$ 收敛，则称级数 $\sum\limits_{n=1}^{\infty}u_n$ 条件收敛.

显而易见，莱布尼兹级数 $\sum\limits_{n=1}^{\infty}(-1)^{n-1}\frac{1}{n}$ 为条件收敛的.

例 3　试判断交错项级数 $\sum\limits_{n=1}^{\infty}(-1)^{n+1}\frac{1}{n^p}$ 的敛散性，若其收敛，那么是绝对收敛，

还是条件收敛（其中 $p>0$）？

解　记 $u_n=(-1)^{n+1}\frac{1}{n^p}$，则 $|u_n|=\frac{1}{n^p}$，即 $\sum_{n=1}^{\infty}|u_n|$ 为 p－级数，因此当 $p>1$ 时，$\sum_{n=1}^{\infty}|u_n|=\sum_{n=1}^{\infty}\frac{1}{n^p}$ 收敛，故级数 $\sum_{n=1}^{\infty}(-1)^{n+1}\frac{1}{n^p}$ 绝对收敛.

当 $0<p\leqslant 1$ 时，$\sum_{n=1}^{\infty}|u_n|=\sum_{n=1}^{\infty}\frac{1}{n^p}$ 发散，即级数 $\sum_{n=1}^{\infty}(-1)^{n+1}\frac{1}{n^p}$ 不是绝对收敛．此外，由于 $\sum_{n=1}^{\infty}(-1)^{n+1}\frac{1}{n^p}$ 为交错项级数，当 $0<p\leqslant 1$ 时，有

$$\frac{1}{n^p}>\frac{1}{(n+1)^p}>0(n=1,\ 2,\ \cdots)$$

且 $\lim\limits_{n\to\infty}\frac{1}{n^p}=0$

由莱布尼兹判别法可知，级数 $\sum_{n=1}^{\infty}(-1)^{n+1}\frac{1}{n^p}$ 为条件收敛.

综上所述：

对于级数 $\sum_{n=1}^{\infty}(-1)^{n+1}\frac{1}{n^p}$，当 $p>1$ 时，该级数绝对收敛；当 $0<p\leqslant 1$ 时，该级数条件收敛.

我们进一步给出任意项级数的比值判别法.

定理 7.3.3　若任意项级数

$$\sum_{n=1}^{\infty}u_n=u_1+u_2+\cdots+u_n+\cdots \tag{7.3.2}$$

设 $\lim\limits_{n\to\infty}\left|\frac{u_{n+1}}{u_n}\right|=l$，有

（1）当 $0\leqslant l<1$ 时，级数 $\sum_{n=1}^{\infty}u_n$ 绝对收敛；

（2）当 $l>1$ 时，级数 $\sum_{n=1}^{\infty}u_n$ 发散；

（3）当 $l=1$ 时，级数 $\sum_{n=1}^{\infty}u_n$ 无法判断敛散性.

例 4　试判断级数 $\sum_{n=1}^{\infty}(-1)^{n+1}\frac{\sin n}{n^{\frac{4}{3}}}$ 的敛散性，如果它收敛，那么是绝对收敛，还是条件收敛？

解　其通项为 $u_n=(-1)^{n+1}\frac{\sin n}{n^{\frac{4}{3}}}$，而且

$$|u_n|=\left|(-1)^n\frac{\sin n}{n^{\frac{4}{3}}}\right|\leqslant\frac{1}{n^{\frac{4}{3}}}=v_n,$$

然而 $\sum_{n=1}^{\infty}v_n=\sum_{n=1}^{\infty}\frac{1}{n^{\frac{4}{3}}}$ 为 $p=\frac{4}{3}>1$ 的 p－级数，其为收敛的．从而可知 $\sum_{n=1}^{\infty}|u_n|=$

$\sum_{n=1}^{\infty}\left|(-1)^{n+1}\frac{\sin n}{n^{\frac{4}{3}}}\right|$ 收敛．即级数 $\sum_{n=1}^{\infty}(-1)^{n+1}\frac{\sin n}{n^{\frac{4}{3}}}$ 绝对收敛.

习题 7－3

1. 判定下列级数是否收敛．如果是收敛级数，指出是绝对收敛，还是条件收敛.

(1) $\sum_{n=1}^{\infty}(-1)^{n-1}\frac{n^2}{2^n}$

(2) $\sum_{n=1}^{\infty}\frac{(-1)^n}{n\cdot 2^n}$

(3) $\sum_{n=1}^{\infty}(-1)^{n-1}\frac{\sqrt{n}}{n+1}$

(4) $\sum_{n=1}^{\infty}(-1)^n\left(\frac{2}{3}\right)^n$

(5) $\sum_{n=1}^{\infty}\frac{\sin\frac{n\pi}{2}}{\sqrt{n^3}}$

(6) $\sum_{n=1}^{\infty}\frac{\cos n\alpha}{n^3}$

(7) $\sum_{n=1}^{\infty}\frac{(-1)^{n-1}}{\ln(n+1)}$

(8) $\sum_{n=1}^{\infty}(-1)^{n-1}\frac{n+2}{(n+1)\sqrt{n}}$

(9) $\sum_{n=1}^{\infty}(-1)^{n-1}\frac{n}{2n-1}$

(10) $\sum_{n=1}^{\infty}\frac{\sin na}{(n+1)^2}$

(11) $\sum_{n=1}^{\infty}(-1)^{n-1}\frac{n}{n^2+1}$

(12) $\sum_{n=1}^{\infty}(-1)^n\frac{n}{3^{n-1}}$

2. 讨论级数 $\sum_{n=2}^{\infty}(-1)^{n-1}\frac{1}{(n-1)^p}$ 的敛散性（$p>0$）.

3. 讨论级数 $\sum_{n=1}^{\infty}\frac{(-1)^n}{na^n}$ 的敛散性（a 为大于零的常数）.

项目四　幂级数

前面三个项目中我们讨论了以“数”为项的常数项级数，接下来我们将讨论每一项都是“函数”的级数，也就是函数项级数.

一、函数项级数的概念

如果给定一个定义在区间 I 上的函数列

$$u_1(x),\ u_2(x),\ u_3(x),\ \cdots,\ u_n(x),\ \cdots,$$

则由该函数列构成的表达式

$$\sum_{n=1}^{\infty}u_n(x)=u_1(x)+u_2(x)+u_3(x)+\cdots+u_n(x)+\cdots \tag{7.4.1}$$

称为定义在区间 I 上的函数项无穷级数，简称函数项级数.

对于每一个确定的值 $x_0\in I$，函数项级数（7.4.1）成为常数项级数

$$\sum_{n=1}^{\infty} u_n(x_0) = u_1(x_0) + u_2(x_0) + u_3(x_0) + \cdots + u_n(x_0) + \cdots \tag{7.4.2}$$

级数 $\sum_{n=1}^{\infty} u_n(x_0)$ 可能收敛，也可能发散．如果 $\sum_{n=1}^{\infty} u_n(x_0)$ 收敛，我们称点 x_0 是该函数项级数的收敛点；如果 $\sum_{n=1}^{\infty} u_n(x_0)$ 发散，我们称 x_0 是该函数项级数的发散点．函数项级数 $\sum_{n=1}^{\infty} u_n(x)$ 的所有收敛点的全体称为它的收敛域，所有发散点的全体称为它的发散域.

在收敛域上，函数项级数 $\sum_{n=1}^{\infty} u_n(x)$ 的和是关于 x 的函数，记为和函数 $S(x)$，即在收敛域上，$\sum_{n=1}^{\infty} u_n(x) = S(x)$．

二、幂级数

一般的函数项级数是比较复杂的，要确定它的收敛域与和函数也是十分困难的，在这里我们主要讨论函数项级数中简单而常见的一类级数，就是各项均为幂函数的函数项级数，即所谓的幂级数．形如

$$\sum_{n=0}^{\infty} a_n (x-x_0)^n = a_0 + a_1(x-x_0) + a_2(x-x_0)^2 + \cdots + a_n(x-x_0)^n + \cdots \tag{7.4.3}$$

的函数项级数为以 x_0 为中心的幂级数，其中常数 a_n 称作幂级数的第 n 项系数.

我们先来讨论幂级数的收敛域．为了研究方便，不妨设幂级数中的 $x_0=0$，即讨论形如

$$\sum_{n=0}^{\infty} a_n x^n = a_0 + a_1 x + a_2 x^2 + \cdots + a_n x^n + \cdots \tag{7.4.4}$$

的幂级数，又称为 x 的幂级数．这不影响讨论的一般性，因为只需作代换 $t=x-x_0$，就可将式（7.4.3）化成式（7.4.4).

例如，几何级数

$$\sum_{n=0}^{\infty} x^n = 1 + x + x^2 + \cdots + x^n + \cdots$$

是中心在 $x=0$ 的幂级数．它的收敛域是以原点为中心的对称区间$(-1, 1)$.

对于一般的幂级数 $\sum_{n=0}^{\infty} a_n x^n$ 是否也有类似的规律呢？回答是肯定的，下面的定理可以说明这一点.

定理 7.4.1 （阿贝尔定理）

(1) 幂级数 $\sum_{n=0}^{\infty} a_n x^n$ 在 $x=0$ 处收敛；

(2) 若幂级数 $\sum_{n=0}^{\infty} a_n x^n$ 在某非零点 x_0 处收敛，则对于满足不等式 $|x|<|x_0|$ 的一切

x，幂级数 $\sum_{n=0}^{\infty} a_n x^n$ 绝对收敛；

（3）若幂级数 $\sum_{n=0}^{\infty} a_n x^n$ 在某非零点 x_0 处发散，则对于满足不等式 $|x|>|x_0|$ 的一切 x，幂级数 $\sum_{n=0}^{\infty} a_n x^n$ 发散.

证明略.

阿贝尔定理给出了幂级数收敛域的结构组成，即若点 x_0 是幂级数（7.4.4）的收敛点，则到坐标原点距离比点 x_0 近的点都是幂级数（7.4.4）的收敛点；若点 x_0 是幂级数的发散点，则到坐标原点距离比点 x_0 远的点都是幂级数的发散点．数轴上的点不是幂级数（7.4.4）的收敛点就是幂级数（7.4.4）的发散点，

假设幂级数（7.4.4）不仅仅在 $x=0$ 处收敛，也不是在整个数轴上收敛，设想从原点出发沿数轴向右行进，先遇到的必然都是收敛点，一旦遇到了一个发散点，那么以后遇到的都是发散点．自原点向左也有类似情况．因此，它在原点的左右两侧各有一个临界点，由定理 7.4.1 可知它们到原点的距离是一样的，设这个距离为 R. 有如下推论：

推论：如果幂级数 $\sum_{n=0}^{\infty} a_n x^n$ 不是仅在 $x=0$ 一点收敛也不是在整个数轴上收敛，则一定存在唯一的正数 R，使得：

（1）当 $|x|<R$ 时，幂级数绝对收敛；

（2）当 $|x|>R$ 时，幂级数发散；

（3）当 $x=\pm R$ 时，幂级数可能发散也可能收敛.

证明从略.

我们把满足推论的实数 R 称为幂级数 $\sum_{n=0}^{\infty} a_n x^n$ 的收敛半径．开区间 $(-R, R)$ 称为幂级数 $\sum_{n=0}^{\infty} a_n x^n$ 的收敛区间．根据幂级数在端点 $x=\pm R$ 处的收敛性，就可以确定其收敛域必为下述四种情形之一：$(-R, R)$，$[-R, R)$，$(-R, R]$ 或 $[-R, R]$.

特殊地，如果幂级数 $\sum_{n=0}^{\infty} a_n x^n$ 只在 $x=0$ 处收敛，此时收敛域内仅有一点 $x=0$，其收敛半径 $R=0$；如果幂级数 $\sum_{n=0}^{\infty} a_n x^n$ 对一切 x 均收敛，则规定其收敛半径 $R=+\infty$，此时的收敛域为 $(-\infty, +\infty)$.

由此可见，幂级数的收敛域问题归结于收敛半径的计算．下面的定理给出了收敛半径的一种计算方法.

定理 7.4.2 设 $\sum_{n=0}^{\infty} a_n x^n$ 为幂级数，且 $\lim_{n\to\infty}\left|\frac{a_{n+1}}{a_n}\right|=\rho$，$R$ 为其收敛半径．若：

（1）$0<\rho<+\infty$，则 $R=\frac{1}{\rho}$.

（2）$\rho=0$，则 $R=+\infty$.

（3）$\rho=+\infty$，则 $R=0$.

例 1　试求幂级数 $\sum\limits_{n=1}^{\infty}(-1)^n\dfrac{x^n}{n}$ 的收敛半径、收敛区间和收敛域.

解　由定理 7.4.2 知

$$\rho=\lim_{n\to\infty}\left|\frac{a_{n+1}}{a_n}\right|=\lim_{n\to\infty}\left|\frac{\frac{1}{n+1}}{\frac{1}{n}}\right|=1$$

故收敛半径为 $R=\dfrac{1}{\rho}=1$，收敛区间为 $(-1,\ 1)$.

当 $x=1$ 时，级数 $\sum\limits_{n=1}^{\infty}(-1)^n\dfrac{x^n}{n}=\sum\limits_{n=1}^{\infty}\dfrac{(-1)^n}{n}$ 为莱布尼兹级数，是收敛的.

当 $x=-1$ 时，级数 $\sum\limits_{n=1}^{\infty}(-1)^n\dfrac{x^n}{n}=\sum\limits_{n=1}^{\infty}\dfrac{1}{n}$ 为调和级数，是发散的.

所以原级数的收敛域为 $(-1,\ 1]$.

例 2　求幂级数 $\sum\limits_{n=0}^{\infty}\dfrac{x^n}{n!}$ 的收敛半径和收敛域.

解　记 $a_n=\dfrac{1}{n!}$，则有

$$\rho=\lim_{n\to\infty}\left|\frac{a_{n+1}}{a_n}\right|=\lim_{n\to\infty}\frac{\frac{1}{(n+1)!}}{\frac{1}{n!}}=0$$

故收敛半径为 $R=\infty$，收敛域为 $(-\infty,\ +\infty)$. 以后我们会证明该幂级数的和函数为指数函数 e^x.

例 3　求幂级数 $\sum\limits_{n=0}^{\infty}n!x^n$ 的收敛半径和收敛域.

解　记 $a_n=n!$，则有

$$\rho=\lim_{n\to\infty}\left|\frac{a_{n+1}}{a_n}\right|=\lim_{n\to\infty}\frac{(n+1)!}{n!}=\infty$$

故收敛半径为 $R=\dfrac{1}{\rho}=0$，收敛域为 0.

例 4　求幂级数 $\sum\limits_{n=0}^{\infty}\dfrac{(x-2)^n}{n^2}$ 的收敛半径和收敛区间.

解　记 $a_n=\dfrac{1}{n^2}$，则有

$$\rho=\lim_{n\to\infty}\left|\frac{a_{n+1}}{a_n}\right|=\lim_{n\to\infty}\frac{n^2}{(n+1)^2}=1$$

故收敛半径为 $R=\dfrac{1}{\rho}=1$，收敛区间为 $-1<x-2<1$，即 $1<x<3$.

例 5　求幂级数 $\sum\limits_{n=0}^{\infty}\dfrac{x^{2n}}{2n+1}$ 的收敛半径和收敛区间.

解　所给的幂级数缺少奇数项，故不能直接用定理 7.4.2 求收敛半径．可直接利用

比值判别法（定理 7.2.3）：

$$\lim_{n\to\infty}\left|\frac{u_{n+1}}{u_n}\right|=\lim_{n\to\infty}\left|\frac{x^{2n+2}}{2n+3}\cdot\frac{2n+1}{x^{2n}}\right|=\lim_{n\to\infty}\frac{2n+1}{2n+3}x^2=x^2$$

所以，当 $x^2<1$，即 $|x|<1$ 时，原级数 $\sum\limits_{n=0}^{\infty}\frac{x^{2n}}{2n+1}$ 绝对收敛；当 $x^2>1$，即 $|x|>1$ 时，原级数 $\sum\limits_{n=0}^{\infty}\frac{x^{2n}}{2n+1}$ 发散．因此原级数的收敛半径 $R=1$，收敛区间为 $(-1, 1)$.

三、幂级数的运算与性质

1. 幂级数的运算

定理 7.4.3 设幂级数 $\sum\limits_{n=0}^{\infty}a_nx^n$ 与 $\sum\limits_{n=0}^{\infty}b_nx^n$ 的收敛半径分别为 R_1 与 R_2. 记 $R=\min\{R_1, R_2\}$，则在 $(-R, R)$ 内有：

(1) $\sum\limits_{n=0}^{\infty}a_nx^n\pm\sum\limits_{n=0}^{\infty}b_nx^n=\sum\limits_{n=0}^{\infty}(a_n\pm b_n)x^n$；

(2) $(\sum\limits_{n=0}^{\infty}a_nx^n)\cdot(\sum\limits_{n=0}^{\infty}b_nx^n)=\sum\limits_{n=0}^{\infty}c_nx^n$，其中 $c_n=\sum\limits_{k=0}^{\infty}a_kb_{n-k}$.

证明从略．值得注意的是，两个幂级数相加减或相乘后所得的幂级数，其收敛半径 $R\geqslant\min\{R_1, R_2\}$.

2. 和函数的性质

设幂级数 $\sum\limits_{n=0}^{\infty}a_nx^n$ 的收敛半径为 R，和函数为 $S(x)$，即

$$S(x)=\sum_{n=0}^{\infty}a_nx^n, x\in(-R,R)$$

则幂级数的和函数有如下性质：

(1)（连续性）$S(x)$ 在 $(-R, R)$ 内连续，且当 $\sum\limits_{n=0}^{\infty}a_nx^n$ 在 $x=R$（或 $x=-R$）处收敛时，$S(x)$ 在 $x=R$ 处左连续（或在 $x=-R$ 处右连续）.

(2)（逐项微分）$S(x)$ 在 $(-R, R)$ 内可导，并可逐项求导，即

$$S'(x)=(\sum_{n=0}^{\infty}a_nx^n)'=\sum_{n=0}^{\infty}(a_nx^n)'=\sum_{n=0}^{\infty}na_nx^{n-1}\quad(-R<x<R)\tag{7.4.5}$$

且逐项求导后得到的幂级数 $\sum\limits_{n=0}^{\infty}na_nx^{n-1}$ 与原幂级数的收敛半径相同.

(3)（逐项积分）$S(x)$ 在 $(-R, R)$ 内任何子区间上可积，并可逐项积分，即

$$\int_0^x S(x)\mathrm{d}x=\int_0^x(\sum_{n=0}^{\infty}a_nx^n)\mathrm{d}x=\sum_{n=0}^{\infty}\int_0^x a_nx^n\mathrm{d}x$$

$$=\sum_{n=0}^{\infty}\frac{a_n}{n+1}x^{n+1}\quad(-R<x<R)\tag{7.4.6}$$

且逐项积分后得到的幂级数 $\sum\limits_{n=0}^{\infty}\frac{a_n}{n+1}x^{n+1}$ 与原幂级数的收敛半径相同.

证明从略．利用这些幂级数性质，可以求出一些幂级数的和函数.

例 6　求幂级数 $\sum_{n=0}^{\infty}(n+1)x^n$ 的收敛区间与和函数.

解　所给幂级数的系数 $a_n=n+1$，于是

$$\rho=\lim_{n\to\infty}\left|\frac{a_{n+1}}{a_n}\right|=\lim_{n\to\infty}\frac{n+1}{n}=1$$

故收敛半径为 $R=\frac{1}{\rho}=1$，收敛区间为 $(-1,\ 1)$.

由于几何级数

$$x+x^2+\cdots+x^n+\cdots=\frac{x}{1-x},\ |x|<1,$$

且 $(n+1)x^n=(x^{n+1})'$，所以由逐项微分的性质，当 $|x|<1$ 时，

$$\sum_{n=0}^{\infty}(n+1)x^n=\sum_{n=0}^{\infty}(x^{n+1})'=\left(\sum_{n=0}^{\infty}x^{n+1}\right)'=\left(\frac{x}{1-x}\right)'=\frac{1}{(1-x)^2}$$

所以

$$\sum_{n=0}^{\infty}(n+1)x^n=\frac{1}{(1-x)^2},\ |x|<1.$$

例 7　求幂级数 $\sum_{n=1}^{\infty}(-1)^{n-1}\frac{x^n}{n}$ 的收敛域与和函数.

解　所给幂级数的系数 $a_n=\frac{(-1)^{n-1}}{n}$，于是

$$\rho=\lim_{n\to\infty}\left|\frac{a_{n+1}}{a_n}\right|=\lim_{n\to\infty}\frac{n}{n+1}=1$$

故收敛半径为 $R=\frac{1}{\rho}=1$，收敛区间为 $(-1,\ 1)$.

当 $x=1$ 时，级数为交错级数 $\sum_{n=1}^{\infty}\frac{(-1)^{n-1}}{n}$，级数收敛；

当 $x=-1$ 时，级数为调和级数 $-\sum_{n=1}^{\infty}\frac{1}{n}$，级数发散.

因此幂级数 $\sum_{n=1}^{\infty}(-1)^{n-1}\frac{x^n}{n}$ 的收敛域为 $(-1,\ 1]$.

设 $S(x)=\sum_{n=1}^{\infty}(-1)^{n-1}\frac{x^n}{n}=x-\frac{x^2}{2}+\frac{x^3}{3}+\cdots+\frac{(-1)^{n-1}}{n}x^n+\cdots$

两端同时对 x 求导，得

$$\begin{aligned}S'(x)&=\left(\sum_{n=1}^{\infty}(-1)^{n-1}\frac{x^n}{n}\right)'=\left(x-\frac{x^2}{2}+\frac{x^3}{3}+\cdots+\frac{(-1)^{n-1}}{n}x^n+\cdots\right)'\\&=1-x+x^2-x^3+\cdots+(-1)^{n-1}x^{n-1}+\cdots\end{aligned}$$

右边级数是公比为 $-x$ 的等比级数，所以当 $|x|<1$ 时，级数收敛于 $\frac{1}{1+x}$，即

$$S'(x)=\frac{1}{1+x}$$

所以对上式两端从 0 到 x 积分，得

$$S(x)-S(0)=\int_0^x S'(x)\mathrm{d}x=\int_0^x \frac{1}{1+x}\mathrm{d}x=\ln(1+x).$$

又因为 $S(0)=0$，所以

$$S(x)=\ln(1+x)$$

即

$$\sum_{n=1}^{\infty}(-1)^{n-1}\frac{x^n}{n}=x-\frac{x^2}{2}+\frac{x^3}{3}-\frac{x^4}{4}+\cdots=\ln(1+x),-1<x\leqslant 1.$$

习题 7－4

1. 求下列级数的收敛域.

(1) $\frac{x}{2}+\frac{x^2}{2\cdot 4}+\frac{x^3}{2\cdot 4\cdot 6}+\cdots+\frac{x^n}{2^n\cdot n!}+\cdots$　　(2) $\sum_{n=0}^{\infty}(-1)^n\frac{x^{2n+1}}{2n+1}$

(3) $\sum_{n=0}^{\infty}\frac{n^2}{n^2+1}x^n$　　(4) $\sum_{n=0}^{\infty}10^n x^n$

(5) $\sum_{n=0}^{\infty}\frac{(x-5)^n}{\sqrt{n}}$　　(6) $x+\frac{x^3}{3\cdot 3!}+\frac{x^5}{5\cdot 5!}+\frac{x^7}{7\cdot 7!}+\cdots$

2. 求下列幂级数的收敛半径.

(1) $\sum_{n=1}^{\infty}\frac{(n+1)^n}{n!}x^n$　　(2) $\sum_{n=1}^{\infty}\frac{(-1)^n}{\sqrt[n]{n!}}x^n$

3. 求下列级数的收敛区间及和函数.

(1) $\sum_{n=1}^{\infty}\frac{n}{3^n}x^{n-1}$　　(2) $\sum_{n=1}^{\infty}\frac{(-1)^n}{n}x^n$

4. 求 $\sum_{n=1}^{\infty}\frac{1}{n3^n}x^{n-1}$ 的和函数，并求 $\frac{1}{1\cdot 3}+\frac{1}{2\cdot 3^2}+\frac{1}{3\cdot 3^3}+\cdots+\frac{1}{n\cdot 3^n}+\cdots$ 的和.

5. 求幂级数 $\sum_{n=1}^{\infty}\frac{2^{n+1}}{\sqrt{n+1}}(x+1)^n$ 的收敛域.

项目五　函数展开为幂级数

一、泰勒（Taylor）级数

在项目四中，我们研究了求幂级数在收敛区间内的和函数的问题．但在一些实际问题中，往往需要研究它的反问题．即将一个已知函数 $f(x)$ 在某一区间内用一个幂级数表示．也就是说，能否找到这样一个幂级数，它在某一区间内收敛，且和函数恰好是给定的函数 $f(x)$？若能找到这样的幂级数，就称函数 $f(x)$ 在该区间内能展开成幂级数，

称该幂级数为函数 $f(x)$ 的幂级数展开式.

如果函数 $f(x)$ 在点 x_0 的某一邻域内具有 $(n+1)$ 阶的导数，则在该邻域内 $f(x)$ 的 n 阶泰勒公式

$$\begin{aligned}f(x)&=f(x_0)+f'(x_0)(x-x_0)+\frac{f''(x_0)}{2!}(x-x_0)^2+\cdots\\&\quad+\frac{f^{(n)}(x_0)}{n!}(x-x_0)^n+R_n(x)\\&=P_n(x)+R_n(x)\end{aligned}\tag{7.5.1}$$

成立，其中 $R_n(x)$ 为拉格朗日余项

$$R_n(x)=\frac{f^{(n+1)}(\xi)}{(n+1)!}(x-x_0)^{n+1}\tag{7.5.2}$$

这里 ξ 是介于 x 与 x_0 之间的某一点．于是，$f(x)$ 可以用 n 次多项式

$$P_n(x)=\sum_{k=0}^{n}\frac{f^{(k)}(x_0)}{k!}(x-x_0)^k\tag{7.5.3}$$

来近似表示，并且其误差为 $|R_n(x)|$．如果 $|R_n(x)|$ 随着 n 的增大而减小，那么我们就可以用增加多项式 $P_n(x)$ 的次数来提高用 $P_n(x)$ 来逼近 $f(x)$ 的精度.

例 1 设 $f(x)=\cos x$，求 $f(x)$ 在点 $x=0$ 处的 1 次、2 次、4 次、6 次、8 次泰勒多项式.

解 $f(0)=\cos 0=1$

$f'(x)=-\sin x$，$f'(0)=0$

所以 $\cos x$ 在 $x=0$ 处的 1 次泰勒多项式为

$$\cos x\approx 1=P_1(x)$$

再有

$$f''(x)=-\cos x,\quad f''(0)=-1$$

因此 $\cos x$ 在 $x=0$ 处的 2 次泰勒多项式为

$$\cos x\approx 1-\frac{1}{2}x^2=P_2(x)$$

相应地 $\cos x$ 在 $x=0$ 处的 4 次、6 次、8 次泰勒多项式为

$$\cos x\approx 1-\frac{x^2}{2!}+\frac{x^4}{4!}=P_4(x)$$

$$\cos x\approx 1-\frac{x^2}{2!}+\frac{x^4}{4!}-\frac{x^6}{6!}=P_6(x)$$

$$\cos x\approx 1-\frac{x^2}{2!}+\frac{x^4}{4!}-\frac{x^6}{6!}+\frac{x^8}{8!}=P_8(x)$$

由上述的讨论可以看到，$P_2(x)$，$P_4(x)$，$P_6(x)$，$P_8(x)$ 每一个都比前一个在 $x=0$ 附近能更好地逼近 $\cos x$，且每个更高次泰勒多项式都包含了之前的所有的低次泰勒多项式，为此引进泰勒级数.

如果 $f(x)$ 在点 x_0 的某邻域内具有任意阶导数 $f^{(k)}(x)$ $(k=1, 2, \cdots)$，并记 $f^{(0)}(x)=f(x)$，构造幂级数

$$\sum_{n=0}^{\infty}\frac{f^{(n)}(x_0)}{n!}(x-x_0)^n=f(x_0)+f'(x_0)(x-x_0)+\frac{f''(x_0)}{2!}(x-x_0)^2$$

$$+\cdots+\frac{f^{(n)}(x_0)}{n!}(x-x_0)^n+\cdots \tag{7.5.4}$$

称此级数为函数 $f(x)$在 x_0 点的泰勒级数．若式（7.5.4）在 x_0 的某个邻域内的和函数恰好为 $f(x)$，则称 $f(x)$在 x_0 处可展开成泰勒级数（也称为关于$(x-x_0)$的幂级数）．

根据本模块项目四的讨论，幂级数（7.5.4）的收敛区间是一个点或一个区间，那么 $f(x)$的泰勒级数在其收敛区间内是否一定收敛于 $f(x)$呢？下面的定理回答了这个问题．

定理 7.5.1 设函数 $f(x)$在点 x_0 的某一邻域 $U(x_0)$内有任意阶导数，且 $f(x)$在点 x_0 的泰勒级数公式为

$$f(x)=\sum_{k=0}^{n}\frac{f^{(k)}(x_0)}{k!}(x-x_0)^k+R_n(x) \tag{7.5.5}$$

则 $f(x)$在点 x_0 的某个邻域 $U(x_0)$内可以展开泰勒级数的充分必要条件是对于任意的 $x\in U(x_0)$，有

$$\lim_{n\to\infty}R_n(x)=0. \tag{7.5.6}$$

对于上述定理我们就不加以证明了，但必须要注意：

（1）$f(x)$在 x_0 点的幂级数展开式是唯一的，如果设 $f(x)$又可以展开成 $\sum_{k=0}^{\infty}b_k(x-x_0)^k$，则必有

$$b_k=\frac{f^{(k)}(x_0)}{k!}\ (k=0，1，2，\cdots).$$

（2）由泰勒级数可以知道在点 x_0 的某一邻域 $U(x_0)$内有任意阶导数的函数 $f(x)$都可以从形式上构造出其泰勒级数（7.5.5），当且仅当$\lim_{n\to\infty}R_n(x)=0$ 时，级数式（7.5.5）是收敛的，且其和函数为 $f(x)$．

（3）由定理还可以看出，当 $f(x)$在 x_0 点可以展开成幂级数时，其有限项 $\sum_{k=0}^{n}\frac{f^{(k)}(x_0)}{k!}(x-x_0)^k$ 在 x_0 点的邻域较好地接近于 $f(x)$，但是在其他点近似程度可能不精准，逼近的效果不佳．

（4）当 $x_0=0$ 时，$f(x)$的泰勒级数 $\sum_{n=0}^{\infty}\frac{f^{(n)}(0)}{n!}x^n$ 称为 $f(x)$ 的麦克劳林级数（也称 x 的幂级数）．这是我们常用的一种泰勒级数形式．

二、函数用直接法展开成幂级数

所谓直接法展开是指先求出 $f^{(k)}(x_0)$（$k=0，1，2，3，\cdots$），然后确定展开式的余项在什么区间上趋于零的范围，从而得到 $f(x)$的泰勒展开式的一种方法．对函数作泰勒展开除了要写出泰勒级数的表达式外，而且要写出其收敛区间．具体步骤如下：

（1）求出 $f(x)$的各阶导数，$f'(x)$，$f''(x)$，…，$f^{(n)}(x)$，…；

（2）计算 $f(x_0)$，$f'(x_0)$，$f''(x_0)$，…，$f^{(n)}(x_0)$，…；

（3）写出 $f(x)$在 x_0 处的泰勒级数

$$f(x_0)+f'(x_0)(x-x_0)+\frac{f''(x_0)}{2!}(x-x_0)^2+\cdots+\frac{f^{(n)}(x_0)}{n!}(x-x_0)^n+\cdots$$

(4) 求出上述泰勒级数的收敛区间$(-R,R)$；

(5) 考察当x在区间$(-R,R)$内时，余项$R_n(x)$的极限

$$\lim_{n\to\infty}R_n(x)=\lim_{n\to\infty}\frac{f^{(n+1)}(\xi)}{(n+1)!}x^{n+1}\quad(\xi\text{在 }0\text{ 与 }x\text{ 之间})\tag{7.5.7}$$

是否为零．如果为零，则有

$$f(x)=\sum_{n=0}^{\infty}\frac{f^{(n)}(x_0)}{n!}(x-x_0)^n\tag{7.5.8}$$

否则即使$\sum\limits_{n=0}^{\infty}\frac{f^{(n)}(x_0)}{n!}(x-x_0)^n$收敛，其和函数也不一定为$f(x)$.

例 2　将$f(x)=e^x$展开为麦克劳林级数.

解　由于$(e^x)'=(e^x)''=\cdots=(e^x)^{(n)}=\cdots=e^x\quad(-\infty<x<\infty)$

因此

$$f(0)=f'(0)=f''(0)=\cdots=f^{(n)}(0)=1$$

故e^x的麦克劳林级数为

$$\sum_{n=0}^{\infty}\frac{(e^x)^{(n)}(0)}{n!}x^n=\sum_{n=0}^{\infty}\frac{1}{n!}x^n$$

其收敛区间为$(-\infty,+\infty)$，任取x，则对于任何介于 0 与x之间的ξ，有

$$|R_n(x)|=\left|e^{\xi}\frac{x^{n+1}}{(n+1)!}\right|<e^{|x|}\frac{|x|^{n+1}}{(n+1)!}$$

对于给定的x，易知$e^{|x|}$有界，又$\frac{|x|^{n+1}}{(n+1)!}$可以看作是收敛级数$\sum\limits_{n=0}^{\infty}\frac{|x|^{n+1}}{(n+1)!}$的一般项$u_n=\frac{|x|^{n+1}}{(n+1)!}$，且有$\lim\limits_{n\to\infty}R_n(x)=0$，于是

$$e^x=\sum_{n=0}^{\infty}\frac{x^n}{n!},\ x\in(-\infty,+\infty).$$

将函数展开成幂级数，实际上是在用幂级数的和去尽可能地逼近函数，这种逼近的方法在分析和数值计算中起着重要作用.

三、函数用间接法展开成幂级数

用直接法展开，需要求高阶导数，还要证明$\lim\limits_{n\to\infty}R_n(x)=0$，这都比较复杂和困难，于是出现了间接法展开．由于函数的幂级数展开式是唯一的，有时可以利用一些已知的函数展开式及收敛区间，经过适当的代换及运算，如四则运算、逐项求导、逐项积分等，求出所给函数的幂级数展开式．这种方法称为间接展开法．间接展开法需要掌握一些常用的函数展开式及收敛半径．常用的展开式有：

(1) $\frac{1}{1-x}=\sum\limits_{n=0}^{\infty}x^n,x\in(-1,1)$

(2) $e^x=\sum\limits_{n=0}^{\infty}\frac{x^n}{n!},x\in(-\infty,+\infty)$

(3) $\sin x=\sum\limits_{n=0}^{\infty}\frac{(-1)^nx^{2n+1}}{(2n+1)!},x\in(-\infty,+\infty)$

（4）$\cos x=\sum\limits_{n=0}^{\infty}\frac{(-1)^n}{(2n)!}x^{2n}, x\in(-\infty,+\infty)$

（5）$\ln(1+x)=\sum\limits_{n=0}^{\infty}(-1)^n\frac{x^{n+1}}{n+1}, x\in(-1,1]$

以上展开式中的前两个已讲过，$\sin x$ 可由直接法得到，$\cos x$，$\ln(1+x)$ 可用间接展开法求得.

例 3 求 $\cos x$ 的麦克劳林展开式.

解 对 $\sin x$ 的麦克劳林展开式逐项求导，有

$$\cos x=(\sin x)'=\left[\sum_{n=0}^{\infty}\frac{(-1)^n x^{2n+1}}{(2n+1)!}\right]'$$

$$=\sum_{n=0}^{\infty}\frac{(-1)^n}{(2n+1)!}(2n+1)x^{2n}=\sum_{n=0}^{\infty}\frac{(-1)^n}{(2n)!}x^{2n}.$$

例 4 设 $f(x)=\frac{1}{x-a}$ $(a>0)$. 请：（1）将 $f(x)$ 在 $x=0$ 处展开为幂级数；（2）将 $f(x)$ 展开为 $(x-b)$ 的幂级数 $(b\neq a)$.

解 （1）$\frac{1}{x-a}=-\frac{1}{a}\cdot\frac{1}{1-\frac{x}{a}}=-\frac{1}{a}\sum\limits_{n=0}^{\infty}\left(\frac{x}{a}\right)^n=-\sum\limits_{n=0}^{\infty}\frac{1}{a^{n+1}}x^n$.

收敛区间为：$-1<\frac{x}{a}<1$，即 $-a<x<a$. 所以

$$\frac{1}{x-a}=-\sum_{n=0}^{\infty}\frac{1}{a^{n+1}}x^n\quad(-a<x<a).$$

（2）$\frac{1}{x-a}=\frac{1}{(x-b)+(b-a)}=\frac{1}{b-a}\cdot\frac{1}{1+\frac{x-b}{b-a}}=\frac{1}{b-a}\sum\limits_{n=0}^{\infty}(-1)^n\left(\frac{x-b}{b-a}\right)^n$，

收敛区间为：$-1<\frac{x-b}{b-a}<1$，

因此 $\frac{1}{x-a}=\sum\limits_{n=0}^{\infty}(-1)^n\left(\frac{x-b}{b-a}\right)^n\left(\begin{matrix}\text{若 } a<b \text{ 时，} a<x<2b-a\\ \text{若 } a>b \text{ 时，} 2b-a<x<a\end{matrix}\right)$.

例 5 将函数 $\frac{1}{x^2+4x+3}$ 展开为 $(x-1)$ 的幂级数.

解 由于

$$\frac{1}{x^2+4x+3}=\frac{1}{(x+1)(x+3)}=\frac{1}{2(1+x)}-\frac{1}{2(3+x)}$$

$$=\frac{1}{4\left(1+\frac{x-1}{2}\right)}-\frac{1}{8\left(1+\frac{x-1}{4}\right)}$$

而 $\frac{1}{4\left(1+\frac{x-1}{2}\right)}=\frac{1}{4}\sum\limits_{n=0}^{\infty}(-1)^n\frac{(x-1)^n}{2^n}$，收敛区间为：$-1<\frac{x-1}{2}<1$，

即 $-1<x<3$.

$$\frac{1}{8\left(1+\frac{x-1}{4}\right)}=\frac{1}{8}\sum_{n=0}^{\infty}(-1)^n\frac{(x-1)^n}{4^n}，收敛区间为：-1<\frac{x-1}{4}<1，$$

即$-3<x<5$.

所以

$$\frac{1}{x^2+4x+3}=\sum_{n=0}^{\infty}(-1)^n\left(\frac{1}{2^{n+2}}-\frac{1}{2^{2n+3}}\right)(x-1)^n\quad(-1<x<3).$$

习题 7－5

1. 将下列函数展开成麦克劳林级数并求其成立的区间.

(1) $x^2e^{x^2}$　　(2) $\sin x^2$

(3) $\frac{1}{2+x}$　　(4) $\frac{1}{(1-x)^2}$

(5) $\arctan x$　　(6) $\frac{1}{1-3x+2x^2}$

2. 将下列函数展开成 $(x-1)$的幂级数.

(1) $\frac{1}{x}$　　(2) $\ln x$

3. 将函数$\frac{1}{x^2+3x+2}$展开为 $(x+4)$的幂级数.

4. 将函数 $\sin x$ 展开为 $\left(x-\frac{\pi}{4}\right)$的幂级数.

5. 将函数$\frac{1}{1+x}$展开为 $(x-3)$的幂级数.

项目六　傅立叶级数

1666 年，牛顿发现太阳光经三棱镜的折射后可呈现彩色光，这就是光的色散现象．众所周知，光是一种波，其颜色特性由振幅和频率共同决定．色散实质上是对白光波的一次分解，将其拆解为七种不同颜色的光波，这些光波可以用正弦波 $A\sin(\omega t+\varphi)$（其中 A 是振幅，ω 是角频率，φ 是初相）来近似，即它们可以看作是多个正弦波的叠加.

自然界中，类似的现象还有很多，比如，雨过天晴后的彩虹，这就是大自然中的色散现象，雨后空气中的水分就好像无数的三棱镜，把太阳光折射成了彩色，这大概是大自然中最直观展现傅立叶级数原理的实例之一．再比如，当不同的化学元素燃烧时，它们会发出各自独特的颜色，而对于复合物质，其燃烧时产生的颜色则是由其内部各成分燃烧时所产生的颜色共同决定的．因此，如果我们想分析某个物质的成分，一种可行的方法便是将其燃烧，然后对其产生的光进行傅立叶级数分解，从而揭示其内在的组成成分.

那么什么是傅立叶级数呢？在实际问题中，除了正弦函数外，还会经常遇到非正弦函数的周期函数（或非正弦波），它们反映了更加复杂的周期运动，例如：在电工和电子技术中经常遇到的矩形波、锯齿波、三角波、单相半波整流波、单相全波整流波等都是非正弦函数的周期函数. 傅立叶发现，这些复杂的周期运动都可以表示成一系列不同振幅、不同频率的简谐振动的叠加. 如在研究细长绝热杆的传导问题时，傅立叶需要把一个函数 $f(x)$ 表示为三角级数. 一般说来，如果 $f(x)$ 定义在区间 $-l<x<l$ 上，我们需要知道系数 a_0，a_n 和 $b_n(n\geqslant1)$，使得

$$f(x)=\frac{a_0}{2}+\sum_{n=1}^{\infty}\left(a_n\cos\frac{n\pi}{l}x+b_n\sin\frac{n\pi}{l}x\right) \tag{7.6.1}$$

注意区间 $-l<x<l$ 关于原点对称. 式（7.6.1）称为 $f(x)$ 在区间 $(-l, l)$ 上的傅立叶级数. 这类级数在传导、波动现象、化学制品和污染物的浓度以及物理世界的其他模型研究中有广泛的科学和工程方面的应用. 在本项目中，我们引入了一种重要的三角级数表示，以描绘给定的函数.

一、傅立叶级数展开式中的系数

设 $f(x)$ 是定义在对称区间 $-l<x<l$ 上的函数. 假定 $f(x)$ 可以表示成由式（7.6.1）给定的三角级数. 我们要寻找计算系数 a_0，a_n 和 $b_n(n\geqslant1)$ 的一个方法. 计算的关键是三角函数系在区间 $[-l, l]$ 上具有正交性，即其中任何两个不同函数的乘积在区间 $[-l, l]$ 上的积分等于零.

1. 三角函数的正交性

(1) $\int_{-l}^{l}1\cdot\cos\frac{n\pi}{l}x\,\mathrm{d}x=0\ (n=1, 2, \cdots)$

(2) $\int_{-l}^{l}1\cdot\sin\frac{n\pi}{l}x\,\mathrm{d}x=0\ (n=1, 2, \cdots)$

(3) $\int_{-l}^{l}\sin\frac{k\pi}{l}x\cos\frac{n\pi}{l}x\,\mathrm{d}x=0\ (k, n=1, 2, \cdots)$

(4) $\int_{-l}^{l}\sin\frac{k\pi}{l}x\sin\frac{n\pi}{l}x\,\mathrm{d}x=0\ (k, n=2, \cdots, k\neq n)$

(5) $\int_{-l}^{l}\cos\frac{k\pi}{l}x\cos\frac{n\pi}{l}x\,\mathrm{d}x=0\ (k, n=1, 2, \cdots, k\neq n)$

上述三角函数系中，任一函数的自乘积在区间 $[-l, l]$ 的积分不等于零：

(6) $\int_{-l}^{l}1^2\,\mathrm{d}x=2l$

(7) $\int_{-l}^{l}\cos^2\frac{n\pi}{l}x\,\mathrm{d}x=l\ (n=1, 2, \cdots)$

(8) $\int_{-l}^{l}\sin^2\frac{n\pi}{l}x\,\mathrm{d}x=l\ (n=1, 2, \cdots)$

2. 傅立叶级数的计算

设函数 $f(x)$ 能展开成三角级数

$$f(x)=\frac{a_0}{2}+\sum_{k=1}^{\infty}\left(a_k\cos\frac{k\pi}{l}x+b_k\sin\frac{k\pi}{l}x\right) \tag{7.6.2}$$

则系数 a_0，a_1，b_1，…与函数 $f(x)$之间存在着怎样的关系？换句话说，如何利用 $f(x)$把 a_0，a_1，b_1，…表达出来？下面分别来计算.

(1) 计算 a_0. 将式 (7.6.2) 的两端在区间$[-l, l]$上逐项积分，并利用三角函数系的正交性，可得

$$\int_{-l}^{l}f(x)\mathrm{d}x=\frac{a_0}{2}\int_{-l}^{l}\mathrm{d}x+\sum_{k=1}^{\infty}a_k\int_{-l}^{l}\cos\frac{k\pi x}{l}\mathrm{d}x+\sum_{k=1}^{\infty}b_k\int_{-l}^{l}\sin\frac{k\pi x}{l}\mathrm{d}x$$
$$=\frac{a_0}{2}\int_{-l}^{l}\mathrm{d}x=\frac{a_0x}{2}\Big|_{-l}^{l}=la_0$$

解出 a_0，得

$$a_0=\frac{1}{l}\int_{-l}^{l}f(x)\mathrm{d}x. \tag{7.6.3}$$

(2) 计算 a_n. 我们用 $\cos\frac{n\pi}{l}x$ 乘式 (7.6.2) 两端，再在区间$[-l, l]$上积分，并利用三角函数系的正交性，可得

$$\int_{-l}^{l}f(x)\cos\frac{n\pi}{l}x\mathrm{d}x=\int_{-l}^{l}\frac{a_0}{2}\cos\frac{n\pi}{l}x\mathrm{d}x+\sum_{k=1}^{\infty}\left(a_k\int_{-l}^{l}\cos\frac{k\pi}{l}x\cos\frac{n\pi}{l}x\mathrm{d}x+\right.$$
$$\left.b_k\int_{-l}^{l}\sin\frac{k\pi}{l}x\cos\frac{n\pi}{l}x\mathrm{d}x\right)$$
$$=a_nl$$

解出 a_n,得

$$a_n=\frac{1}{l}\int_{-l}^{l}f(x)\cos\frac{n\pi}{l}x\mathrm{d}x \tag{7.6.4}$$

(3) 计算 b_n. 我们用 $\sin\frac{n\pi}{l}x$ 乘式 (7.6.2) 两端，再在区间$[-l, l]$上积分，并利用三角函数系的正交性，可得

$$\int_{-l}^{l}f(x)\sin\frac{n\pi}{l}x\mathrm{d}x=\int_{-l}^{l}\frac{a_0}{2}\sin\frac{n\pi}{l}x\mathrm{d}x+\sum_{k=1}^{\infty}\left(a_k\int_{-l}^{l}\cos\frac{k\pi}{l}x\sin\frac{n\pi}{l}x\mathrm{d}x+\right.$$
$$\left.b_k\int_{-l}^{l}\sin\frac{k\pi}{l}x\sin\frac{n\pi}{l}x\mathrm{d}x\right)$$
$$=b_nl$$

解出 b_n,得

$$b_n=\frac{1}{l}\int_{-l}^{l}f(x)\sin\frac{n\pi}{l}x\mathrm{d}x \tag{7.6.5}$$

式 (7.6.3)、式 (7.6.4) 和式 (7.6.5) 称为欧拉—傅立叶公式 . 系数 a_0，a_n 和 b_n 分别由式 (7.6.3)、式 (7.6.4) 和式 (7.6.5) 确定的三角级数 (7.6.1) 称为函数 $f(x)$在区间$-l<x<l$ 上的傅立叶展开式，a_0，a_n 和b_n 又称为$f(x)$的傅立叶系数.

例 1　求函数

$$f(x)=\begin{cases}1, & -\pi\leqslant x<0\\ x, & 0\leqslant x<\pi\end{cases}$$

的傅立叶级数展开式.

解 本题 $l=\pi$，傅立叶系数计算如下

$$a_0=\frac{1}{\pi}\int_{-\pi}^{\pi}f(x)\mathrm{d}x=\frac{1}{\pi}\int_{-\pi}^{0}\mathrm{d}x+\frac{1}{\pi}\int_{0}^{\pi}x\mathrm{d}x$$

$$=1+\frac{\pi}{2}$$

$$a_n=\frac{1}{\pi}\int_{-\pi}^{\pi}f(x)\cos nx\mathrm{d}x$$

$$=\frac{1}{\pi}\int_{-\pi}^{0}\cos nx\mathrm{d}x+\frac{1}{\pi}\int_{0}^{\pi}x\cos nx\mathrm{d}x$$

$$=\frac{1}{n\pi}\sin nx\Big|_{-\pi}^{0}+\frac{1}{\pi}\left(\frac{x}{n}\sin nx\right)\Big|_{0}^{\pi}-\frac{1}{\pi n}\int_{0}^{\pi}\sin nx\mathrm{d}x$$

$$=\frac{1}{n^2\pi}\cos nx\Big|_{0}^{\pi}=\frac{1}{\pi n^2}(\cos n\pi-1)$$

$$=\frac{(-1)^n-1}{\pi n^2}$$

$$b_n=\frac{1}{\pi}\int_{-\pi}^{\pi}f(x)\sin nx\mathrm{d}x$$

$$=\frac{1}{\pi}\int_{-\pi}^{0}\sin nx\mathrm{d}x+\frac{1}{\pi}\int_{0}^{\pi}x\sin nx\mathrm{d}x$$

$$=\frac{(-1)^n(1-\pi)-1}{n\pi}$$

函数 $f(x)$的傅立叶级数在区间$[-\pi,\pi)$上表达式为

$$f(x)=\frac{1}{2}+\frac{\pi}{4}+\sum_{n=1}^{\infty}\frac{(-1)^n-1}{\pi n^2}\cos nx+\sum_{n=1}^{\infty}\frac{(-1)^n(1-\pi)-1}{\pi n}\sin nx.$$

当 n 取 1，5 和 20 时傅立叶级数逼近的函数图形如图 7-1 所示．注意随着 n 的增加，在所有连续点越来越接近函数的图形．在 $f(x)$的不连续点$x=0$，傅立叶级数逼近趋向 0.5，这是跃度的一半，这些结果跟下面叙述的傅立叶收敛定理是一致的.

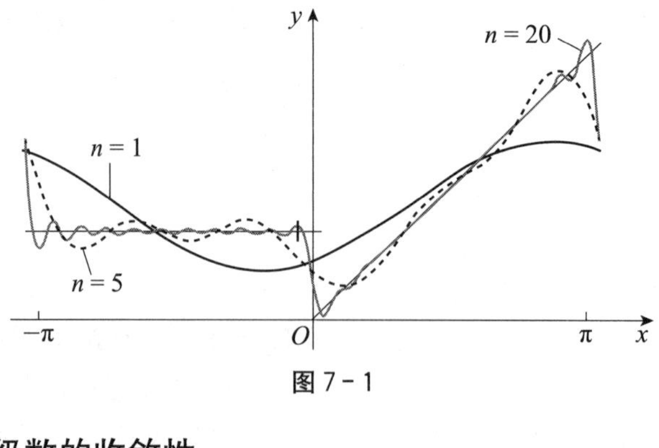

图 7-1

二、傅立叶级数的收敛性

物理现象的简化模型中通常遇到的一大类函数可以表示为傅立叶级数，那么函数$f(x)$在什么条件下，它的傅立叶级数不仅收敛，而且收敛于 $f(x)$呢？也就是说$f(x)$满

足什么条件可以展开成傅立叶级数？下面给出有关傅立叶级数展开式收敛的结果，但不加以证明.

定理 7.6.1　［傅立叶级数的收敛性（狄利克雷定理）］若函数 $f(x)$ 和它的导数 $f'(x)$ 在区间 $-l<x<l$ 上分段连续，则在所有连续点处 $f(x)$ 等于傅立叶级数．在 $f(x)$ 的跳跃间断点 c 处，傅立叶级数收敛于 $\frac{f(c^+)+f(c^-)}{2}$. 其中 $f(c^-)$ 和 $f(c^+)$ 分别是 $f(x)$ 在 c 点的左、右极限.

本项目例 1 中的函数满足定理 7.6.1 的条件，对于区间 $-\pi<x<\pi$ 的每个点 $x\neq 0$，傅立叶级数收敛于 $f(x)$. $x=0$ 是函数的跳跃间断点，傅立叶级数收敛到平均值

$$\frac{f(0^+)+f(0^-)}{2}=\frac{0+1}{2}=\frac{1}{2}.$$

三、周期延拓

傅立叶级数中的三角项 $\sin(n\pi x/l)$ 和 $\cos(n\pi x/l)$ 是周期为 $2l$ 的周期函数

$$\begin{aligned}\sin\frac{n\pi(x+2l)}{l}&=\sin\frac{n\pi x}{l}\cos 2n\pi+\cos\frac{n\pi x}{l}\sin 2n\pi\\&=\sin\frac{n\pi x}{l}\end{aligned}$$

类似地

$$\begin{aligned}\cos\frac{n\pi(x+2l)}{l}&=\cos\frac{n\pi x}{l}\cos 2n\pi-\sin\frac{n\pi x}{l}\sin 2n\pi\\&=\cos\frac{n\pi x}{l}\end{aligned}$$

傅立叶级数也是周期为 $2l$ 的周期函数．于是，傅立叶级数不仅在区间 $-l<x<l$ 上表示函数 $f(x)$，并且它还生成 $f(x)$ 在整个实数上的周期延拓．从定理 7.6.1 得知，级数在这个区间的端点收敛到平均值 $\frac{f(l^-)+f(-l^+)}{2}$，并且这个值还周期延拓到 $\pm 3l$，$\pm 5l$，$\pm 7l$ 等.

四、傅立叶余弦级数和正弦级数

在为绝缘细长杆或金属丝中的热传导建模时，我们假定 x 轴沿长度为 l 的杆放置，且 $0<x<l$. 沿着杆的长度方向的温度通常随着位置 x 和时间 t 变化．问题是给定沿着杆的初始温度 $u(x, 0)=f(x)$ 后确定 $u(x, t)$. 比如，杆的一端较热而另一端较冷，于是热量将从热端传到冷端，而我们想了解在一个小时内温度分布是怎样的，解决这个问题的一个方法是需要计算在非对称区间 $0<x<l$ 上的展开式

$$f(x)=\sum_{n=1}^{\infty}b_n\sin\frac{n\pi x}{l}$$

那么怎样计算 $f(x)$ 的傅立叶级数展开式呢？为此，我们延拓函数使它定义在对称区间 $-l<x<l$ 上．可是对于 $-l<x<0$ 上如何定义 $f(x)$ 的延拓呢？回答是，只要所选择的延拓及其导数是分段连续的，我们可以在 $-l<x<0$ 上定义延拓到任何函数．不管我们如何在 $-l<x<0$ 上定义分段连续函数作为延拓，都能保证得到的傅立叶级数在原

来的区域 $0<x<l$ 上的所有连续点处等于 $f(x)$. 对于 $-l<x<0$，傅立叶级数自然也收敛到所选择的任何延拓. 不过，有两类特别的延拓，特别有用并且其傅立叶系数十分容易计算，这就是 $f(x)$ 的偶延拓或奇延拓.

1. 偶延拓：傅立叶余弦级数

假定函数 $y=f(x)$ 定义在区间 $0<x<l$. 我们通过要求

$$f(-x)=f(x),\quad -l<x<l \tag{7.6.6}$$

定义 $f(x)$ 的偶延拓，其傅立叶系数

$$a_0=\frac{1}{l}\int_{-l}^{l}f(x)\mathrm{d}x=\frac{2}{l}\int_{0}^{l}f(x)\mathrm{d}x$$

$$a_n=\frac{2}{l}\int_{0}^{l}f(x)\cos\frac{n\pi}{l}x\,\mathrm{d}x\quad \left(f(x)\cos\frac{n\pi x}{l}\text{ 为偶函数}\right)$$

$$b_n=\frac{1}{l}\int_{-l}^{l}f(x)\sin\frac{n\pi}{l}x\,\mathrm{d}x=0\quad \left(f(x)\sin\frac{n\pi x}{l}\text{ 为奇函数}\right)$$

$f(x)$ 的傅立叶级数为

$$f(x)=\frac{a_0}{2}+\sum_{n=1}^{\infty}a_n\cos\frac{n\pi}{l}x \tag{7.6.7}$$

由于傅立叶系数 b_n 都是零，在傅立叶级数中正弦项没有出现，故级数称为函数 $f(x)$ 的傅立叶余弦级数. 它在区间 $0<x<l$ 上收敛到原来的函数，而在区间 $-l<x<0$ 上收敛到偶延拓（假定 $f(x)$ 和 $f'(x)$ 的分段连续性成立）.

2. 奇延拓：傅立叶正弦级数

假定函数 $y=f(x)$ 定义在区间 $0<x<l$. 我们通过要求

$$f(-x)=-f(x),\quad -l<x<l \tag{7.6.8}$$

定义 $f(x)$ 的奇延拓. 其傅立叶系数

$$a_0=\frac{1}{l}\int_{-l}^{l}f(x)\mathrm{d}x=0$$

$$a_n=\frac{1}{l}\int_{-l}^{l}f(x)\cos\frac{n\pi}{l}x\,\mathrm{d}x=0\quad \left(f(x)\cos\frac{n\pi x}{l}\text{ 为奇函数}\right)$$

$$b_n=\frac{1}{l}\int_{-l}^{l}f(x)\sin\frac{n\pi}{l}x\,\mathrm{d}x=\frac{2}{l}\int_{0}^{l}f(x)\sin\frac{n\pi}{l}x\,\mathrm{d}x\quad \left(f(x)\sin\frac{n\pi x}{l}\text{ 为偶函数}\right)$$

$f(x)$ 的傅立叶级数是

$$f(x)=\sum_{n=1}^{\infty}b_n\sin\frac{n\pi}{l}x \tag{7.6.9}$$

由于傅立叶系数 a_n 和 a_0 全是零，在傅立叶级数展开式中余弦项没有出现，故级数称为函数 $f(x)$ 的傅立叶正弦级数. 它在区间 $0<x<l$ 上收敛到原来的函数 $f(x)$，而在区间 $-l<x<0$ 上收敛到奇延拓（假定 $f(x)$ 和 $f'(x)$ 的分段连续性成立）.

例 2 将函数 $f(x)=x$，$x\in[0,\pi]$ 分别展开成正弦级数和余弦级数.

解 (1) 求正弦级数. 对函数 $f(x)$ 进行奇延拓. $f(x)$ 在区间 $(0,\pi)$ 上连续，其傅立叶系数为

$$a_n=0$$

$$b_n=\frac{2}{\pi}\int_0^{\pi}f(x)\sin nx\,dx=\frac{2}{\pi}\int_0^{\pi}x\sin nx\,dx$$

$$=\frac{2}{n}(-1)^{n-1}\quad(n=1,2,\cdots)$$

因此函数 $f(x)=x$ 的正弦级数展开式为

$$x=2\left[\sin x-\frac{1}{2}\sin 2x+\frac{1}{3}\sin 3x-\cdots\right],\ x\in(0,\pi).$$

在端点 $x=0$ 及 $x=\pi$ 处，上述正弦级数收敛于

$$\frac{f(0^+)+f(0^-)}{2}=0,$$

$$\frac{f(-\pi^+)+f(\pi^-)}{2}=\frac{-\pi+\pi}{2}=0.$$

(2) 求余弦级数．对 $f(x)$ 进行偶延拓，$f(x)$ 在区间 $(0,\pi)$ 上连续，其傅立叶系数为

$$b_n=0$$

$$a_n=\frac{2}{\pi}\int_0^{\pi}f(x)\cos nx\,dx=\frac{2}{\pi}\int_0^{\pi}x\cos nx\,dx=\frac{2}{n^2\pi}[(-1)^n-1]$$

$$a_0=\frac{2}{\pi}\int_0^{\pi}x\,dx=\pi$$

因此函数 $f(x)$ 的余弦级数展开式为

$$x=\frac{\pi}{2}-\frac{4}{\pi}\left(\cos x+\frac{1}{3^2}\cos 3x+\frac{1}{5^2}\cos 5x+\cdots\right),\ x\in(0,\pi).$$

注： 虽然 $f(x)$ 正弦级数 $S_1(x)$ 和余弦级数 $S_2(x)$ 的表达式不同，但在区间 $(0,\pi)$ 上 $S_1(x)\equiv S_2(x)$.

在端点 $x=0$ 处，上述余弦级数收敛于 $\dfrac{f(0^+)+f(0^-)}{2}=0$

当 $x=\pi$ 时，上述余弦级数收敛于 $\dfrac{f(-\pi^+)+f(\pi^-)}{2}=\dfrac{\pi+\pi}{2}=\pi.$

习题 7－6

1. 将下列函数展开成傅立叶级数.

(1) $f(x)=2x^2\quad(-\pi\leqslant x\leqslant\pi)$

(2) $f(x)=x\quad(-\pi<x\leqslant\pi)$

(3) $f(x)=\begin{cases}-x, & -\pi<x<0\\ x, & 0\leqslant x\leqslant\pi\end{cases}$

(4) $f(x)=\begin{cases}-1, & -\pi\leqslant x<0\\ 1, & 0\leqslant x<\pi\end{cases}$

2. 将下列函数展开成正弦级数.

(1) $f(x)=2x^2\quad(0\leqslant x<\pi)$

(2) $f(x)=\dfrac{\pi-x}{2}\quad(0\leqslant x<\pi)$

3. 将下列函数展开成余弦级数.

(1) $f(x)=2x+3(0\leqslant x<\pi)$

(2) $f(x)=\begin{cases}1, & 0\leqslant x<h\\ 0, & h<x<\pi\end{cases}$

项目七　数学实验（七）——计算无穷级数

一、数项级数求和

MATLAB 中用于级数求和的函数为：symsum(s，n，a，b)，其中 s 为级数的通项表达式，n 是通项中的求和变量，a 和 b 分别为求和变量的起点和终点．如果 a，b 缺省，则 n 从 0 变到 n－1. 如果 n 也缺省，则系统对 s 中的默认变量求和.

例 1　计算级数 $\sum_{n=1}^{\infty}\frac{1}{n^2}, \sum_{n=1}^{\infty}\frac{1}{n^4}$ 的和.

解　在 MATLAB 中输入：

```
>>syms n
>>f1=1/n^2;
>>f2=1/n^4;
>>f1s=symsum(f1,n,1,Inf)
>>f2s=symsum(f2,n,1,Inf)
```

输出结果为:f1s=pi^2/6,f2s=pi^4/90

即　$\sum_{n=1}^{\infty}\frac{1}{n^2}=\frac{\pi^2}{6}, \sum_{n=1}^{\infty}\frac{1}{n^4}=\frac{\pi^4}{90}$.

例 2　求调和级数 $\sum_{n=1}^{\infty}\frac{1}{n}$ 的和.

解　在 MATLAB 中输入：

```
>>syms n
>>f=1/n;
>>fs=symsum(f,n,1,Inf)
```

输出结果为：fs=Inf，即 $\sum_{n=1}^{\infty}\frac{1}{n}=\infty$.

我们知道调和级数发散，计算结果与结论是一致的.

二、幂级数的收敛半径和收敛域

MATLAB 中没有直接计算收敛半径的函数，需按照收敛区间的求解步骤自行编写命令程序：(1) 定义变量 n 和幂级数系数 a_n；(2) 计算 $\rho=\lim\limits_{n\to\infty}\left|\frac{a_{n+1}}{a_n}\right|$；(3) 求出收敛半径 R；(4) 写出收敛区间 $(-R, R)$；(5) 若要求收敛域，还需判断端点 $x=\pm R$ 处是否收敛.

例 3　求级数 $\sum_{n=1}^{\infty}\frac{(-1)^{n-1}}{n}x^n$ 的收敛域.

解　在 MATLAB 中输入：

```
>>syms n
>>a(n)=(-1)^(n-1)/n;
>>rou=limit(abs(a(n+1)/a(n)),n,Inf);
>>R=1/rou
```

输出结果为：R=1，所以级数的收敛半径 $R=1$，收敛区间为(−1，1).

接下来计算在端点处是否收敛，在 MATLAB 中继续输入：

```
>>syms x n
>>f(x)=a(n)*x^n;
>>f1=symsum(f(-1),n,1,Inf)          %计算左端点 x=-1 时级数的和
>>f2=symsum(f(1),n,1,Inf)           %计算右端点 x=1 时级数的和
```

输出结果为：f1=−Inf，f2=log(2)

所以当 $x=-1$ 时，级数发散，在 $x=1$ 时，级数收敛.

因此级数 $\sum_{n=1}^{\infty}\frac{(-1)^{n-1}}{n}x^n$ 的收敛域为 $(-1,1]$.

三、函数的泰勒级数展开

MATLAB 中泰勒级数展开的函数为 taylor（　），其具体格式为：

(1) T=taylor(f,var)，计算 f 在 var=0 处的 5 阶泰勒展开式 T，如果不指定 var，则系统对 f 中的默认变量展开；

(2) T=taylor(f,var,a)，计算 f 在 var=a 处的 5 阶泰勒展开式 T；

(3) T=taylor(f,var,a,Name,Value)，在 Name，Value 选项设定下返回 f 在 var=a 处的泰勒展开式 T.

其中 f 是待展开的函数表达式，var 是 f 中的变量.

例 4　将函数 $y=\sin x$ 展开为 x 的幂级数，并观察前几项.

解　在 MATLAB 中输入：

```
>>syms x
>>f=sin(x);
>>y1=taylor(f,x,0,'Order',2)          %展开至 1 次项
>>y2=taylor(f,x,0,'Order',4)          %展开至 3 次项
>>y3=taylor(f,x,0,'Order',6)          %展开至 5 次项
```

输出结果为：y1=x，y2=−x^3/6 + x，y3=x^5/120 −x^3/6 + x.

我们在同一坐标系中作出函数 $y=\sin x$ 和它的泰勒展开式的前几项构成的多项式函数的图形，观察这些多项式函数的图形向 $y=\sin x$ 图形逼近的情况，例如：在区间 $[0,\pi]$ 上作函数 $y=\sin x$ 与多项式函数 $y_1=x$，$y_2=x-\frac{x^3}{6}$，$y_3=x-\frac{x^3}{6}+\frac{x^5}{120}$ 图形的 MATLAB 代码为

```
>>x=linspace(0,pi,100);
>>y=sin(x);
```

```
>>y1=x;
>>y2=-x^3/6 + x;
>>y3=x^5/120 -x^3/6 + x;
>>plot(x,y,x,y1,'.-',x,y2,'--',x,y3,':')
>>axis([0,pi,0,1.1])          %设置横坐标范围为[0,pi],纵坐标范围为[0,1.1]
>>text(2.8,0.2,'y'),text(0.5,0.7,'y1'),text(2,0.5,'y2'),text(2.7,0.8,'y3')
```

运行后得到函数图形如图 7-2 所示.

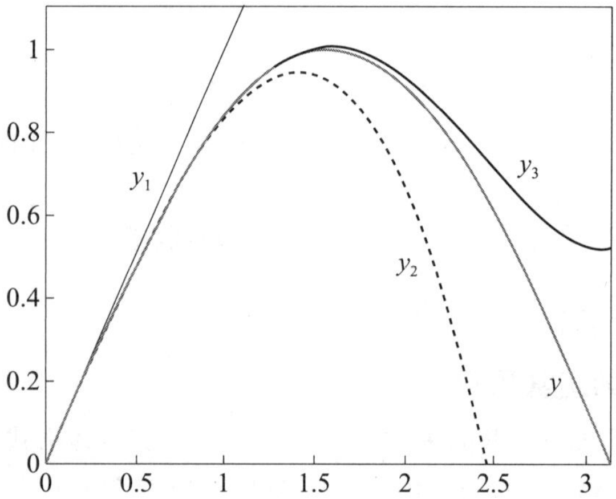

图 7-2

例 5 将函数 $y=\dfrac{1}{x^2+5x-3}$展开成（$x-2$）的幂级数，展开至 3 次幂.

解 在 MATLAB 中输入：

```
>>syms x
>>f=1/(x^2+5*x-3);
>>T=taylor(f,x,2,'Order',4)
```

输出结果为:T=(70*(x-2)^2)/1331-(9*x)/121-(531*(x-2)^3)/14641+29/121

即$\dfrac{1}{x^2+5x-3}\approx\dfrac{1}{11}-\dfrac{9(x-2)}{121}+\dfrac{70(x-2)^2}{1\ 331}+\dfrac{531(x-2)^3}{14\ 641}$.

四、傅立叶级数展开

在 MATLAB 中目前还没有专门计算傅立叶展开式的命令．但是，可以根据公式，使用“int”命令方便地计算出傅立叶级数的系数，从而编制 M 函数文件，方便将函数展开为傅立叶级数.

例 6 求函数 $y=x^2$ 在$[-\pi,\ \pi]$上的傅立叶级数（前 7 项).

解 在 MATLAB 中建立 M 函数文件，以 myfourier. m 命名，代码如下：

```
function fourier=myfourier(f,n)
syms x;
fourier=int(f,x,-pi,pi)/pi/2;          %用变量 fourier 来接受 a0 的值
```

```
for i=1:n
a(i)=int(f*cos(i*x),-pi,pi)/pi;
b(i)=int(f*sin(i*x),-pi,pi)/pi;
fourier=fourier+a(i)*cos(i*x)+b(i)*sin(i*x);
end
```

在 MATLAB 的命令窗口中输入：

```
>>syms x
>>myfourier (x^2,7)
```

输出结果为：ans=pi^2/3+cos(2*x)-(4*cos(3*x))/9+cos(4*x)/4-(4*cos(5*x))/25+cos(6*x)/9-(4*cos(7*x))/49-4*cos(x)

习题 7－7

1. 计算下列级数的和.

(1) $\sum_{n=1}^{\infty}\frac{1}{n(n+3)}$　　(2) $\sum_{n=1}^{\infty}(\sqrt{n+1}-\sqrt{n})$

(3) $\sum_{n=1}^{\infty}\left[\frac{3}{4^n}+\frac{(-1)^n}{3^n}\right]$　　(4) $\sum_{n=1}^{\infty}\frac{(-1)^n n}{2n+1}$

2. 求下列级数的收敛半径和收敛域.

(1) $\sum_{n=1}^{\infty}n!x^n$　　(2) $\sum_{n=0}^{\infty}\frac{x^n}{2n-1}$

(3) $\sum_{n=0}^{\infty}\frac{3^n x^n}{n!}$　　(4) $\sum_{n=0}^{\infty}\frac{x^{2n-1}}{4^n}$

(5) $\sum_{n=1}^{\infty}\frac{2^n}{n}(x-1)^n$　　(6) $\sum_{n=1}^{\infty}\frac{(-1)^n}{n\cdot 3^n}(x-3)^n$

3. 将函数 $y=\ln(1+x)$ 在 $x=2$ 处展开为幂级数，展开至 5 次幂.

4. 将函数 $y=\frac{1}{1-x}$ 展开为 x 的幂级数，展开至 6 次幂.

5. 将函数 $y=\frac{1}{x^2+5x+6}$ 展开为 $x+4$ 的幂级数，展开至 3 次幂.

6. 求函数 $y=|x|$ 在$[-\pi,\ \pi]$上的傅立叶级数（前 7 项）.

7. 求函数 $f(x)=\begin{cases}-1, & -\pi\leqslant x<0\\ 1, & 0\leqslant x<\pi\end{cases}$ 在$[-\pi,\ \pi]$上的傅立叶级数（前 5 项）.

拓展与思考（七）

问题 1：请利用生成式人工智能大模型，对本书模块七的课程内容进行概括性总结.

问题 2：结合你自己掌握的知识以及其他可获取的线上和线下资料，运用批判性思维对问题 1 中生成式人工智能大模型生成的模块七课程内容总结进行深入分析和修正，以提供一个更加准确、全面的总结.

问题 3：古希腊数学家芝诺提出了一系列关于运动的不可分性的哲学悖论，其中“阿基里斯跑不过乌龟”的故事尤为知名．试用生成式人工智能大模型，了解此故事并分析芝诺这一思想中的错误所在，并借助无穷级数的概念来阐释芝诺悖论.

问题 4：1749 年欧拉的一个很重要的工作是求出 $\sum_{n=1}^{\infty}\frac{1}{n^{2m}}(m=1,2,\cdots)$ 的具体数值，其中当 $m=1$ 时，$\sum_{n=1}^{\infty}\frac{1}{n^2}=\frac{\pi^2}{6}$；当 $m=2$ 时，$\sum_{n=1}^{\infty}\frac{1}{n^4}=\frac{\pi^4}{90}$;$\cdots$．但级数 $\sum_{n=1}^{\infty}\frac{1}{n^{2m+1}}(m=1,2,\cdots)$ 是否能求出它的值，仍然是一个未揭开的数学之谜．试应用 MATLAB 软件，探讨无穷级数 $\sum_{n=1}^{\infty}\frac{1}{n^{2m+1}}(m=1,2,\cdots)$ 的求和近似计算．并进一步研究级数 $\sum_{n=1}^{\infty}\frac{1}{n^{2m+1}}$ 的求和问题及其所求和数值的无理性和有理性.

问题 5：研究一个复杂函数问题时，直接研究其性质往往是比较困难的，泰勒级数提供了一种有效的逼近和简化手段．探索如何通过构建泰勒级数来逼近和简化复杂计算问题，讨论如何提高逼近准确度的策略．试用生成式人工智能大模型，了解数学和工程领域在优化解决方案时的各种途径.

模块八
微分方程

扫一扫

- 模块八 微分方程
  - 项目一 微分方程的例子
    - 人口模型
    - 传染病模型
  - 项目二 微分方程的基本概念
    - 微分方程的定义
    - 微分方程的解
    - 微分方程的通解、特解和初始条件
  - 项目三 一阶常微分方程
    - 变量可分离的微分方程
    - 齐次微分方程
    - 一阶线性微分方程
  - 项目四 可降阶的高阶微分方程
    - $y^{(n)}=f(x)$型的微分方程
    - $y''=f(x,y')$型的微分方程
  - 项目五 二阶常系数齐次线性微分方程
  - 项目六 二阶常系数非齐次线性微分方程
    - 二阶常系数非齐次线性微分方程的通解结构及特解的可叠加性
    - 二阶常系数非齐次线性微分方程的求解
  - 项目七 数学建模——微分方程的应用举例
  - 项目八 数学实验（八）——求解微分方程
    - 无初始条件的常微分方程求解
    - 带初始条件的常微分方程求解

18 世纪的数学家们努力探索使微积分严格化的途径，同时不顾基础问题的困难而大胆地进行微积分应用的探索，微分方程作为微积分应用的典型范例之一，伴随着微积分一起发展起来 . 18 世纪数学的鲜明特征之一是数学与力学有机结合，那时几乎所有的数学家都不同程度也是力学家，这种结合的紧密程度是数学史上没有其他时期可以比拟的 . 大数学家欧拉的名字与刚体运动及流体力学的几个著名方程联系在一起；法国数学家拉格朗日的著作《分析力学》，开创了用分析方法研究力学的一个新分支，而其法国同胞数学家拉普拉斯把他的许多重要的数学成果概括在其五大卷巨作《天体力学》之中. 这一系列的广泛应用引出了一系列以著名数学家命名的微分方程，他们中的许多人也因以其名字命名的微分方程而流芳百世 . 同时，这些应用成为数学新思想的源泉，数学也因此从中得到滋养而茁壮地成长起来.

项目一　微分方程的例子

在中学的课程中，大家已经对代数方程、三角函数方程等有了一些了解 . 在这些方程中，我们可以用不同的方法求出未知数所满足方程的某几个特定值 . 然而在自然科学的诸多领域中，却常常需要另外一类性质上完全不同的方程 . 在此类方程中，作为未知变量而要去求的是整个函数，这类方程统称为函数方程.

高等数学的主要研究对象是函数，我们应用函数关系对客观事物的规律性可以作深入的研究 . 所以寻找变量之间的函数关系对解决实际问题具有重要意义 . 然而，在许多实际问题中，常常不能直接给出所需要的函数关系式，但却可以列出所需函数及其导函数的关系式，通常我们把这种关系式称为微分方程 . 顾名思义，微分方程就是联系着自变量、未知函数以及某些微商的函数方程.

微分方程理论在 17 世纪末已开始发展起来，牛顿和莱布尼兹在其有关的著作中都处理过与常微分方程有关的问题 . 下面我们举一些例子，说明各种不同学科中的课题是如何化为微分方程的研究.

一、人口模型

1798 年英国神父马尔萨斯根据近百年的人口统计资料，提出了著名的马尔萨斯人口模型 . 他假定人口的自然增长过程中，相对净增长率为常数，此处的净增长是指出生数减去死亡数 . 据此假定，单位时间内人口的增长量与人口成正比，比例系数是常数.

记 t 时刻的人口数为 $x(t)$，假设 $x(t)$ 为连续可微函数 . 在 Δt 的时间段内，根据马尔萨斯的假设，令

$$C_1 = \text{人口平均出生率} = \frac{\Delta t\text{ 时间内出生的人口数}}{\Delta t \times \text{在 } t \text{ 时刻的人口总数}}$$

$$C_2 = \text{人口平均死亡率} = \frac{\Delta t\text{ 时间内死亡的人口数}}{\Delta t \times \text{在 } t \text{ 时刻的人口总数}}$$

$$C=C_1-C_2=\text{人口平均增长率}$$
$$=\frac{\Delta x}{x(t)\Delta t}$$

当 $\Delta t\to 0$ 时，我们可得如下微分方程

$$\frac{\mathrm{d}x}{\mathrm{d}t}=Cx(t) \tag{8.1.1}$$

设 $t=0$ 时的人口数为 x_0，则初始状态，即初始条件为

$$x(t)\big|_{t=0}=x_0$$

为求解上述微分方程，我们利用微商性质，变换为如下形式

$$\frac{\mathrm{d}x}{x(t)}=C\mathrm{d}t$$

对上式两边求不定积分，有

$$\ln x(t)=Ct+d$$

即 $x(t)=\mathrm{e}^d\mathrm{e}^{Ct}$

当 $t=0$ 时，$x(0)=\mathrm{e}^d=x_0$

故 $x(t)=x_0\mathrm{e}^{Ct}$

如果对人口每年统计一次，且令 $\mathrm{e}^C=R$，则到第 n 年时其人口数为 $x_n=x_0R^n$. 按照马尔萨斯的人口模型，我们可以推断：人口的增长是按几何级数增长的.

由于人口的增长受到自然资源、环境条件、战争等诸多因素影响，人类的人口数量不可能以几何级数不断地增长. 而当时间趋向于无穷大时，按马尔萨斯的人口模型，人口总数也将无限地增加，这显然不符合实际. 人们在实验中发现，在地广人稀的加拿大，法国移民的人口增长远低于这一模型，为此人们对模型（8.1.1）进行了各种修正. 其中最著名的一个模型称为阻滞增长模型（Logistic 模型）. 在此模型中，引入了表示自然资源和环境条件能容许的最大人口数 k，并假定相对净增长率为

$$C\left[1-\frac{x(t)}{k}\right]$$

从而净增长率随着 $x(t)$ 的增长而减小，当 $x(t)\to k$ 时，净增长率趋于零. 此时，人口总量的微分方程为

$$\begin{cases}\dfrac{\mathrm{d}x}{\mathrm{d}t}=Cx\left(1-\dfrac{x}{k}\right)\\ x(0)=x_0\end{cases} \tag{8.1.2}$$

上述方程被称为人口增长的阻滞增长模型. 我们将在本模块的项目三中用分离变量法对其求解.

阻滞增长模型也存在着某些缺陷，如常数 k 不易确定. 而且随着社会发展，k 已不应是常数而应逐渐增大. 尽管如此，阻滞增长模型在众多的生物数量分析和预测中有着广泛的应用背景.

二、传染病模型

随着卫生设施的改善、医疗水平的不断提高及人类文明的不断发展，过去曾经肆虐全球的传染性疾病如霍乱、天花等已经得到有效控制. 但在一些贫穷的发展中国家，不

时出现传染病流行的现象. 与此同时，一些更急险的传染病——艾滋病、SARS 等，则跨越国界在更大范围内蔓延. 人们无法去做传染病传播的试验以获取数据，只能从医学角度探讨不同传染病的各种传染机理，而对于传染病的蔓延过程，即被传染的人数的变化状况，则可以用数学工具加以探索.

不同类型传染病的传播途径各不相同，我们按照一般的传播机理建立下述模型. 为简便起见，假设在疾病传播期内所考察区域的总人数保持不变，且单位时间内一个病人能传染的人数为常数 C. 设 t 时刻的病人数为 $x(t)$，为了利用微积分这一数学工具，将 $x(t)$ 视为连续可微函数，如果设 $t=0$ 时，有 A 个病人，则

$$x(t+\Delta t)-x(t)=Cx(t)\Delta t$$

于是 $x(t)$ 满足如下微分方程

$$\begin{cases}\dfrac{\mathrm{d}x}{\mathrm{d}t}=Cx(t)\\ x(0)=A\end{cases}\tag{8.1.3}$$

由人口模型可知，上述方程的解为

$$x(t)=A\mathrm{e}^{Ct}$$

此式表明：病人数将按指数形式无限地增加，这与实际情况明显不符. 这是因为随着传染病的蔓延，病人数不断增加，健康者人数减少，一个病人在单位时间内接触到的健康者不断减少，故假设中一个病人在单位时间内能传染的人数不会是一个常数 C，原假设不合理，故可对原假设进行如下修改：单位时间内一个病人能传染的人数与当时健康者人数成正比，并且假设该地区的总人数为常数 N 保持不变，记 t 时刻的健康人数所占总人数的比例为 $x(t)$，病人所占总人数的比例为 $y(t)$，由此可见

$$x(t)+y(t)=1\tag{8.1.4}$$

$$Ny(t+\Delta t)-Ny(t)=kNy(t)x(t)\Delta t\tag{8.1.5}$$

当 $\Delta t\to 0$ 时，有

$$\frac{\mathrm{d}y}{\mathrm{d}t}=ky(t)x(t)$$

即

$$\begin{cases}\dfrac{\mathrm{d}y}{\mathrm{d}t}=ky(1-y)\\ y(0)=A\end{cases}\tag{8.1.6}$$

由分离变量法解得

$$y(t)=\frac{1}{1+\left(\dfrac{1}{A}-1\right)\mathrm{e}^{-kt}}$$

此式表明：随着时间的推移，最终所有人都要被传染成病人. 而事实上被传染的病人可能被治愈，也有可能会死亡，所以病人数应趋于零. 因此，我们必须对上述已作的假设再次作出修改：记 t 时刻得病后被治愈而获得免疫能力的人数占总人数的比例为 $z(t)$，同时再设单位时间内治愈的人数与当时的病人数成正比，即治愈率为 l.

由上述假设可知：

$$x(t)+y(t)+z(t)=1 \tag{8.1.7}$$

$$Ny(t+\Delta t)-Ny(t)=kNx(t)y(t)\Delta t-[Nz(t+\Delta t)-Nz(t)] \tag{8.1.8}$$

$$Nz(t+\Delta t)-Nz(t)=lNy(t)\Delta t \tag{8.1.9}$$

当 $\Delta t\to 0$ 时，由式（8.1.8）、式（8.1.9）可得

$$\begin{cases}\dfrac{\mathrm{d}y}{\mathrm{d}t}=kx(t)y(t)-\dfrac{\mathrm{d}z}{\mathrm{d}t}\\ \dfrac{\mathrm{d}z}{\mathrm{d}t}=ly(t)\end{cases}$$

由式（8.1.7）消去式中 $z(t)$，可得关于 x，y 的微分方程组

$$\begin{cases}\dfrac{\mathrm{d}x}{\mathrm{d}t}=-kxy\\ \dfrac{\mathrm{d}y}{\mathrm{d}t}=kxy-ly\\ x(0)=B=1-A\\ y(0)=A=1-B\end{cases}$$

在上述方程中消去 $\mathrm{d}t$ 得

$$\begin{cases}\dfrac{\mathrm{d}y}{\mathrm{d}x}=\dfrac{l}{kx}-1\\ y|_{x=B}=A\end{cases}$$

从而解得

$$y=\frac{l}{k}\ln\frac{x}{B}+1-x$$

柯玛克等人利用上述模型对曾经发生在印度孟买的一次瘟疫进行了分析，并根据统计资料作了比较，发现分析得到的数据与实测数据基本上吻合，上述传染病模型的确客观反映了某些传染病的传播机理.

项目二　微分方程的基本概念

一、微分方程的定义

通常把联系自变量 x 与未知函数 y 和它的某些微商 $\frac{\mathrm{d}y}{\mathrm{d}x}$，$\frac{\mathrm{d}^2y}{\mathrm{d}x^2}$，…，$\frac{\mathrm{d}^ny}{\mathrm{d}x^n}$ 的一个关系式

$$F\left(x,\ y,\ \frac{\mathrm{d}y}{\mathrm{d}x},\ \cdots,\ \frac{\mathrm{d}^ny}{\mathrm{d}x^n}\right)=0 \tag{8.2.1}$$

称为未知函数的微分方程，其中 F 为它所依赖的 $n+2$ 个变量的已知函数．式中所含未知函数 y 的导数的最高阶数称为微分方程的阶.

例如：

（1）$\dfrac{\mathrm{d}y}{\mathrm{d}x}+p(x)y+Q(x)=0$

（2）$\frac{d^2y}{dx^2}+m^2y-A\cos\omega x=0$

（3）$x^2y'''-4y=x^2$

其中，方程（1）、（2）、（3）分别为一阶、二阶和三阶微分方程.

二、微分方程的解

若将一个已知函数代入微分方程后，使得该方程成为一恒等式，则称此函数为该方程的一个解.

容易验证函数 $y=e^{kx}$ 是微分方程 $y'=ky$ 的解.

由于常数的导数恒为零，故函数

$$y=Ce^{kx} \tag{8.2.2}$$

也是方程 $y'=ky$ 的解．也就是说，微分方程的解可能不唯一，即存在无限多个函数是微分方程的解.

三、微分方程的通解、特解和初始条件

在前面已经指出过，一个微分方程不只有一个或几个解，通常有无限多个解．现在为了确定微分方程解的表达式，引进微分方程通解的概念．顾名思义，微分方程的通解就是该方程的所有解的一个共同表达式．例如，在前面已经验证过的表达式

$$y=Ce^{kx} \tag{8.2.3}$$

就是方程

$$y'=ky$$

的通解．在式（8.2.3）中，C 为任意常数.

此处要特别指出，将通解理解为所有解的共同表达式，在应用上包含许多困难．首先，判断一个解的表达式是否已表示了所有解是一件困难的事；其次，这样的表达式是否必定存在也难以确定．由于这些原因，我们采用通用的另一种定义：

如果微分方程的解中含有任意常数，这些常数的个数与微分方程的阶数相同，并且这些任意常数之间不能合并，这样的解称为微分方程的通解.

当通解中的各个任意常数都取确定的值时，此时所确定的解称为微分方程的特解．例如：$y=e^{kx}$ 为微分方程 $\frac{dy}{dx}=ky$ 的一个特解．此外，用来确定通解中的任意常数的附加条件称为初始条件.

一般来说，一阶微分方程的初始条件为

$$y|_{x=x_0}=y_0 \quad 或 \quad y(x_0)=y_0$$

二阶微分方程的初始条件为

$$y|_{x=x_0}=y_0,\ y'|_{x=x_0}=y_1 \quad 或 \quad y(x_0)=y_0,\ y'(x_0)=y_1$$

而一个 n 阶微分方程的初始条件为

$$y|_{x=x_0}=y_0,\ y'|_{x=x_0}=y_1,\ \cdots,\ y^{(n-1)}|_{x=x_0}=y_{n-1}$$

通常把求微分方程满足初始条件的特解问题称为微分方程初值问题.

例 验证函数 $y=C_1e^{-x}+C_2e^{-2x}$ 是微分方程 $y''+3y'+2y=0$ 的通解，并求满足初始条件 $y(0)=2$，$y'(0)=-3$ 的特解.

证　函数的一阶导数和二阶导数分别为

$$y'=-C_1e^{-x}-2C_2e^{-2x}$$

$$y''=C_1e^{-x}+4C_2e^{-2x}$$

将 y'，y''代入原微分方程得

$$(C_1e^{-x}+4C_2e^{-2x})+3(-C_1e^{-x}-2C_2e^{-2x})+2(C_1e^{-x}+C_2e^{-2x})=0$$

即函数 $y=C_1e^{-x}+C_2e^{-2x}$ 为微分方程 $y''+3y'+2y=0$ 的解．又因为该函数含有两个任意常数，所以它是原方程的通解.

下面求特解，将 $y(0)=2$ 代入函数式，得

$$C_1+C_2=2$$

又将 $y'(0)=-3$ 代入一阶导数式，得

$$-C_1-2C_2=-3$$

解得 $C_1=C_2=1$，故所求微分方程的特解为

$$y=e^{-x}+e^{-2x}$$

以上主要介绍了微分方程的一些最简单、最基础的概念．历史上数学家们曾热衷于研究如何把一个微分方程的通解求出来，但事与愿违，能求出通解的微分方程非常少，而实际需要的是求出满足某些特定条件的解．因此在微分方程研究中，通解概念虽然不失其作用，但已不是起关键作用的．从下一项目开始讨论某些具体类型的微分方程的初等解法．初等解法也称初等积分法，其主旨为将所求解的问题化成求积分，并将微分方程的通解表示成某些初等函数或它的积分．此类微分方程，也称为可积方程.

习题 8－2

1. 试说出下列式子是否为微分方程，若是，请指明微分方程的阶数.

(1) $x^2y''+xy'$

(2) $x^2+y^2=1$

(3) $x(y')^2-2yy'+xy^2=0$

(4) $xy''+ay'+\sqrt{x}y=0$

(5) $(\sin x-6y)dx+(x^2-y^3)dy=0$

(6) $L\dfrac{d^2Q}{dt^2}+R\dfrac{dQ}{dt}+C\dfrac{Q}{t}=0$

2. 指出下列各题中的函数是否为所给微分方程的解.

(1) $xy'=2y$，$y=8x^2$

(2) $y''+y=0$，$y=3\sin x-4\cos x$

(3) $y''-(\lambda_1+\lambda_2)y'+\lambda_1\lambda_2y=0$，$y=C_1e^{\lambda_1x}+C_2e^{\lambda_2x}$

(4) $y''-\dfrac{2}{x}y'+\dfrac{2y}{x^2}=0$，$y=C_1x+C_2x^2$

3. 写出由下列条件确定的曲线所能满足的微分方程.

(1) 在平面直角坐标系中，曲线上任一点处的切线及原点与此点的连线总与横轴

Ox 组成以 Ox 轴上的线段为底的等腰三角形；

(2) 曲线在点(x, y)处的切线斜率等于该点横坐标的正弦的平方.

4. 验证 $y=Cx^3$ 是微分方程 $3y-xy'=0$ 的通解，并分别求出满足下列各初始条件的特解.

(1) $y|_{x=1}=\frac{1}{3}$ (2) $y|_{x=1}=1$ (3) $y|_{x=1}=-\frac{1}{3}$

5. 设函数 $u(x)$是微分方程 $y'-\frac{2}{x+1}y=(x+1)^3$ 的通解，求 $u(x)$.

项目三 一阶常微分方程

一、变量可分离的微分方程

形如

$$\frac{\mathrm{d}y}{\mathrm{d}x}=h(x)g(y) \tag{8.3.1}$$

的微分方程称为变量可分离的微分方程．此类方程的特点是：右端是只含 x 的函数和 y 的函数的乘积.

微分方程理论发展的古典时期，即从 17 世纪后期牛顿和莱布尼兹发明微积分直至 18 世纪末，微分方程的研究主题是尽可能设法把当时遇到的一些类型的微分方程的求解问题转化为求原函数的积分问题．1691 年莱布尼兹首先提出分离变量法成功地求解出形如式（8.3.1）的微分方程的解.

在方程（8.3.1）的两端分别乘以 $\mathrm{d}x$ 和除以 $g(y)$，得

$$\frac{\mathrm{d}y}{g(y)}=h(x)\mathrm{d}x \tag{8.3.2}$$

此过程为分离变量．式（8.3.2）两端积分得到 y 所满足的隐函数方程

$$\int\frac{\mathrm{d}y}{g(y)}=\int h(x)\mathrm{d}x+C \tag{8.3.3}$$

或 $G(y)=H(x)+C$ (8.3.4)

其中，$G(y)=\int\frac{\mathrm{d}y}{g(y)}$ 和 $H(x)=\int h(x)\mathrm{d}x$ 分别是$\frac{1}{g(y)}$和 $h(x)$的原函数，C 为任意常数.

例 1 求微分方程 $y'=-\frac{y}{x}$的通解.

解 应用分离变量法，得

$$\frac{\mathrm{d}y}{y}=-\frac{\mathrm{d}x}{x}$$

两边积分，得

$$\int\frac{\mathrm{d}y}{y}=-\int\frac{\mathrm{d}x}{x}$$

解得 $\ln|y|=-\ln|x|+C_1$

化简得

$$y=\pm e^{C_1}\frac{1}{x}$$

令 $C_2=\pm e^{C_1}$，则

$$y=\frac{C_2}{x}\quad(C_2\neq 0)$$

此外，$y=0$ 为方程的解，故 C_2 可取 0. 因此 C_2 可作为任意常数，原方程的通解为

$$y=\frac{C}{x}\ (C\text{ 为任意常数}).$$

例 2 求微分方程

$$\begin{cases}\dfrac{dy}{dx}=ky(1-y)\\ y(0)=A\end{cases}\text{的解.}$$

解 由分离变量法，原方程可化为

$$\frac{dy}{y(1-y)}=kdx$$

即 $$\frac{dy}{y}+\frac{dy}{1-y}=kdx$$

两边积分得

$$\ln|y|-\ln|1-y|=kx+C_1$$

解得

$$\frac{y}{1-y}=\pm e^{C_1}e^{kx}\tag{8.3.5}$$

令 $C_2=\pm e^{C_1}$，$C_2\neq 0$，然而 $y=0$ 也是原方程的解，故 C_2 也可取值零. 换言之，C_2 可取任意常数，式（8.3.5）可转化为

$$\frac{y}{1-y}=Ce^{kx}$$

有

$$y=Ce^{kx}(1-y)$$

故原方程的通解为

$$y=\frac{Ce^{kx}}{1+Ce^{kx}}\tag{8.3.6}$$

又由于 $y(0)=A$，故

$$\frac{C}{1+C}=A$$

解得

$$C=\frac{1}{\frac{1}{A}-1}\tag{8.3.7}$$

得原方程满足初始条件的特解为

$$y=\frac{1}{1+\left(\frac{1}{A}-1\right)e^{-kx}}.$$

此式恰好是本模块项目一中所提及的阻滞模型的解.

二、齐次微分方程

通常情况下，变量可分离的微分方程（8.3.1）并不常见．然而有一些方程可以经变量替换后，先转换成变量可分离的微分方程，再用分离变量方法求解．下面给出一个例子，引出如何用变量替换将一类微分方程转化成可分离变量微分方程.

例 3 求微分方程$\frac{dy}{dx}=2\sqrt{\frac{y}{x}}+\frac{y}{x}$的通解.

解 若令$u=\frac{y}{x}$，即$y=ux$，其中u为x的函数，对y关于x求导，则有

$$y'=u+xu'$$

代入原方程，得

$$u+xu'=2\sqrt{u}+u$$

即 $$x\frac{du}{dx}=2\sqrt{u}$$

经此变换后，原方程转化为一个变量可分离的微分方程．由分离变量法可得

$$\frac{du}{2\sqrt{u}}=\frac{dx}{x}$$

两边积分，可得

$$\sqrt{u}=\ln x+C$$

故 $$u=(\ln x+C)^2$$

把$u=\frac{y}{x}$代回，得原方程的通解为

$$y=x(\ln x+C)^2$$

此例给出的方程是一种特殊结构的微分方程，其一般形式可表述为

$$y'=f\left(\frac{y}{x}\right) \tag{8.3.8}$$

通常将此类方程称为齐次微分方程.

对于齐次微分方程（8.3.8）而言，作变量替换

$$u=\frac{y}{x}$$

由$y=ux$，其中u为x的函数，可得$\frac{dy}{dx}=u+x\frac{du}{dx}$，将其代入原方程有

$$u+x\frac{du}{dx}=f(u)$$

分离变量得$\frac{du}{f(u)-u}=\frac{dx}{x}$

两边积分，可得$\int\frac{du}{f(u)-u}=\ln|x|+\ln C$

计算出左端积分以后，再由$\frac{y}{x}$替换式中的u，得齐次方程（8.3.8）的通解.

例 4 求微分方程$xy\mathrm{d}y=(x^2+y^2)\mathrm{d}x$满足初始条件$y|_{x=1}=2$的特解.

解 原方程可化为

$$\frac{\mathrm{d}y}{\mathrm{d}x}=\frac{x^2+y^2}{xy}$$

即$\frac{\mathrm{d}y}{\mathrm{d}x}=\frac{x}{y}+\frac{y}{x}$，此为齐次方程.

令$u=\frac{y}{x}$，得$\frac{\mathrm{d}y}{\mathrm{d}x}=u+x\frac{\mathrm{d}u}{\mathrm{d}x}$，代入上述方程，有

$$u+x\frac{\mathrm{d}u}{\mathrm{d}x}=\frac{1}{u}+u$$

分离变量后，可得

$$u\mathrm{d}u=\frac{1}{x}\mathrm{d}x$$

两边积分，有

$$\frac{1}{2}u^2=\ln x+C$$

把$u=\frac{y}{x}$代入上式得

$$\frac{y^2}{2x^2}=\ln x+C$$

再由初始条件$y|_{x=1}=2$，可知$C=2$，故所求的特解为

$$y^2=2x^2(2+\ln x).$$

三、一阶线性微分方程

形如

$$y'+p(x)y=q(x) \tag{8.3.9}$$

的微分方程，称为一阶线性微分方程，其中函数$p(x)$，$q(x)$是某一定义区间$a<x<b$上的连续函数.

当$q(x)=0$时，方程

$$y'+p(x)y=0 \tag{8.3.10}$$

称为一阶齐次线性微分方程；当$q(x)\neq 0$时，方程（8.3.9）称为一阶非齐次线性微分方程. 下面先讨论求解齐次方程（8.3.10）的通解.

将$y'+p(x)y=0$分离变量，得

$$\frac{1}{y}\mathrm{d}y=-p(x)\mathrm{d}x$$

两端求积分，得

$$\ln y=-\int p(x)\mathrm{d}x+\ln C$$

即

$$y=C\mathrm{e}^{-\int p(x)\mathrm{d}x} \tag{8.3.11}$$

此为一阶齐次线性微分方程的通解.

对于一阶非齐次线性微分方程（8.3.9），我们运用下述所谓常数变易法，或变动参数法求其通解．其方法如下：

假设式（8.3.9）有形如式（8.3.11）的通解，其中 C 是 x 的待定函数，即设

$$y=C(x)\mathrm{e}^{-\int p(x)\mathrm{d}x} \tag{8.3.12}$$

为式（8.3.9）的解．由于

$$y'=C'(x)\mathrm{e}^{-\int p(x)\mathrm{d}x}-C(x)p(x)\mathrm{e}^{-\int p(x)\mathrm{d}x}$$

代入式（8.3.9），得

$$C'(x)\mathrm{e}^{-\int p(x)\mathrm{d}x}-C(x)p(x)\mathrm{e}^{-\int p(x)\mathrm{d}x}+p(x)C(x)\mathrm{e}^{-\int p(x)\mathrm{d}x}=q(x)$$

即 $C'(x)=q(x)\mathrm{e}^{\int p(x)\mathrm{d}x}$

两端积分后，得

$$C(x)=\int q(x)\mathrm{e}^{\int p(x)\mathrm{d}x}\mathrm{d}x+C\ (C\text{ 为任意常数})$$

所以，一阶线性非齐次微分方程（8.3.9）的通解为

$$y=\mathrm{e}^{-\int p(x)\mathrm{d}x}\left[\int q(x)\mathrm{e}^{\int p(x)\mathrm{d}x}\mathrm{d}x+C\right] \tag{8.3.13}$$

例 5 求一阶非齐次线性微分方程 $y'=-\dfrac{x^2+x^3+y}{1+x}$ 的通解.

解 把原方程表示为

$$y'+\frac{1}{1+x}y=-x^2$$

则 $p(x)=\dfrac{1}{1+x}$，$q(x)=-x^2$

故原方程的通解为

$$y=\mathrm{e}^{-\int\frac{1}{1+x}\mathrm{d}x}\left[\int(-x^2)\mathrm{e}^{\int\frac{1}{1+x}\mathrm{d}x}\mathrm{d}x+C\right]=\mathrm{e}^{-\ln(1+x)}\left[-\int x^2\mathrm{e}^{\ln(1+x)}\mathrm{d}x+C\right]$$

$$=\frac{1}{1+x}\left[-\int x^2(1+x)\mathrm{d}x+C\right]$$

$$=\frac{1}{1+x}\left(-\frac{1}{3}x^3-\frac{1}{4}x^4+C\right).$$

习题 8－3

1. 求下列微分方程的通解.

（1）$y'-xy'=a(y^2+y')$

（2）$(\mathrm{e}^{x+y}-\mathrm{e}^x)\mathrm{d}x+(\mathrm{e}^{x+y}+\mathrm{e}^x)\mathrm{d}y=0$

（3）$y\mathrm{d}x+(x^2-4x)\mathrm{d}y=0$

（4）$(y+1)^2\dfrac{\mathrm{d}y}{\mathrm{d}x}+x^3=0$

（5）$xy'-y\ln y=0$

（6）$\tan x\dfrac{\mathrm{d}y}{\mathrm{d}x}=1+y$

（7）$\dfrac{\mathrm{d}y}{\mathrm{d}x}=10^{x+y}$

（8）$x^2y\mathrm{d}x=(1-y^2+x^2-x^2y^2)\mathrm{d}y$

2. 求下列齐次微分方程的通解.

(1) $x\frac{\mathrm{d}y}{\mathrm{d}x}=y\ln\frac{y}{x}$　　(2) $(x^3+y^3)\mathrm{d}x-3xy^2\mathrm{d}y=0$

(3) $\left(x+y\cos\frac{y}{x}\right)\mathrm{d}x-x\cos\frac{y}{x}\mathrm{d}y=0$　　(4) $y'=\mathrm{e}^{\frac{y}{x}}+\frac{y}{x}$

(5) $y(x^2-xy+y^2)\mathrm{d}x+x(x^2+xy+y^2)\mathrm{d}y=0$

3. 求下列微分方程满足所给初始条件的特解.

(1) $\frac{x}{1+y}\mathrm{d}x-\frac{y}{1+x}\mathrm{d}y=0$，$y|_{x=0}=0$

(2) $\cos x\sin y\mathrm{d}y=\cos y\sin x\mathrm{d}x$，$y|_{x=0}=\frac{\pi}{4}$

(3) $x\mathrm{d}y+2y\mathrm{d}x=0$，$y|_{x=2}=1$

(4) $y'=\frac{x}{y}+\frac{y}{x}$，$y|_{x=1}=2$

4. 求下列微分方程的通解.

(1) $y'+\frac{\mathrm{e}^x}{\mathrm{e}^x+1}y=1$　　(2) $(t-2)\frac{\mathrm{d}x}{\mathrm{d}t}-x=t$

(3) $y'-\frac{2}{x+1}y=(x+1)^{\frac{5}{2}}$　　(4) $\frac{\mathrm{d}y}{\mathrm{d}x}+2xy=4x$

(5) $\frac{\mathrm{d}y}{\mathrm{d}x}-\frac{1}{x}y=2x^2$　　(6) $(x-2)\frac{\mathrm{d}y}{\mathrm{d}x}=y+2(x-2)^3$

(7) $(x^2+1)y'+2xy=4x^2$　　(8) $(y^2-6x)y'+2y=0$

5. 求下列微分方程满足所给初始条件的特解.

(1) $\mathrm{d}y=\left(\frac{1}{x+1}+\frac{y}{x}\right)\mathrm{d}x$，$y|_{x=1}=-\ln 2$　　(2) $\frac{\mathrm{d}y}{\mathrm{d}x}-y\tan x=\sec x$，$y|_{x=0}=0$

(3) $(y^3+xy)y'=1$，$y|_{x=0}=0$　　(4) $y\mathrm{d}x+(y-x)\mathrm{d}y=0$，$y|_{x=0}=1$

6. 求一曲线的方程，使该曲线通过点 (0，1) 且曲线上任一点处的切线垂直于此点与原点的连线.

7. 求一曲线的方程，使该曲线通过原点，并且它在点 (x, y) 处的切线斜率等于 $2x+y$.

8. (热水瓶降温问题) 设热水瓶内水温为 T，室内温度为常数 T_0，t 为时间 (以小时为单位). 根据试验，热水温度的减低率与 $T-T_0$ 成正比，求 T 与 t 的函数关系.

9. 某商品的需求量 x 对价格 p 的弹性为 $\eta=-3p^3$，市场对该产品的最大需求量为 1 (万件)，求需求函数.

项目四　可降阶的高阶微分方程

二阶或二阶以上的微分方程称为高阶微分方程. 本项目讨论两种特殊的高阶微分方

程，它们可以通过积分或变量代换，降为低阶的微分方程来求解．这种求解方法称为降阶法.

一、$y^{(n)}=f(x)$型的微分方程

微分方程

$$y^{(n)}=f(x) \tag{8.4.1}$$

的特点是右端只有自变量 x. 我们可以通过逐次积分求得它们的通解．事实上，只要将 $y^{(n-1)}$看成新的未知函数，那么式（8.4.1）就是一个关于 $y^{(n-1)}$ 的一阶微分方程．两边积分，得到一个 $n-1$ 阶微分方程

$$y^{(n-1)}=\int f(x)\mathrm{d}x+C_1$$

同理可得 $y^{(n-2)}=\int\left(\int f(x)\mathrm{d}x+C_1\right)\mathrm{d}x+C_2$．依次进行 n 次积分，便可得式（8.4.1）的通解.

例 1 求微分方程 $y'''=2x+\sin x$ 的通解.

解 对所给方程依次积分三次，得

$$y''=\int(2x+\sin x)\mathrm{d}x=x^2-\cos x+\overline{C}_1$$

$$y'=\int(x^2-\cos x+\overline{C}_1)\mathrm{d}x=\frac{1}{3}x^3-\sin x+\overline{C}_1x+C_2$$

$$\begin{aligned}y&=\int\left(\frac{1}{3}x^3-\sin x+\overline{C}_1x+C_2\right)\mathrm{d}x\\&=\frac{1}{12}x^4+\cos x+\frac{\overline{C}_1}{2}x^2+C_2x+C_3\end{aligned}$$

记$\dfrac{\overline{C}_1}{2}=C_1$，即微分方程的通解为

$$y=\frac{1}{12}x^4+\cos x+C_1x^2+C_2x+C_3$$

其中，C_1，C_2，C_3 都是任意常数.

二、$y''=f(x,\ y')$型的微分方程

微分方程

$$y''=f(x,\ y') \tag{8.4.2}$$

的特点是右端不含未知函数 y. 设 $y'=p(x)$，则 $y''=\dfrac{\mathrm{d}p}{\mathrm{d}x}$，原方程变为

$$\frac{\mathrm{d}p}{\mathrm{d}x}=f(x,\ p)$$

这是一个关于变量 x，p 的一阶微分方程，设其通解为

$$p=\varphi(x,\ C_1)$$

即 $\quad \mathrm{d}y=\varphi(x,\ C_1)\mathrm{d}x$

对它两端积分，得到式（8.4.2）的通解

$$y=\int\varphi(x, C_1)\mathrm{d}x+C_2.$$

例 2 求微分方程

$$xy''+y'-x^2=0$$

的通解.

解 由于方程中不显含 y，是 $y''=f(x, y')$ 型的微分方程，所以设 $y'=p$，则 $y''=p'$，从而原方程化为

$$xp'+p-x^2=0$$

即

$$p'+\frac{1}{x}p=x$$

这是一个未知函数 p 的一阶非齐次线性微分方程，由通解公式得

$$p=\mathrm{e}^{-\int\frac{1}{x}\mathrm{d}x}\left(\int x\mathrm{e}^{\int\frac{1}{x}\mathrm{d}x}\mathrm{d}x+C_1\right)=\frac{1}{3}x^2+\frac{C_1}{x}$$

于是

$$y'=\frac{1}{3}x^2+\frac{C_1}{x}$$

两端积分可得原方程的通解为

$$y=\frac{1}{9}x^3+C_1\ln|x|+C_2.$$

习题 8-4

1. 求下列微分方程的通解.

(1) $y'''=2x-\cos x$　　(2) $y''=\frac{1}{x^2}$

(3) $y''=1+(y')^2$　　(4) $y''=y'+x$

(5) $xy''-y'+x(y')^2=0$　　(6) $y''-\frac{1}{x}y'=x\mathrm{e}^x$

(7) $y''=\cos 2x\cos 3x$　　(8) $y''=\mathrm{e}^{3x}+\sin x$

2. 求下列满足所给初始条件的微分方程的特解.

(1) $y'''=\ln x$，$y(1)=0$，$y'(1)=-\frac{3}{4}$，$y''(1)=-1$

(2) $y''-a(y')^2=0$，$y(0)=0$，$y'(0)=-1$（$a>0$ 为常数）

(3) $y''=\frac{3}{2}y^2$，$y|_{x=0}=1$，$y'|_{x=0}=1$

3. 试求满足微分方程 $y''=x$ 的经过点 $M(0, 1)$ 且在此点与直线 $y=\frac{x}{2}+1$ 相切的积分曲线.

项目五　二阶常系数齐次线性微分方程

n 阶线性微分方程

$$y^{(n)}+P_1(x)y^{(n-1)}+P_2(x)y^{(n-2)}+\cdots+P_{n-1}(x)y'+P_n(x)y=f(x) \tag{8.5.1}$$

当 $P_1(x)$，$P_2(x)$，…，$P_n(x)$为常数时，称为常系数线性微分方程．当 $f(x)\equiv 0$ 时，称为常系数齐次线性微分方程.

二阶常系数齐次线性微分方程的一般形式为

$$y''+py'+qy=0 \tag{8.5.2}$$

其中 p，q 为常数，现讨论二阶常系数齐次线性微分方程解的性质与通解结构.

定理 8.5.1　如果函数 $y_1(x)$与 $y_2(x)$是方程（8.5.2）的两个解，那么其线性组合

$$y=C_1y_1(x)+C_2y_2(x) \tag{8.5.3}$$

也是方程（8.5.2）的解，其中 C_1，C_2 是任意常数.

证　将（8.5.3）式代入（8.5.2）式左端，得

$$\begin{aligned}&(C_1y_1''+C_2y_2'')+p(C_1y_1'+C_2y_2')+q(C_1y_1+C_2y_2)\\=&C_1(y_1''+py_1'+qy_1)+C_2(y_2''+py_2'+qy_2)\end{aligned}$$

由于 y_1与 y_2 是方程（8.5.2）的解，上式等号右端括号中的表达式都恒等于零，所以式（8.5.3）是方程（8.5.2）的解．齐次线性方程的这个性质表明它的解符合叠加原理.

叠加起来的解（8.5.3）从形式上来看含有 C_1 与 C_2 两个任意常数，但它不一定是方程（8.5.2）的通解．例如，设 $y_1(x)$是（8.5.2）的一个解，则 $y_2(x)=2y_1(x)$也是方程（8.5.2）的解．这时式（8.5.3）成为 $y=C_1y_1(x)+2C_2y_1(x)$，可以把它改写成 $y=Cy_1(x)$，其中 $C=C_1+2C_2$．这显然不是方程（8.5.2）的通解．那么在什么情况下式（8.5.3）才是方程（8.5.2）的通解呢？要解决这个问题，我们还得引入一个新的概念，即所谓函数的线性相关与线性无关.

定义 8.5.1　设 $y_1(x)$，$y_2(x)$，…，$y_n(x)$为定义在区间 I 上的 n 个函数，如果存在 n 个不全为零的常数 k_1，k_2，…，k_n，使得当 $x\in I$ 时有恒等式

$$k_1y_1+k_2y_2+\cdots+k_ny_n\equiv 0$$

成立，那么称这 n 个函数在区间 I 上线性相关；否则称线性无关.

例如，函数 1，$\cos^2x$，$\sin^2x$ 在整个数轴上是线性相关的．因为取 $k_1=1$，$k_2=k_3=-1$，就有恒等式

$$1-\cos^2x-\sin^2x\equiv 0$$

又如，函数 1，x，x^2 在任何区间 (a, b)内是线性无关的．因为如果 k_1，k_2，k_3 不全为零，那么在该区间内至多只有两个 x 值能使二次三项式

$$k_1+k_2x+k_3x^2$$

为零；要使它恒等于零，必须 k_1，k_2，k_3 全为零.

应用上述概念可知：对于两个函数的情形，它们线性相关与否，只要看它们的比是否为常数；如果比为常数，那么它们就线性相关，否则就线性无关.

有了线性无关的概念后，我们有如下关于二阶齐次线性微分方程（8.5.2）的通解结构的定理.

定理 8.5.2　如果 $y_1(x)$ 与 $y_2(x)$ 是方程（8.5.2）的两个线性无关的特解，那么

$$y=C_1y_1(x)+C_2y_2(x)\ （C_1，C_2 \text{ 是任意常数}）$$

就是方程（8.5.2）的通解.

由线性微分方程解的结构可知，只要求出两个线性无关的特解 y_1 与 y_2，就可得到方程（8.5.2）的通解.

由于指数函数 $y=e^{rx}$ 和它的各阶导数只相差一个常数因子，因此我们用 $y=e^{rx}$ 来尝试，通过选取适当的常数 r，使 $y=e^{rx}$ 满足方程（8.5.2）.

对 $y=e^{rx}$ 求导，则无论 r 为实数或复数，都有

$$y'=re^{rx}，\ y''=r^2e^{rx}$$

代入方程（8.5.2），得

$$(r^2+pr+q)e^{rx}=0$$

由于 $e^{rx}\neq0$，所以

$$r^2+pr+q=0 \tag{8.5.4}$$

由此可知，只要 r 满足代数方程（8.5.4），函数 $y=e^{rx}$ 就是微分方程（8.5.2）的解．我们把代数方程（8.5.4）称为微分方程（8.5.2）的特征方程.

特征方程（8.5.4）是一个二次代数方程．它的两个根 r_1，r_2 可用公式 $r_{1,2}=\dfrac{-p\pm\sqrt{p^2-4q}}{2}$求出，它们有下列三种不同情况：

（1）当 $p^2-4q>0$ 时，r_1，r_2 是两个不相等的实根

$$r_1=\frac{-p+\sqrt{p^2-4q}}{2}，\ r_2=\frac{-p-\sqrt{p^2-4q}}{2}$$

（2）当 $p^2-4q=0$ 时，r_1，r_2 是两个相等的实根

$$r_1=r_2=-\frac{p}{2}$$

（3）当 $p^2-4q<0$ 时，r_1，r_2 是一对共轭复根

$$r_1=\alpha+i\beta，\ r_2=\alpha-i\beta$$

其中 $\alpha=-\dfrac{p}{2}$，$\beta=\dfrac{\sqrt{4q-p^2}}{2}$.

相应地，微分方程（8.5.2）的通解也有三种不同的情况：

（1）特征方程有两个不相等的实根：$r_1\neq r_2$，则 $y_1=e^{r_1x}$，$y_2=e^{r_2x}$是微分方程（8.5.2）的两个解，且$\dfrac{y_1}{y_2}=\dfrac{e^{r_1x}}{e^{r_2x}}=e^{(r_1-r_2)x}\neq k$（常数），即 y_1，y_2 线性无关，故 $y=C_1e^{r_1x}+C_2e^{r_2x}$是微分方程（8.5.2）的通解.

（2）特征方程有两个相等的实根：$r_1=r_2$，这时我们只得到微分方程（8.5.2）的

一个特解 $y_1=e^{r_1x}$，需要寻找另一个解 y_2，并且要求$\dfrac{y_2}{y_1}$不是常数.

设$\dfrac{y_2}{y_1}=u(x)$，即 $y_2=e^{r_1x}\cdot u(x)$是方程（8.5.2）的另一个解，其中 $u(x)$是某个待定系数（不为常数），则对 $y_2=e^{r_1x}\cdot u(x)$求导两次，得

$$y_2'=e^{r_1x}(u'+r_1u)$$

$$y_2''=e^{r_1x}(u''+2r_1u'+r_1^2u)$$

将 y_2，y_2'及 y_2'' 代入微分方程（8.5.2），整理后得

$$e^{r_1x}[u''+(2r_1+p)u'+(r_1^2+pr_1+q)u]=0$$

由于 $e^{r_1x}\neq0$，故得

$$u''+(2r_1+p)u'+(r_1^2+pr_1+q)u=0$$

因为 $r_1=-\dfrac{p}{2}$是特征方程（8.5.4）的重根，所以 $2r_1+p=0$，$r_1^2+pr_1+q=0$，于是上式成为

$$u''(x)=0$$

由此可知，只要取一个满足上式且不为常数的函数 $u(x)$，即可得所要求的 y_2. 将上式积分两次，得

$$u(x)=C_1x+C_2$$

可取 $C_1=1$，$C_2=0$，得 $u(x)=x$. 于是微分方程（8.5.2）的另一个特解 $y_2=xe^{r_1x}$，从而微分方程（8.5.2）的通解为

$$y=C_1e^{r_1x}+C_2xe^{r_1x}$$

即 $y=(C_1+C_2x)e^{r_1x}$

（3）特征方程有一对共轭复根

$$r_1=\alpha+i\beta,\quad r_2=\alpha-i\beta\ (\beta\neq0)$$

此时

$$y_1=e^{r_1x}=e^{(\alpha+i\beta)x},\quad y_2=e^{r_2x}=e^{(\alpha-i\beta)x}$$

是微分方程（8.5.2）的两个线性无关的解，所以有通解

$$y=C_1e^{(\alpha+i\beta)x}+C_2e^{(\alpha-i\beta)x}$$

由于它们是复值函数形式，利用欧拉公式 $e^{i\theta}=\cos\theta+i\sin\theta$，把 y_1，y_2 改写为

$$y_1=e^{(\alpha+i\beta)x}=e^{\alpha x}\cdot e^{i\beta x}=e^{\alpha x}(\cos\beta x+i\sin\beta x)$$

$$y_2=e^{(\alpha-i\beta)x}=e^{\alpha x}\cdot e^{-i\beta x}=e^{\alpha x}(\cos\beta x-i\sin\beta x)$$

取 $\bar{y}_1=\dfrac{1}{2}(y_1+y_2)=e^{\alpha x}\cos\beta x$

$$\bar{y}_2=\frac{1}{2i}(y_1-y_2)=e^{\alpha x}\sin\beta x$$

此时 $\bar{y}_1$ 与 $\bar{y}_2$ 也线性无关且为微分方程（8.5.2）的解，所以微分方程（8.5.2）的通解为

$$y=e^{\alpha x}(C_1\cos\beta x+C_2\sin\beta x)$$

综上所述，求二阶常系数齐次线性微分方程

$$y''+py'+qy=0$$

的通解，步骤如下：

（1）写出微分方程的特征方程

$$r^2+pr+q=0$$

（2）求出特征方程的两个根 r_1，r_2.

（3）根据特征方程的两个根的不同情况，按照表 8－1 写出微分方程的通解.

表 8－1

特征方程 $r^2+pr+q=0$ 的两个根 r_1，r_2	微分方程 $y''+py'+qy=0$ 的通解
两个不相等的实根 r_1，r_2	$y=C_1e^{r_1x}+C_2e^{r_2x}$
两个相等的实根 $r_1=r_2$	$y=(C_1+C_2x)e^{r_1x}$
一对共轭复根 $r_{1,2}=\alpha\pm\beta i$	$y=e^{\alpha x}(C_1\cos\beta x+C_2\sin\beta x)$

例 1　求微分方程 $y''-5y'+6=0$ 的通解.

解　对应的特征方程为

$$r^2-5r+6=0$$

有两个不同实根 $r_1=2$，$r_2=3$，故所求微分方程的通解为

$$y=C_1e^{2x}+C_2e^{3x}.$$

例 2　求微分方程 $y''-2\sqrt{2}y'+2y=0$ 的通解.

解　对应的特征方程为

$$r^2-2\sqrt{2}r+2=0$$

有两个相同的实根 $r_1=r_2=\sqrt{2}$，所求微分方程的通解为

$$y=(C_1+C_2x)e^{\sqrt{2}x}.$$

例 3　求微分方程 $y''-2y'+5y=0$ 的通解.

解　对应的特征方程为

$$r^2-2r+5=0$$

有一对共轭复根 $r_{1,2}=1\pm 2i$，所求微分方程的通解为

$$y=e^x(C_1\cos 2x+C_2\sin 2x).$$

习题 8－5

1. 下列函数组在定义域内哪些是线性无关的？

（1）e^{x^2}，xe^{x^2}　　（2）$\ln x$，$\ln x^3$

（3）e^{ax}，$e^{bx}(a\neq b)$　　（4）$\ln x$，$x\ln x$

2. 求下列微分方程的通解.

（1）$y''+y'-2y=0$　　（2）$y''-4y'=0$

(3) $y''+y=0$

(4) $y''+6y'+13y=0$

(5) $4\frac{d^2x}{dt^2}-20\frac{dx}{dt}+25x=0$

(6) $y''-4y'+5y=0$

(7) $2y''+y'-y=0$

(8) $y''+y'+2y=0$

(9) $3y''-2y'-8y=0$

3. 求下列微分方程满足所给初始条件的特解.

(1) $y''-4y'+3y=0$，$y|_{x=0}=6$，$y'|_{x=0}=10$

(2) $4y''+4y'+y=0$，$y|_{x=0}=2$，$y'|_{x=0}=0$

(3) $y''-4y'+13y=0$，$y|_{x=0}=0$，$y'|_{x=0}=3$

项目六　二阶常系数非齐次线性微分方程

引例　在电路分析中，二阶常系数非齐次微分方程常用于描述含有电感、电容和电阻的电路中的电流或电压变化．例如，当电路中包含一个电感（电感值为 L）、一个电容（电容值为 C）和一个电阻（电阻值为 R）时，且电路受到外部电压源 $v_s(t)$的驱动，电路的瞬态响应可以通过求解以下二阶非齐次微分方程来得到：

$$LC\frac{d^2v}{dt^2}+RC\frac{dv}{dt}+v=v_s(t)$$

其中，$v(t)$ 是电路中的电压响应，它是时间 t 的函数．这个方程描述了电压 $v(t)$ 随时间的变化规律，考虑了电感、电容和电阻对电路动态行为的影响．方程的左侧代表了电路内部的动态特性，而右侧则代表了外部电压源对电路的影响.

下面主要讨论二阶常系数非齐次线性微分方程

$$y''+py'+qy=f(x) \tag{8.6.1}$$

的解法，其中 p，q 为常数，$f(x)$是连续函数．它所对应的齐次方程为

$$y''+py'+qy=0 \tag{8.6.2}$$

一、二阶常系数非齐次线性微分方程的通解结构及特解的可叠加性

定理 8.6.1　设 $y^*(x)$是二阶非齐次线性方程

$$y''+py'+qy=f(x)$$

的一个特解．$Y(x)$是与式（8.6.1）对应的齐次方程（8.6.2）的通解，那么

$$y=Y(x)+y^*(x) \tag{8.6.3}$$

是二阶非齐次线性微分方程（8.6.1）的通解.

证明从略．由于二阶常系数齐次线性微分方程的通解的求法在前一项目中已得到解决，在这里只要讨论二阶常系数非齐次线性微分方程特解 y^* 的求法．这里主要讨论 $f(x)$取两种常见形式时，求 y^* 的待定系数法.

二、二阶常系数非齐次线性微分方程的求解

1. $f(x)=e^{\lambda x}P_m(x)$情形

考察二阶常系数非齐次线性方程

$$y''+py'+q=e^{\lambda x}P_m(x) \tag{8.6.4}$$

其中，λ 是常数，$P_m(x)$是 x 的一个 m 次多项式

$$P_m(x)=b_0+b_1x+\cdots+b_mx^m(b_m\neq 0)$$

要使方程（8.6.4）的左端等于多项式与指数函数的乘积，而多项式与指数函数乘积的导数仍然是多项式与指数函数的乘积，因此我们推测 $y^*=Q(x)e^{\lambda x}$，其中 $Q(x)$是某个多项式.

将　$y^*=e^{\lambda x}Q(x)$

$$y^{*\prime}=e^{\lambda x}\left[\lambda Q(x)+Q'(x)\right]$$

$$y^{*\prime\prime}=e^{\lambda x}\left[\lambda^2Q(x)+2\lambda Q'(x)+Q''(x)\right]$$

代入方程（8.6.4），并消去 $e^{\lambda x}$，得

$$Q''(x)+(2\lambda+p)\ Q'(x)+(\lambda^2+p\lambda+q)Q(x)=P_m(x)$$

可以分下列三种情况讨论：

（1）λ 不是特征方程 $r^2+pr+q=0$ 的根，即 $\lambda^2+p\lambda+q\neq 0$，由于 $P_m(x)$是一个 m 次多项式，要使上式两端相等，则可设 $Q(x)$为另一个 m 次多项式

$$Q_m(x)=b_0x^m+b_1x^{m-1}+\cdots+b_{m-1}x+b_m$$

其中，b_0，b_1，…，b_m 为待定系数．代入式（8.6.4）可确定这些系数，从而得到特解 $y^*=e^{\lambda x}Q_m(x)$.

（2）λ 是特征方程 $r^2+pr+q=0$ 的单根，即 $\lambda^2+p\lambda+q=0$，但 $2\lambda+p\neq 0$. 要使式（8.6.4）两端相等，则 $Q'(x)$必须为 m 次多项式，可设

$$Q(x)=xQ_m(x)$$

用同样的方法可确定这些系数，从而得到特解 $y^*=e^{\lambda x}xQ_m(x)$.

（3）λ 是特征方程 $r^2+pr+q=0$ 的两重根，即 $\lambda^2+p\lambda+q=0$，且 $2\lambda+p=0$. 要使式（8.6.4）两端相等，那么 $Q''(x)$必须为 m 次多项式，可设

$$Q(x)=x^2Q_m(x)$$

用同样的方法可确定这些系数，从而得到特解 $y^*=e^{\lambda x}x^2Q_m(x)$.

综上所述，我们可得到如下结论：

如果 $f(x)=e^{\lambda x}P_m(x)$，则二阶常系数非齐次线性方程（8.6.4）具有形如 $y^*=e^{\lambda x}x^kQ_m(x)$的特解，其中 $Q_m(x)$是与 $P_m(x)$同次的多项式，k 是特征方程 $\lambda^2+p\lambda+q=0$ 中根 λ 的重数，按 λ 不是特征方程的根，是特征方程的单根，是特征方程的重根，依次取值 0，1，2.

例 1　求微分方程 $y''+y'=2x^2-3$ 的通解.

解　对应的齐次方程为

$$y''+y'=0$$

它的特征方程为 $r^2+r=0$，特征根为 $r_1=0$，$r_2=-1$，故对应的齐次方程的通解为

$$Y=C_1+C_2e^{-x}$$

由于 $\lambda=0$ 是特征方程的单根，设特解为

$$y^*=x(b_0x^2+b_1x+b_2)=b_0x^3+b_1x^2+b_2x$$

将 y^*，$y^{*\prime}$，$y^{*\prime\prime}$代入原方程，得

$$3b_0x^2+(2b_1+6b_0)x+(b_2+2b_1)=2x^2-3$$

比较两端 x 的同次幂的系数，得

$$\begin{cases}3b_0=2\\2b_1+6b_0=0\\b_2+2b_1=-3\end{cases}\quad 即\quad \begin{cases}b_0=\dfrac{2}{3}\\b_1=-2\\b_2=1\end{cases}$$

故得到原方程的一个特解为

$$y^*=x\left(\frac{2}{3}x^2-2x+1\right)$$

所求微分方程的通解为

$$y=C_1+C_2\mathrm{e}^{-x}+\frac{2}{3}x^3-2x^2+x.$$

例 2 求微分方程 $y''-2y'+y=4x\mathrm{e}^x$ 的通解.

解 对应的齐次方程为

$$y''-2y'+y=0$$

它的特征方程为 $r^2-2r+1=0$，特征根为 $r_{1,2}=1$，故对应齐次方程通解为

$$Y=(C_1+C_2x)\mathrm{e}^x$$

由于 $\lambda=1$ 是特征方程的两重根，故设特解为

$$y^*=\mathrm{e}^x x^2(b_0x+b_1)$$

将 y^*，$y^{*\prime}$，$y^{*\prime\prime}$代入原方程，得

$$6b_0x+2b_1=4x$$

比较两端 x 的同次幂的系数，得

$$\begin{cases}6b_0=4\\2b_1=0\end{cases}\quad 即\quad \begin{cases}b_0=\dfrac{2}{3}\\b_1=0\end{cases}$$

得到原方程的一个特解为

$$y^*=\frac{2}{3}x^3\mathrm{e}^x$$

故所求微分方程的通解为

$$y=(C_1+C_2x)\mathrm{e}^x+\frac{2}{3}x^3\mathrm{e}^x.$$

2. $f(x)=\mathrm{e}^{\lambda x}P_m(x)\cos\omega x$（或 $\mathrm{e}^{\lambda x}P_m(x)\sin\omega x$）（其中 λ，ω 是实数，$P_m(x)$是 m 次多项式）情形

对于此类微分方程的解的推理过程，此处不作具体证明．但此微分方程有一个特解为

$$y^*=x^kP_m(x)\mathrm{e}^{(\lambda+i\omega)x}$$

其中，若 $(\lambda+i\omega)$不是特征方程的根，取 $k=0$；若 $(\lambda+i\omega)$是特征方程的根，取$k=1$.

例 3 求微分方程 $y''+y=4\cos 2x$ 的通解.

解 对应的齐次方程为 $y''+y=0$

它的特征方程为 $r^2+1=0$，特征根为 $r_1=i$，$r_2=-i$. 故对应的齐次方程的通解为

$$Y=C_1\cos x+C_2\sin x$$

下面求微分方程 $y''+y=4e^{2ix}$ 的特解 y^*.

由于 $\lambda+i\omega=2i$ 不是特征方程的根，所以设特解

$$y^*=b_0e^{2ix}$$

代入所给方程 $y''+y=4e^{2ix}$，得

$$-4b_0e^{2ix}+b_0e^{2ix}=4e^{2ix}$$

故 $b_0=-\frac{4}{3}$

所以 $y^*=-\frac{4}{3}e^{2ix}=-\frac{4}{3}(\cos 2x+i\sin 2x)$

原方程的特解

$$y_1^*=\mathrm{Re}\{y^*\}=-\frac{4}{3}\cos 2x$$

故原方程的通解为

$$y=C_1\cos x+C_2\sin x-\frac{4}{3}\cos 2x.$$

在以上的运算中较多地用到复数的运算，如果要避免复数的运算，我们也可直接把 y^* 设作三角函数的形式.

如果 $f(x)=e^{\lambda x}[P_l(x)\cos\omega x+P_n(x)\sin\omega x]$，则二阶常系数非齐次线性微分方程 (8.6.1) 的特解可设为

$$y^*=x^ke^{\lambda x}[R_m^{(1)}(x)\cos\omega x+R_m^{(2)}(x)\sin\omega x]$$

其中，$R_m^{(1)}$，$R_m^{(2)}$ 是 m 次多项式，$m=\max\{l, n\}$，k 是特征方程 $r^2+pr+q=0$ 含有复根 $\lambda\pm i\omega$ 的重数. 若 $(\lambda\pm i\omega)$ 不是特征方程的根，k 取 0；若 $(\lambda\pm i\omega)$ 是特征方程的根，k 取 1.

上述结论可推广到 n 阶常系数非齐次线性微分方程.

我们用上述结论，重新求例 3 中微分方程 $y''+y=4\cos 2x$ 的特解 y^* 的过程如下：

令 $y^*=a\cos 2x+b\sin 2x$

$$y^{*\prime}=-2a\sin 2x+2b\cos 2x$$

$$y^{*\prime\prime}=-4a\cos 2x-4b\sin 2x$$

代入原方程得

$$-4a\cos 2x-4b\sin 2x+a\cos 2x+b\sin 2x=4\cos 2x$$

即 $-3a\cos 2x-3b\sin 2x=4\cos 2x$

得 $\begin{cases}-3a=4\\-3b=0\end{cases}$ 即 $\begin{cases}a=-\frac{4}{3}\\b=0\end{cases}$

则 $y^*=-\frac{4}{3}\cos 2x$

原方程的通解为

$$y=C_1\cos x+C_2\sin x-\frac{4}{3}\cos 2x.$$

习题 8 - 6

1. 试问下列微分方程具有何种形式的特解?

(1) $y''+4y'-5y=x$　　(2) $y''+4y'=x$

(3) $y''+y=2e^x$　　(4) $y''+y=x^2e^x$

(5) $y''+y=\sin2x$　　(6) $y''+y=3\sin x$

2. 求下列微分方程的通解.

(1) $y''-2y'-3y=3x+1$　　(2) $y''+3y'+2y=3xe^{-x}$

(3) $y''-6y'+9y=e^{3x}(x+1)$　　(4) $y''+3y'=\cos x-\sin x$

(5) $y''-2y'+5y=\sin2x$　　(6) $y''+y'=x^2+\cos x$

3. 求下列微分方程满足所给条件的特解.

(1) $y''-3y'+2y=5$, $y|_{x=0}=1$, $y'|_{x=0}=2$

(2) $y''-10y'+9y=e^{2x}$, $y|_{x=0}=\frac{6}{7}$, $y'|_{x=0}=\frac{33}{7}$

4. 设二阶常系数线性微分方程 $y''+\alpha y'+\beta y=\gamma e^x$ 的一个特解为 $y^*=e^{2x}+(1+x)e^x$,试确定 α, β, γ 的值,并求该方程的通解.

项目七　数学建模
——微分方程的应用举例

数学建模是用数学方法对自然科学、工程技术乃至社会科学中的实际现象的一种理想化描述.从观测、实验或统计数据出发,利用客观规律(例如牛顿第二定律、机械能守恒定律、物质生灭定律)或一些合理的假设,运用各种数学工具(例如微元法、解微分方程的方法甚至概率统计方法)在各个变量之间建立关系(通常用函数方程、微分方程、差分方程、积分方程表示),通过分析求解这些关系得到数学结论(解析解、数值解或图形解),再检验、解释或预测这些数学结论是否与实际数据吻合.这样一个过程就是建立数学模型的过程,简称数学建模.从某种意义上说,应用数学就是一门数学建模的学问.

对变化进行建模的一个非常有用的范例就是

　　未来值=现在值+变化

人们往往希望从现在知道的东西再加上精心观测到的变化来预测未来,在这种情形中,可以先按照公式

　　变化=未来值-现在值

来研究变化.

通过收集一段时间中的数据并画出该数据的图形，我们常常可以识别出能够抓住这种变化趋势的模型的模式．如果行为在时间上是连续发生的，那么模型构建就导致了微分方程.

微分方程在几何、力学和经济学等实际问题中具有广泛的应用，本项目我们将集中讨论微分方程在实际应用中的几个例子，读者可从中感受到应用数学建模的理论和方法解决实际问题的魅力.

例 1　（下落距离与时间）在时刻 $t=0$ 时，将质量为 m 的物体以初速度 v_0 下抛，在不计空气阻力的情况下，求物体下落的距离与时间的函数关系.

解　设物体在时刻 $t=0$ 的位置为数轴 Ox 的原点，x 轴的正方向垂直向下，设经过 t 时间后物体运动的距离为 x，其中 $x=x(t)$.

根据牛顿第二定律 $F=ma$，其中 F 是 t 时刻物体所受的力．在这里物体只受重力作用，即 $F=mg$，g 是 t 时刻物体运动的加速度，此处

$$g=\frac{\mathrm{d}^2x}{\mathrm{d}t^2}$$

所以有关系式　$mg=m\dfrac{\mathrm{d}^2x}{\mathrm{d}t^2}$

即　$$\frac{\mathrm{d}^2x}{\mathrm{d}t^2}=g \tag{8.7.1}$$

此外还有关系式 $x\big|_{t=0}=0$（初始位置）和 $v\big|_{t=0}=v_0$（初始速度），对式（8.7.1）两边求积分，可得

$$v(t)=\frac{\mathrm{d}x}{\mathrm{d}t}=\int g\mathrm{d}t=gt+C_1 \tag{8.7.2}$$

两端再求一次积分，得到

$$x=\int(gt+C_1)\mathrm{d}t=\frac{1}{2}gt^2+C_1t+C_2 \tag{8.7.3}$$

其中，C_1，C_2 为任意常数．把初始条件代入式（8.7.2）、式（8.7.3）得 $C_1=v_0$，$C_2=0$，所以满足初始条件的解为

$$x=\frac{1}{2}gt^2+v_0t$$

这就是所求下抛物体下落距离与时间的函数关系式.

例 2　（衰变问题）镭、铀等放射性元素因不断放射出各种射线而质量逐渐减少，这种现象称为放射性物质的衰变．根据实验得知，衰变速度与现存物质的质量成正比.求放射性元素在 t 时刻的质量.

解　用 x 表示该放射性物质在 t 时刻的质量，则 $\dfrac{\mathrm{d}x}{\mathrm{d}t}$ 表示 x 在 t 时刻的衰变速度，于是“衰变速度与现存物质的质量成正比”可表示为

$$\frac{\mathrm{d}x}{\mathrm{d}t}=-kx \tag{8.7.4}$$

这是一个以 x 为未知函数的一阶微分方程，它就是放射性元素衰变的数学模型，其中 $k>0$ 是比例常数，其值因元素的不同而异．方程右端的负号表示当时间 t 增加时，

质量 x 减少.

解方程（8.7.4）得通解 $x=Ce^{-kt}$. 若已知当 $t=0$ 时，$x=x_0$，代入通解中可得 $C=x_0e^0=x_0$，则可得到特解

$$x=x_0e^{-kt}$$

它反映了某种放射性元素衰变的规律.

放射性元素的半衰期是指样本中现有放射原子核衰减一半需要的时间．下例指出一个惊人的事实：半衰期是一个仅依赖于放射性物质的常数，而与样本现存的放射性原子核的数目无关.

例 3 （求半衰期）求衰减方程为 $x=x_0e^{-kt}$ 的放射性物质的半衰期.

解 半衰期是方程 $\frac{1}{2}x_0=x_0e^{-kt}$ 的解.

即 $e^{-kt}=\frac{1}{2}$

则半衰期为

$$t=-\frac{1}{k}\ln\frac{1}{2}=\frac{\ln2}{k}.$$

显然，半衰期 t 仅依赖于 k 值，与放射性物质的重量 x_0 无关.

例 4 （从桶中排水）一个直圆柱形的桶半径为 5 m，高为 16 m，起初装满了水．若以 $0.5\sqrt{x}\,\mathrm{m}^3/\mathrm{min}$ 的速率从桶中排水（如图 8-1 所示），求在任何时刻 t，桶中水的深度和水的总体积的公式；若要把桶中的水排空，需多少时间？

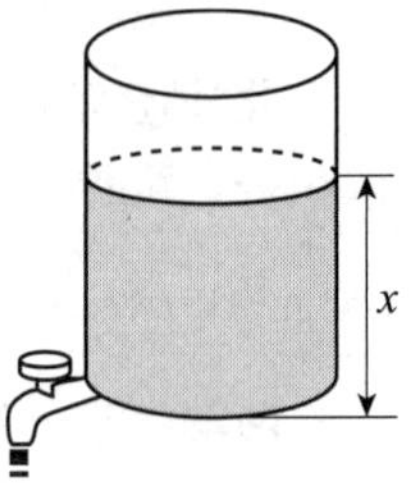

图 8-1

解 托里拆利定律是说，如果像图中所示那样排水，水流出的速率等于一个常数乘水深度 x 的平方根．常数依赖于出口的尺寸．在本例中，假定常数为 1/2.

模型 桶中的水的体积是

$$V=\pi r^2x=\pi(5)^2x=25\pi x$$

其中，r 为圆柱体的底面半径，x 为圆柱体的高.

微分方程

$$\frac{dV}{dt}=25\pi\frac{dx}{dt}$$

将 $\frac{dV}{dt}=-0.5\sqrt{x}$ 代入得

$$-0.5\sqrt{x}=25\pi\frac{dx}{dt}$$

即 $\frac{dx}{dt}=-\frac{\sqrt{x}}{50\pi}$.

初始条件 $x(0)=16$

分离变量得

$$x^{-\frac{1}{2}}dx=-\frac{1}{50\pi}dt$$

两边积分

$$\int x^{-\frac{1}{2}}\mathrm{d}x=-\int\frac{1}{50\pi}\mathrm{d}t$$

即　$2x^{\frac{1}{2}}=-\frac{1}{50\pi}t+C$

把 $x(0)=16$ 代入，得 $C=8$，则

$$x^{\frac{1}{2}}=4-\frac{t}{100\pi}$$

故所求的水的深度和水的总量公式分别为

$$x=\left(4-\frac{t}{100\pi}\right)^2,\ V=25\pi x=25\pi\left(4-\frac{t}{100\pi}\right)^2.$$

解释　在任何时刻 t，桶中水深是 $\left(4-\frac{t}{100\pi}\right)^2$m，而水的总体积是 $25\pi\left(4-\frac{t}{100\pi}\right)^2\mathrm{m}^3$. 在 $t=0$ 时，$x=16\mathrm{m}$，$V=400\pi\ \mathrm{m}^3$，这正是所给的初始条件值．在 $t=400\pi(\min)$ 时刻桶将是空的（$V=0$），这大约是 21 小时.

例 5　（冷却问题）牛顿冷却定律指出，当系统与环境的温度值（不超过 10℃～15℃）不大时，系统温度的变化率与系统温度之差成正比，其数学表达式为

$$\frac{\mathrm{d}T}{\mathrm{d}t}=k(T-T_0) \tag{8.7.5}$$

其中，T 为系统温度，T_0 为环境温度，t 为客观时间，k 为散热系数，散热系数只与系统本身的性质有关.

对于由液体、固体、电介质等工作物质构成的系统，当它在某一微小过程中吸收的热量为 $\mathrm{d}Q$、温度升高为 $\mathrm{d}T$ 时，称

$$C=\frac{\mathrm{d}Q}{\mathrm{d}T} \tag{8.7.6}$$

为系统在该过程的热容．结合式（8.7.5）和式（8.7.6）有

$$\frac{\mathrm{d}Q}{\mathrm{d}t}=C\frac{\mathrm{d}T}{\mathrm{d}t}=Ck(T-T_0)=k_1(T-T_0) \tag{8.7.7}$$

所以，系统在时间段$[t_1,\ t_2]$内，温度从 T_1 变化到 T_2 时，系统与环境间交换的热量为

$$Q=\int_{t_1}^{t_2}k_1(T-T_0)\mathrm{d}t=\int_{t_1}^{t_0}k_1(T-T_0)\mathrm{d}t+\int_{t_0}^{t_2}k_1(T-T_0)\mathrm{d}t \tag{8.7.8}$$

其中，t_0 为系统温度与环境温度相等时的时刻.

结论指出，$\int_{t_1}^{t_0}k_1(T-T_0)\mathrm{d}t>0$ 表示系统散热，$\int_{t_0}^{t_2}k_1(T-T_0)\mathrm{d}t<0$ 表示系统吸热.

另外，利用牛顿冷却定律还可为侦破工作提供有利可靠的科学依据.

案例　某被害者尸体于晚上 6：30 被发现，法医于晚上 7：20 赶到案发现场，测得尸体温度为 32.6℃；一小时后，当尸体抬走时，测得尸体温度为 31.4℃，室内温度在几小时内始终保持在 21.1℃. 此案最大的嫌疑人是张某，但张某声称自己无罪，并有证人说："下午张某一直在办公室上班，直到 4：00 时打了一个电话后才离开办公室".

从张某的办公室到被害者家步行需5分钟．请根据上述信息判断张某是不是杀人犯.

模型假设 人体体温受大脑神经中枢调节，人死后体温调节功能消失，尸体的温度随外界环境温度的变化而变化．将尸体看成是一个系统，环境为死者的家，此时尸体温度的变化服从牛顿的冷却定律.

模型的建立和求解 设 $T(t)$ 表示 t 时刻尸体的温度，并记晚上7：20为 $t=0$ 时刻，则根据实测数据有 $T(0)=32.6℃$，$T(1)=31.4℃$．假设受害者死亡时体温是正常的，即 $T(t)=37℃$，要确定受害者死亡时间 t_0，即求 $T(t)=37℃$ 的解．该时刻如果张某在办公室，则他被排除在嫌疑人之外.

由式（8.7.5）得其通解

$$T(t)=T_0+C^* e^{kt} \tag{8.7.9}$$

其中，$T_0=21.1℃$ 为被害者家的温度，即环境温度．根据（8.7.8）式确定常数 C^* 和散热系数 k，于是有

$$T(0)=21.1+C^* e^{k\times 0}=32.6$$

$$T(1)=21.1+C^* e^{k\times 1}=31.4$$

解方程组得 $C^*=11.5$，$k=\ln 103\approx 0.11$．因此式（8.7.9）化为

$$T(t)=21.1+11.5e^{0.11t}$$

当 $T(t)=37℃$ 时，即 $21.1+11.5e^{0.11t}=37$ 的解为

$$t\approx -2.95\text{ 小时}\approx -2\text{ 小时 }57\text{ 分}$$

所以，被害者的死亡时间为

$$7\text{ 时 }20\text{ 分}-2\text{ 小时 }57\text{ 分}=4\text{ 时 }23\text{ 分}$$

即被害者的死亡时间约在下午4时23分，因此张某不能被排除在犯罪嫌疑人之外.

注：（1）该问题的处理方法也可通过测量被害者在晚上7：20～8：20这一个小时内所放出的热量，通过式（8.7.8）确定被害者的死亡时间.

（2）如果张某的律师出具了一份非常重要的证据：被害者于当天下午去医院看过病，病历记录了被害者发烧到38.3℃．在死者体内未发现服用过阿司匹林或类似药物的条件下，张某就能被排除在犯罪嫌疑人之外.

项目八　数学实验（八）——求解微分方程

在MATLAB中求解微分方程时，微分方程的求导符号与常用的求导符号略有不同，例如，对于常微分方程 $y''+y'+y=\sin x$，求解命令为 D2y＋Dy＋y＝sin(x). MATLAB中规定常微分方程（组）的导数描述规则为：一阶导数为Dy，二阶导数为D2y，三阶导数为D3y，依次类推.

一、无初始条件的常微分方程求解

不带初始条件的微分方程求解命令为

dsolve('eqn') 或 dsolve('eqn','var')

MATLAB 默认的自变量为 t，后一命令指定微分方程中未知函数的自变量为 var. 这两种格式用于求解常微分方程的通解.

例 1 求解微分方程$\frac{dy}{dx}+2xy=xe^{-x^2}$.

解 在 MATLAB 中输入：

```
>>y=dsolve('Dy+2*x*y=x*exp(-x^2)','x')
```

输出结果为

```
y=C1*exp(-x^2)+(x^2*exp(-x^2))/2
```

因此原微分方程的通解为 $y=C_1e^{-x^2}+\frac{x^2e^{-x^2}}{2}$，其中 C_1 为任意常数.

例 2 求解微分方程 $y''-2y'+y=e^x$.

解 在 MATLAB 中输入：

```
>>y=dsolve('D2y-2*Dy+y=exp(x)','x')
```

输出结果为

```
y=(x^2*exp(x))/2+C1*exp(x)+C2*x*exp(x)
```

因此原微分方程的通解为 $y=\frac{x^2e^x}{2}+C_1e^x+C_2xe^x$，其中 C_1，C_2 为任意常数.

二、带初始条件的常微分方程求解

对于带初始条件的微分方程，在对其求解时，需要满足初始条件，即需要将初始条件附加到命令格式中去，从而得到满足初始条件的特解，其命令格式为

dsolve('eqn','condition','var')

初始条件的描述仍然是常微分方程求解的描述方式. 用符号 D 表示其导数，Dy(a)=b 表示初始条件 $y'(a)=b$.

例 3 求微分方程 $xy'+2y=x^4$ 满足初始条件 $y(1)=\frac{1}{6}$的特解.

解 在 MATLAB 中输入：

```
>>y=dsolve('x*Dy+2*y=x^4','y(1)=1/6','x')
```

输出结果为 y=x^4/6

即微分方程的特解为 $y=\frac{x^4}{6}$.

例 4 求微分方程 $xy''-3y'=x^2$ 满足初始条件 $y(1)=0$，$y(5)=0$ 的特解.

解 在 MATLAB 中输入：

```
>>y=dsolve('x*D2y-3*Dy=x^2','y(1)=0,y(5)=0','x')
```

输出结果为 y=(31*x^4) /468-x^3/3+125/468

即微分方程的特解为 $y=\frac{31x^4}{468}-\frac{x^3}{3}+\frac{125}{468}$.

习题 8－8

1. 利用 MATLAB 软件计算下列微分方程的通解.

(1) $xy'=3x+2y$　　(2) $y'=\dfrac{1}{2e^y-x}$

(3) $y'=1+x+y^2+xy^2$　　(4) $\dfrac{dy}{dx}=\dfrac{1}{x^2+y^2+2xy}$

(5) $y''=2x\ln x$　　(6) $yy''-(y')^2=0$

(7) $y''+5y'+4y=3-2x$　　(8) $y''-6y'+9y=(x+1)e^{3x}$

2. 利用 MATLAB 软件计算下列微分方程的特解.

(1) $y'=\dfrac{1-x^2}{xy}$，$y|_{x=1}=1$

(2) $2(1+y)y''=1+(y')^2$，$y(0)=1$，$y'(0)=1$

(3) $xy'+2y=x\ln x$，$y|_{x=1}=-\dfrac{1}{9}$

(4) $y''=e^{2x}+e^x$，$y(0)=0$，$y'(0)=2$

拓展与思考（八）

问题 1：请利用生成式人工智能大模型，对本书模块八的课程内容进行概括性总结.

问题 2：结合你自己所学知识以及其他可获取的线上和线下资料，运用批判性思维对问题 1 中生成式人工智能大模型生成的模块八课程内容总结进行深入分析和修正，以提供一个更加准确、全面的总结.

问题 3：数学建模中的微分方程模型是一种通过构建微分方程来描述、分析和解决实际问题的数学方法．微分方程是含有未知函数及其导数（或微分）的方程，它在自然科学、工程学、经济学等多个领域有着广泛的应用．请借助生成式人工智能大模型，了解微分方程模型构建的基本步骤，查找 2000 年以来某国家或地区的人口数据，完成模型的建立与求解，以及模型的验证和优化等步骤，并预测该国家或地区未来十年的人口变化情况.

问题 4：中华文明是世界古代文明中唯一没有中断而发展至今的伟大文明．考古学的工作对历史的探索、文明的传承有着重大的意义．放射性碳定年法（C－14 测年法）是考古学中最常用的定年方法之一，其本质基于微分方程模型．请借助生成式人工智能大模型，具体了解 C－14 测年法中微分方程模型的应用，并思考这里的应用与微分方程在上述人口模型中的应用有何异同.

模块九
空间解析几何

扫一扫

- 模块九 空间解析几何
  - 项目一 空间中的笛卡尔（直角）坐标向量
    - 笛卡尔坐标系
    - 空间中的向量
    - 向量的长度和方向
    - 距离和空间中的球
    - 中点
  - 项目二 空间向量的数量积、向量积、混合积
    - 数量积
      - 数量积的定义
      - 数量积的性质
    - 垂直（正交）向量和投影
    - 空间中两个向量的向量积
    - 向量积的行列式表示
    - 转矩
    - 向量的混合积
  - 项目三 空间中的直线和平面
    - 空间中的直线和线段
    - 空间中的平面方程
    - 相交直线
  - 项目四 柱面和二次曲面
    - 柱面
    - 二次曲面
      - 椭圆锥面
      - 椭球面
      - 单叶双曲面
      - 双叶双曲面
      - 椭圆抛物面
      - 双曲抛物面
  - 项目五 数学实验（九）——向量计算与空间图形绘制
    - 向量及其线性运算
    - 向量的数量积和向量积运算
    - 空间曲线和曲面作图
      - 三维曲线的绘制
      - 三维曲面的绘制

近代数学本质上可以说是变量数学．文艺复兴以来资本主义生产力的加速发展，对科学技术提出了全新的要求：机械的普遍使用促进了对机械运动的研究；世界贸易的高速增长促使航海事业的迅速发展，而测定船舶位置问题需要精确地研究天体运行的规律；武器的改进激发了对弹道问题的探讨的热情．到了 16 世纪，对运动与变化的研究已成为自然科学的中心问题．这就迫切地需要一种新的数学工具，从而导致了变量数学亦即近代数学的诞生．

变量数学的第一个里程碑是解析几何的发明．解析几何的基本思想是在平面上引进所谓“坐标”的概念，并借助这种坐标在平面上的点和有序实数对（x，y）之间建立一一对应的关系．每一对实数（x，y）都对应于平面上的一个点；反之，每一个点都对应于它的坐标（x，y）．以这种方式可以将一个代数方程 $f(x, y)=0$ 与平面上一条曲线对应起来，于是几何问题便可归结为代数问题，并反过来通过代数问题的研究发现新的几何结果．

借助坐标来确定点的位置的思想在古代已出现过，古希腊的阿波罗尼奥斯关于圆锥曲线性质的推导，阿拉伯人通过圆锥曲线交点求解三次方程的研究，都蕴涵着这种思想．解析几何最重要的先驱是法国数学家奥雷斯姆，他在《论形态幅度》这部著作中提出了形态幅度原理（或称图线原理），书中已接触到函数的图形表示，在这里，奥雷斯姆借用了“经度”“纬度”这两个地理学术语来描述他的图线，相当于横坐标与纵坐标．不过他的图线概念是模糊的，至多是一种图表，还未形成清晰的坐标与函数图形的概念．

解析几何的真正发明要归功于法国的另外两位数学家笛卡尔与费马，他们工作的出发点不同，但却殊途同归．

笛卡尔在 1637 年发表了著名的哲学著作《更好地知道推理和寻求科学真理的方法论》，该书有三个附录：《几何学》《屈光学》《气象学》，解析几何的发明包含在《几何学》这篇附录中．笛卡尔的出发点是一个著名的希腊数学问题——帕波斯问题．笛卡尔建立了世界上第一个倾斜坐标系，在《几何学》第三卷中，笛卡尔给出了直角坐标系的例子．

与笛卡尔不同，费马工作的出发点是竭力恢复失传的阿波罗尼奥斯的著作《论平面轨迹》，他为此写了一本名为《论平面和立体的轨迹引论》的书，书中清晰地阐述了他的解析几何原理．

近代数学，总的趋势是把一切都建立在数的概念的基础上．解析几何，从仅仅是几何推理的一种工具发展成这样一门学科：在这里，对运算及其结果的直观的几何解释，不再是最终的、唯一的目标．几何直观更主要是起着引导的作用，帮助启发和理解分析上的结果．几何含义的这种变化是在历史的进程中逐渐出现的，它大大扩大了经典几何的范围，同时促使几何与代数几乎完美有机的结合．

本模块先介绍向量和向量运算，用向量这种工具讨论平面、直线的问题，再介绍一些常见的曲面与曲线，为学习多元函数微积分做准备工作．

本模块引入三维坐标系中的向量．犹如坐标平面自然地应用于研究单变量函数的性质，坐标空间应用于研究二元（或更多元）函数的性质．我们通过添加第三根轴在空间建立坐标系，利用该轴测量在 xOy 平面上方和下方的距离．这个轴称为 z 轴，而平行于它指向正方向的标准单位向量用 $\boldsymbol{k}$ 表示.

当一个物体在空间行进时，物体的坐标的方程 $x=f(t)$，$y=g(t)$ 和 $z=h(t)$ 提供了物体运动和路径的方程，而这些坐标是时间的函数．采用向量记号，我们可以把这些方程缩写为一个方程 $\boldsymbol{r}=f(t)\boldsymbol{i}+g(t)\boldsymbol{j}+h(t)\boldsymbol{k}$，这个方程给出作为时间的向量函数的物体的位置.

在本模块中，我们说明如何运用微积分研究弹道物体的路径、速度和加速度.

项目一　空间中的笛卡尔（直角）坐标向量

本项目中我们先描述三维笛卡尔坐标系，然后定义和研究空间向量.

一、笛卡尔坐标系

为了便于给空间中的点定位，我们用如图 9－1 所示的三个互相垂直的轴来确定空间中的点位置．图中所示的轴组成一个右手坐标系．握住右手，即大拇指以外的手指从 x 轴向 y 轴弯曲，那么大拇指指向为 z 轴正方向.

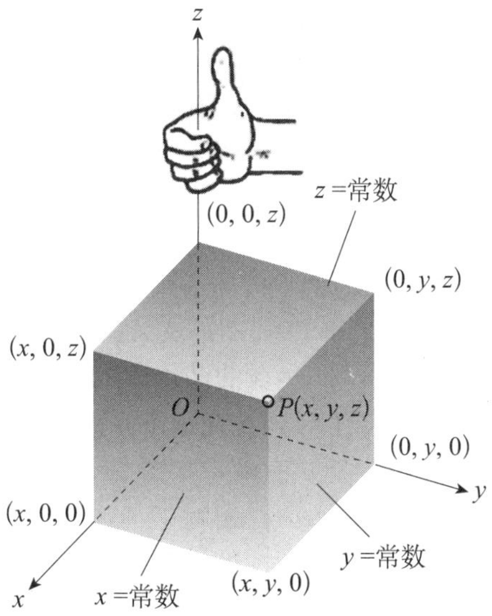

图 9－1

空间中的点 P 的笛卡尔坐标 (x, y, z) 是过点 P 垂直于坐标轴的平面与该轴的交点在该轴上的坐标．由于定义的这种坐标的轴相互以直角相交，因此笛卡尔坐标也称为直角坐标.

x 轴上的点的任一 y 坐标和 z 坐标都为零，即它们的坐标为 $(x, 0, 0)$．类似地，y 轴上的点的坐标为 $(0, y, 0)$．z 轴上的点的坐标为 $(0, 0, z)$．如图 9－2 所示，由坐标轴 x 轴和 y 轴构成的平面为 xOy 平面，它的标准方程是 $z=0$；yOz 平面，它的标准方程为 $x=0$；xOz 平面，它的标准方程为 $y=0$．它们的交点为原点 $O(0, 0, 0)$.

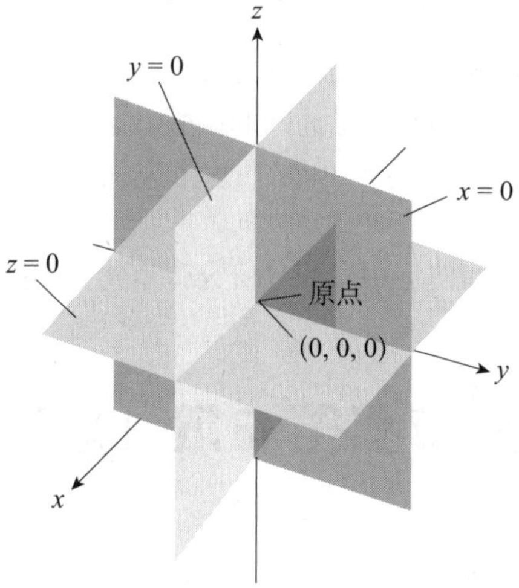

图 9-2

三个坐标平面 $x=0$，$y=0$ 和 $z=0$ 把空间分成八个部分，每一部分称为卦限，含有三个正半轴的卦限称为第一卦限，它位于 xOy 面的上方．在 xOy 面的上方，按逆时针方向（从上往下看）排列着第二卦限、第三卦限和第四卦限．在 xOy 面的下方，与第一卦限对应的是第五卦限，按逆时针方向（从上往下看）排列着第六卦限、第七卦限和第八卦限．八个卦限分别用罗马数字Ⅰ、Ⅱ、Ⅲ、Ⅳ、Ⅴ、Ⅵ、Ⅶ、Ⅷ表示.

例 1 请分别给出下例方程和不等式的几何解释.

（1）$z\geqslant 0$：在 xOy 平面内和其上方的点组成的空间.

（2）$x=-5$：垂直于 x 轴并且在 $x=-5$ 与 x 轴相交且与 yOz 平面平行的平面.

（3）$z=0$，$x\leqslant 0$，$y\geqslant 0$：xOy 平面上的第二象限.

（4）$x\geqslant 0$，$y\geqslant 0$，$z\geqslant 0$：第一卦限.

（5）$0\leqslant y\leqslant 1$：平面 $y=0$ 和 $y=1$ 之间的板形区域（包含平面）.

（6）$y=2$，$z=-2$：平面 $y=2$ 和 $z=-2$ 的交线.

例 2 画出满足方程 $x^2+y^2=4$ 和 $z=3$ 的动点 $P(x, y, z)$ 构成的图形.

解 动点 P 点位于水平面 $z=3$ 上，并且在这个平面上构成圆周 $x^2+y^2=4$. 我们称这个集合为“平面 $z=3$ 上的圆周 $x^2+y^2=4$”，如图 9-3 所示.

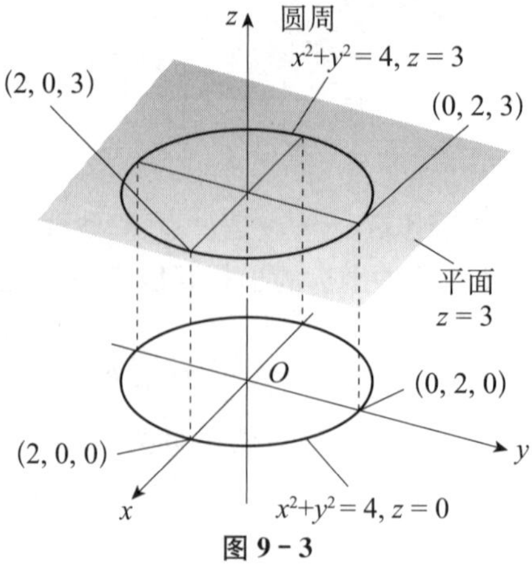

图 9-3

二、空间中的向量

在研究力学、运动学以及其他应用科学时，常会遇到这样一类量，它们既有大小，又有方向．例如力、力矩、位移、速度、加速度等，这一类量称作向量（或矢量）．为直观和更易理解起见，我们首先讨论空间中的向量.

若 $\mathbf{V}$ 是一个起点在点（0，0，0），终点在 (v_1, v_2, v_3) 的向量，则 $\mathbf{V}$ 的分量形式是 $\mathbf{V}=(v_1, v_2, v_3)$．跟平面情形一样，这也是点 (v_1, v_2, v_3) 的位置向量．从起点 $P_1(x_1, y_1, z_1)$ 到 $P_2(x_2, y_2, z_2)$ 的向量为 $\mathbf{V}=\overrightarrow{P_1P_2}=(x_2-x_1, y_2-y_1, z_2-z_1)$.

用从原点到点（1，0，0），（0，1，0），（0，0，1）的有向线段表示的向量为标准单位向量，用 $\boldsymbol{i}$，$\boldsymbol{j}$ 和 $\boldsymbol{k}$ 表示（图 9－4）．于是从原点到任意一点 $P(x, y, z)$ 的位置向量就可以表示成：

$$\boldsymbol{r}=\overrightarrow{OP}=x\boldsymbol{i}+y\boldsymbol{j}+z\boldsymbol{k}.$$

这样，向量 $\overrightarrow{P_1P_2}=(x_2-x_1, y_2-y_1, z_2-z_1)$ 可以表示成

$$\overrightarrow{P_1P_2}=(x_2-x_1)\boldsymbol{i}+(y_2-y_1)\boldsymbol{j}+(z_2-z_1)\boldsymbol{k}$$

如图 9－5 所示．我们把这种表示作为空间向量的主要记号.

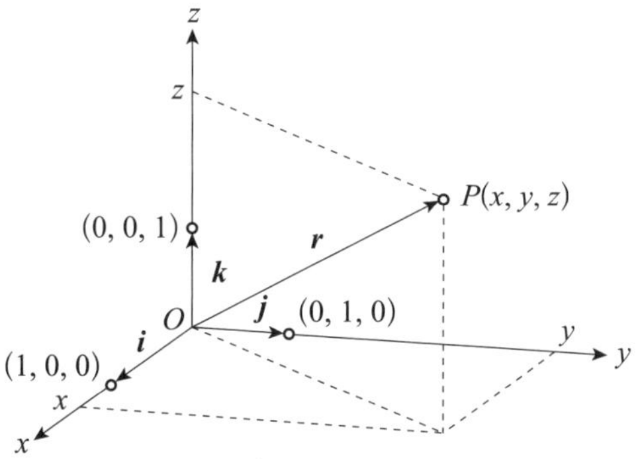

图 9－4

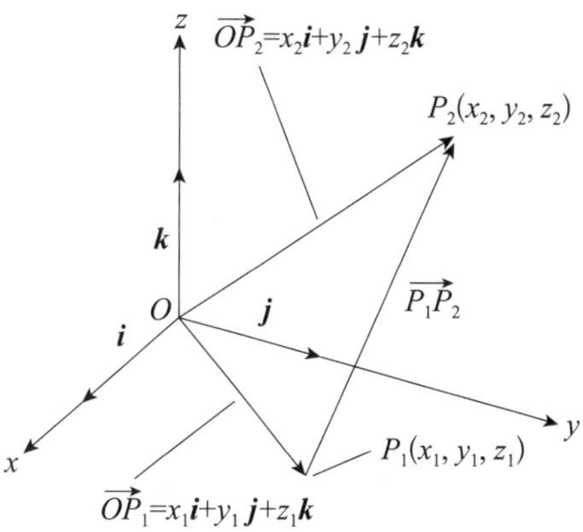

图 9－5

空间中向量的运算法则：

加、减法　$\boldsymbol{U}\pm\boldsymbol{V}=(u_1\pm v_1)\boldsymbol{i}+(u_2\pm v_2)\boldsymbol{j}+(u_3\pm v_3)\boldsymbol{k}$

数量乘法　$a\boldsymbol{U}=(au_1)\boldsymbol{i}+(au_2)\boldsymbol{j}+(au_3)\boldsymbol{k}$

其中，$\boldsymbol{U}=u_1\boldsymbol{i}+u_2\boldsymbol{j}+u_3\boldsymbol{k}$ 和 $\boldsymbol{V}=v_1\boldsymbol{i}+v_2\boldsymbol{j}+v_3\boldsymbol{k}$ 是向量，a 是实数.

由此可见，对向量进行加、减及数乘，只需对向量的各个坐标分别进行相应的数量运算即可.

三、向量的长度和方向

长度和方向是空间向量的两个重要特征．我们通过图 9－6 中的直角三角形，求得向量 $\boldsymbol{V}=v_1\boldsymbol{i}+v_2\boldsymbol{j}+v_3\boldsymbol{k}$ 的长度的公式．从三角形 ABC 得

$$|\overrightarrow{AC}|=\sqrt{v_1^2+v_2^2}$$

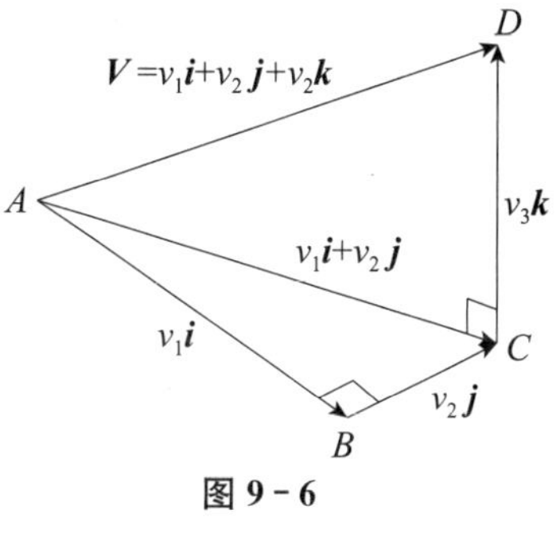

图 9－6

再从三角形 ACD 得

$$|\boldsymbol{V}|=|v_1\boldsymbol{i}+v_2\boldsymbol{j}+v_3\boldsymbol{k}|=|\overrightarrow{AD}|$$
$$=\sqrt{|\overrightarrow{AC}|^2+|\overrightarrow{CD}|^2}=\sqrt{v_1^2+v_2^2+v_3^2}$$

下面给出空间一般向量、零向量和单位向量的定义.

定义 9.1.1 （1）空间向量 $\boldsymbol{V}=v_1\boldsymbol{i}+v_2\boldsymbol{j}+v_3\boldsymbol{k}$ 的长度为

$$|\boldsymbol{V}|=|v_1\boldsymbol{i}+v_2\boldsymbol{j}+v_3\boldsymbol{k}|=\sqrt{v_1^2+v_2^2+v_3^2}$$

（2）空间中的零向量是：$\boldsymbol{0}=(0,0,0)=0\boldsymbol{i}+0\boldsymbol{j}+0\boldsymbol{k}$. 与平面上一样，零向量的长度为零而且无方向.

（3）单位向量 $\boldsymbol{n}$ 是长度为 1 的向量．标准单位向量的长度是

$$|\boldsymbol{i}|=|1\boldsymbol{i}+0\boldsymbol{j}+0\boldsymbol{k}|=\sqrt{1^2+0^2+0^2}=1$$
$$|\boldsymbol{j}|=|0\boldsymbol{i}+1\boldsymbol{j}+0\boldsymbol{k}|=\sqrt{0^2+1^2+0^2}=1$$
$$|\boldsymbol{k}|=|0\boldsymbol{i}+0\boldsymbol{j}+1\boldsymbol{k}|=\sqrt{0^2+0^2+1^2}=1$$

这就确认了标准单位向量确实是单位向量.

与平面的情形类似，若 $\boldsymbol{V}\neq\boldsymbol{0}$ 是空间中的非零向量，则 $\dfrac{\boldsymbol{V}}{|\boldsymbol{V}|}$ 是一个在 $\boldsymbol{V}$ 方向的单位向量．等式 $\boldsymbol{V}=|\boldsymbol{V}|\dfrac{\boldsymbol{V}}{|\boldsymbol{V}|}$，把 $\boldsymbol{V}$ 表示成它的长度 $|\boldsymbol{V}|$ 和方向 $\dfrac{\boldsymbol{V}}{|\boldsymbol{V}|}$ 的乘积.

例 3 求与从 $P_1(1,0,1)$ 到 $P_2(3,2,0)$ 的向量同方向的单位向量 $\boldsymbol{U}$.

解 只要用 $\overrightarrow{P_1P_2}$ 的长度除该向量即可，因为

$$\overrightarrow{P_1P_2}=(3-1)\boldsymbol{i}+(2-0)\boldsymbol{j}+(0-1)\boldsymbol{k}=2\boldsymbol{i}+2\boldsymbol{j}-\boldsymbol{k}$$
$$|\overrightarrow{P_1P_2}|=\sqrt{2^2+2^2+(-1)^2}=3$$

故 $$\boldsymbol{U}=\frac{\overrightarrow{P_1P_2}}{|\overrightarrow{P_1P_2}|}=\frac{2\boldsymbol{i}+2\boldsymbol{j}-\boldsymbol{k}}{3}=\frac{2}{3}\boldsymbol{i}+\frac{2}{3}\boldsymbol{j}-\frac{1}{3}\boldsymbol{k}.$$

例 4 把一个质点的速度向量 $\boldsymbol{v}=\boldsymbol{i}-2\boldsymbol{j}+3\boldsymbol{k}$ 表示成它的速率和方向的乘积.

解 速率是速度向量的大小，于是有

$$|\boldsymbol{v}|=\sqrt{1^2+(-2)^2+3^2}=\sqrt{14}.$$

则 $$\boldsymbol{v}=|\boldsymbol{v}|\frac{\boldsymbol{v}}{|\boldsymbol{v}|}=\sqrt{14}\cdot\frac{\boldsymbol{i}-2\boldsymbol{j}+3\boldsymbol{k}}{\sqrt{14}}$$
$$=\sqrt{14}\left(\frac{1}{\sqrt{14}}\boldsymbol{i}-\frac{2}{\sqrt{14}}\boldsymbol{j}+\frac{3}{\sqrt{14}}\boldsymbol{k}\right)=(\boldsymbol{v}\text{ 的长度})\cdot(\boldsymbol{v}\text{ 的方向}).$$

例 5 一个 6 牛顿的力 $\boldsymbol{F}$ 作用在向量 $\boldsymbol{V}=2\boldsymbol{i}+2\boldsymbol{j}-\boldsymbol{k}$ 的方向上．把 $\boldsymbol{F}$ 表示成它的长度和方向的乘积.

解 力向量是

$$\boldsymbol{F}=6\cdot\frac{\boldsymbol{V}}{|\boldsymbol{V}|}=6\cdot\frac{2\boldsymbol{i}+2\boldsymbol{j}-\boldsymbol{k}}{\sqrt{2^2+2^2+(-1)^2}}=6\cdot\frac{2\boldsymbol{i}+2\boldsymbol{j}-\boldsymbol{k}}{3}=6\left(\frac{2}{3}\boldsymbol{i}+\frac{2}{3}\boldsymbol{j}-\frac{1}{3}\boldsymbol{k}\right).$$

四、距离和空间中的球

空间中点 $P_1(x_1,y_1,z_1)$ 到点 $P_2(x_2,y_2,z_2)$ 的距离为 $\overrightarrow{P_1P_1}$ 的长度，即

$$|\overrightarrow{P_1P_2}|=\sqrt{(x_2-x_1)^2+(y_2-y_1)^2+(z_2-z_1)^2}.$$

例如点 $P_1(2, 1, 5)$和 $P_2(-2, 3, 0)$之间的距离为

$$|\overrightarrow{P_1P_2}|=\sqrt{(-2-2)^2+(3-1)^2+(0-5)^2}=\sqrt{45}\approx 6.708.$$

可以用距离公式给出空间中球面的方程（如图 9－7）．一个点 $P(x, y, z)$在中心为 $P_0(x_0, y_0, z_0)$、半径为 a 的球面上，那么$|\overrightarrow{P_0P}|=a$，即半径为 a，中心为(x_0, y_0, z_0)的球面标准方程为

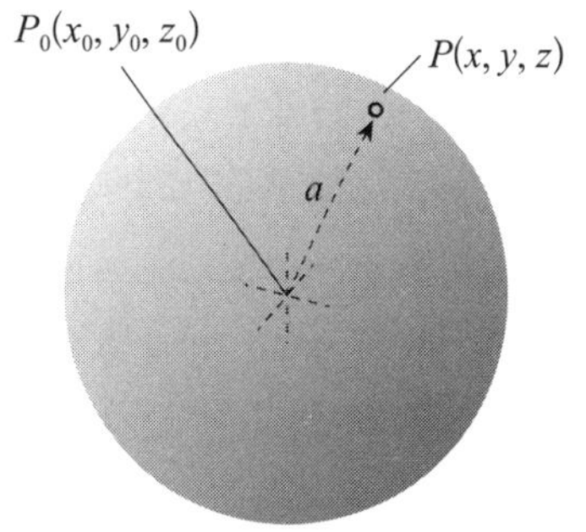

图 9－7

$$(x-x_0)^2+(y-y_0)^2+(z-z_0)^2=a^2$$

例 6　求下列球面的中心和半径：

$$x^2+y^2+z^2+3x-4z+1=0$$

解　用类似求圆周的中心和半径的办法求球面的中心和半径：对含 x，y 和 z 的项进行必要的配方，并把每个变量的二次函数写成其线性表达式的平方．然后从标准形式的方程求得中心和半径.

$$x^2+y^2+z^2+3x-4z+1=0$$

$$x^2+3x+y^2+z^2-4z=-1$$

$$\left(x+\frac{3}{2}\right)^2+y^2+(z-2)^2=-1+\frac{9}{4}+4=\frac{21}{4}.$$

从这个标准方程可得到 $x_0=-\frac{3}{2}$，$y_0=0$，$z_0=2$ 和 $a=\frac{\sqrt{21}}{2}$. 故所求球面的中心是$\left(-\frac{3}{2}, 0, 2\right)$，半径是$\frac{\sqrt{21}}{2}$.

五、中点

连接 $P_1(x_1, y_1, z_1)$和 $P_2(x_2, y_2, z_2)$的线段的中点为 $M\left(\frac{x_1+x_2}{2}, \frac{y_1+y_2}{2}, \frac{z_1+z_2}{2}\right)$，如图 9－8 所示，向量$\overrightarrow{OM}$为

$$\begin{aligned}\overrightarrow{OM}&=\overrightarrow{OP_1}+\frac{1}{2}(\overrightarrow{P_1P_2})\\&=\overrightarrow{OP_1}+\frac{1}{2}(\overrightarrow{OP_2}-\overrightarrow{OP_1})\\&=\frac{1}{2}(\overrightarrow{OP_1}+\overrightarrow{OP_2})\\&=\frac{x_1+x_2}{2}\boldsymbol{i}+\frac{y_1+y_2}{2}\boldsymbol{j}+\frac{z_1+z_2}{2}\boldsymbol{k}.\end{aligned}$$

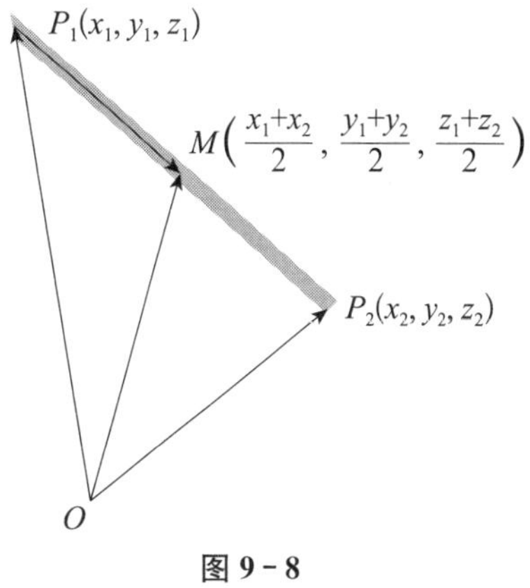

图 9－8

例如连接 $P_1(3, -2, 0)$和 $P_2(7, 4, 4)$的线段的中点为

$$\left(\frac{3+7}{2}, \frac{-2+4}{2}, \frac{0+4}{2}\right)=(5, 1, 2).$$

习题 9-1

1. 对空间中坐标满足下列给定的方程的点的集合给出几何解释.

(1) $x=2$, $y=3$　　　　(2) $x^2+y^2=4$, $z=-2$

(3) $x^2+y^2+z^2=1$, $x=0$　　　　(4) $x^2+y^2+(z+3)^2=25$, $z=0$

2. 用单个方程或一对方程表示给定的集合.

(1) 在点(3, 0, 0)垂直于 x 轴的平面;

(2) 半径为 2, 中心为(0, 2, 0)位于 xOy 平面的圆周;

(3) 过点(1, 1, 3)垂直于 z 轴的平面, 且与半径为 5 中心在原点的球面交成的圆周.

3. 求两点 $A(-2, 1, 3)$, $B(0, -1, 2)$之间的距离.

4. 求与从 $P_1(4, \sqrt{2}, 1)$到 $P_2(3, 0, 2)$的向量同方向的单位向量 $\boldsymbol{U}$.

5. 用不等式表示由平面 $z=0$ 和 $z=1$(平面被包含在内) 所围成的板形区域.

6. 用不等式表示半径为 1, 中心为(1, 1, 1)的球面内部和外部.

7. 在 z 轴上求与点 $A(-4, 1, 7)$和点 $B(3, 5, -2)$等距离的点 C 的坐标.

项目二　空间向量的数量积、向量积、混合积

本项目中我们首先把平面上数量积(点积)的定义推广到空间. 然后对空间中的向量引入一种新的积, 称为向量积(叉积). 向量积(叉积)运算对于了解空间几何体的性质是非常有用的. 例如, 为描述平面的倾斜度, 需要确定一个垂直于该平面的向量, 而这个向量将告诉我们平面的"倾斜"程度, 正像斜率或倾角描述直线在平面上的倾斜程度一样.

一、数量积

1. 数量积的定义

当把空间中两个非零向量 $\boldsymbol{U}$ 和 $\boldsymbol{V}$ 的起始点重合在一起时, 它们形成一个大小为 $0\leqslant\theta\leqslant\pi$ 的夹角. 空间中两个向量的数量积(或称内积、点积)可以用平面中向量数量积的定义方式.

定义 9.2.1　设 $\boldsymbol{U}$ 和 $\boldsymbol{V}$ 是空间中的两个非零向量, $\boldsymbol{U}$ 和 $\boldsymbol{V}$ 的数量积(点积、内积)为

$$\boldsymbol{U}\cdot\boldsymbol{V}=|\boldsymbol{U}|\,|\boldsymbol{V}|\cos\theta,$$

其中 θ 是 $\boldsymbol{U}$ 和 $\boldsymbol{V}$ 之间的夹角.

设 $\boldsymbol{U}=u_1\boldsymbol{i}+u_2\boldsymbol{j}+u_3\boldsymbol{k}$, $\boldsymbol{V}=v_1\boldsymbol{i}+v_2\boldsymbol{j}+v_3\boldsymbol{k}$, 则空间中的两个非零向量 $\boldsymbol{U}$ 和 $\boldsymbol{V}$ 的数量积为

$$\boldsymbol{U}\cdot\boldsymbol{V}=u_1v_1+u_2v_2+u_3v_3.$$

这样，求两个给定向量的数量积，就是把它们的 $\boldsymbol{i}$，$\boldsymbol{j}$ 和 $\boldsymbol{k}$ 对应的分量分别相乘后，再把结果相加．这个过程与平面向量的数量积一样，唯一不同的是在平面情形下只有两个分量.

把数量积定义中的 θ 解出来，就得到求空间中的两个给定向量之间夹角的公式．空间中的两个非零向量 $\boldsymbol{U}$ 和 $\boldsymbol{V}$ 之间的夹角为

$$\theta=\cos^{-1}\left(\frac{\boldsymbol{U}\cdot\boldsymbol{V}}{|\boldsymbol{U}||\boldsymbol{V}|}\right)=\cos^{-1}\left(\frac{u_1v_1+u_2v_2+u_3v_3}{\sqrt{u_1^2+u_2^2+u_3^2}\sqrt{v_1^2+v_2^2+v_3^2}}\right).$$

向量 $\boldsymbol{U}\perp\boldsymbol{V}$ 的充要条件是 $\boldsymbol{U}\cdot\boldsymbol{V}=0$，即 $u_1v_1+u_2v_2+u_3v_3=0$.

例 1　求 $\boldsymbol{U}=\boldsymbol{i}-2\boldsymbol{j}-2\boldsymbol{k}$ 和 $\boldsymbol{V}=6\boldsymbol{i}+3\boldsymbol{j}+2\boldsymbol{k}$ 之间的夹角.

解　根据空间中两个非零向量的数量积和夹角公式得

$$\boldsymbol{U}\cdot\boldsymbol{V}=1\times6+(-2)\times3+(-2)\times2=6-6-4=-4$$

$$|\boldsymbol{U}|=\sqrt{1^2+(-2)^2+(-2)^2}=3$$

$$|\boldsymbol{V}|=\sqrt{6^2+3^2+2^2}=7$$

$$\theta=\cos^{-1}\left(\frac{\boldsymbol{U}\cdot\boldsymbol{V}}{|\boldsymbol{U}||\boldsymbol{V}|}\right)=\cos^{-1}\left(\frac{-4}{3\times7}\right)=\cos^{-1}\left(-\frac{4}{21}\right).$$

2. 数量积的性质

若 $\boldsymbol{U}$，$\boldsymbol{V}$ 和 $\boldsymbol{W}$ 是任意向量，而 c 是数，则

(1) 交换律：$\boldsymbol{U}\cdot\boldsymbol{V}=\boldsymbol{V}\cdot\boldsymbol{U}$

(2) 结合律：$(c\boldsymbol{U})\cdot\boldsymbol{V}=\boldsymbol{U}\cdot(c\boldsymbol{V})=c(\boldsymbol{U}\cdot\boldsymbol{V})$

(3) 分配律：$\boldsymbol{U}\cdot(\boldsymbol{V}+\boldsymbol{W})=\boldsymbol{U}\cdot\boldsymbol{V}+\boldsymbol{U}\cdot\boldsymbol{W}$，$(\boldsymbol{U}+\boldsymbol{V})\cdot\boldsymbol{W}=\boldsymbol{U}\cdot\boldsymbol{W}+\boldsymbol{V}\cdot\boldsymbol{W}$

(4) $\boldsymbol{U}\cdot\boldsymbol{U}=|\boldsymbol{U}|^2$

(5) $\boldsymbol{0}\cdot\boldsymbol{U}=0$

二、垂直（正交）向量和投影

与平面向量的情形一样，两个非零向量 $\boldsymbol{U}$ 和 $\boldsymbol{V}$ 是垂直的或正交的，当且仅当 $\boldsymbol{U}\cdot\boldsymbol{V}=0$，$\boldsymbol{U}=\overrightarrow{PQ}$在一个非零向量 $\boldsymbol{V}=\overrightarrow{PS}$上的投影向量（如图 9－9）是由从 Q 到直线 PS 作垂线而得的向量$\overrightarrow{PR}$. 这与平面向量的情形完全一样，该向量记为 $\mathrm{proj}_{\boldsymbol{V}}\boldsymbol{U}$($\boldsymbol{U}$ 在 $\boldsymbol{V}$ 上的向量投影).

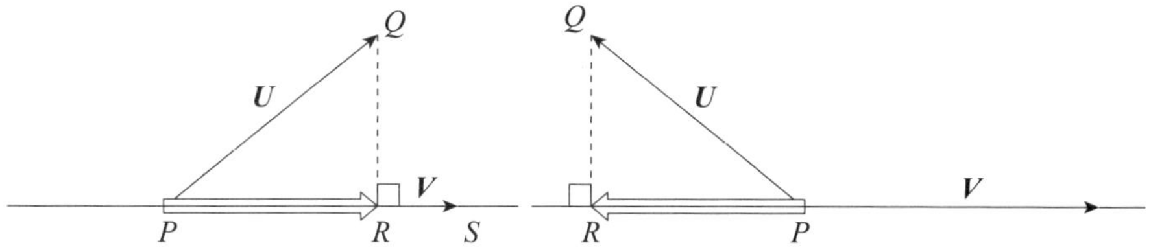

图 9－9

如果 $\boldsymbol{U}$ 表示一个力，那么 $\mathrm{proj}_{\boldsymbol{V}}\boldsymbol{U}$ 表示在方向 $\boldsymbol{V}$ 的有效力（如图 9－10). $\boldsymbol{U}$ 在 $\boldsymbol{V}$ 上的向量投影

$$\mathrm{proj}_{\boldsymbol{V}}\boldsymbol{U}=\left(\frac{\boldsymbol{U}\cdot\boldsymbol{V}}{|\boldsymbol{V}|^2}\right)\boldsymbol{V}.$$

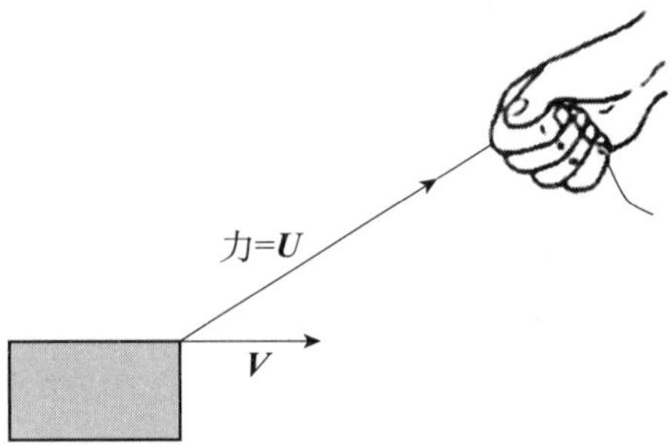

图 9－10

由于

$$|\boldsymbol{U}|\cos\theta=\frac{\boldsymbol{U}\cdot\boldsymbol{V}}{|\boldsymbol{V}|}=\boldsymbol{U}\cdot\frac{\boldsymbol{V}}{|\boldsymbol{V}|},$$

故数 $|\boldsymbol{U}|\cos\theta$ 称为 $\boldsymbol{U}$ 在方向 $\boldsymbol{V}$ 的数量分量．我们可以通过 $\boldsymbol{U}$ “点乘” $\boldsymbol{V}$ 的方向求得数量分量.

例 2　求 $\boldsymbol{U}=6\boldsymbol{i}+3\boldsymbol{j}+2\boldsymbol{k}$ 在 $\boldsymbol{V}=\boldsymbol{i}-2\boldsymbol{j}-2\boldsymbol{k}$ 上的向量投影和 $\boldsymbol{U}$ 在方向 $\boldsymbol{V}$ 的数量分量.

解　$$\text{proj}_{\boldsymbol{V}}\boldsymbol{U}=\left(\frac{\boldsymbol{U}\cdot\boldsymbol{V}}{|\boldsymbol{V}|^2}\right)\boldsymbol{V}=\frac{6-6-4}{1+4+4}(\boldsymbol{i}-2\boldsymbol{j}-2\boldsymbol{k})$$

$$=-\frac{4}{9}(\boldsymbol{i}-2\boldsymbol{j}-2\boldsymbol{k})=-\frac{4}{9}\boldsymbol{i}+\frac{8}{9}\boldsymbol{j}+\frac{8}{9}\boldsymbol{k}.$$

$\boldsymbol{U}$ 在方向 $\boldsymbol{V}$ 的数量分量

$$|\boldsymbol{U}|\cos\theta=\boldsymbol{U}\cdot\frac{\boldsymbol{V}}{|\boldsymbol{V}|}=(6\boldsymbol{i}+3\boldsymbol{j}+2\boldsymbol{k})\cdot\left(\frac{1}{3}\boldsymbol{i}-\frac{2}{3}\boldsymbol{j}-\frac{2}{3}\boldsymbol{k}\right)$$

$$=2-2-\frac{4}{3}=-\frac{4}{3}.$$

我们可以把一个向量 $\boldsymbol{U}$ 表示成一个平行于 $\boldsymbol{V}$ 的向量和一个垂直于 $\boldsymbol{V}$ 的向量之和. 如图 9－11 所示，有计算公式

$$\boldsymbol{U}=\text{proj}_{\boldsymbol{V}}\boldsymbol{U}+(\boldsymbol{U}-\text{proj}_{\boldsymbol{V}}\boldsymbol{U}).$$

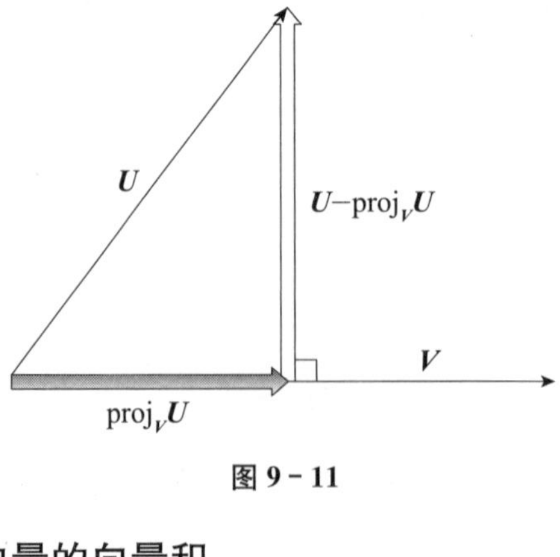

图 9－11

三、空间中两个向量的向量积

假定在空间中给定两个非零向量 $\boldsymbol{U}$ 和 $\boldsymbol{V}$. 如果 $\boldsymbol{U}$ 和 $\boldsymbol{V}$ 不平行，那么 $\boldsymbol{U}$ 和 $\boldsymbol{V}$ 构成一个

平面．我们用右手法则选择一个垂直于这个平面的单位向量 $\boldsymbol{n}$（如图 9－12）．向量积 $\boldsymbol{U}\times\boldsymbol{V}$($\boldsymbol{U}$ 叉 $\boldsymbol{V}$)就是下列所定义的向量叉积.

定义 9.2.2　设给定两个非零向量 $\boldsymbol{U}$ 和 $\boldsymbol{V}$，$\boldsymbol{U}$ 和 $\boldsymbol{V}$ 的向量（叉）积为

$$\boldsymbol{U}\times\boldsymbol{V}=(|\boldsymbol{U}||\boldsymbol{V}|\sin\theta)\boldsymbol{n}.$$

因为向量 $\boldsymbol{U}\times\boldsymbol{V}$ 是 $\boldsymbol{n}$ 的数量倍数，故向量 $\boldsymbol{U}\times\boldsymbol{V}$ 正交于 $\boldsymbol{U}$ 和 $\boldsymbol{V}$. 用记号叉（×）表示，$\boldsymbol{U}$ 和 $\boldsymbol{V}$ 的向量积通常也被称为 $\boldsymbol{U}$ 和 $\boldsymbol{V}$ 的叉积.

如果 $\boldsymbol{U}$ 和 $\boldsymbol{V}$ 中的一个或两个为零，我们定义 $\boldsymbol{U}\times\boldsymbol{V}$ 为零．$\boldsymbol{U}$ 和 $\boldsymbol{V}$ 的叉积为零，当且仅当 $\boldsymbol{U}$ 和 $\boldsymbol{V}$ 平行或它们中的一个或两个为零.

定义 9.2.3　当 $\boldsymbol{U}\times\boldsymbol{V}=\boldsymbol{0}$ 时，非零向量 $\boldsymbol{U}$ 和 $\boldsymbol{V}$ 被称为平行向量.

向量积（叉积）的性质（其中 $\boldsymbol{U}$，$\boldsymbol{V}$，$\boldsymbol{W}$ 为向量，r，s 为常数）：

（1）结合律：$(r\boldsymbol{U})\times(s\boldsymbol{V})=rs(\boldsymbol{U}\times\boldsymbol{V})$

（2）分配律：$\boldsymbol{U}\times(\boldsymbol{V}+\boldsymbol{W})=\boldsymbol{U}\times\boldsymbol{V}+\boldsymbol{U}\times\boldsymbol{W}$，$(\boldsymbol{V}+\boldsymbol{W})\times\boldsymbol{U}=\boldsymbol{V}\times\boldsymbol{U}+\boldsymbol{W}\times\boldsymbol{U}$

（3）$\boldsymbol{V}\times\boldsymbol{U}=-(\boldsymbol{U}\times\boldsymbol{V})$

（4）$\boldsymbol{0}\times\boldsymbol{U}=\boldsymbol{0}$

为直观看出性质（3），对于 $\boldsymbol{V}\times\boldsymbol{U}$ 可以用右手四指从 $\boldsymbol{V}$ 到 $\boldsymbol{U}$ 沿着角 θ 弯曲，拇指指向与 $\boldsymbol{U}\times\boldsymbol{V}$ 相反的方向，如图 9－13 所示.

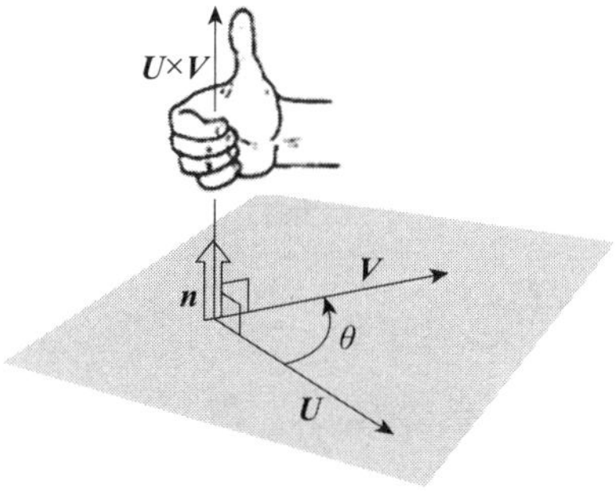

图 9－12

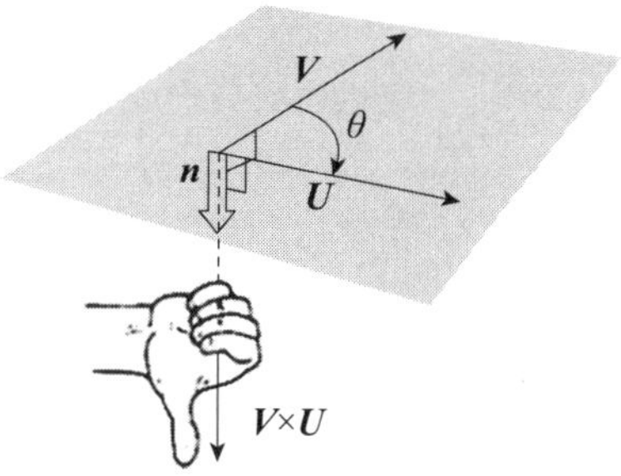

图 9－13

通常，由于 $(\boldsymbol{U}\times\boldsymbol{V})\times\boldsymbol{W}$ 位于 $\boldsymbol{U}$ 和 $\boldsymbol{V}$ 所在的平面上，而 $\boldsymbol{U}\times(\boldsymbol{V}\times\boldsymbol{W})$ 在 $\boldsymbol{V}$ 和 $\boldsymbol{W}$ 所在的平面上，所以向量积乘法是不满足结合律的.

当用定义计算 $\boldsymbol{i}$，$\boldsymbol{j}$ 和 $\boldsymbol{k}$ 的两两向量积时（如图 9－14），便得到

$$\boldsymbol{i}\times\boldsymbol{j}=-(\boldsymbol{j}\times\boldsymbol{i})=\boldsymbol{k}$$

$$\boldsymbol{j}\times\boldsymbol{k}=-(\boldsymbol{k}\times\boldsymbol{j})=\boldsymbol{i}$$

$$\boldsymbol{k}\times\boldsymbol{i}=-(\boldsymbol{i}\times\boldsymbol{k})=\boldsymbol{j}$$

及

$$\boldsymbol{i}\times\boldsymbol{i}=\boldsymbol{j}\times\boldsymbol{j}=\boldsymbol{k}\times\boldsymbol{k}=\boldsymbol{0}.$$

$|\boldsymbol{U}\times\boldsymbol{V}|$ 表示两向量 $\boldsymbol{U}$ 和 $\boldsymbol{V}$ 所确定的平行四边形的面积（如图 9－15），由于 $\boldsymbol{n}$ 为单位向量，故 $\boldsymbol{U}\times\boldsymbol{V}$ 的大小为

$$|\boldsymbol{U}\times\boldsymbol{V}|=|\boldsymbol{U}||\boldsymbol{V}||\sin\theta||\boldsymbol{n}|=|\boldsymbol{U}||\boldsymbol{V}||\sin\theta|.$$

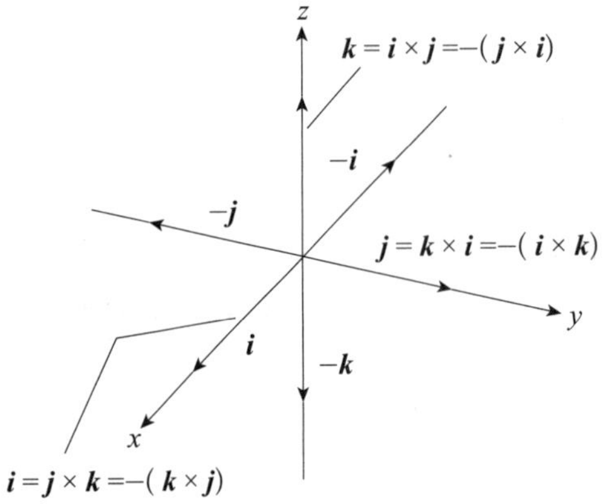

图 9－14

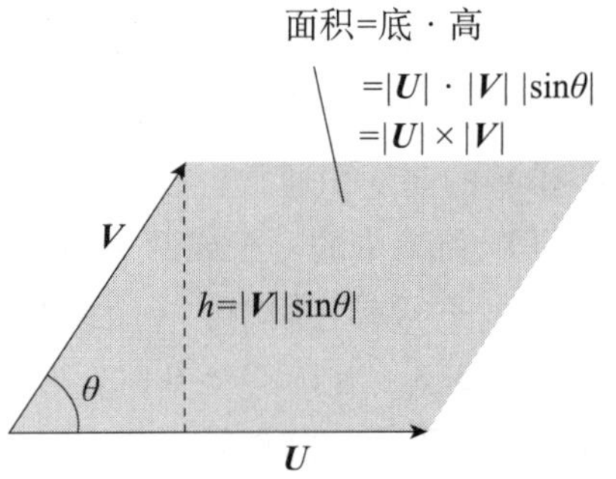

图 9－15

其中，$|\boldsymbol{U}|$为平行四边形的底，而$|\boldsymbol{V}||\sin\theta|$为该平行四边形的高.

四、向量积的行列式表示

假定$\boldsymbol{U}=u_1\boldsymbol{i}+u_2\boldsymbol{j}+u_3\boldsymbol{k}$，$\boldsymbol{V}=v_1\boldsymbol{i}+v_2\boldsymbol{j}+v_3\boldsymbol{k}$，那么由分配律和$\boldsymbol{i}$，$\boldsymbol{j}$和$\boldsymbol{k}$相乘的法则，有

$$\begin{aligned}\boldsymbol{U}\times\boldsymbol{V}&=(u_1\boldsymbol{i}+u_2\boldsymbol{j}+u_3\boldsymbol{k})\times(v_1\boldsymbol{i}+v_2\boldsymbol{j}+v_3\boldsymbol{k})\\&=u_1v_1\boldsymbol{i}\times\boldsymbol{i}+u_1v_2\boldsymbol{i}\times\boldsymbol{j}+u_1v_3\boldsymbol{i}\times\boldsymbol{k}+u_2v_1\boldsymbol{j}\times\boldsymbol{i}+u_2v_2\boldsymbol{j}\times\boldsymbol{j}+u_2v_3\boldsymbol{j}\times\boldsymbol{k}\\&\quad+u_3v_1\boldsymbol{k}\times\boldsymbol{i}+u_3v_2\boldsymbol{k}\times\boldsymbol{j}+u_3v_3\boldsymbol{k}\times\boldsymbol{k}\\&=(u_2v_3-u_3v_2)\boldsymbol{i}-(u_1v_3-u_3v_1)\boldsymbol{j}+(u_1v_2-u_2v_1)\boldsymbol{k}\\&=\begin{vmatrix}u_2&u_3\\v_2&v_3\end{vmatrix}\boldsymbol{i}-\begin{vmatrix}u_1&u_3\\v_1&v_3\end{vmatrix}\boldsymbol{j}+\begin{vmatrix}u_1&u_2\\v_1&v_2\end{vmatrix}\boldsymbol{k}.\end{aligned}$$

于是可以用下列行列式来表示向量积（叉积）的结果

$$\boldsymbol{U}\times\boldsymbol{V}=\begin{vmatrix}\boldsymbol{i}&\boldsymbol{j}&\boldsymbol{k}\\u_1&u_2&u_3\\v_1&v_2&v_3\end{vmatrix}=(u_2v_3-u_3v_2)\boldsymbol{i}-(u_1v_3-u_3v_1)\boldsymbol{j}+(u_1v_2-u_2v_1)\boldsymbol{k}.$$

例 3 若$\boldsymbol{U}=2\boldsymbol{i}+\boldsymbol{j}+\boldsymbol{k}$和$\boldsymbol{V}=-4\boldsymbol{i}+3\boldsymbol{j}+\boldsymbol{k}$，求$\boldsymbol{U}\times\boldsymbol{V}$和$\boldsymbol{V}\times\boldsymbol{U}$.

解 $\boldsymbol{U}\times\boldsymbol{V}=\begin{vmatrix}\boldsymbol{i}&\boldsymbol{j}&\boldsymbol{k}\\2&1&1\\-4&3&1\end{vmatrix}=\begin{vmatrix}1&1\\3&1\end{vmatrix}\boldsymbol{i}-\begin{vmatrix}2&1\\-4&1\end{vmatrix}\boldsymbol{j}+\begin{vmatrix}2&1\\-4&3\end{vmatrix}\boldsymbol{k}=-2\boldsymbol{i}-6\boldsymbol{j}+10\boldsymbol{k}$

$\boldsymbol{V}\times\boldsymbol{U}=-(\boldsymbol{U}\times\boldsymbol{V})=2\boldsymbol{i}+6\boldsymbol{j}-10\boldsymbol{k}$.

例 4 求垂直于点$P(1，-1，0)$，$Q(2，1，-1)$和$R(-1，1，2)$所在的平面的向量.

解 根据向量积的定义，向量$\overrightarrow{PQ}\times\overrightarrow{PR}$即为所求垂直于点$P$，$Q$和$R$所在的平面上的向量. 由于

$$\overrightarrow{PQ}=(2-1)\boldsymbol{i}+(1+1)\boldsymbol{j}+(-1-0)\boldsymbol{k}=\boldsymbol{i}+2\boldsymbol{j}-\boldsymbol{k}$$

$$\overrightarrow{PR}=(-1-1)\boldsymbol{i}+(1+1)\boldsymbol{j}+(2-0)\boldsymbol{k}=-2\boldsymbol{i}+2\boldsymbol{j}+2\boldsymbol{k}$$

$$\overrightarrow{PQ}\times\overrightarrow{PR}=\begin{vmatrix}\boldsymbol{i} & \boldsymbol{j} & \boldsymbol{k}\\ 1 & 2 & -1\\ -2 & 2 & 2\end{vmatrix}=\begin{vmatrix}2 & -1\\ 2 & 2\end{vmatrix}\boldsymbol{i}-\begin{vmatrix}1 & -1\\ -2 & 2\end{vmatrix}\boldsymbol{j}+\begin{vmatrix}1 & 2\\ -2 & 2\end{vmatrix}\boldsymbol{k}$$

$$=6\boldsymbol{i}+6\boldsymbol{k}.$$

例 5　求顶点为 $P(1,\ -1,\ 0)$，$Q(2,\ 1,\ -1)$和 $R(-1,\ 1,\ 2)$的三角形的面积(如图 9－16).

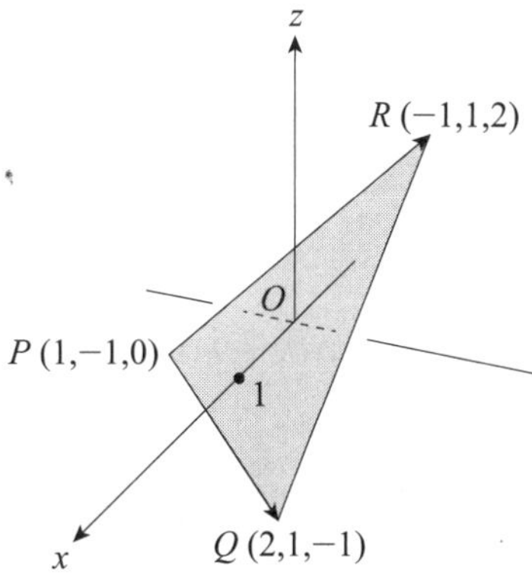

图 9－16

解　结合例 4 的计算，由 P，Q 和 R 所确定的平行四边形的面积是

$$|\overrightarrow{PQ}\times\overrightarrow{PR}|=|6\boldsymbol{i}+6\boldsymbol{k}|=\sqrt{6^2+6^2}=6\sqrt{2}$$

三角形的面积是这个值的一半，即 $3\sqrt{2}$.

例 6　求垂直于 $P(1,\ -1,\ 0)$，$Q(2,\ 1,\ -1)$和 $R(-1,\ 1,\ 2)$所在的平面的单位向量.

解　因为$\overrightarrow{PQ}\times\overrightarrow{PR}$垂直于题意的平面，它的方向是垂直于该平面的单位向量 $\boldsymbol{n}$ 的方向，由例 4 和例 5 有

$$\boldsymbol{n}=\frac{\overrightarrow{PQ}\times\overrightarrow{PR}}{|\overrightarrow{PQ}\times\overrightarrow{PR}|}=\frac{6\boldsymbol{i}+6\boldsymbol{k}}{6\sqrt{2}}=\frac{1}{\sqrt{2}}\boldsymbol{i}+\frac{1}{\sqrt{2}}\boldsymbol{k}.$$

五、转矩

当我们在扳手上用一个力 $\boldsymbol{F}$ 转动一个螺栓时，会产生一个转矩作用在螺栓的轴上以使螺栓前进．转矩的大小依赖于力离螺栓的距离及垂直于扳手的作用点处的力的大小．如图 9－17 所示，转矩大小是杠杆的臂长 $\boldsymbol{r}$ 和力 $\boldsymbol{F}$ 的垂直于 $\boldsymbol{r}$ 的数量分量的乘积，即

$$\text{转矩的大小}=|\boldsymbol{r}\times\boldsymbol{F}|=|\boldsymbol{r}|\,|\boldsymbol{F}|\sin\theta$$

如果令 $\boldsymbol{n}$ 是沿螺栓的轴并指向转矩方向的单位向量，那么转矩向量可以完整地表示为

$$\text{转矩向量}=\boldsymbol{r}\times\boldsymbol{F}=(|\boldsymbol{r}|\,|\boldsymbol{F}|\sin\theta)\boldsymbol{n}.$$

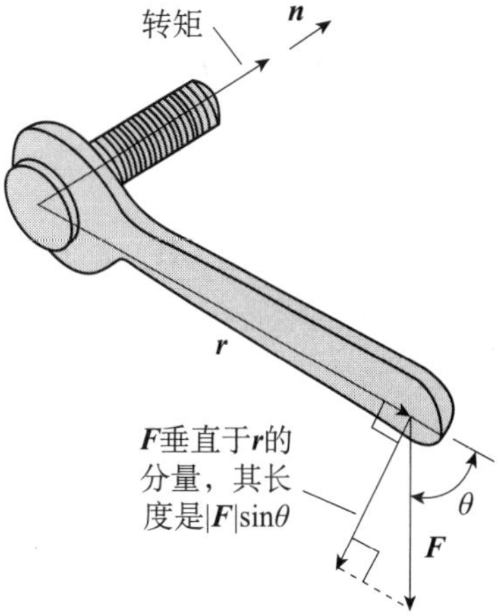

图 9－17

当 $\boldsymbol{U}$ 和 $\boldsymbol{V}$ 平行时，定义 $\boldsymbol{U}\times\boldsymbol{V}$ 为零．这与转矩的解

释正好是吻合的．假如图 9－17 中的力 $\boldsymbol{F}$ 的方向平行于扳手，即我们试图通过沿着扳手的柄的方向拉或推扳手，则所产生的转矩为零.

例 7 图 9－18 中的力在支点 Q 产生的转矩的大小是多少?

解 $|\overrightarrow{PQ}\times\boldsymbol{F}|=|\overrightarrow{PQ}|\,|\boldsymbol{F}|\sin 70^{0}\approx 3\times 20\times 0.94\approx 56.4$（m・N).

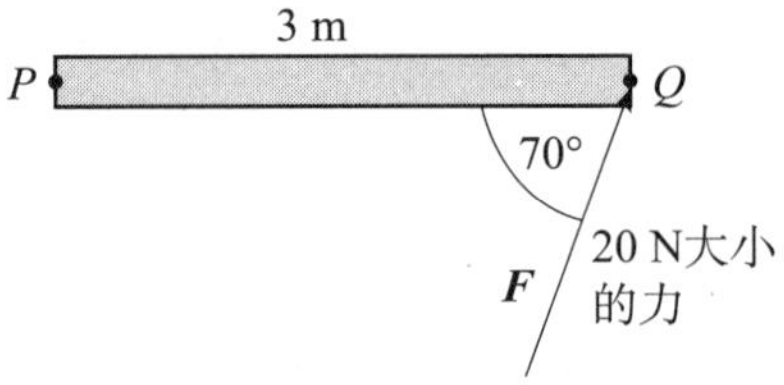

图 9－18

六、向量的混合积

积$(\boldsymbol{U}\times\boldsymbol{V})\cdot\boldsymbol{W}$称为$\boldsymbol{U}$，$\boldsymbol{V}$ 和$\boldsymbol{W}$（按这个次序）的混合积．从公式

$$|(\boldsymbol{U}\times\boldsymbol{V})\cdot\boldsymbol{W}|=|\boldsymbol{U}\times\boldsymbol{V}|\,|\boldsymbol{W}|\cos\theta$$

可以看出，向量的混合积的几何意义是其绝对值是由$\boldsymbol{U}$，$\boldsymbol{V}$ 和$\boldsymbol{W}$ 确定的平行六面体（由$\boldsymbol{U}$，$\boldsymbol{V}$ 组成的以平行四边形为底面的箱体）的体积（如图 9－19)，其中数$|\boldsymbol{U}\times\boldsymbol{V}|$表示箱体底面平行四边形的面积，数$|\boldsymbol{W}|\,|\cos\theta|$表示平行六面体的高.

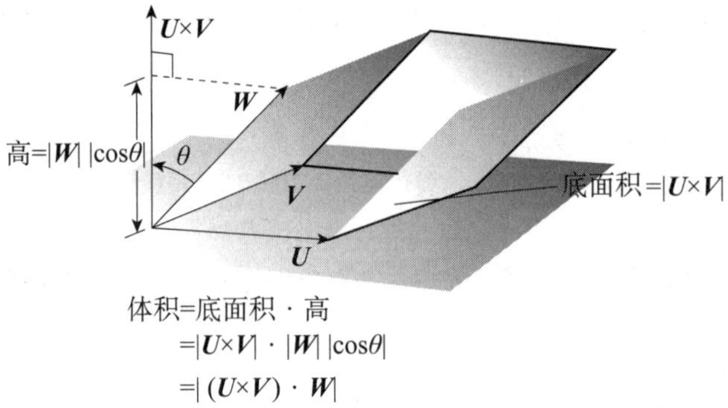

图 9－19

把$\boldsymbol{V}$ 和$\boldsymbol{W}$ 以及$\boldsymbol{W}$ 和$\boldsymbol{U}$ 确定的平面作为平行六面体的底所在的平面，我们可以看出

$$(\boldsymbol{U}\times\boldsymbol{V})\cdot\boldsymbol{W}=(\boldsymbol{V}\times\boldsymbol{W})\cdot\boldsymbol{U}=(\boldsymbol{W}\times\boldsymbol{U})\cdot\boldsymbol{V}.$$

由此，还得到

$$(\boldsymbol{U}\times\boldsymbol{V})\cdot\boldsymbol{W}=\boldsymbol{U}\cdot(\boldsymbol{V}\times\boldsymbol{W})\text{（点积与叉积可交换）}$$

向量的混合积可以用行列式计算：

$$\boldsymbol{U}\cdot(\boldsymbol{V}\times\boldsymbol{W})=\left[\begin{vmatrix}u_2 & u_3\\ v_2 & v_3\end{vmatrix}\boldsymbol{i}-\begin{vmatrix}u_1 & u_3\\ v_1 & v_3\end{vmatrix}\boldsymbol{j}+\begin{vmatrix}u_1 & u_2\\ v_1 & v_2\end{vmatrix}\boldsymbol{k}\right]\cdot\boldsymbol{W}$$

$$=w_1\begin{vmatrix}u_2 & u_3\\ v_2 & v_3\end{vmatrix}-w_2\begin{vmatrix}u_1 & u_3\\ v_1 & v_3\end{vmatrix}+w_3\begin{vmatrix}u_1 & u_2\\ v_1 & v_2\end{vmatrix}$$

$$=\begin{vmatrix} u_1 & u_2 & u_3 \\ v_1 & v_2 & v_3 \\ w_1 & w_2 & w_3 \end{vmatrix}.$$

例 8　求由 $\boldsymbol{U}=\boldsymbol{i}+2\boldsymbol{j}-\boldsymbol{k}$，$\boldsymbol{V}=-2\boldsymbol{i}+3\boldsymbol{k}$ 和 $\boldsymbol{W}=7\boldsymbol{j}-4\boldsymbol{k}$ 确定的平行六面体的体积.

解　由于

$$\boldsymbol{U}\cdot(\boldsymbol{V}\times\boldsymbol{W})=\begin{vmatrix} 1 & 2 & -1 \\ -2 & 0 & 3 \\ 0 & 7 & -4 \end{vmatrix}=-23$$

即所求平行六面体的体积为 23 个立方单位.

习题 9-2

1. 已知向量 $\boldsymbol{V}=2\boldsymbol{i}-4\boldsymbol{j}+\sqrt{5}\boldsymbol{k}$ 和 $\boldsymbol{U}=-2\boldsymbol{i}+4\boldsymbol{j}-\sqrt{5}\boldsymbol{k}$，求：

(1) $\boldsymbol{V}\cdot\boldsymbol{U}$，$|\boldsymbol{V}|$，$|\boldsymbol{U}|$；　　(2) $\boldsymbol{V}$ 和 $\boldsymbol{U}$ 之间夹角的余弦；

(3) $\boldsymbol{V}$ 在方向 $\boldsymbol{U}$ 的数量分量；　　(4) 向量 $\mathrm{proj}_{\boldsymbol{V}}\boldsymbol{U}$.

2. 设 $\boldsymbol{a}=(-2, 1, z)$，$\boldsymbol{b}=(3, 0, 1)$，$\boldsymbol{c}=(1, -0.5, 3)$，在下列条件下求 z 的值.

(1) $\boldsymbol{a}\perp\boldsymbol{b}$　　(2) $\boldsymbol{a}/\!/\boldsymbol{c}$

3. 已知向量 $\boldsymbol{U}=3\boldsymbol{i}+4\boldsymbol{k}$，$\boldsymbol{V}=\boldsymbol{i}+\boldsymbol{j}$，把 $\boldsymbol{V}$ 表示成平行于 $\boldsymbol{U}$ 的向量和垂直于 $\boldsymbol{U}$ 的向量之和.

4. 已知向量 $\boldsymbol{U}=2\boldsymbol{i}+\boldsymbol{j}$，$\boldsymbol{V}=\boldsymbol{i}+2\boldsymbol{j}-\boldsymbol{k}$，求这两个向量之间的夹角（精确到百分之一弧度）.

5. 求顶点为 $\boldsymbol{P}(1, -1, 2)$，$\boldsymbol{Q}(2, 0, -1)$ 和 $\boldsymbol{R}(0, 2, 1)$ 的三角形的面积，并求一个垂直于平面 PQR 的单位向量.

6. 已知 $\overrightarrow{OA}=\boldsymbol{i}+3\boldsymbol{k}$，$\overrightarrow{OB}=\boldsymbol{j}+8\boldsymbol{k}$，求 $\triangle ABO$ 的面积.

项目三　空间中的直线和平面

在空间解析几何中，平面和直线是最简单的图形. 本项目利用前面所学的向量这一工具将它们和其方程联系起来，使之解析化，从而可以用代数中的方法来研究其性质.

一、空间中的直线和线段

在平面上，直线可以由该直线上的一点及其斜率确定. 类似地，空间中的一条直线可以由其上一点及由该点发出的直线方向的一个向量确定.

假定 L 是一条过点 $P_0(x_0, y_0, z_0)$ 且平行于向量 $\mathbf{V}$ 的直线，则 L 是使 $\overrightarrow{P_0P}$ 平行于 $\mathbf{V}$ 的所有点 $P(x, y, z)$ 的集合（如图 9－20）．于是对某个数值参数 t 有 $\overrightarrow{P_0P}=t\mathbf{V}$．$t$ 的值依赖点 P 在直线上的位置，并且 t 的定义域是 $(-\infty, +\infty)$．方程 $\overrightarrow{P_0P}=t\mathbf{V}$ 的展开形式是

$$(x-x_0)\boldsymbol{i}+(y-y_0)\boldsymbol{j}+(z-z_0)\boldsymbol{k}$$
$$=t(v_1\boldsymbol{i}+v_2\boldsymbol{j}+v_3\boldsymbol{k}).$$

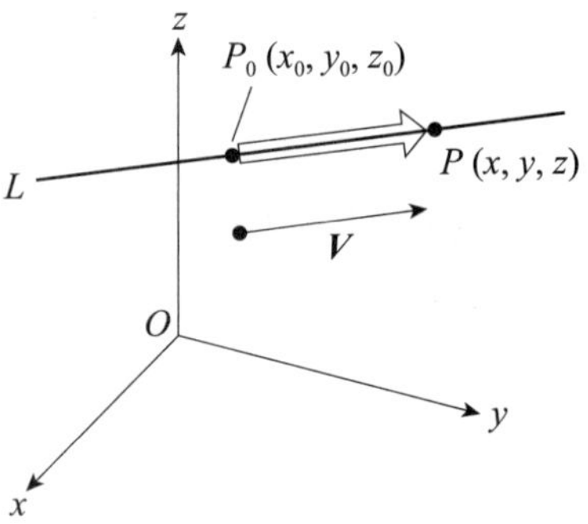

图 9－20

该方程可以改写成

$$x\boldsymbol{i}+y\boldsymbol{j}+z\boldsymbol{k}=x_0\boldsymbol{i}+y_0\boldsymbol{j}+z_0\boldsymbol{k}+t(v_1\boldsymbol{i}+v_2\boldsymbol{j}+v_3\boldsymbol{k}) \tag{9.3.1}$$

过点 $P_0(x_0, y_0, z_0)$ 平行于 $\mathbf{V}$ 的直线的向量方程为

$$\boldsymbol{r}(t)=\boldsymbol{r}_0+t\mathbf{V},\ -\infty<t<+\infty \tag{9.3.2}$$

其中，$\boldsymbol{r}$ 是 L 上的点 $P(x, y, z)$ 的位置向量，而 $\boldsymbol{r}_0$ 是点 $P_0(x_0, y_0, z_0)$ 的位置向量.

由方程（9.3.1）的两端的对应分量的方程可以给出过 $P_0(x_0, y_0, z_0)$ 平行于 $\mathbf{V}=v_1\boldsymbol{i}+v_2\boldsymbol{j}+v_3\boldsymbol{k}$ 的直线的参数方程为

$$x=x_0+tv_1,\ y=y_0+tv_2,\ z=z_0+tv_3,\ -\infty<t<+\infty \tag{9.3.3}$$

例 1　求过点 $(-2, 0, 4)$ 并平行于 $2\boldsymbol{i}+4\boldsymbol{j}-2\boldsymbol{k}$ 的直线的参数方程（如图 9－21）.

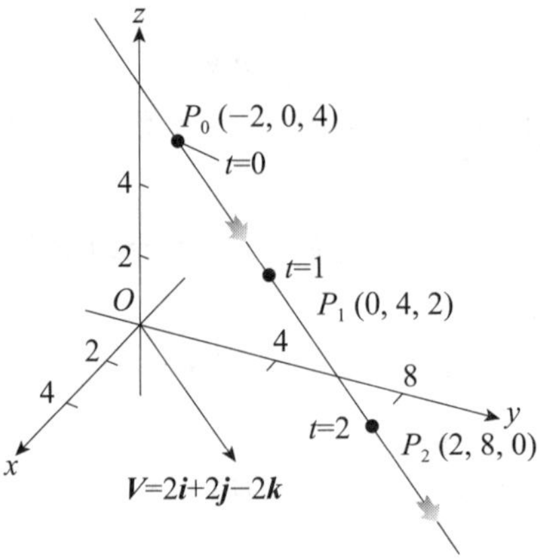

图 9－21

解　令方程（9.3.3）中的 $P_0(x_0, y_0, z_0)$ 等于 $P_0(-2, 0, 4)$，而 $v_1\boldsymbol{i}+v_2\boldsymbol{j}+v_3\boldsymbol{k}$ 等于 $2\boldsymbol{i}+4\boldsymbol{j}-2\boldsymbol{k}$，即得所求直线的参数方程

$$x=-2+2t,\ y=4t,\ z=4-2t.$$

例 2　求过点 $P(-3, 2, -3)$ 和 $Q(1, -1, 4)$ 的直线的参数方程.

解　向量

$$\overrightarrow{PQ}=[1-(-3)]\boldsymbol{i}+(-1-2)\boldsymbol{j}+[4-(-3)]\boldsymbol{k}=4\boldsymbol{i}-3\boldsymbol{j}+7\boldsymbol{k}$$

平行于直线，取 P 为“基点”，则 $(x_0, y_0, z_0)=(-3, 2, -3)$，由方程（9.3.3）得到

$$x=-3+4t,\ y=2-3t,\ z=-3+7t.$$

我们还可以取 $Q(1, -1, 4)$作为“基点”而写出

$$x=1+4t,\ y=-1-3t,\ z=4+7t$$

这组方程的作用跟第一组完全一样，只不过在一个给定时刻 t 时，点在直线上的位置不同.

为参数化连接两点的线段，可以首先参数化过点的直线．再求端点对应的 t 的值并限制以这些为端点的区间．直线连同这个附加的限制就是参数化线段.

例 3　（参数化一条线段）写出连接点 $P(-3, 2, -3)$和 $Q(1, -1, 4)$的线段（如图 9-22）的方程.

解　从例 2 中的点 $P(-3, 2, -3)$和 $Q(1, -1, 4)$的直线的参数方程：

$$x=-3+4t,\ y=2-3t,\ z=-3+7t$$

我们注意点

$$(x, y, z)=(-3+4t, 2-3t, -3+7t)$$

在 $t=0$ 过点 $P(-3, 2, -3)$，而在 $t=1$ 过点 $Q(1, -1, 4)$．加上限制 $0\leqslant t\leqslant 1$ 就得到题意线段的参数方程

$$x=-3+4t,\ y=2-3t,\ z=-3+7t,\ 0\leqslant t\leqslant 1.$$

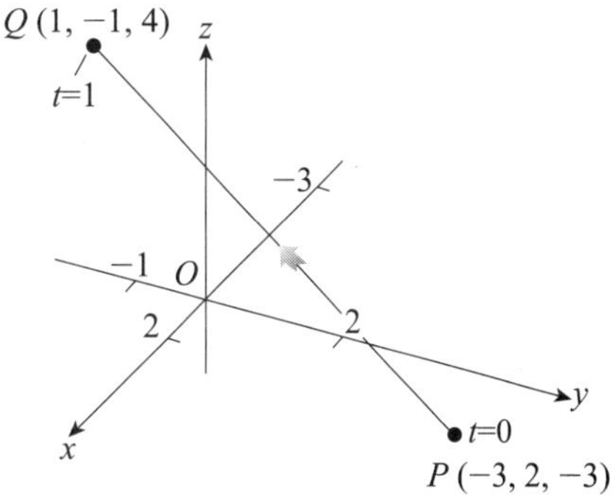

图 9-22

二、空间中的平面方程

空间中的平面由它上面的一个点和它的“倾斜”或方位确定．而该“倾斜”是由指定的一个垂直于或正交于该平面的向量所确定.

假定平面 M 过点 $P_0(x_0, y_0, z_0)$并且正交于（垂直于）非零向量 $\boldsymbol{n}=A\boldsymbol{i}+B\boldsymbol{j}+C\boldsymbol{k}$，则 M 是使 $\overrightarrow{P_0P}$ 正交于 $\boldsymbol{n}$ 的所有点 $P(x, y, z)$的集合（如图 9-23），于是点积 $\boldsymbol{n}\cdot\overrightarrow{P_0P}=0$. 这个方程等价于

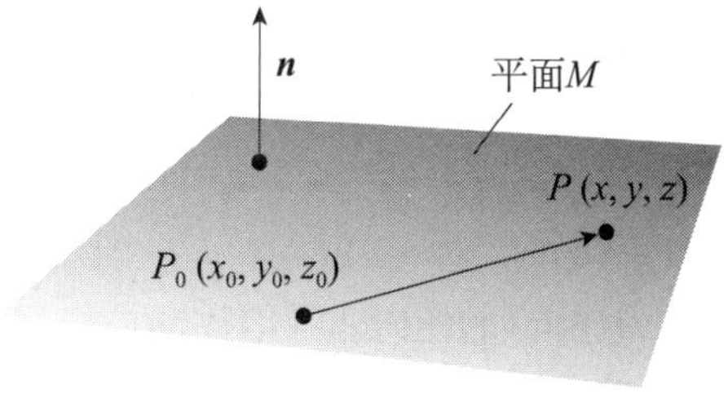

图 9-23

$$(A\boldsymbol{i}+B\boldsymbol{j}+C\boldsymbol{k})\cdot[(x-x_0)\boldsymbol{i}+(y-y_0)\boldsymbol{j}+(z-z_0)\boldsymbol{k}]=0$$

或

$$A(x-x_0)+B(y-y_0)+C(z-z_0)=0.$$

过点 $P_0(x_0, y_0, z_0)$且正交于（垂直于）$\boldsymbol{n}=A\boldsymbol{i}+B\boldsymbol{j}+C\boldsymbol{k}$ 平面有：

向量方程：$\boldsymbol{n}\cdot\overrightarrow{P_0P}=0$；

分量方程：$A(x-x_0)+B(y-y_0)+C(z-z_0)=0$；

简化分量方程：$Ax+By+Cz=D$，其中 $D=Ax_0+By_0+Cz_0$.

例 4　求过 $P_0(-3, 0, 7)$垂直于 $\boldsymbol{n}=5\boldsymbol{i}+2\boldsymbol{j}-\boldsymbol{k}$ 的平面方程.

解　平面的分量方程是

$$5[x-(-3)]+2(y-0)+(-1)(z-7)=0$$

化简得

$$5x+2y-z=-22.$$

我们要注意本例题中 $\boldsymbol{n}=5\boldsymbol{i}+2\boldsymbol{j}-\boldsymbol{k}$ 的分量如何成为方程 $5x+2y-z=-22$ 的系数.

例 5 求过点 $A(0,0,1)$，$B(2,0,0)$ 和 $C(0,3,0)$ 的平面的方程.

解 先求一个垂直于该平面的向量，再利用这个向量和三个点中的一个求平面的方程，向量积

$$\overrightarrow{AB}\times\overrightarrow{AC}=\begin{vmatrix} \boldsymbol{i} & \boldsymbol{j} & \boldsymbol{k} \\ 2 & 0 & -1 \\ 0 & 3 & -1 \end{vmatrix}=3\boldsymbol{i}+2\boldsymbol{j}+6\boldsymbol{k}$$

是正交于所求平面的向量．把这个向量的分量和坐标 $A(0,0,1)$ 代入分量形式的方程，即得

$$3(x-0)+2(y-0)+6(z-1)=0$$

即

$$3x+2y+6z=6.$$

两条直线平行当且仅当它们方向相同或相反．类似地，两张平面平行当且仅当存在某个数 k，有 $\boldsymbol{n}_1=k\boldsymbol{n}_2$.

三、相交直线

不平行的两个平面交于一条直线.

例 6 求平行于平面 $3x-6y-2z=15$ 和 $2x+y-2z=5$ 的交线的向量.

解 两平面的交线正交于两个平面的法向量 $\boldsymbol{n}_1$ 和 $\boldsymbol{n}_2$（如图 9－24），从而平行于 $\boldsymbol{n}_1\times\boldsymbol{n}_2$. 也就是，$\boldsymbol{n}_1\times\boldsymbol{n}_2$ 为一个平行于交线的向量，而

$$\boldsymbol{n}_1\times\boldsymbol{n}_2=\begin{vmatrix} \boldsymbol{i} & \boldsymbol{j} & \boldsymbol{k} \\ 3 & -6 & -2 \\ 2 & 1 & -2 \end{vmatrix}=14\boldsymbol{i}+2\boldsymbol{j}+15\boldsymbol{k},$$

$\boldsymbol{n}_1\times\boldsymbol{n}_2$ 的任何非零倍数都是与两个平面的交线相平行的向量.

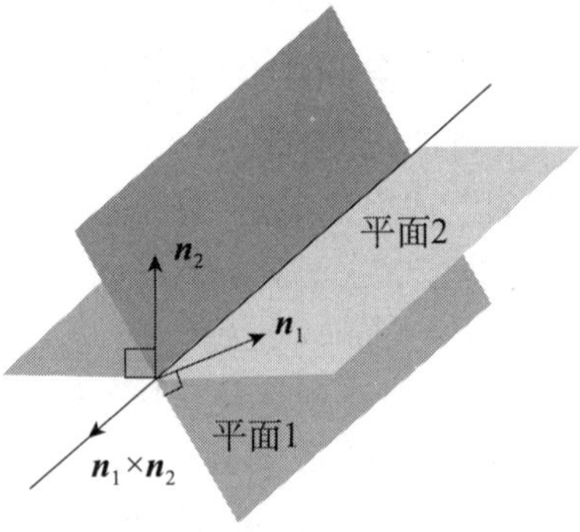

图 9－24

例 7 求平面 $3x-6y-2z=15$ 和 $2x+y-2z=5$ 的交线.

解 问题转化为求一个平行于交线的向量和交线上的一个点，再利用方程（9.3.3）求解.

由于例 6 中已经确定了一个平行于交线的向量为 $\boldsymbol{V}=14\boldsymbol{i}+2\boldsymbol{j}+15\boldsymbol{k}$，故仅需求交线上的一个点．可以求两平面的任何公共点，在两平面方程中令 $z=0$，并解 x 和 y 的联立方程求得一个公共点为 $(3,-1,0)$，故该交线为

$$x=3+14t,\ y=-1+2t,\ z=15t.$$

习题 9－3

1. 求下列直线的向量方程和参数方程.

(1) 过点 $P(3,-4,-1)$ 平行于向量 $\boldsymbol{i}+\boldsymbol{j}+\boldsymbol{k}$.

(2) 过两点 $P(-2,0,3)$ 和 $Q(3,5,-2)$.

2. 求下列平面的方程.

(1) 过点 $P_0(0, 2, -1)$ 正交于向量 $\boldsymbol{n}=3\boldsymbol{i}-2\boldsymbol{j}-\boldsymbol{k}$ 的平面.

(2) 过点 $(1, 1, -1)$，$(2, 0, 2)$ 和 $(0, -2, 1)$ 的平面.

3. 求下列直线和平面的交点.

(1) $x=1-t$，$y=3t$，$z=1+t$；$2x-y+3z=6$.

(2) $x=1+2t$，$y=1+5t$，$z=3t$；$x+y+z=2$.

4. 已知点 $A(1, 0, 0)$ 及点 $B(0, 2, 1)$，试在 z 轴上求一点 C，使 $\triangle ABC$ 的面积最小.

5. 求通过点 $A(3, 0, 0)$ 及点 $B(0, 0, 1)$ 且与 xOy 平面成 $\frac{\pi}{3}$ 角的平面的方程.

项目四　柱面和二次曲面

截至目前，我们研究了对理解向量微积分和空间微积分所必需的两种特殊曲面，即空间中的球面和平面．而在本项目中，我们将进一步扩展研究的领域，将探讨涵盖柱面及更为复杂的二次曲面. 二次曲面，顾名思义，是由 x，y 和 z 的二次方程定义的独特曲面．值得注意的是，我们之前探讨的球面正是二次曲面的一种特例，除此之外，还有其他二次曲面．这些曲面不仅在建筑艺术中扮演着重要角色，例如全球知名的中国国家体育场"鸟巢"、悉尼歌剧院和哈尔滨索菲亚教堂等建筑杰作，都巧妙地运用了二次曲面的设计原理，同时，这些曲面也广泛存在于我们的日常生活中，如反光镜的镜面、管道的外表面以及锥面等.

一、柱面

一个柱面是由在空间中平行于各定直线，通过给定平面曲线的所有直线组成的曲面. 这里的曲线称为柱面的母线（图 9－25）. 在立体几何中，柱面意味圆柱面，母线是圆周，但此处允许母线是任何类型的曲线.

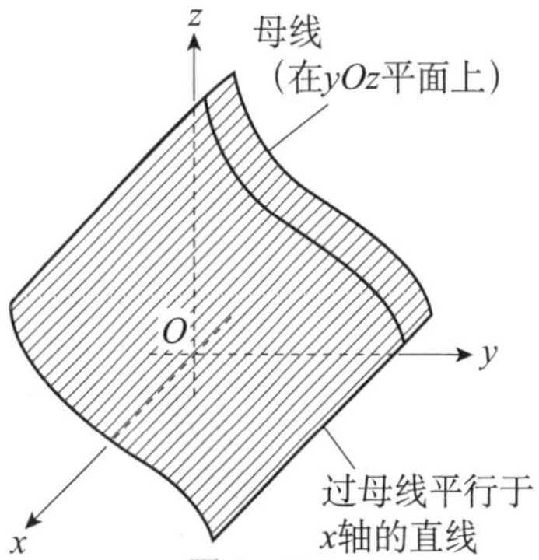

图 9－25

曲面同平行于坐标平面的平面相交形成的曲线称为横截线或迹.

例　求由平行于 z 轴过抛物线 $y=x^2$，$z=0$ 的直线构成的柱面的方程（如图 9－26）.

解　假定点 $P_0(x_0, x_0^2, 0)$ 在 xOy 平面的抛物线 $y=x^2$ 上，那么对 z 的任何值，点 $Q(x_0, x_0^2, z)$ 将在柱面上．反之，任何点 $Q(x_0, x_0^2, z)$ 的 y 坐标是 x 坐标的平方，从而在柱面上，这是由于 Q 点在过 P_0 且平行于 z 轴的直线 $x=x_0$，$y=x_0^2$ 上（如图 9－27）.

因此，不管 z 的值是多少，曲面上的点是坐标满足方程 $y=x^2$ 的点．这使得 $y=x^2$ 成为曲面的方程．正由于此，我们称该柱面为"柱面 $y=x^2$".

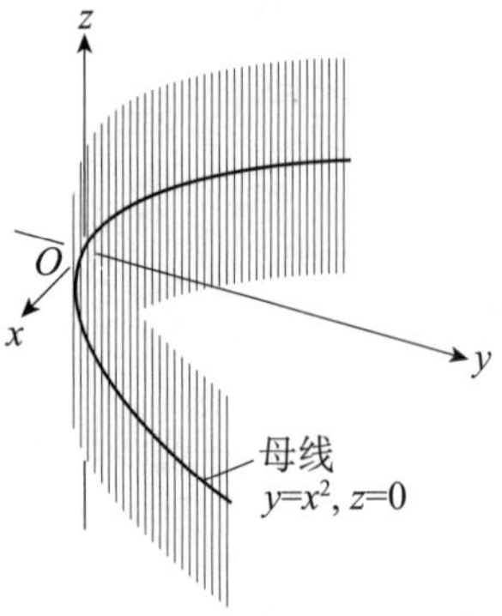

图 9－26

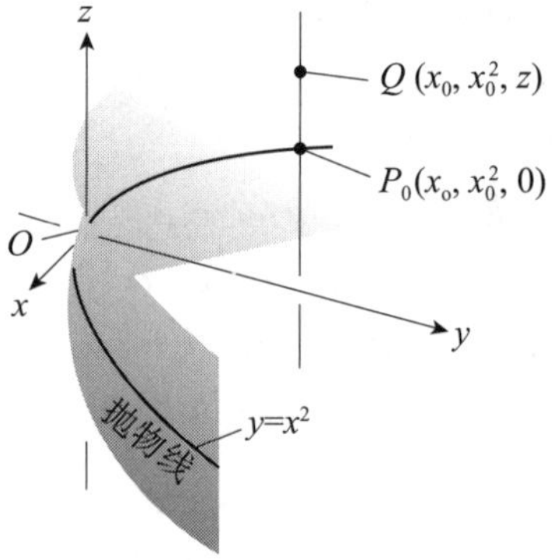

图 9－27

正如例 1 所暗示的，xOy 平面上的任何曲线 $f(x, y)=c$ 定义一个平行于 z 轴的柱面，其柱面方程也是 $f(x, y)=c$，方程 $x^2+y^2=1$ 定义为过 xOy 平面上的圆周 $x^2+y^2=1$ 且平行于 z 轴的直线构成的圆柱面．方程 $x^2+4y^2=9$ 定义为过 xOy 平面上的椭圆 $x^2+4y^2=9$ 且平行于 z 轴的直线构成的椭圆柱面.

按照类似的方式，xOz 平面上的任何曲线 $g(x, z)=c$ 定义一个平行于 y 轴的柱面，其方程是 $g(x, z)=c$（如图 9－28）；yOz 平面上的任何曲线 $h(y, z)=c$ 定义一个平行于 x 轴的柱面，其方程是 $h(y, z)=c$（如图 9－29）.

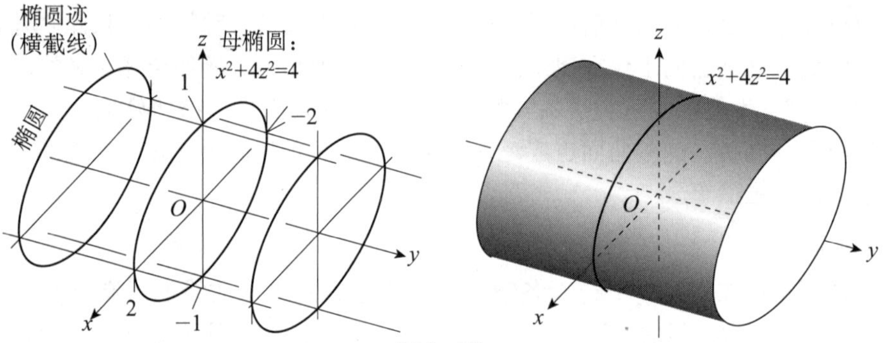

图 9－28

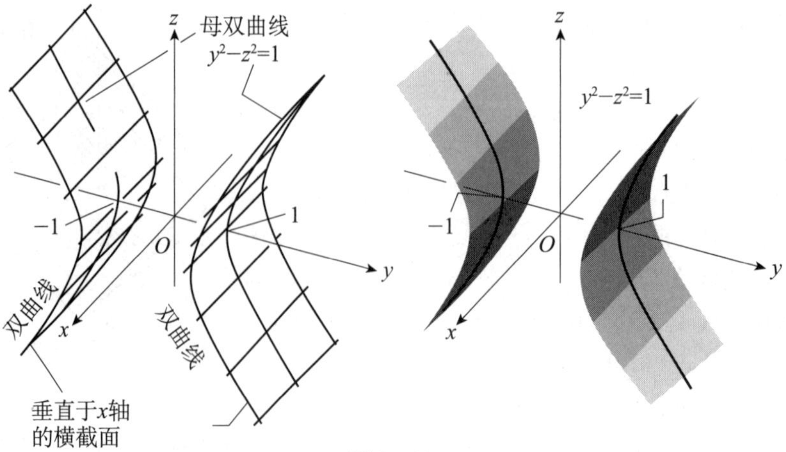

图 9－29

定义 9.4.1　任何两个笛卡尔坐标的方程定义一个平行于第三轴的柱面，该方程称为柱面方程.

二、二次曲面

我们要研究的另一类曲面是二次曲面，这些曲面是椭圆、抛物线和双曲线的三维类似.

一个二次曲面是空间中 x，y 和 z 的二次方程，最一般的形式是

$$Ax^2+By^2+Cz^2+Dxy+Eyz+Fxz+Gx+Hy+Jz+K=0$$

其中的 A，B，C 等是常数，与二维曲线一样，二次曲线方程可以经过平移旋转来化简．我们仅仅研究简化后的方程．基本的二次曲面是椭球面、抛物面、椭圆锥面和双曲面.

一般了解三元方程 $F(x, y, z)=0$ 所表示的曲面的形状的方法主要有两种．一种是利用坐标面和平行于坐标面的平面与曲面相截，观察其交线的形状，然后加以综合，从而了解曲面的立体形状．这种方法称为截痕法．研究曲面的另一种方法是伸缩变形法.

设 S 是一个曲面，其方程为 $F(x, y, z)=0$，S'是将曲面 S 沿 x 轴方向伸缩λ倍所得的曲面．显然，若 $(x, y, z)\in S$，则 $(\lambda x, y, z)\in S'$；若 $(x, y, z)\in S'$，则 $\left(\frac{1}{\lambda}x, y, z\right)\in S$. 因此，对于任意的 $(x, y, z)\in S'$，有 $F\left(\frac{1}{\lambda}x, y, z\right)=0$，即 $F\left(\frac{1}{\lambda}x, y, z\right)=0$是曲面 S' 的方程.

例如，把圆锥面 $x^2+y^2=a^2z^2$ 沿 y 轴方向伸缩 $\frac{b}{a}$ 倍，所得曲面为椭圆锥面，方程为

$$x^2+\left(\frac{a}{b}y\right)^2=a^2z^2$$

即

$$\frac{x^2}{a^2}+\frac{y^2}{b^2}=z^2.$$

1. 椭圆锥面

由方程$\frac{x^2}{a^2}+\frac{y^2}{b^2}=z^2$ 所表示的曲面为椭圆锥面．圆锥曲面是在 y 轴方向伸缩而得的曲面，即把圆锥面$\frac{x^2+y^2}{a^2}=z^2$ 沿 y 轴方向伸缩 $\frac{b}{a}$ 倍，所得曲面称为椭圆锥面$\frac{x^2}{a^2}+\frac{y^2}{b^2}=z^2$.

以垂直于 z 轴的平面 $z=t$ 截此椭圆锥面，当 $t=0$ 时得一点 $(0, 0, 0)$；当 $t\neq 0$ 时，得平面 $z=t$ 上的椭圆

$$\frac{x^2}{(at)^2}+\frac{y^2}{(bt)^2}=1$$

当 t 变化时，上式表示一族长短轴比例不变的椭圆，当 $|t|$ 从大到小并变为 0 时，这族椭圆从大到小并缩为一点．综合上述讨论，可得椭圆锥面的形状如图 9－30 所示.

2. 椭球面

由方程$\frac{x^2}{a^2}+\frac{y^2}{b^2}+\frac{z^2}{c^2}=1$所表示的曲面为椭球面．它是球面在 x 轴、y 轴或 z 轴方向伸缩而得的曲面（如图 9－31）.

把 $x^2+y^2+z^2=a^2$ 沿 z 轴方向伸缩$\frac{c}{a}$倍，得旋转椭球面$\frac{x^2+y^2}{a^2}+\frac{z^2}{c^2}=1$；再沿 y 轴方向伸缩$\frac{b}{a}$倍，即得椭球面

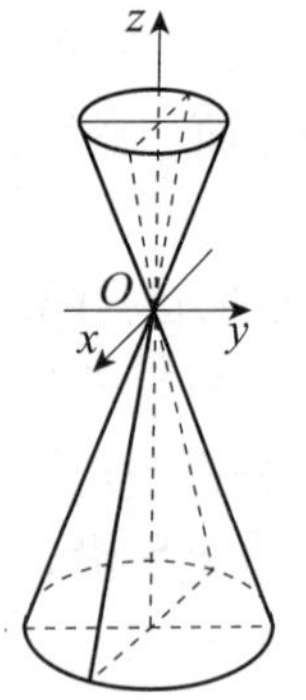

图 9－30

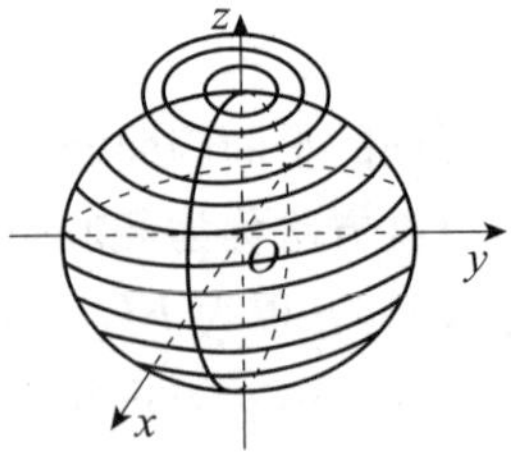

图 9－31

$$\frac{x^2}{a^2}+\frac{y^2}{b^2}+\frac{z^2}{c^2}=1.$$

3. 单叶双曲面

由方程$\frac{x^2}{a^2}+\frac{y^2}{b^2}-\frac{z^2}{c^2}=1$所表示的曲面为单叶双曲面.

如图 9－32 所示，把 zOx 面上的双曲线$\frac{x^2}{a^2}-\frac{z^2}{c^2}=1$绕 z 轴旋转，得旋转单叶双曲面$\frac{x^2+y^2}{a^2}-\frac{z^2}{c^2}=1$；再沿 y 轴方向伸缩$\frac{b}{a}$倍，即得单叶双曲面$\frac{x^2}{a^2}+\frac{y^2}{b^2}-\frac{z^2}{c^2}=1$.

4. 双叶双曲面

由方程$\frac{x^2}{a^2}-\frac{y^2}{b^2}-\frac{z^2}{c^2}=1$所表示的曲面称为双叶双曲面（如图 9－33）.

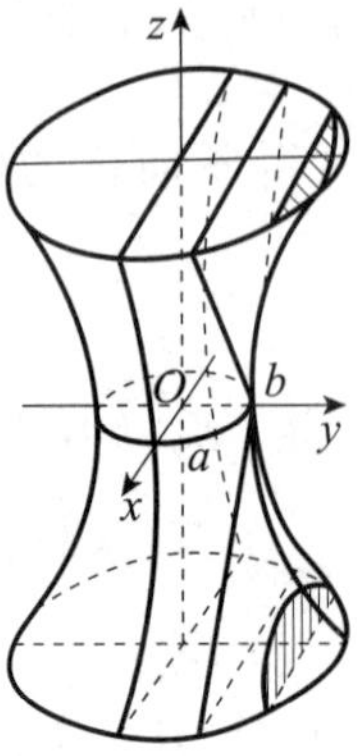

图 9－32

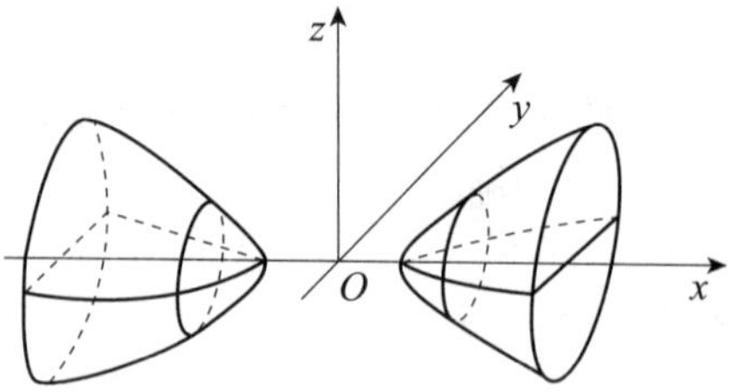

图 9－33

如图 9－33 所示，把 zOx 面上的双曲线$\frac{x^2}{a^2}-\frac{z^2}{c^2}=1$绕 x 轴旋转，得旋转双叶双曲面$\frac{x^2}{a^2}-\frac{z^2+y^2}{c^2}=1$；再沿 y 轴方向伸缩$\frac{b}{c}$倍，即得双叶双曲面

$$\frac{x^2}{a^2}-\frac{y^2}{b^2}-\frac{z^2}{c^2}=1.$$

5. 椭圆抛物面

由方程$\frac{x^2}{a^2}+\frac{y^2}{b^2}=z$所表示的曲面为椭圆抛物面.

如图 9－34 所示，把 zOx 面上的抛物线$\frac{x^2}{a^2}=z$绕 z 轴旋转，所得曲面为旋转抛物面$\frac{x^2+y^2}{a^2}=z$；再沿 y 轴方向伸缩$\frac{b}{a}$倍，所得曲面为椭圆抛物面$\frac{x^2}{a^2}+\frac{y^2}{b^2}=z$.

6. 双曲抛物面

由方程$\frac{x^2}{a^2}-\frac{y^2}{b^2}=z$所表示的曲面为双曲抛物面.

双曲抛物面又称马鞍面（如图 9－35）. 用平面 $x=t$ 截此曲面，所得截痕 l 为平面 $x=t$ 上的抛物线$-\frac{y^2}{b^2}=z-\frac{t^2}{a^2}$，此抛物线开口朝下，其顶点坐标为（$t$，0，$\frac{t^2}{a^2}$）. 当 t 变化时，l 的形状不变，位置只作平移，而 l 的顶点的轨迹 L 为平面 $y=0$ 上的抛物线 $z=\frac{x^2}{a^2}$. 因此，以 l 为母线，L 为准线，使母线 l 的顶点在准线 L 上滑动，且母线作平行移动，这样得到的曲面便是双曲抛物面$\frac{x^2}{a^2}-\frac{y^2}{b^2}=z$.

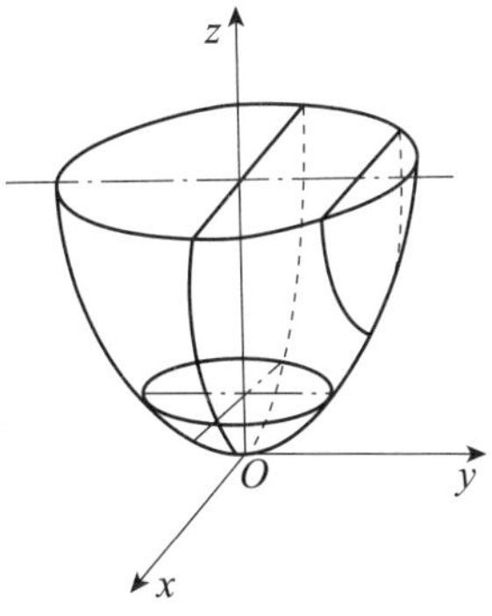

图 9－34

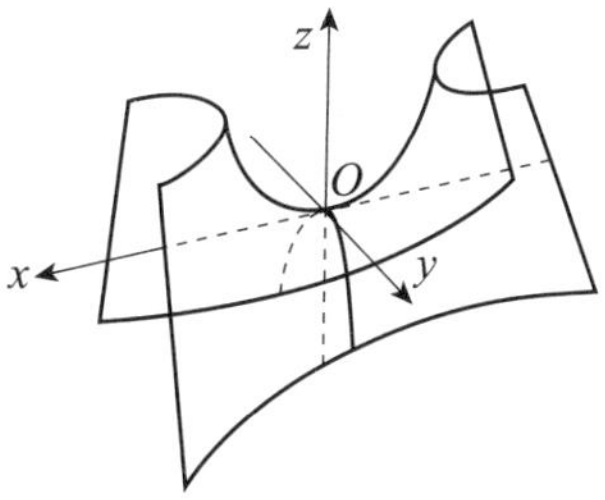

图 9－35

还有三种二次曲面是以三种二次曲线为准线的柱面

$$\frac{x^2}{a^2}+\frac{y^2}{b^2}=1，\frac{x^2}{a^2}-\frac{y^2}{b^2}=1，x^2=ay$$

依次称为椭圆柱面、双曲柱面、抛物柱面.

习题 9－4

1. 求与坐标原点 O 及点（2，3，4)的距离之比为 1∶2 的点为全体所组成的曲面的方程．它表示怎样的曲面?

2. 将 yOz 面上的椭圆 $\frac{y^2}{9}+\frac{z^2}{16}=1$ 分别绕 z 轴和 y 轴旋转，求所形成的旋转曲面方程.

3. 将 xOz 坐标面上的抛物线 $z^2=5x$ 绕 x 轴及 z 轴旋转一周，求所生成的旋转曲面的方程.

4. 求三个曲面 $x^2+y^2+z^2=64$，$x^2+y^2=4$ 和 $x=0$ 的交点.

5. 说明下列旋转曲面是怎样形成的.

(1) $\frac{x^2}{4}+\frac{y^2}{9}+\frac{z^2}{9}=1$　　(2) $x^2-\frac{y^2}{4}+z^2=1$

(3) $x^2-y^2-z^2=1$　　(4) $(z-a)^2=x^2+y^2$

项目五　数学实验（九）——向量计算与空间图形绘制

一、向量及其线性运算

在 MATLAB 软件中，向量元素用“［　］”括起来，元素之间用空格或者逗号隔开. 在 MATLAB 中实现向量的线性运算可以在命令窗口执行如下语句：

```
>>a=[1 3 5];
>>b=[2,4,6];
>>c1=a+b            %向量加法
>>c2=a-b            %向量减法
>>c3=2*a            %向量数乘
```

输出结果为：c1=3　7　11，c2=－1　－1　－1，c3=2　6　10

例 1　求上述向量 a 的模.

解　在 MATLAB 中计算向量的模是用函数 norm，格式为：norm(a)，在命令窗口中继续输入：

```
>>norm(a)
```

即得到 a 的模约等于 5.916 1.

如果计算空间两点的距离，如 $A(4,3,7)$，$B(2,3,4)$，也就是计算以点 A 和点 B 坐标差为坐标的向量的模，输入以下命令：

```
>>A=[4 3 7];
>>B=[2 3 4];
>>norm(B-A)
```

输出结果为 ans=3.605 6，即点 A 和点 B 的距离为 3.605 6. 如果计算和$\overrightarrow{AB}$同方向的单位向量，只需输入(B-A)/norm(B-A)即可.

二、向量的数量积和向量积运算

在 MATLAB 中，向量的数量积可由函数 dot 来实现，具体格式如下：

dot(a,b)，返回向量 a 与 b 的数量积，a 与 b 必须有相同的维数.

向量的向量积由函数 cross 来实现，具体格式如下：

cross(a,b)，返回向量 a 与 b 的向量积，a 与 b 必须是三维向量.

执行以下命令，熟悉函数 dot 和 cross 的调用：

```
>>a=[1 3 5];
>>b=[2 4 6];
>>c=dot(a,b)                %两个向量的数量积
>>d=cross(a,b)              %两个向量的向量积
```

得到数量积结果等于 44，向量积结果为（−2，4，−2).

例 2　已知三点 $M(1,\ 1,\ 1)$，$A(2,\ 2,\ 1)$，$B(2,\ 1,\ 2)$，求$\angle AMB$.

分析　由向量的夹角余弦公式 $\cos\angle AMB=\dfrac{\overrightarrow{MA}\cdot\overrightarrow{MB}}{|\overrightarrow{MA}|\cdot|\overrightarrow{MB}|}$，先计算夹角余弦，再运用反余弦函数求出夹角（弧度制)，然后将夹角弧度制化成角度值即可.

解　在 MATLAB 中输入：

```
>>M=[1 1 1];A=[2 2 1];B=[2 1 2];
>>MA=A-M;
>>MB=B-M;
>>D_MA=norm(MA);                          %计算向量 MA 的模
>>D_MB=norm(MB);                          %计算向量 MB 的模
>>cos_AMB=dot(MA,MB)/(D_MA*D_MB)          %计算夹角余弦值
>>angle=acos(cos_AMB)/pi*180
```

输出结果为:cos_AMB=0.5000,angle=60.0000,即$\angle AMB=60°$.

例 3　已知三角形 ABC 的顶点分别是 $A(1,\ 2,\ 3)$，$B(3,\ 4,\ 5)$，$C(2,\ 4,\ 7)$，试求三角形 ABC 的面积.

分析　根据向量积的定义，可知三角形 ABC 的面积

$$S_{\triangle ABC}=\frac{1}{2}|\overrightarrow{AB}|\cdot|\overrightarrow{AC}|\sin\angle A=\frac{1}{2}|\overrightarrow{AB}\times\overrightarrow{AC}|.$$

解　在 MATLAB 中输入：

```
>>A=[1 2 3];B=[3 4 5];C=[2 4 7];
>>AB=B-A;
>>AC=C-A;
```

```
>>V=cross(AB,AC);          %计算向量AB,AC的向量积
>>S=1/2*norm(V)
```

输出结果为：S=3.7417，即 $S_{\triangle ABC}=3.7417$.

三、空间曲线和曲面作图

在实际工程应用中，最常用的三维绘图是三维曲线图、三维网格图和三维曲面图这三种基本类型．与此相对应，MATLAB 提供了三个三维基本绘图函数（绘制三维曲线图的函数 plot3、三维网格图的函数 mesh 和三维曲面图的函数 surf），下面分别介绍它们的具体使用方法：

1. 三维曲线的绘制

绘制三维曲线图的命令 plot3 与绘制二维曲线图的命令 plot 基本相同，均为 MATLAB 内部函数，它是绘制三维曲线的基本函数．其具体调用格式为：

(1) plot3(x, y, z, s)，其中 s 为定义线型的字符串，形式与 plot 函数相同，参数 x，y，z 为长度相同的向量．函数 plot3 将绘得一条分别以向量 x，y，z 为横、纵、竖坐标值的空间曲线.

(2) plot3(x1, y1, z1, s1, x2, y2, z2, s2, …)，在同一坐标系中，绘制多条空间曲线.

例 4 画出空间曲线 $x=2t$，$y=\sin t$，$z=\cos t$，$t\in[0, 10\pi]$ 的图形.

解 在 MATLAB 中输入：

```
>>t=0:0.01:10*pi;
>>x=2*t;
>>y=sin(t);
>>z=cos(t);
>>plot3(x,y,z)
```

输出结果如图 9-36 所示：

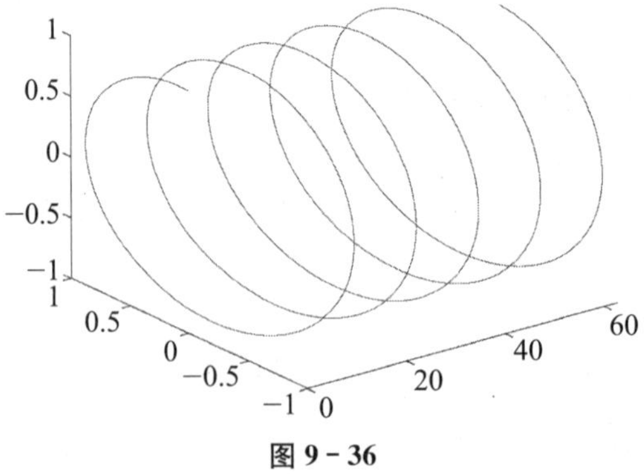

图 9-36

2. 三维曲面的绘制

MATLAB 软件中绘制三维曲面图一般用函数 surf(绘制三维曲面图) 或 mesh（绘制三维网格图)，绘制函数 $z=f(x, y)$所代表的三维空间曲面，需要做以下数据准备.

(1) 确定自变量 x，y 的取值范围和取值间隔：$x=a:\Delta x:b$，$y=c:\Delta y:d$；

(2) 构成 xy 平面上的自变量“格点”列阵：$[X, Y]=\text{meshgrid}(x, y)$；

(3) 计算在自变量采样“格点”上的函数值：$Z=f(X, Y)$.

做好上述数据准备后就可以调用函数 surf 或 mesh 绘制出三维图形，它们最常用的调用格式为：

surf(X,Y,Z),mesh(X,Y,Z)

例 5　画出函数 $f(x, y)=xe^{-x^2-y^2}$ 图形，其中 $x\in[-2.5, 2.5]$，$y\in[-2.5, 2.5]$.

解　在 MATLAB 中输入：

```
>>x=-2.5:0.1:2.5;                %在[-2.5，2.5]内产生 x 的离散点数据
>>y=-2.5:0.1:2.5;                %在[-2.5，2.5]内产生 y 的离散点数据
>>[X,Y]=meshgrid(x,y);           %将 x,y 离散点数据转化为格点阵列 X,Y
>>Z=X.*exp(-X.^2-Y.^2)           %计算出函数值 Z
>>mesh (X, Y, Z)                 %绘制出三维网格图
```

输出结果如图 9－37 所示.

若将上述最后一条命令换成 surf(X, Y, Z)，则绘制成三维曲面图形（如图 9－38 所示）.

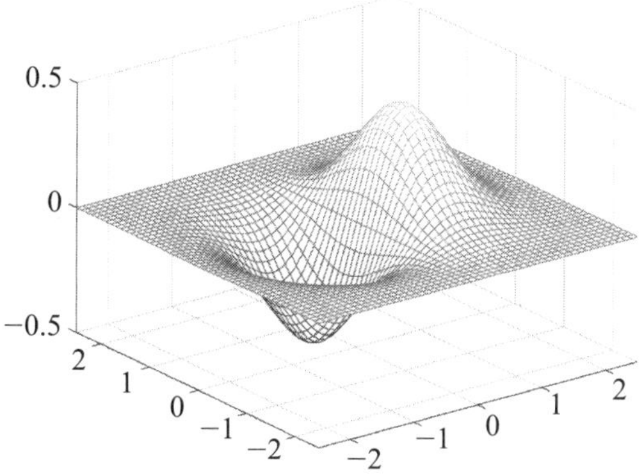

图 9－37

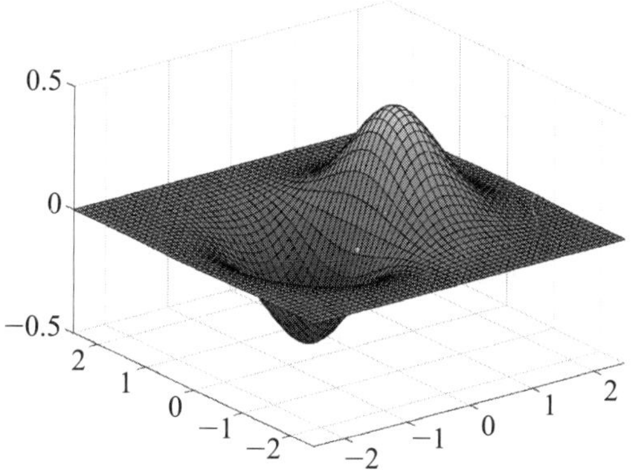

图 9－38

习题 9－5

1. 设 $\boldsymbol{a}=(3, -1, -2)$，$\boldsymbol{b}=(1, 2, -1)$，求：

(1) 向量 $\boldsymbol{a}$ 的模　　(2) $\boldsymbol{a}$，$\boldsymbol{b}$ 的夹角

(3) $(-2\boldsymbol{a})\cdot 3\boldsymbol{b}$　　(4) $\boldsymbol{a}\times\boldsymbol{b}$.

2. 求以 $\boldsymbol{a}=(1, -3, 1)$，$\boldsymbol{b}=(2, -1, 3)$为两邻边的平行四边形的面积.

3. 画出空间曲线 $x=\sin t$，$y=\cos t$，$z=\cos 2t$，$t\in[0, 2\pi]$ 的图形.

4. 画出空间曲线 $x=\sin t+t\cos t$，$y=\cos t+t\sin t$，$z=t$，$t\in[0, 10\pi]$ 的图形.

5. 绘制二元函数 $z=\frac{\sin\sqrt{x^2+y^2}}{\sqrt{x^2+y^2}}$ 在区域 $D=\{(x,\ y)\mid -8\leqslant x\leqslant 8,\ -8\leqslant y\leqslant 8\}$ 内的图形.

6. 绘制二元函数 $z=\sin x+\cos y$ 在区域 $D=\{(x,\ y)\mid 1\leqslant x\leqslant 10,\ 1\leqslant y\leqslant 20\}$ 内的图形.

拓展与思考（九）

问题 1：请利用生成式人工智能大模型，对本书模块九的课程内容进行概括性总结.

问题 2：结合你自己的知识以及其他可获取的线上和线下资料，运用批判性思维对问题 1 中生成式人工智能大模型生成的模块九课程内容总结进行深入分析和修正，以提供一个更加准确、全面的总结.

问题 3：空间的几何形态在我们的日常生活中无处不在，如艺术设计、环境科学、经济学和航空航天等领域．请利用生成式人工智能大模型，探讨空间解析几何在这些领域的应用，并给出具体的例子.

问题 4：曲线是空间几何中的基本几何形式之一，它在物理学、工程学和计算机图形学等领域中有着广泛的应用．曲线的曲率和挠率是描述曲线性质的重要特征指标，它们能够帮助我们理解曲线的形态和性质．请利用生成式人工智能大模型，详细解释曲率和挠率的定义；应用 MATLAB 探讨它们的计算方法，并分析这些特征指标在实际应用中的重要性.

问题 5：空间中 $M_1(x_1,\ y_1,\ z_1)$ 和 $M_2(x_2,\ y_2,\ z_2)$ 两点之间的直线距离可以通过欧几里得几何公式 $|M_1M_2|=\sqrt{(x_2-x_1)^2+(y_2-y_1)^2+(z_2-z_1)^2}$ 计算得到，那么对于曲面上两点之间的曲线距离，又如何计算呢？试用生成式人工智能大模型，探讨怎样定义和计算空间曲面上两点之间的曲线距离，给出一个具体问题的计算例子.

模块十
多元函数微分学

扫一扫

- 模块十 多元函数微分学
  - 项目一 多元函数的基本概念
    - 平面点集与n维空间
      - 平面点集
      - n维空间
    - 多元函数的概念
    - 多元函数的极限
    - 多元函数的连续性
  - 项目二 偏导数
    - 偏导数的定义及计算
      - 偏导数的定义
      - 二元函数偏导数的几何意义
      - 导数与连续的关系
    - 偏导数在经济学中的应用
    - 高阶偏导数
  - 项目三 全微分
    - 全微分的定义
    - 可微的必要条件
    - 可微的充分条件
    - 全微分在近似计算中的应用
      - 函数的近似值
      - 偏差估计
  - 项目四 多元复合函数的求导法则
    - 链式法则
    - 一阶微分形式不变性
  - 项目五 隐函数的求导公式
    - 一个方程的情形
    - 方程组的情形
  - 项目六 方向导数、梯度
    - 方向导数
    - 梯度
      - 梯度的定义
      - 梯度的几何意义
      - 梯度的运算法则
  - 项目七 多元微分学的几何应用
    - 空间曲线的切线与法平面
    - 曲面的切平面与法线
  - 项目八 最优化及其模型
    - 极值及其判别法
    - 无约束优化问题
    - 约束极值（条件极值）问题的拉格朗日乘数法
    - 约束优化模型
  - 项目九 数学实验（十）——计算多元函数微分
    - 偏导数的计算
    - 多元函数的极值与最值

二元函数和多元函数比一元函数更经常地出现在实际问题中，并且它们的微积分更丰富多彩．因为各变量间的交互作用，它们的导数更变化多端并且更加有趣．它们的积分有多种多样的应用．例如概率论、统计学、流体动力学以及电学等学科，都很自然地引导出多于一个变量的函数．有关这些函数的数学成就是最精美的科学成就之一．

正如我们在本模块中将要了解到的，当我们进入多维领域时，微积分的法则本质上保持原样．我们需要明白在同一时间里各个方向的变化，多变量微积分无非是同时在各个方向运用单变量微积分．

本模块将在一元函数微分学的基础上，讨论多元函数微分法及其应用．讨论以二元函数为主，这是由于一元函数中已学过的概念、理论、方法推广到二元函数时，会产生一些新的问题．而从二元函数推广到三元以上的函数，则可以作相应类推．

项目一　多元函数的基本概念

一、平面点集与 n 维空间

研究一元函数要用到直线上的邻域和区间的概念．在讨论多元函数时，我们需要把这些概念推广到高维空间中去．

1. 平面点集

由二元有序数组 (x, y) 的全体所组成的集合，记作

$$\mathbf{R}^2=\{(x, y) \mid x, y\in\mathbf{R}\}.$$

$\mathbf{R}^2$ 中的任一元素 (x, y) 可看成是直角坐标平面上的一个点，其坐标为 (x, y)．直角坐标平面上所有点构成整个坐标平面 $\mathbf{R}^2$．我们把平面上满足某个条件 P 的一切点构成的集合称为平面点集，记作

$$E=\{(x, y) \mid (x, y) \text{ 具有性质 } P\}.$$

现在，我们引入二维空间 $\mathbf{R}^2$ 中邻域的概念．

设 $P_0(x_0, y_0)$ 是 xOy 平面上的一个点，δ 为某个正数．与点 $P_0(x_0, y_0)$ 距离小于 δ 的点 $P(x, y)$ 的全体，称为点 P_0 的 δ 邻域，记作 $u(P_0, \delta)$ 或 $u(P_0)$，即

$$u(P_0, \delta)=\{P\in\mathbf{R}^2 \mid |P_0P|<\delta\}=\{(x, y) \mid \sqrt{(x-x_0)^2+(y-y_0)^2}<\delta\}$$

若在 $u(P_0)$ 中去掉 P_0 点，则称为定点 P_0 的去心邻域，记作 $\overset{o}{U}(P_0, \delta)$ 或 $\overset{o}{U}(P_0)$，即

$$\overset{o}{U}(P_0, \delta)=\{P\in\mathbf{R}^2 \mid 0<|P_0P|<\delta\}.$$

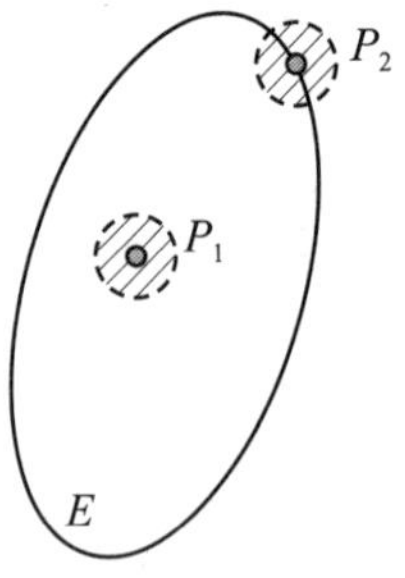

图 10－1

设 E 是平面点集，P 是平面上一个点．如果存在点 P 的某个邻域 $u(P)$，使得该邻域 $U(P)\subset E$，则称 P 为 E 的内点（如图 10－1，P_1 为 E 的内点）．E 的内点本身均属于 E．

如果点 P 的任一邻域内既有属于 E 的点，也有不属于 E 的点，则称 P 为 E 的边界点（图 10－1 中的 P_2 为 E 的边界点）．E 的边界

点的全体所组成的集合，称为 E 的边界．记作 ∂E. 作为 E 的边界点，该点既可以属于 E，也可以不属于 E.

例如，设 $E=\{(x,y)\mid 1<x^2+y^2\leqslant 2\}$ 是平面点集．满足 $1<x^2+y^2<2$ 的点 (x,y) 是 E 的内点；满足 $x^2+y^2=1$ 的点 (x,y) 是 E 的边界点，但它们不属于 E；而满足 $x^2+y^2=2$ 的点 (x,y) 也是 E 的边界点，它们也都是 E 的内点.

如果点集 E 中的点都是由其内点组成，则称 E 为开集．如集合 $\{(x,y)\mid 1<x^2+y^2<2\}$ 为一开集．如果集合 E 中的任意两点 P_1，P_2，都可用折线连接起来，且该折线上的点都属于 E，则称集合 E 为连通集.

如果集合 E 是一个连通的开集，则称开集 E 为开区域或区域．例如圆环 $\{(x,y)\mid 1<x^2+y^2<9\}$ 是一个开区域．开区域连同它的边界一起组成的集合，称为闭区域.

如果区域 E 可以包含在以原点为中心的某个圆内，则称该区域 E 为有界区域．否则，就称该区域 E 为无界区域．例如，$\{(x,y)\mid x^2+y^2\leqslant 1\}$ 是有界区域，而 $\{(x,y)\mid x^2+y^2>1\}$ 是无界区域.

2. n 维空间

记 $\mathbf{R}$ 为实数全体，n 元有序实数组 $(x_1,x_2,\cdots,x_n)$ 的全体所组成的集合，记作 $\mathbf{R}^n$，即

$$\mathbf{R}^n=\mathbf{R}\times\mathbf{R}\times\cdots\times\mathbf{R}=\{(x_1,x_2,\cdots,x_n)\mid x_i\in\mathbf{R},\ i=1,2,\cdots,n\}.$$

$\mathbf{R}^n$ 中的元素 $(x_1,x_2,\cdots,x_n)$ 常用字母 x 表示，即 $x=(x_1,x_2,\cdots,x_n)$. $\mathbf{R}^n$ 中的元素 $x=(x_1,x_2,\cdots,x_n)$ 也称为 $\mathbf{R}^n$ 中的一个点或一个 n 维向量，x_i 称为该点的第 i 个坐标．当所有的 $x_i(i=1,2,3,\cdots,n)$ 都为零时，称该元素为 $\mathbf{R}^n$ 中的零元素 0. 特别地，$\mathbf{R}^n$ 中的零元素 0 称为 $\mathbf{R}^n$ 中的坐标原点或 n 维零向量．对集合 $\mathbf{R}^n$ 中的元素定义如下的线性运算：

设 $x=(x_1,x_2,\cdots,x_n)$，$y=(y_1,y_2,\cdots,y_n)$ 为 $\mathbf{R}^n$ 中任意两个元素，$\lambda\in\mathbf{R}$，则

(1) 加法运算：$x+y=(x_1+y_1,x_2+y_2,\cdots,x_n+y_n)$.

(2) 数乘运算：$\lambda x=(\lambda x_1,\lambda x_2,\cdots,\lambda x_n)$.

这样，赋予了线性运算的集合 $\mathbf{R}^n$ 称为 n 维空间.

$\mathbf{R}^n$ 中两点 $P(x_1,x_2,\cdots,x_n)$ 和 $Q(y_1,y_2,\cdots,y_n)$ 的距离记作 $|PQ|$，且

$$|PQ|=\sqrt{(x_1-y_1)^2+(x_2-y_2)^2+\cdots+(x_n-y_n)^2}$$

在 n 维空间 $\mathbf{R}^n$ 中定义了距离以后，就可以定义点 P_0 的 δ (>0) 邻域

$$u(P_0,\delta)=\{P\in\mathbf{R}^n \mid |PP_0|<\delta\}.$$

从邻域概念出发可以把前面讨论过的有关平面点集的内点、边界点以及区域等概念推广到 n 维空间.

二、多元函数的概念

多元函数是一个因变量由几个自变量确定的依赖关系．现举例如下：

例 1　圆锥体的体积 V 和它的高 h 及底面半径 r 之间有关系 $V=\frac{1}{3}\pi r^2h$. 当 r 和 h 在集合 $\{(r,h)\mid r>0,\ h>0\}$ 内取定一组数 (r,h) 时，通过关系式 $V=\frac{1}{3}\pi r^2h$，V 的值就

随之唯一确定.

例 2 设某种产品每件的销售价格为 x，生产成本为 y，总销售量为 z，则该产品的总利润为

$$u=(x-y)z$$

当 x，y，z 在某个范围中给定以后，由上式就可以唯一地确定 u.

上面两个例子虽然来自不同的实际问题，但都说明，在一定条件下，变量之间存在着一种依赖关系，这种关系给出了一个因变量与几个自变量之间的对应法则，依照这个法则，当自变量在允许的范围内取定一组数时，因变量有唯一确定的值与之对应．由这些共性便得到多元函数的定义.

定义 10.1.1 设 D 是 $\mathbf{R}^n$ 中的非空点集，称映射 f：$D\to R$ 为定义在 D 上的 n 元函数，即对于 D 上每一点 $P(x_1, x_2, \cdots, x_n)$，都按确定的关系 f，唯一地对应于一个实数 u，记为 $u=f(P)$ 或 $u=f(x_1, x_2, \cdots, x_n)$. D 称为函数的定义域 D_f，P 称为函数的自变量，有时也将 P 的分量均称为自变量.

通常把集合 $R_f=\{u|u=f(P), P\in D\}$ 称为函数的值域．把集合 $\Gamma=\{(x_1, \cdots, x_n, u)|u=f(x_1, x_2, \cdots, x_n), (x_1, x_2, \cdots, x_n)\in D\}$ 称为函数图像.

多元函数定义域的求法与一元函数类似，若函数的自变量具有某种实际意义，则根据它的实际意义来决定其取值范围．在讨论解析式表示的多元函数时，其定义域 D 是指使得该解析式有意义的一切点的集合.

例 3 求函数 $z=\ln(x+y-1)$ 的定义域.

解 定义域为 $D=\{(x, y)|x+y>1\}$.
这是一个无界开区域，如图 10－2 所示.

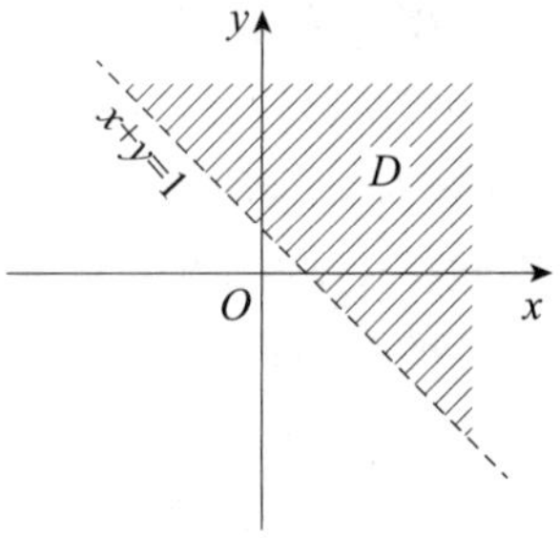

图 10－2

例 4 求函数 $z=\arcsin\frac{x}{5}+\arcsin\frac{y}{4}$ 的定义域.

解 由正弦函数的反函数的定义，可知

$$\begin{cases}-1\leqslant\frac{x}{5}\leqslant1\\-1\leqslant\frac{y}{4}\leqslant1\end{cases}，即\begin{cases}-5\leqslant x\leqslant5\\-4\leqslant y\leqslant4\end{cases}.$$

于是，定义域为 $D=\{(x, y)|-5\leqslant x\leqslant5, -4\leqslant y\leqslant4\}$，这是一个有界闭区域.

二元函数的几何意义 二元函数 $z=f(x, y)$ 的图像 $G=\{(x, y, z)|z=f(x, y), (x, y)\in D\}$ 为对应于空间中的一张曲面，而定义域 D 恰好就是这个曲面在 xOy 平面上的投影．例如，函数 $z=c\sqrt{1-\frac{x^2}{a^2}-\frac{y^2}{b^2}}$（$a$，$b$，$c$ 均为正数）的图形表示以原点为中心的三条半轴都在坐标轴上的上半椭球面，如图 10－3 所示.

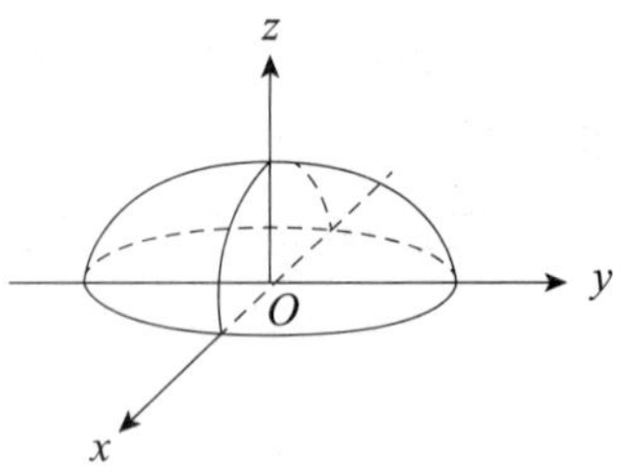

图 10－3

曲面 $z=f(x, y)$ 被平面 $z=C$（C 是常数）截得的曲线 L 满足

$$\begin{cases}z=f(x, y)\\z=C\end{cases}$$

该曲线称为等高线．而 L 在平面 xOy 上的投影称为函数 $z=f(x,\ y)$ 的等位线.

三、多元函数的极限

先讨论二元函数的极限，多元函数的极限类似于二元函数的极限.

定义 10.1.2　设二元函数 $f(x,\ y)$ 定义在（开或闭）区域 D 上，$P_0(x_0,\ y_0)$ 是 D 的内点或边界点．若存在常数 A，当点 $P(x,\ y)$ 以任意方式趋于 $P_0(x_0,\ y_0)$ 时，相应的函数值 $f(x,\ y)$ 趋近于 A，则称函数 $f(x,\ y)$ 在 $P\to P_0$［或 $(x,\ y)\to(x_0,\ y_0)$］时的极限为 A，记作

$$\lim_{(x,y)\to(x_0,y_0)} f(x,\ y)=A \text{ 或 } f(x,\ y)\to A,\ [(x,\ y)\to(x_0,\ y_0)].$$

为了区别于一元函数的极限，我们把二元函数的极限叫作二重极限.

下面用“$\varepsilon-\delta$”语言描述：

定义 10.1.2′　设二元函数 $f(x,\ y)$ 定义在区域 D 上，P_0 是 D 的内点或边界点，若存在一个常数 A，使对于任意给定的 $\varepsilon>0$，总存在 $\delta>0$，使当 $0<\sqrt{(x-x_0)^2+(y-y_0)^2}<\delta$ 时，总有

$$|f(x,\ y)-A|<\varepsilon$$

则称当 $P\to P_0$[或 $(x,\ y)\to(x_0,\ y_0)$]时，$f(x,\ y)$ 的极限为 A.

例 5　证明 $\lim\limits_{(x,y)\to(0,0)} \sin\sqrt{x^2+y^2}=0$.

证　由于

$$|f(x,\ y)-A|=|\sin\sqrt{x^2+y^2}|\leqslant\sqrt{x^2+y^2}$$

对于任意给定的 $\varepsilon>0$，取 $\delta=\varepsilon$，则当 $0<\sqrt{(x-0)^2+(y-0)^2}<\delta$ 时

$$\left|\sin\sqrt{x^2+y^2}-0\right|<\varepsilon$$

成立，所以

$$\lim_{(x,y)\to(0,0)} \sin\sqrt{x^2+y^2}=0.$$

需要强调的是，二元函数的极限存在是指动点 P 以任何方式趋于 P_0 时，相应的函数值都要趋于 A. 因此，如果点 P 沿不同的方向或路线趋近于 P_0 时，得到的极限值不同，那么二元函数的极限也就不存在.

例 6　证明函数 $f(x,\ y)=\begin{cases}\dfrac{2xy}{x^2+y^2}, & (x,\ y)\neq(0,\ 0)\\ 0, & (x,\ y)=(0,\ 0)\end{cases}$ 在点 $(0,\ 0)$ 处极限不存在（如图 10－4）.

证　因为当点 P 沿着射线 $y=kx(k\neq0)$ 趋于原点 $(0,\ 0)$ 时

$$\lim_{\substack{x\to0\\ y=kx}}\frac{2xy}{x^2+y^2}=\lim_{x\to0}\frac{2kx^2}{x^2+k^2x^2}=\frac{2k}{1+k^2}$$

这个极限随 k 而变，所以极限 $\lim\limits_{(x,y)\to(0,0)} f(x,\ y)$ 不存在.

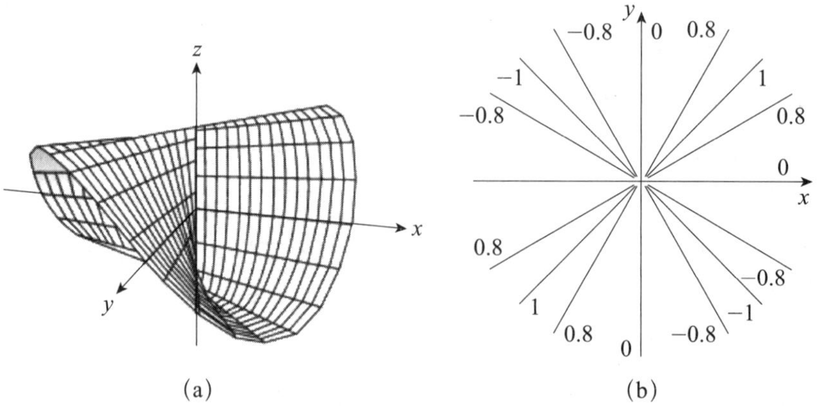

图 10-4

四、多元函数的连续性

上面已经介绍了函数极限的概念，现在就不难定义二元函数的连续性了.

定义 10.1.3 设二元函数 $f(x, y)$定义在（开或闭）区域 D 上，点 $P_0(x_0, y_0)$是 D 的内点或边界点，且 $P_0 \in D$. 如果 $\lim\limits_{(x,y)\to(x_0,y_0)} f(x, y)=f(x_0, y_0)$，则称函数$f(x, y)$在 $P_0(x_0, y_0)$点连续，点 P_0 称为 $f(x, y)$的连续点 . 如果函数 $f(x, y)$在点 $P_0(x_0, y_0)$不连续，则称 $P_0(x_0, y_0)$为函数 $f(x, y)$的间断点（不连续点）.

例如，前面讨论过的函数

$$f(x, y)=\begin{cases} \dfrac{2xy}{x^2+y^2}, & (x, y) \neq (0, 0), \\ 0, & (x, y)=(0, 0). \end{cases}$$

由于$\lim\limits_{\substack{x\to 0\\ y\to 0}} f(x, y)$不存在，所以 $f(x, y)$在原点（0，0）不连续.

又如在圆周 $x^2+y^2=1$ 上，函数 $z=\dfrac{1}{\sqrt{x^2+y^2-1}}$没有定义，所以函数 z 在圆周$x^2+y^2=1$ 的每一点上都是间断的.

由此可见，二元函数的间断情况比一元函数更复杂，它不但可以有间断点，还可以有间断曲线.

定义 10.1.4 如果函数 $f(x, y)$在区域 D 上每一点处都连续，则称函数 $f(x, y)$在区域 D 上连续.

以上关于二元函数的连续性概念，可以相应地推广到 n 元函数.

例 7 证明二元函数 $f(x, y)=\sin\sqrt{x^2+y^2}$ 在 $\mathbf{R}^2$ 上连续.

证 任取 $P_0(x_0, y_0)\in \mathbf{R}^2$，由于

$$\begin{aligned} |f(x, y)-f(x_0, y_0)| &= \left|\sin\sqrt{x^2+y^2}-\sin\sqrt{x_0^2+y_0^2}\right| \\ &= 2\left|\cos\frac{\sqrt{x^2+y^2}+\sqrt{x_0^2+y_0^2}}{2}\right| \cdot \\ &\quad \left|\sin\frac{\sqrt{x^2+y^2}-\sqrt{x_0^2+y_0^2}}{2}\right| \end{aligned}$$

$$\leqslant\left|\sqrt{x^2+y^2}-\sqrt{x_0^2+y_0^2}\right|$$
$$\leqslant\sqrt{(x-x_0)^2+(y-y_0)^2}$$

于是，对于任意给定的 $\varepsilon>0$，只要取 $\delta=\varepsilon$，则当 $\sqrt{(x-x_0)^2+(y-y_0)^2}<\delta$ 时

$$|f(x,y)-f(x_0,y_0)|<\varepsilon$$

成立，则有

$$\lim_{\substack{x\to x_0\\y\to y_0}}\sin\sqrt{x^2+y^2}=\sin\sqrt{x_0^2+y_0^2}.$$

从而二元函数 $f(x,y)$ 在点 $P_0(x_0,y_0)$ 连续．由 P_0 取点的任意性可知，$f(x,y)=\sin\sqrt{x^2+y^2}$ 在 $\mathbf{R}^2$ 上连续.

一元连续函数和、差、积、商及复合函数的性质同样可以推广到多元连续函数，从而一切多元初等函数在它们的定义域（即定义域内的区域）中都是连续的.

例 8　计算极限 $\lim\limits_{\substack{x\to1\\y\to0}}\dfrac{\ln(x+e^y)}{\sqrt{x^2+y^2}}$.

解　函数 $f(x,y)=\dfrac{\ln(x+e^y)}{\sqrt{x^2+y^2}}$ 是初等函数，它的定义域为

$$D=\{(x,y)\mid x\neq0\text{或 }y\neq0,\ x+e^y>0\}$$

所以 $P_0(1,0)$ 为 D 的内点，$U(P_0)$ 是 $f(x,y)$ 的一个定义域．故

$$\lim_{\substack{x\to1\\y\to0}}\frac{\ln(x+e^y)}{\sqrt{x^2+y^2}}=f(1,0)=\ln2.$$

例 9　计算极限 $\lim\limits_{\substack{x\to0\\y\to a}}\dfrac{\sin xy}{x}$.

解　$\lim\limits_{\substack{x\to0\\y\to a}}\dfrac{\sin xy}{x}=\lim\limits_{\substack{x\to0\\y\to a}}\dfrac{\sin xy}{xy}\cdot y=\lim\limits_{\substack{x\to0\\y\to a}}\dfrac{\sin xy}{xy}\lim\limits_{y\to a}y=a.$

多元连续函数也有与闭区间上一元连续函数相类似的性质，这里我们不加证明地把它推广到定义在有界闭区域上的多元连续函数.

性质 1　（最大值和最小值定理）若多元连续函数在有界闭区域 D 上连续，则它在 D 上必定有界，且能取得最大值与最小值.

换言之，若函数 $f(P)$ 在有界闭区域 D 上连续，则必定存在常数 $M>0$，使得对于一切 $P\in D$，有 $|f(P)|\leqslant M$. 且有 P_1，$P_2\in D$，使得 $f(P_1)=\min\{f(P)\mid P\in D\}=\min\limits_{P\in D}f(P)$，$f(P_2)=\max\{f(P)\mid P\in D\}=\max\limits_{P\in D}f(P)$.

性质 2　（介值定理）在有界闭区域 D 上的多元连续函数必取得介于最大值与最小值之间的任何值.

习题 10-1

1. 指出下列各区域是哪类区域.

(1) $\{(x, y) \mid \frac{1}{4} \leqslant x^2+y^2 \leqslant 1\}$　　(2) $\{(x, y) \mid x+y>0\}$

(3) $\{(x, y) \mid y-x>0, x \geqslant 0, x^2+y^2<1\}$

2. 已知函数 $f(u, v)=u^v$，试求 $f(xy, x+y)$.

3. 已知函数 $f(x-y, \frac{y}{x})=x^2-y^2$，试求 $f(x, y)$.

4. 求下列各函数的定义域.

(1) $z=\ln(y^2-2x+1)$　　(2) $z=\frac{1}{\sqrt{x+y}}+\frac{1}{\sqrt{x-y}}$

(3) $z=\frac{\sqrt{4x-y^2}}{\ln(1-x^2-y^2)}$　　(4) $u=\frac{1}{\sqrt{x}}+\frac{1}{\sqrt{y}}+\frac{1}{\sqrt{z}}$

(5) $z=\sqrt{x-\sqrt{y}}$　　(6) $z=\sqrt{4-x^2}+\sqrt{y^2-4}$

5. 求下列各极限.

(1) $\lim\limits_{(x,y)\to(1,0)} \frac{\ln(x+e^y)}{\sqrt{x^2+y^2}}$　　(2) $\lim\limits_{(x,y)\to(1,0)} \frac{\sin xy}{x}$

(3) $\lim\limits_{(x,y)\to(0,0)} \frac{1-\cos(x^2+y^2)}{(x^2+y^2)x^2y^2}$　　(4) $\lim\limits_{(x,y)\to(0,0)} \frac{2-\sqrt{xy+4}}{xy}$

(5) $\lim\limits_{(x,y)\to(0,0)} (1+xy)^{\frac{1}{x+y}}$　　(6) $\lim\limits_{(x,y)\to(+\infty,+\infty)} \left(\frac{xy}{x^2+y^2}\right)^{x^2}$

(7) $\lim\limits_{(x,y)\to(+\infty,+\infty)} (x^2+y^2)e^{-x-y}$　　(8) $\lim\limits_{(x,y)\to(\infty,a)} \left(1+\frac{1}{x}\right)^{\frac{x^2}{x+y}}$

6. 讨论下列各函数的连续性.

(1) $z=\frac{1}{\sqrt{x^2+y^2}}$　　(2) $z=\frac{xy}{x+y}$

(3) $f(x, y)=\begin{cases} \frac{xy^2}{x^2+y^4}, & (x, y)\neq(0, 0) \\ 0, & (x, y)=(0, 0) \end{cases}$

(4) $z=\frac{x^2+y^2}{x^2-y^2}$

7. 判别二元函数 $z=\ln(x^2-y^2)$ 与 $z=\ln(x+y)+\ln(x-y)$ 是否为同一函数，并说明理由.

项目二　偏导数

一、偏导数的定义及计算

在一元函数中从研究函数的变化率着手引入了导数的概念，对于多元函数也常常需要研究它的变化率．由于多元函数的自变量不止一个，变化率也就会出现各种不同的情况．就二元函数 $z=f(x,y)$而言，当点（x，y）由点（x_0，y_0）沿各个不同的方向变动时一般有不同的变化率．我们先讨论当（x，y）沿着平行于 x 轴或 y 轴方向变动时函数的变化率，即一个自变量变化，而另一个自变量固定．此时，它们是一元函数的变化率. 本项目将指出偏导数如何产生以及怎样利用一元函数的求导法则来计算偏导数.

1. 偏导数的定义

定义 10.2.1　设点（x_0，y_0）是函数 $z=f(x,y)$定义域中的一个内点，当自变量 y 固定于 y_0 时，如果给 x 在 x_0 处以增量 Δx，于是，函数相应地也有一偏增量

$$\Delta z_x=f(x_0+\Delta x,y_0)-f(x_0,y_0)$$

若极限

$$\lim_{\Delta x\to 0}\frac{\Delta z_x}{\Delta x}=\lim_{\Delta x\to 0}\frac{f(x_0+\Delta x,y_0)-f(x_0,y_0)}{\Delta x}$$

存在，则称此极限值为函数 $z=f(x,y)$在（x_0，y_0）处对 x 的偏导数，记作$\left.\frac{\partial z}{\partial x}\right|_{\substack{x=x_0\\y=y_0}}$，$\left.\frac{\partial f}{\partial x}\right|_{\substack{x=x_0\\y=y_0}}$，$\left.z_x\right|_{\substack{x=x_0\\y=y_0}}$或 $f_x(x_0,y_0)$.

类似地，当自变量 x 固定于 x_0 时，如果给 y 在 y_0 处以增量 Δy，于是，函数相应地也有一偏增量

$$\Delta z_y=f(x_0,y_0+\Delta y)-f(x_0,y_0)$$

若极限

$$\lim_{\Delta y\to 0}\frac{\Delta z_y}{\Delta y}=\lim_{\Delta y\to 0}\frac{f(x_0,y_0+\Delta y)-f(x_0,y_0)}{\Delta y}$$

存在，则称此极限值为函数 $z=f(x,y)$在（x_0，y_0）处对 y 的偏导数，记作$\left.\frac{\partial z}{\partial y}\right|_{\substack{x=x_0\\y=y_0}}$，$\left.\frac{\partial f}{\partial y}\right|_{\substack{x=x_0\\y=y_0}}$，$\left.z_y\right|_{\substack{x=x_0\\y=y_0}}$或 $f_y(x_0,y_0)$.

如果函数 $z=f(x,y)$在区域 D 内每一点（x，y）处对 x 的偏导数都存在，那么这个偏导数就是 x，y 的函数，就称为函数 $z=f(x,y)$对自变量 x 的偏导（函）数，记作$\frac{\partial z}{\partial x}$，$\frac{\partial f}{\partial x}$，$z_x$ 或 $f_x(x,y)$.

类似地，可以定义函数 $z=f(x,y)$对自变量 y 的偏导（函）数，记作$\frac{\partial z}{\partial y}$，$\frac{\partial f}{\partial y}$，$z_y$ 或 $f_y(x,y)$.

由偏导数定义可知

$$f_x(x_0,y_0)=\left.\frac{\partial f(x,y)}{\partial x}\right|_{(x_0,y_0)}=\left.\frac{\mathrm{d}f(x,y_0)}{\mathrm{d}x}\right|_{x=x_0}$$

$$f_y(x_0,y_0)=\left.\frac{\partial f(x,y)}{\partial y}\right|_{(x_0,y_0)}=\left.\frac{\mathrm{d}f(x_0,y)}{\mathrm{d}y}\right|_{y=y_0}$$

偏导数概念可推广到二元以上的函数．例如，如果极限$\lim\limits_{\Delta x\to 0}\frac{f(x+\Delta x,y,z)-f(x,y,z)}{\Delta x}$存在，三元函数 $u=f(x,y,z)$在点（x，y，z）处对 x 的偏导数定义为

$$f_x(x, y, z)=\lim_{\Delta x\to 0}\frac{f(x+\Delta x, y, z)-f(x, y, z)}{\Delta x}$$

由偏导数的定义可知，求多元函数对一个自变量的偏导数时，并不需要用新的方法，只需将其他自变量看成常数，用一元函数求导法即可求得．如求二元函数 $z=f(x, y)$ 对 x 的偏导数 $\frac{\partial z}{\partial x}$ 时，只需将 y 视为常数，对变量 x 求导；同理在求 $\frac{\partial z}{\partial y}$ 时，只需将 x 视为常数，对变量 y 求导.

例 1 设 $f(x, y)=x^2y^3$，求 $f_x(x, y)$，$f_y(x, y)$，$f_x(1, 1)$，$f_y(2, 2)$.

解 将 y 固定不变，对 x 求导，得到

$$f_x(x, y)=2xy^3$$

将 x 固定不变，对 y 求导，得到

$$f_y(x, y)=3x^2y^2$$

于是 $f_x(1, 1)=2\times 1\times 1=2$，$f_y(2, 2)=3\times 2^2\times 2^2=48$.

为了求 $f_x(1, 1)$ 与 $f_y(2, 2)$，也可由

$f_x(x, 1)=2x$，得到 $f_x(1, 1)=2\times 1=2$

$f_y(2, y)=12y^2$，得到 $f_y(2, 2)=12\times 4=48$.

例 2 设 $f(x, y)=(x^2-y^2)\ln(x+y)+\arctan\frac{y}{x}e^{x^2+y^2}$，求 $f_x(1, 0)$.

解 $f_x(1, 0)=\frac{\mathrm{d}}{\mathrm{d}x}f(x, 0)\Big|_{x=1}=\frac{\mathrm{d}}{\mathrm{d}x}(x^2\ln x)\Big|_{x=1}=(2x\ln x+x)\big|_{x=1}=1$

若用 $f_x(1, 0)=\frac{\partial}{\partial x}f(x, y)\Big|_{(1,0)}$，也可求 $f_x(1, 0)$，但计算相对而言比较麻烦.

例 3 求 $u=e^{x+y^2+z^3}$ 的偏导数.

解 $\frac{\partial u}{\partial x}=e^{x+y^2+z^3}\cdot 1=e^{x+y^2+z^3}$

$\frac{\partial u}{\partial y}=e^{x+y^2+z^3}\cdot 2y=2ye^{x+y^2+z^3}$

$\frac{\partial u}{\partial z}=e^{x+y^2+z^3}\cdot 3z^2=3z^2e^{x+y^2+z^3}$.

例 4 设 $z=x^y(x>0, x\neq 1)$，证明它满足方程 $\frac{x}{y}\cdot\frac{\partial z}{\partial x}+\frac{1}{\ln x}\cdot\frac{\partial z}{\partial y}=2z$.

证 由于 $\frac{\partial z}{\partial x}=yx^{y-1}$，$\frac{\partial z}{\partial y}=x^y\ln x$，所以

$$\frac{x}{y}\cdot\frac{\partial z}{\partial x}+\frac{1}{\ln x}\cdot\frac{\partial z}{\partial y}=\frac{x}{y}\cdot yx^{y-1}+\frac{1}{\ln x}\cdot x^y\cdot\ln x=2x^y=2z.$$

需要注意的是：偏导数的记号 $\frac{\partial z}{\partial x}$ 或 $\frac{\partial z}{\partial y}$ 是一个整体记号，不能看作分子与分母之商．这与一元函数的导数 $\frac{\mathrm{d}y}{\mathrm{d}x}$ 可看成函数的微分 $\mathrm{d}y$ 与自变量的微分 $\mathrm{d}x$ 之商是不同的.

2. 二元函数偏导数的几何意义

在空间直角坐标系中，二元函数 $z=f(x, y)$ 的图形是一个空间曲面 Σ. 按定义，函数 $f(x, y)$ 在 (x_0, y_0) 处的关于 x 的偏导数 $f_x(x_0, y_0)$ 是固定 $y=y_0$，然后求一元函数 $f(x,$

y_0)在 x_0 处的导数 $\left.\frac{\mathrm{d}f(x, y_0)}{\mathrm{d}x}\right|_{x=x_0}$. 在几何上，$z=f(x, y_0)$表示曲面$\Sigma$和平面 $y=y_0$ 的交线 C_1（如图10－5所示），则 $f_x(x_0, y_0)$就是曲线 C_1 在点 $P_0(x_0, y_0, f(x_0, y_0))$处的切线 P_0T_x 对 x 轴的斜率（即 $\tan\alpha$).

同样，如图 10－5 所示，偏导数 $f_y(x_0, y_0)$是曲面Σ与平面 $x=x_0$ 的交线 C_2 在点（x_0, y_0, $f(x_0, y_0)$)的切线 P_0T_y 对 y 轴的斜率（即 $\tan\beta$).

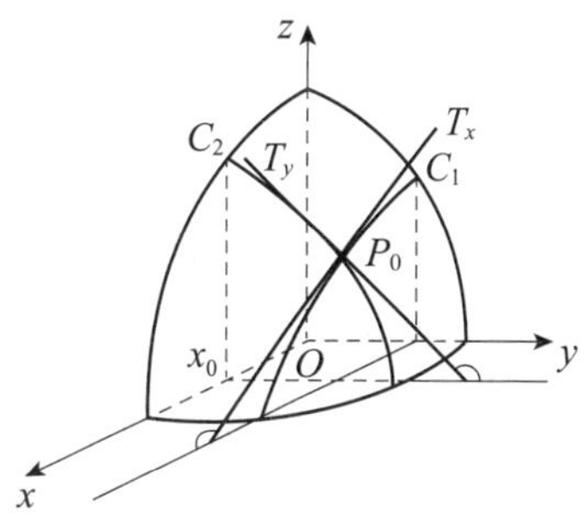

图 10－5

3. 导数与连续的关系

例 5　考察函数

$$f(x, y)=\begin{cases}\frac{2xy}{x^2+y^2}, & x^2+y^2\neq 0\\ 0, & x^2+y^2=0\end{cases}$$

在原点（0，0)处的偏导数.

解　按偏导数的定义，在原点（0，0)处函数 $f(x, y)$对 x 的偏导数为

$$f_x(0, 0)=\lim_{\Delta x\to 0}\frac{f(0+\Delta x, 0)-f(0, 0)}{\Delta x}=\lim_{\Delta x\to 0}\frac{\frac{2(\Delta x)\cdot 0}{(\Delta x)^2+0^2}-0}{\Delta x}=\lim_{\Delta x\to 0}0=0$$

同理，有 $f_y(0, 0)=0$. 由此可见，函数在点（0，0)处的两个偏导数存在．而在项目一的例 6 的讨论中，该函数在点（0，0)处是不连续的．这与一元函数“可导必连续”的结论不同．这是因为各偏导数存在，只能保证当点（x, y)沿着平行坐标轴的方向趋于点（x_0, y_0)时，函数值 $f(x, y)$趋于 $f(x_0, y_0)$，但不能保证当（x, y)以任意方式趋于点（x_0, y_0)时，函数值 $f(x, y)$趋于 $f(x_0, y_0)$.

反过来，容易找到函数在 $P_0(x_0, y_0)$点连续，而在该点的偏导数不存在的例子．例如，二元函数 $f(x, y)=\sqrt{x^2+y^2}$ 在点（0，0)处是连续的，但在（0，0)点的偏导数不存在.

事实上，$f(x, y)=\sqrt{x^2+y^2}$ 是初等函数，(0，0)点是定义区域内的一点，故 $f(x, y)$在点（0，0)处是连续的.

讨论该函数在（0，0)点处偏导数是否存在时，首先固定 $y=0$，此时 $f(x, 0)=\sqrt{x^2+0}=|x|$，而函数$|x|$在$x=0$ 处是不可导的，即 $f(x, y)$在点（0，0)处对 x 的偏导数不存在．同样可证 $f(x, y)$在点（0，0)处对 y 的偏导数也不存在.

以上两例说明，函数在一点处偏导数存在与函数在该点处是否连续并无直接联系.

二、偏导数在经济学中的应用

现在介绍偏导数在经济问题中的应用．所谓生产函数就是投入的劳力 L 和资金 K 与企业的产量Q 之间的依存关系

$$Q=f(K, L)$$

则$\frac{\partial Q}{\partial L}$称为劳动力的边际产量，$\frac{\partial Q}{\partial K}$称为资金的边际产量.

当劳动力 L 由 0 增至 L_1 时，产量 Q 增加，边际产量$\frac{\partial Q}{\partial L}$也增加；劳动力由 L_1 增至 L_2 时，产量 Q 虽然增加，边际产量却在下降；当劳动力 L 超过 L_2 时，即超过一定限度后，再增加劳动力不仅不会增加产量，反而会使产量降低，使边际产量$\frac{\partial Q}{\partial L}$出现负值．可见不是投入劳动力越多，产量越高，要合理配置，才能提高效益.

对应同一产量 C 的生产要素 K，L 的组合形成的曲线

$$f(K, L)=C \text{（}C\text{ 为常数）}$$

称为等量生产曲线．在等量生产曲线上不同的点代表了不同数量的劳动力 L 与资金 K 的组合，它们的产出量是相同的．当企业减少资金投入时，就要增加劳动力才能维持原来的生产水平；同样，若企业减少劳动力，就要增加资金才能达到原来的生产水平.

在一元函数中，我们已经讨论了需求对价格的弹性．在多元函数中，我们将引入偏弹性的概念.

设某货物的需求量 Q 是其价格 P 及消费者收入 Y 的函数，$Q=Q(P,Y)$，当消费者收入 Y 保持不变，价格 P 改变 ΔP 时，需求量 Q 对于价格 P 的偏改变量为

$$\Delta Q_P=Q(P+\Delta P,Y)-Q(P,Y)$$

而比值$\frac{\Delta Q_P}{\Delta P}=\frac{Q(P+\Delta P,Y)-Q(P,Y)}{\Delta P}$是当价格 P 变到 $P+\Delta P$ 时需求量 Q 的平均变化率．此外

$$\frac{\partial Q}{\partial P}=\lim_{\Delta P\to 0}\frac{\Delta Q_P}{\Delta P}$$

是当价格为 P、消费者收入为 Y 时，需求量 Q 对于价格 P 的变化率．称

$$E_P=-\lim_{\Delta P\to 0}\frac{\frac{\Delta Q_P}{Q}}{\frac{\Delta P}{P}}=-\frac{\partial Q}{\partial P}\cdot\frac{P}{Q}$$

为需求对价格的偏弹性.

类似地，$\Delta Q_Y=Q(P,Y+\Delta Y)-Q(P,Y)$是当价格 P 不变、消费者收入 Y 改变 ΔY 时，需求量 Q 对于消费者收入 Y 的偏改变量．

而比值$\frac{\Delta Q_Y}{\Delta Y}=\frac{Q(P,Y+\Delta Y)-Q(P,Y)}{\Delta Y}$是当消费者收入 Y 变到 $Y+\Delta Y$ 时需求量 Q 的平均变化率．此外

$$\frac{\partial Q}{\partial Y}=\lim_{\Delta Y\to 0}\frac{\Delta Q_Y}{\Delta Y}$$

是当价格为 P、消费者收入为 Y 时，需求量 Q 对消费者收入 Y 的变化率．称

$$E_Y=\lim_{\Delta Y\to 0}\frac{\frac{\Delta Q_Y}{Q}}{\frac{\Delta Y}{Y}}=\frac{\partial Q}{\partial Y}\cdot\frac{Y}{Q}$$

为需求对消费者收入的偏弹性.

例 6　设某城市每个家庭对肉类的需求量为

$$Q=Q(P,R)=0.002R+10\sqrt{P}+\frac{\sqrt{R}}{P}+7\ (\text{单位：kg})$$

其中 P 表示肉类的平均价格（单位：元/kg），R 表示家庭的年收入（单位：元，$R\geqslant 6\ 000$，6 000 元表示最低年收入）．求当 $R=30\ 000$，$P=12$ 时，需求对价格的偏弹性.

解　需求对价格的偏弹性为

$$E_P=-\frac{\partial Q}{\partial P}\cdot\frac{P}{Q}=-\left(\frac{5}{\sqrt{P}}-\frac{\sqrt{R}}{P^2}\right)\times\frac{P}{0.002R+10\sqrt{P}+\frac{\sqrt{R}}{P}+7}$$

将 $R=30\ 000$，$P=12$ 代入上式得

$$E_P\Big|_{\substack{R=30\ 000\\P=12}}\approx -2.5\%.$$

结果表明，当家庭年收入为 30 000 元，肉类价格为 12 元/kg 时，若价格 P 上涨 1%，则需求量将下降 2.5%.

三、高阶偏导数

设函数 $z=f(x,\ y)$在区域 D 内具有偏导数$\frac{\partial z}{\partial x}=f_x(x,\ y)$，$\frac{\partial z}{\partial y}=f_y(x,\ y)$，那么 $f_x(x,\ y)$和 $f_y(x,\ y)$在 D 上都是 x，y 的二元函数．如果这两个偏导函数的偏导数也存在，则称该偏导函数的偏导数为函数 $f(x,\ y)$的二阶偏导数.

按照对自变量的求导次序的不同，二阶偏导数有下列四种

$$\frac{\partial}{\partial x}\left(\frac{\partial z}{\partial x}\right)=\frac{\partial^2 z}{\partial x^2}=f_{xx}(x,\ y),\quad \frac{\partial}{\partial y}\left(\frac{\partial z}{\partial x}\right)=\frac{\partial^2 z}{\partial x\,\partial y}=f_{xy}(x,y)$$

$$\frac{\partial}{\partial x}\left(\frac{\partial z}{\partial y}\right)=\frac{\partial^2 z}{\partial y\,\partial x}=f_{yx}(x,\ y),\quad \frac{\partial}{\partial y}\left(\frac{\partial z}{\partial y}\right)=\frac{\partial^2 z}{\partial y^2}=f_{yy}(x,y)$$

其中 f_{xy} $(x,\ y)$和 $f_{yx}(x,\ y)$称为混合偏导数.

类似地可定义三阶、四阶及其以上阶偏导数．通常把二阶及二阶以上的偏导数称为高阶偏导数.

例 7　求 $z=\sin^2(x+2y)$的二阶偏导数.

解　$\frac{\partial z}{\partial x}=2\sin(x+2y)\cos(x+2y)=\sin 2(x+2y)$

$$\frac{\partial z}{\partial y}=2\sin\ (x+2y)\cos(x+2y)\cdot 2=2\sin 2(x+2y)$$

于是

$$\frac{\partial^2 z}{\partial x^2}=\frac{\partial}{\partial x}[\sin 2(x+2y)]=2\cos 2(x+2y)$$

$$\frac{\partial^2 z}{\partial x\,\partial y}=\frac{\partial}{\partial y}[\sin 2(x+2y)]=4\cos 2(x+2y)$$

$$\frac{\partial^2 z}{\partial y\,\partial x}=\frac{\partial}{\partial x}[2\sin 2(x+2y)]=4\cos 2(x+2y)$$

$$\frac{\partial^2 z}{\partial y^2}=\frac{\partial}{\partial y}[2\sin 2(x+2y)]=8\cos 2(x+2y)$$

此处的两个混合偏导数是相等的.

例 8 设 $f(x, y)=\begin{cases} xy\dfrac{x^2-y^2}{x^2+y^2}, & (x, y)\neq(0, 0) \\ 0, & (x, y)=(0, 0) \end{cases}$，求 $f_{xy}(0, 0)$，$f_{yx}(0, 0)$.

解 根据偏导数的定义得

$$f_x(0, 0)=\lim_{x\to 0}\frac{f(x, 0)-f(0, 0)}{x}=\lim_{x\to 0}\frac{0-0}{x}=0$$

类似地，$f_y(0, 0)=0$. 于是

$$f_x(x, y)=\begin{cases} y\dfrac{x^4+4x^2y^2-y^4}{(x^2+y^2)^2}, & (x, y)\neq(0, 0) \\ 0, & (x, y)=(0, 0) \end{cases}$$

$$f_y(x, y)=\begin{cases} x\dfrac{x^4-4x^2y^2-y^4}{(x^2+y^2)^2}, & (x, y)\neq(0, 0) \\ 0, & (x, y)=(0, 0) \end{cases}$$

故

$$f_{xy}(0, 0)=\lim_{\Delta y\to 0}\frac{f_x(0, 0+\Delta y)-f_x(0, 0)}{\Delta y}=\lim_{\Delta y\to 0}\frac{\dfrac{-\Delta y^5}{\Delta y^4}-0}{\Delta y}=-1$$

$$f_{yx}(0, 0)=\lim_{\Delta x\to 0}\frac{f_y(0+\Delta x, 0)-f_y(0, 0)}{\Delta x}=\lim_{\Delta x\to 0}\frac{\dfrac{\Delta x^5}{\Delta x^4}-0}{\Delta x}=1$$

这里两个混合偏导数都存在但不相等.

在何种情况下，混合偏导数 $f_{xy}(x, y)$ 和 $f_{yx}(x, y)$ 都存在且相等呢？下面我们不加证明地叙述这一定理.

定理 10.2.1 如果函数 $z=f(x, y)$ 的两个混合偏导数 $f_{xy}(x, y)$ 和 $f_{yx}(x, y)$ 在区域 D 内连续，那么在该区域内有

$$f_{xy}(x, y)=f_{yx}(x, y)$$

初等函数在其定义域内可以按任意次序求混合偏导数.

例 9 设 $z=xy+\dfrac{e^y}{y^2+1}$，求 $\dfrac{\partial^2 z}{\partial y\,\partial x}$.

解 $\dfrac{\partial^2 z}{\partial y\,\partial x}=\dfrac{\partial}{\partial x}\left(\dfrac{\partial z}{\partial y}\right)=\dfrac{\partial}{\partial y}\left(\dfrac{\partial z}{\partial x}\right)=\dfrac{\partial}{\partial y}(y)=1$

其中，第一个等号是偏导的记号，第二个等号是变换混合偏导次序，其好处是 $\dfrac{\partial z}{\partial x}=y$ 较简单.

对于二元以上的函数，我们也可以类似地定义它们的高阶偏导数．在偏导数连续时，其混合偏导数与所求导的先后次序也无关.

习题 10－2

1. 设 $f(x, y)=\sqrt{x^2+y^2}$，问 $f_x(0, 0)$ 与 $f_y(0, 0)$ 是否存在？

2. 求下列函数的偏导数在给定点的值.

(1) $z=x+y-\sqrt{x^2+y^2}$，求 $\left.\frac{\partial z}{\partial x}\right|_{\substack{x=3\\y=4}}$.

(2) $z=(1+xy)^y$，求 $\left.\frac{\partial z}{\partial x}\right|_{\substack{x=1\\y=1}}$，$\left.\frac{\partial z}{\partial y}\right|_{\substack{x=1\\y=1}}$.

(3) $u=\mathrm{e}^{x^2+y^2+z^2}$，求 $\left.\frac{\partial u}{\partial x}\right|_{(1,1,1)}$，$\left.\frac{\partial u}{\partial y}\right|_{(1,1,1)}$，$\left.\frac{\partial u}{\partial z}\right|_{(1,1,1)}$.

3. 设 $f(x, y)=x+(y-1)\arcsin\sqrt{\frac{x}{y}}$，求 $f_x(x, 1)$.

4. 求下列函数的偏导数.

(1) $z=x^3y-y^3x$

(2) $s=\frac{u^2+v^2}{uv}$

(3) $z=\sqrt{\ln(xy)}$

(4) $z=\sin(xy)+\cos^2(xy)$

(5) $z=\ln\tan\frac{x}{y}$

(6) $z=(1+xy)^y$

(7) $u=x^{\frac{y}{z}}$

(8) $u=\arctan(x-y)^z$

5. 求下列函数的 $\frac{\partial^2 z}{\partial x^2}$，$\frac{\partial^2 z}{\partial y^2}$ 和 $\frac{\partial^2 z}{\partial x\,\partial y}$.

(1) $z=x^4+y^4-4x^2y^2$

(2) $z=\arctan\frac{y}{x}$

(3) $z=y^x$

(4) $z=x\sin(x+y)$

6. 设三元函数 $f(x, y, z)=xy^2+yz^2+zx^2$，求 $f_{xx}(0, 0, 1)$，$f_{xz}(1, 0, 1)$，$f_{yz}(0, -1, 0)$ 及 $f_{zzx}(2, 0, 1)$.

7. 设 $z=x\ln(xy)$，求 $\frac{\partial^3 z}{\partial x^2\partial y}$ 及 $\frac{\partial^3 z}{\partial x\,\partial y^2}$.

8. 设 $z=\mathrm{e}^{-\left(\frac{1}{x}+\frac{1}{y}\right)}$，求证：$x^2\frac{\partial z}{\partial x}+y^2\frac{\partial z}{\partial y}=2z$.

9. 某移动电话公司的某种产品有下面的生产函数

$$P(x, y)=50x^{\frac{2}{3}}y^{\frac{1}{3}}$$

其中，P 是由 x 个人力单位、y 个资本单位生产出的产品数量.

(1) 求由 125 个人力单位和 64 个资本单位生产出的产品数量；

(2) 求边际生产力；

(3) 计算在 $x=125$ 和 $y=64$ 时的边际生产力.

10. 设某工厂生产 A，B 两种不同产品，其产量分别为 x，y，总成本函数为 $C(x, y)=x^2+3x+3xy+5y+3y^2$（单位：元）. 出售产品 x，y 的单价分别为 30 元和

50 元．求产量 $x=7$，$y=4$ 时的边际利润，并说明其经济意义．

11. 某款小汽车的销售量 Q 除了与它自身的价格 P_1（单位：万元）有关外，还与其配置系统的价格 P_2（单位：万元）有关，具体关系为

$$Q=100+\frac{250}{P_1}-100P_2-P_2^2$$

求当 $P_1=25$，$P_2=2$ 时，销售量对价格 P_1 的偏弹性．

项目三　全微分

一、全微分的定义

一元函数 $y=f(x)$ 的微分 dy 是函数增量 Δy 关于自变量增量 Δx 的线性主部，即 $\Delta y-dy$ 是一个比 Δx 高阶的无穷小．对于多元函数也有类似的情形，下面以二元函数为例加以阐述．

先看引例．如图 10－6 所示，设矩形的长和宽分别为 x 和 y，则此矩形的面积为 $S=xy$，如果边长 x 与 y 分别给予增量 Δx 与 Δy，那么相应的面积 S 有增量

$$\begin{aligned}\Delta S&=(x+\Delta x)(y+\Delta y)-xy\\&=y\Delta x+x\Delta y+\Delta x\Delta y\end{aligned}$$

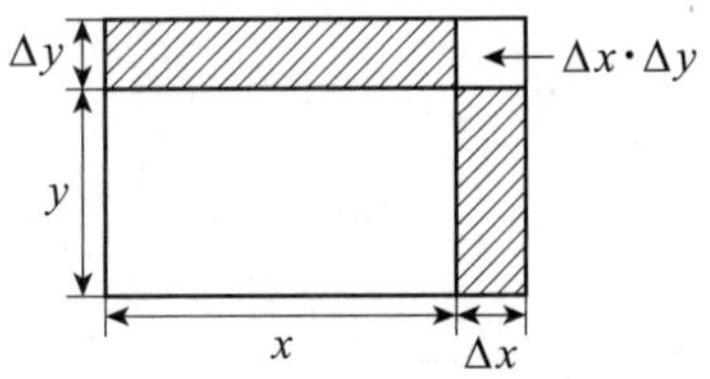

图 10－6

上式右端包含两部分，前一部分 $y\Delta x+x\Delta y$，是关于 Δx，Δy 的线性函数，后一部分 $\Delta x\Delta y$，当 $\rho=\sqrt{(\Delta x)^2+(\Delta y)^2}\to 0$ 时，$\Delta x\Delta y$ 是比 ρ 高阶的无穷小，当 $|\Delta x|$，$|\Delta y|$ 很小时，可用 $y\Delta x+x\Delta y$ 近似表示 ΔS，其差 $\Delta S-(y\Delta x+x\Delta y)$ 是一个比 ρ 高阶的无穷小，我们称线性函数 $y\Delta x+x\Delta y$ 为面积 $S=xy$ 的全微分，ΔS 为函数 S 在点（x，y）的对应于自变量增量 Δx，Δy 的全增量．

下面给出二元函数全微分的定义．

定义 10.3.1　如果函数 $z=f(x,y)$ 在点（x，y）的全增量

$$\Delta z=f(x+\Delta x,y+\Delta y)-f(x,y) \tag{10.3.1}$$

可表示为

$$\Delta z=A\Delta x+B\Delta y+o(\rho) \tag{10.3.2}$$

其中 A，B 不依赖于 Δx，Δy 而仅与 x，y 有关，$\rho=\sqrt{(\Delta x)^2+(\Delta y)^2}$，则称函数 $z=f(x,y)$ 在点（x，y）可微，并称 $A\Delta x+B\Delta y$ 是函数 $z=f(x,y)$ 在点（x，y）的全微分，记为 dz 或 $df(x,y)$，即

$$dz=A\Delta x+B\Delta y$$

如果函数在区域 D 内各点都可微，那么就称函数在 D 内可微．

二、可微的必要条件

下面我们讨论可微性与连续性以及偏导数存在性之间的关系，以及全微分的计算．

定理 10.3.1 （必要条件之一）如果 $z=f(x, y)$在（x，y）点可微，则 $z=f(x, y)$在点（x，y）处连续.

换言之，如果函数在该点不连续，则函数在该点一定不可微.

定理 10.3.2 （必要条件之二）如果函数 $z=f(x, y)$在点（x，y）处可微，则在该点 $f(x, y)$的两个偏导数存在，且 $A=f_x(x, y)$，$B=f_y(x, y)$.

注意：函数在该点偏导数存在，不能保证函数在该点一定可微.

事实上，定理 10.3.2 告诉我们：如果函数 $z=f(x, y)$在点（x，y）处可微，则在该点的全微分可表述成

$$dz=f_x(x, y)\Delta x+f_y(x, y)\Delta y.$$

三、可微的充分条件

在一元函数中，可导与可微是等价的，但在多元函数中，情形就不同了．由定理 10.3.1 可知，不连续一定不可微．而偏导数存在也不能保证函数连续，故也不能保证该点的可微性.

例如，本模块项目一中讨论的函数

$$f(x, y)=\begin{cases}\dfrac{2xy}{x^2+y^2}, & x^2+y^2\neq 0\\ 0, & x^2+y^2=0\end{cases}$$

在点（0，0）处不连续，故由定理 10.3.1 可知，函数在（0，0）点处是不可微的．但这个函数在（0，0）点的两个偏导数是存在的，且

$$f_x(0, 0)=0,\ f_y(0, 0)=0.$$

这说明，偏导数存在是可微的必要但非充分条件.

定理 10.3.3 （充分条件）如果二元函数 $z=f(x, y)$的偏导数 $f_x(x, y)$，$f_y(x, y)$在点（x，y）处连续，则函数在该点可微.

例 1　证明 $f(x, y)=\begin{cases}(x^2+y^2)\sin\dfrac{1}{x^2+y^2}, & (x, y)\neq(0, 0)\\ 0, & (x, y)=(0, 0)\end{cases}$的偏导数在（0，0）处不连续，但 $f(x, y)$在（0，0）处可微.

证　当（x，y）≠（0，0）时，有

$$f_x(x, y)=2x\sin\frac{1}{x^2+y^2}-\frac{2x}{x^2+y^2}\cos\frac{1}{x^2+y^2}$$

$$f_x(0, 0)=\lim_{x\to 0}\frac{f(x, 0)-f(0, 0)}{x}=\lim_{x\to 0}x\sin\frac{1}{x^2}=0$$

同理 $f_y(0, 0)=0$.

由于

$$\lim_{\substack{x\to 0\\ y\to 0}}f_x(x, y)=\lim_{\substack{x\to 0\\ y\to 0}}\left(2x\sin\frac{1}{x^2+y^2}-\frac{2x}{x^2+y^2}\cos\frac{1}{x^2+y^2}\right)$$

当点(x，y)沿 x 轴趋于（0，0）时，由于 $\lim\limits_{\substack{x\to 0\\ y\to 0}}2x\sin\dfrac{1}{x^2}=0$，$\lim\limits_{\substack{x\to 0\\ y\to 0}}\dfrac{2}{x}\cos\dfrac{1}{x^2}$不存在，所

以$\lim\limits_{\substack{x\to 0\\ y\to 0}} f_x(x, y)$不存在，$f_x(x, y)$在点（0，0）处不连续．而

$$\lim_{\rho\to 0}\frac{\Delta z-[f_x(0, 0)\Delta x+f_y(0, 0)\Delta y]}{\rho}=\lim_{\rho\to 0}\frac{\rho^2\sin\frac{1}{\rho^2}}{\rho}=0$$

所以函数 $z=f(x, y)$在点（0，0）处可微.

该例说明偏导数的连续性是多元函数可微的充分而非必要条件．即若函数的偏导数在该点连续，则函数在该点可微；函数在该点可微，则函数在该点必定连续.

二元函数全微分的定义以及可微的必要与充分条件，可以类似地推广到二元以上的多元函数.

当 x，y 为自变量时，令 $z=x$，由微分的定义可知

$$dz=\frac{\partial z}{\partial x}\Delta x+\frac{\partial z}{\partial y}\Delta y=1\cdot\Delta x+0\cdot\Delta y=\Delta x$$

类似地，$dy=\Delta y$，所以函数的全微分可表示成

$$dz=\frac{\partial z}{\partial x}dx+\frac{\partial z}{\partial y}dy$$

三元函数 $u=f(x, y, z)$的全微分为

$$du=\frac{\partial u}{\partial x}dx+\frac{\partial u}{\partial y}dy+\frac{\partial u}{\partial z}dz.$$

例 2 求函数 $z=e^{xy}$在点（2，1)处的全微分$dz\Big|_{\substack{x=2\\ y=1}}$.

解 因为

$$\frac{\partial z}{\partial x}=ye^{xy}，\frac{\partial z}{\partial y}=xe^{xy}$$

于是

$$\frac{\partial z}{\partial x}\Big|_{(2,1)}=e^2，\frac{\partial z}{\partial y}\Big|_{(2,1)}=2e^2$$

所以

$$dz\Big|_{\substack{x=2\\ y=1}}=\frac{\partial z}{\partial x}\Big|_{(2,1)}dx+\frac{\partial z}{\partial y}\Big|_{(2,1)}dy=e^2dx+2e^2dy.$$

例 3 求函数 $u=x-\cos\frac{y}{2}+\arctan z$ 的全微分.

解 因为

$$\frac{\partial u}{\partial x}=1，\frac{\partial u}{\partial y}=\frac{1}{2}\sin\frac{y}{2}，\frac{\partial u}{\partial z}=\frac{1}{1+z^2}$$

所以

$$du=dx+\frac{1}{2}\sin\frac{y}{2}dy+\frac{1}{1+z^2}dz.$$

例 4 求函数 $z=x^2y^2$ 在点（2，-1)处当 $\Delta x=0.02$，$\Delta y=-0.01$ 时的全微分 dz 和全增量 Δz.

解 由 $z=x^2y^2$ 得

$$z_x=2xy^2，z_y=2x^2y$$

故

$$z_x|_{(2,-1)}=4,\ z_y|_{(2,-1)}=-8$$

从而　$dz=4\times0.02+(-8)\times(-0.01)=0.16$

而　$\Delta z=(2+0.02)^2\times(-1-0.01)^2-2^2\times(-1)^2=0.1624$

可见，Δz 与 dz 的差仅为 0.002 4.

四、全微分在近似计算中的应用

1. 函数的近似值

设函数 $z=f(x,y)$ 在点 (x_0,y_0) 可微，则

$$\begin{aligned}\Delta z&=f(x_0+\Delta x,y_0+\Delta y)-f(x_0,y_0)\\&=f_x(x_0,y_0)\Delta x+f_y(x_0,y_0)\Delta y+o(\rho)\end{aligned}$$

故当 $|\Delta x|$，$|\Delta y|$ 很小时，有近似式

$$\Delta z\approx dz=f_x(x_0,y_0)\Delta x+f_y(x_0,y_0)\Delta y$$

或

$$f(x_0+\Delta x,y_0+\Delta y)\approx f(x_0,y_0)+f_x(x_0,y_0)\Delta x+f_y(x_0,y_0)\Delta y.$$

利用上面两式，可以进行偏差估计或近似计算.

例 5　要造一个无盖的圆柱形水槽（如图 10－7 所示），其内半径为 2m，高为 4m，厚度均为 0.01m，求需要多少立方米材料？

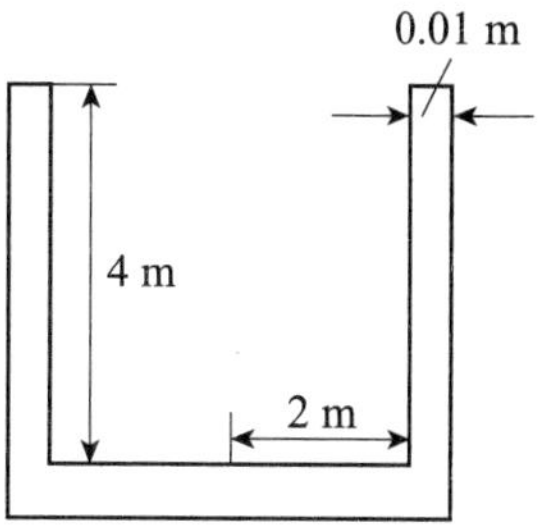

图 10－7

解　设圆柱底半径为 r，高为 h，则圆柱的体积 $V=\pi r^2h$，所以

$$\Delta V\approx dV=V_r\Delta r+V_h\Delta h=2\pi rh\cdot\Delta r+\pi r^2\Delta h$$

把 $r=2$，$h=4$，$\Delta r=\Delta h=0.01$ 代入上式，得到

$$\Delta V\approx2\pi\times2\times4\times0.01+\pi\times2^2\times0.01=0.2\pi$$

所以需用材料约为 $0.2\pi(m^3)$.

例 6　计算 $\sqrt{1.02^3+1.97^3}$ 的近似值.

解　所要计算的值可看作函数 $f(x,y)=\sqrt{x^3+y^3}$ 在 $x=1.02$，$y=1.97$ 时的函数值 $f(1.02,1.97)$. 取 $x_0=1$，$\Delta x=0.02$，$y_0=2$，$\Delta y=-0.03$. 因为

$$f_x(x,y)=\frac{3x^2}{2\sqrt{x^3+y^3}},\ f_y(x,y)=\frac{3y^2}{2\sqrt{x^3+y^3}}$$

于是

$$f_x(1,2)=\frac{1}{2},\ f_y(1,2)=2$$

所以

$$\begin{aligned}\sqrt{(1.02)^3+(1.97)^3}&\approx f(1,2)+f_x(1,2)\Delta x+f_y(1,2)\Delta y\\&=\sqrt{1^3+2^3}+\frac{1}{2}\times0.02+2\times(-0.03)=2.95.\end{aligned}$$

2. 偏差估计

设二元函数 $z=f(x,y)$ 的自变量 x，y 的绝对偏差分别为 δ_x，δ_y，即 $\Delta x\leqslant\delta_x$，$\Delta y\leqslant\delta_y$，则 z 的绝对偏差

$$\begin{aligned}|\Delta z|\approx|\mathrm{d}z|&=|f_x(x,y)\Delta x+f_y(x,y)\Delta y|\\&\leqslant|f_x(x,y)||\Delta x|+|f_y(x,y)||\Delta y|\\&\leqslant|f_x(x,y)|\delta_x+|f_y(x,y)|\delta_y\end{aligned}$$

从而可得，z 的绝对偏差为 $\delta_z=|f_x|\delta_x+|f_y|\delta_y$，$z$ 的相对偏差为 $\dfrac{\delta_z}{|z|}=\left|\dfrac{f_x}{z}\right|\delta_x+\left|\dfrac{f_y}{z}\right|\delta_y$.

例 7 单摆的周期由 $T=2\pi\sqrt{\dfrac{l}{g}}$ 确定，其中 l 是摆长，g 是重力加速度. 求由测量 l 与 g 的偏差引起的 T 的绝对偏差和相对偏差.

解 绝对偏差为

$$\delta_T=|T_l'|\delta_l+|T_g'|\delta_g=\pi\sqrt{\frac{l}{g}}\left(\frac{\delta_l}{l}+\frac{\delta_g}{g}\right)$$

相对偏差为

$$\frac{\delta_T}{T}=\frac{1}{2}\left(\frac{\delta_l}{l}+\frac{\delta_g}{g}\right)$$

即 T 的相对偏差为 l 与 g 的相对偏差的算术平均值.

习题 10-3

1. 求下列函数的全微分.

(1) $z=xy+\dfrac{x}{y}$　　(2) $z=\mathrm{e}^{\frac{y}{x}}$

(3) $u=x^{y^z}$　　(4) $z=\mathrm{e}^{-\left(\frac{y}{x}+\frac{x}{y}\right)}$

2. 求下列函数的全微分.

(1) $z=\ln(1+x^2+y^2)$ 在 $x=1$，$y=2$ 处的全微分；

(2) $z=\arctan\dfrac{x}{1+y^2}$ 在 $x=1$，$y=1$ 处的全微分.

3. 求函数 $z=\mathrm{e}^{xy}$ 当 $x=1$，$y=1$，$\Delta x=0.15$，$\Delta y=0.1$ 时的全微分.

4. 计算以下运算的近似值.

(1) $\sqrt{1.02^3+1.97^3}$　　(2) $\ln(\sqrt[3]{1.03}+\sqrt[4]{0.98}-1)$

(3) $(1.97)^{1.05}$　($\ln2=0.093$)　　(4) $\sin 29°\tan 46°$

5. 已知边长为 $x=6\text{m}$ 与 $y=8\text{m}$ 的矩形，如果 x 边增加 5cm 而 y 边减少 10cm，试求这个矩形的对角线长度变化的近似值.

6. 设有一无盖圆柱形容器，容器的壁与底的厚度均为 0.1cm，内高为 20cm，内半

径为 4cm，求容器外壳体积的近似值.

项目四　多元复合函数的求导法则

现在将一元函数微分学中复合函数的求导法则推广到多元函数的情形．多元复合函数的求导法则在多元函数微分学中起着重要作用.

一、链式法则

定理 10.4.1　设 $z=f(u,\ v)$，而 $u=\varphi(x,\ y)$，$v=\psi(x,\ y)$，且满足

(1) 在点 $(x,\ y)$处偏导数$\frac{\partial u}{\partial x}$，$\frac{\partial v}{\partial x}$，$\frac{\partial u}{\partial y}$，$\frac{\partial v}{\partial y}$存在；

(2) $z=f(u,\ v)$在 $(x,\ y)$的对应点 $(u,\ v)$可微，

则复合函数 $z=f[\varphi(x,\ y),\ \psi(x,\ y)]$在点 $(x,\ y)$的两个偏导数都存在，且有

$$\frac{\partial z}{\partial x}=\frac{\partial z}{\partial u}\cdot\frac{\partial u}{\partial x}+\frac{\partial z}{\partial v}\cdot\frac{\partial v}{\partial x}$$

$$\frac{\partial z}{\partial y}=\frac{\partial z}{\partial u}\cdot\frac{\partial u}{\partial y}+\frac{\partial z}{\partial v}\cdot\frac{\partial v}{\partial y}.$$

为了掌握复合函数的求导法则，常常用链式图表示函数的复合关系，定理 10.4.1 的链式图为：

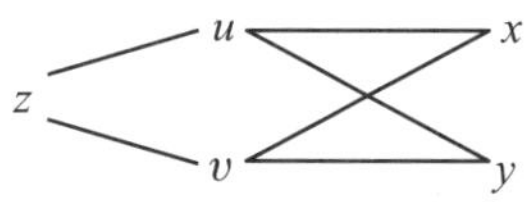

然后应用“连线相乘，分线相加”的规则写出相应的计算公式.

类似地，设 $u=\varphi(x,\ y)$，$v=\psi(x,\ y)$及 $w=\omega(x,\ y)$都在点 $(x,\ y)$具有对 x 及对 y 的偏导数$\frac{\partial u}{\partial x}$，$\frac{\partial u}{\partial y}$，$\frac{\partial v}{\partial x}$，$\frac{\partial v}{\partial y}$，$\frac{\partial w}{\partial x}$，$\frac{\partial w}{\partial y}$. 函数 $z=f(u,\ v,\ w)$在对应点 $(u,\ v,\ w)$可微，则复合函数 $z=f[\varphi(x,\ y),\ \psi(x,\ y),\ \omega(x,\ y)]$在点 $(x,\ y)$的偏导数都存在，且为

$$\frac{\partial z}{\partial x}=\frac{\partial z}{\partial u}\cdot\frac{\partial u}{\partial x}+\frac{\partial z}{\partial v}\cdot\frac{\partial v}{\partial x}+\frac{\partial z}{\partial w}\cdot\frac{\partial w}{\partial x}$$

$$\frac{\partial z}{\partial y}=\frac{\partial z}{\partial u}\cdot\frac{\partial u}{\partial y}+\frac{\partial z}{\partial v}\cdot\frac{\partial v}{\partial y}+\frac{\partial z}{\partial w}\cdot\frac{\partial w}{\partial y}$$

其链式图为：

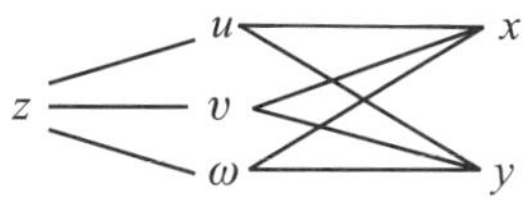

多元函数的复合关系可以是多种多样的，把定理 10.4.1 应用到各种情形，可得相应的链式法则.

(1) 设 $u-\varphi(t)$及 $v=\psi(t)$在点 t 可导，函数 $f(u,\ v)$在对应点 $(u,\ v)$处可微，则

复合函数 $z=f[\varphi(t), \psi(t)]$在点 t 可导，且有

$$\frac{\mathrm{d}z}{\mathrm{d}t}=\frac{\partial z}{\partial u}\cdot\frac{\mathrm{d}u}{\mathrm{d}t}+\frac{\partial z}{\partial v}\cdot\frac{\mathrm{d}v}{\mathrm{d}t}$$

称$\frac{\mathrm{d}z}{\mathrm{d}t}$为 z 关于 t 的全导数，其链式图为：

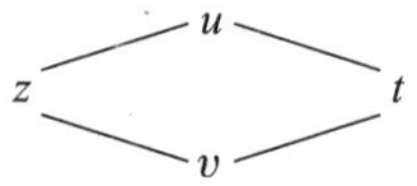

(2) 设 $u=\varphi(x, y)$在点 (x, y)处具有对 x 及对 y 的偏导数，函数 $f(u, x, y)$在对应点 (u, x, y)处可微，则复合函数 $z=f[\varphi(x, y), x, y]$在点 (x, y)处的偏导数存在，且有

$$\frac{\partial z}{\partial x}=\frac{\partial f}{\partial u}\cdot\frac{\partial u}{\partial x}+\frac{\partial f}{\partial x}$$

$$\frac{\partial z}{\partial y}=\frac{\partial z}{\partial u}\cdot\frac{\partial u}{\partial y}+\frac{\partial f}{\partial y}$$

其链式图为：

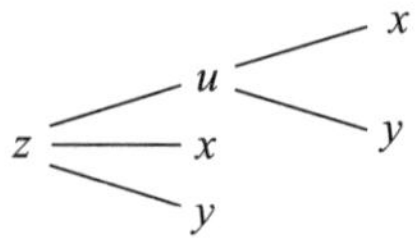

注意：这里$\frac{\partial z}{\partial x}$与$\frac{\partial f}{\partial x}$不同，$\frac{\partial z}{\partial x}$是将复合函数 $f[\varphi(x, y), x, y]$中的 y 固定而对 x 求导，而$\frac{\partial f}{\partial x}$是将 $f(u, x, y)$中的 u，y 固定而对 x 求导．$\frac{\partial z}{\partial y}$与$\frac{\partial f}{\partial y}$也有类似的区别.

在求复合函数的全导数或偏导数的过程中，主要应该理清因变量、中间变量和自变量之间的关系，作出它们之间的链式图从而再求导.

例 1 设 $z=(2x+y)^{x+2y}$，求$\frac{\partial z}{\partial x}$，$\frac{\partial z}{\partial y}$.

解 设 $u=2x+y$，$v=x+2y$，则 $z=u^v$，于是

$$\begin{aligned}\frac{\partial z}{\partial x}&=\frac{\partial z}{\partial u}\cdot\frac{\partial u}{\partial x}+\frac{\partial z}{\partial v}\cdot\frac{\partial v}{\partial x}\\&=v\cdot u^{v-1}\cdot 2+u^v\ln u\cdot 1\\&=(2x+y)^{x+2y}\left[\frac{2(x+2y)}{2x+y}+\ln(2x+y)\right].\end{aligned}$$

$$\begin{aligned}\frac{\partial z}{\partial y}&=\frac{\partial z}{\partial u}\cdot\frac{\partial u}{\partial y}+\frac{\partial z}{\partial v}\cdot\frac{\partial v}{\partial y}\\&=v\cdot u^{v-1}\cdot 1+u^v\ln u\cdot 2\\&=(2x+y)^{x+2y}\left[\frac{x+2y}{2x+y}+2\ln(2x+y)\right].\end{aligned}$$

例 2 设 $z=\arctan(x+y)$，$x=t$，$y=2t^2$，求$\left.\frac{\mathrm{d}z}{\mathrm{d}t}\right|_{t=0}$.

解 因为$\frac{\mathrm{d}z}{\mathrm{d}t}=\frac{\partial z}{\partial x}\cdot\frac{\mathrm{d}x}{\mathrm{d}t}+\frac{\partial z}{\partial y}\cdot\frac{\mathrm{d}y}{\mathrm{d}t}$

$$=\frac{1}{1+(x+y)^2}\cdot 1+\frac{1}{1+(x+y)^2}\cdot 4t$$
$$=\frac{1+4t}{1+(t+2t^2)^2}$$

所以，$\left.\frac{\mathrm{d}z}{\mathrm{d}t}\right|_{t=0}=1.$

例 3　设 $u=f(x,y,z)=\mathrm{e}^{x^2+y^2+z^2}$，而 $z=x^2\sin y$，求 $\frac{\partial u}{\partial x}$，$\frac{\partial u}{\partial y}$.

解　$$\frac{\partial u}{\partial x}=\frac{\partial f}{\partial x}+\frac{\partial f}{\partial z}\frac{\partial z}{\partial x}$$
$$=2x\mathrm{e}^{x^2+y^2+z^2}+2z\mathrm{e}^{x^2+y^2+z^2}\cdot 2x\sin y$$
$$=2x(1+2x^2\sin^2 y)\mathrm{e}^{x^2+y^2+x^4\sin^2 y}.$$
$$\frac{\partial u}{\partial y}=\frac{\partial f}{\partial y}+\frac{\partial f}{\partial z}\cdot\frac{\partial z}{\partial y}$$
$$=2y\mathrm{e}^{x^2+y^2+z^2}+2z\mathrm{e}^{x^2+y^2+z^2}\cdot x^2\cos y$$
$$=2(y+x^4\sin y\cos y)\mathrm{e}^{x^2+y^2+x^4\sin^2 y}.$$

例 4　设 $z=f(x+y,xy)$，f 具有二阶连续偏导数，求 $\frac{\partial^2 z}{\partial x\partial y}$.

解　令 $u=x+u$，$v=xy$，则 $z=f(u,v)$. 为表达简捷，引入以下记号：
$$f_1'=\frac{\partial f(u,v)}{\partial u},\quad f_2'=\frac{\partial f(u,v)}{\partial v},\quad f_{12}''=\frac{\partial^2 f(u,v)}{\partial u\partial v}$$

这里下标 1 表示对第一个中间变量 u 所求的偏导，下标 2 表示对第二个中间变量 v 所求的偏导，其他记号类似地理解．注意 f_1'，f_2' 仍旧是 x，y 的复合函数. 由链式法则，有
$$\frac{\partial z}{\partial x}=f_1'+yf_2'$$
$$\frac{\partial^2 z}{\partial x\partial y}=\frac{\partial}{\partial y}\left(\frac{\partial z}{\partial x}\right)=\frac{\partial}{\partial y}(f_1'+yf_2')$$
$$=\frac{\partial f_1'}{\partial y}+\frac{\partial}{\partial y}(yf_2')$$
$$=f_{11}''\cdot 1+f_{12}''\cdot x+\left(1\cdot f_2'+y\frac{\partial f_2'}{\partial y}\right)$$
$$=f_{11}''+f_{12}''\cdot x+f_2'+y(f_{21}''\cdot 1+f_{22}''\cdot x)$$
$$=f_{11}''+(x+y)\ f_{12}''+xyf_{22}''+f_2'.$$

二、一阶微分形式不变性

设函数 $z=f(u,v)$ 具有连续偏导数，则当 u，v 为自变量时
$$\mathrm{d}z=\frac{\partial z}{\partial u}\mathrm{d}u+\frac{\partial z}{\partial v}\mathrm{d}v.$$

而 u，v 为中间变量，$u=u(x,y)$，$v=v(x,y)$，且它们具有连续偏导数，于是
$$\mathrm{d}u=u_x\mathrm{d}x+u_y\mathrm{d}y,\quad \mathrm{d}v=v_x\mathrm{d}x+v_y\mathrm{d}y,$$

并且复合函数

$$z=f[u(x,y),v(x,y)]$$

的全微分为

$$\begin{aligned}dz&=z_x dx+z_y dy\\&=(z_u u_x+z_v v_x)dx+(z_u u_y+z_v v_y)dy\\&=z_u(u_x dx+u_y dy)+z_v(v_x dx+v_y dy)\\&=z_u du+z_v dv\end{aligned}$$

由此可见，无论 u，v 是自变量还是中间变量，一阶全微分具有相同的形式，这就是一阶全微分的一阶形式不变性.

由这一形式容易推出下列的全微分运算公式：

$$d(u\pm v)=du\pm dv$$

$$d(uv)=vdu+udv$$

$$d\left(\frac{u}{v}\right)=\frac{vdu-udv}{v^2}\quad(v\neq 0)$$

例 5 设 $z=\arcsin\dfrac{x}{y}$，求 dz.

解 **方法一** 因为

$$\frac{\partial z}{\partial x}=\frac{1}{\sqrt{1-\left(\frac{x}{y}\right)^2}}\cdot\frac{1}{y}=\frac{|y|}{y\sqrt{y^2-x^2}}$$

$$\frac{\partial z}{\partial y}=\frac{1}{\sqrt{1-\left(\frac{x}{y}\right)^2}}\cdot\left(-\frac{x}{y^2}\right)=-\frac{x|y|}{y^2\sqrt{y^2-x^2}}$$

所以

$$\begin{aligned}dz&=\frac{\partial z}{\partial x}dx+\frac{\partial z}{\partial y}dy=\frac{|y|}{y\sqrt{y^2-x^2}}dx-\frac{x|y|}{y^2\sqrt{y^2-x^2}}dy\\&=\frac{ydx-xdy}{|y|\sqrt{y^2-x^2}}\end{aligned}$$

方法二 由一阶微分形式不变性，得到

$$\begin{aligned}dz&=\frac{1}{\sqrt{1-\left(\frac{x}{y}\right)^2}}d\left(\frac{x}{y}\right)\\&=\frac{|y|}{\sqrt{y^2-x^2}}\cdot\frac{ydx-xdy}{y^2}\\&=\frac{ydx-xdy}{|y|\sqrt{y^2-x^2}}\end{aligned}$$

习题 10－4

1. 设 $z=x^2y-xy^2$，而 $x=\rho\cos\theta$，$y=\rho\sin\theta$，求 $\dfrac{\partial z}{\partial\rho}$，$\dfrac{\partial z}{\partial\theta}$.

2. 设 $z=u^2\ln v$，而 $u=\dfrac{y}{x}$，$v=3x-2y$，求 $\dfrac{\partial z}{\partial x}$，$\dfrac{\partial z}{\partial y}$.

3. 设 $z=(x^2+y^2)e^{\frac{x^2+y^2}{xy}}$，求 $\dfrac{\partial z}{\partial x}$，$\dfrac{\partial z}{\partial y}$.

4. 设 $u=\sin(\xi+\eta^2+\zeta^2)$，而 $\xi=x+y+z$，$\eta=xy+yz+zx$，$\zeta=xyz$，求 $\dfrac{\partial u}{\partial x}$，$\dfrac{\partial u}{\partial y}$，$\dfrac{\partial u}{\partial z}$.

5. 设 $z=e^{x-2y}$，而 $x=\sin t$，$y=t^3$，求 $\dfrac{dz}{dt}$.

6. 设 $z=\arcsin(x-y)$，而 $x=3t$，$y=4t^3$，求 $\dfrac{dz}{dt}$.

7. 设 $z=\arctan(xy)$，而 $y=e^x$，求 $\dfrac{dz}{dx}$.

8. 设 $u=\dfrac{e^{ax}(y-z)}{a+1}$，而 $y=a\sin x$，$z=\cos x$，求 $\dfrac{du}{dx}$.

9. 设 $z=x^{x^y}$，求 $\dfrac{\partial z}{\partial x}$，$\dfrac{\partial z}{\partial y}$.

10. 求下列函数的一阶偏导数，其中 f 具有一阶连续偏导数.

(1) $u=f(x^2-y^2, e^{xy})$　　(2) $u=f\left(\dfrac{x}{y}, \dfrac{y}{z}\right)$

(3) $u=f(x, xy, xyz)$　　(4) $u=f(x+xy+xyz)$

11. 求下列函数的二阶偏导数，其中 f 具有二阶连续偏导数.

(1) $z=f(x^2+y^2)$　　(2) $z=f\left(x, \dfrac{x}{y}\right)$

(3) $z=f(xy^2, x^2y)$　　(4) $z=f(\sin x, \cos y, e^{x+y})$

项目五　隐函数的求导公式

一、一个方程的情形

与一元函数的隐函数类似，多元函数的隐函数也是由方程确定的函数．在什么条件下方程 $F(x, y, z)=0$ 能确定一个单值连续且有连续偏导数的函数 $z=f(x, y)$？下面的定理给出了回答，并给出了求隐函数偏导数的公式.

定理 10.5.1　（隐函数存在定理）设函数 $F(x, y, z)$满足：

(1) $F(x_0, y_0, z_0)=0$；

(2) 在点 (x_0, y_0, z_0)的某邻域内，函数 $F(x, y, z)$有连续的偏导数；

(3) $F_z(x_0, y_0, z_0)\neq 0$.

则方程 $F(x, y, z)=0$ 在 (x_0, y_0)的某一邻域内能唯一确定一个单值连续且有连续偏导数的函数 $z=f(x, y)$，它满足方程 $F(x, y, z)=0$ 及条件 $z_0=f(x_0, y_0)$，其

偏导数为

$$\frac{\partial z}{\partial x}=-\frac{F_x}{F_z},\ \frac{\partial z}{\partial y}=-\frac{F_y}{F_z}$$

我们不对定理作证明，仅对求偏导的公式作如下推导.

由于 $F(x, y, f(x, y)) \equiv 0$，利用复合函数的求导法则，在方程两边分别对 x 和 y 求偏导，故得

$$F_x+F_z\frac{\partial z}{\partial x}=0,\ F_y+F_z\frac{\partial z}{\partial y}=0$$

从而

$$\frac{\partial z}{\partial x}=-\frac{F_x}{F_z},\ \frac{\partial z}{\partial y}=-\frac{F_y}{F_z}.$$

特别地，对由方程 $F(x, y)=0$ 确定的隐函数也有类似的结论，其求导公式为

$$\frac{\mathrm{d}y}{\mathrm{d}x}=-\frac{F_x}{F_y}.$$

例 1 设 $x^2+2y^2+3z^2-4=0$，求$\frac{\partial z}{\partial x}$，$\frac{\partial z}{\partial y}$.

解 **方法一** （公式法）令 $F(x, y, z)=x^2+2y^2+3z^2-4$，则

$$F_x=2x,\ F_y=4y,\ F_z=6z$$

由求偏导公式得

$$\frac{\partial z}{\partial x}=-\frac{x}{3z},\ \frac{\partial z}{\partial y}=-\frac{2y}{3z}.$$

方法二 （全微分法）两边求全微分，根据一阶全微分形式的不变性，有

$$2x\mathrm{d}x+4y\mathrm{d}y+6z\mathrm{d}z=0.$$

所以

$$\mathrm{d}z=-\frac{x}{3z}\mathrm{d}x-\frac{2y}{3z}\mathrm{d}y,$$

从而

$$\frac{\partial z}{\partial x}=-\frac{x}{3z},\ \frac{\partial z}{\partial y}=-\frac{2y}{3z}.$$

例 2 设 $\mathrm{e}^z-z+xy^3=0$，求$\frac{\partial^2 z}{\partial x^2}$.

解 （直接法）在方程两边对 x 求偏导

$$\mathrm{e}^z\cdot\frac{\partial z}{\partial x}-\frac{\partial z}{\partial x}+y^3=0$$

得 $\frac{\partial z}{\partial x}=\frac{y^3}{1-\mathrm{e}^z}$

又由于
$$\begin{aligned}\frac{\partial^2 z}{\partial x^2}&=\frac{\partial}{\partial x}\left(\frac{\partial z}{\partial x}\right)=\frac{\partial}{\partial x}\left(\frac{y^3}{1-\mathrm{e}^z}\right)\\&=y^3\cdot\left[-\frac{1}{(1-\mathrm{e}^z)^2}\right]\cdot(-\mathrm{e}^z)\cdot\frac{\partial z}{\partial x}\\&=\frac{y^3\cdot\mathrm{e}^z\cdot\frac{\partial z}{\partial x}}{(1-\mathrm{e}^z)^2}\end{aligned}$$

将$\frac{\partial z}{\partial x}$的表达式代入上式，得

$$\frac{\partial^2 z}{\partial x^2}=\frac{y^3\cdot e^z\cdot\frac{y^3}{1-e^z}}{(1-e^z)^2}=\frac{y^6\cdot e^z}{(1-e^z)^3}.$$

上面例子中出现的隐函数求偏导数的常用方法有：公式法、全微分法及直接法.

二、方程组的情形

如果我们不仅增加方程中变量的个数，而且还增加方程的个数，那么隐函数存在定理还可以作另一方面的推广.

例如，考虑方程组$\begin{cases}F(x, y, u, v)=0\\G(x, y, u, v)=0\end{cases}$　(10.5.1)

方程组中出现四个变量，一般只能有两个变量独立变化，因此方程组（10.5.1）有可能存在两个二元函数，把前面的隐函数存在定理作相应的推广，有

定理 10.5.2　（隐函数存在定理）如果方程组（10.5.1）中的函数$F(x, y, u, v)$和$G(x, y, u, v)$满足：

(1) $F(x_0, y_0, u_0, v_0)=0$，$G(x_0, y_0, u_0, v_0)=0$；

(2) 在点(x_0, y_0, u_0, v_0)的某一邻域内，函数$F(x, y, u, v)$，$G(x, y, u, v)$有连续的偏导数；

(3) 偏导数可组成的函数行列式（或称雅可比行列式）

$$J=\frac{\partial(F, G)}{\partial(u, v)}=\begin{vmatrix}\frac{\partial F}{\partial u} & \frac{\partial F}{\partial v}\\ \frac{\partial G}{\partial u} & \frac{\partial G}{\partial v}\end{vmatrix}$$

且该行列式在点(x_0, y_0, u_0, v_0)处不等于零，那么方程组（10.5.1）在(x_0, y_0)的一个邻域中确定了两个单值连续且有连续偏导数的二元函数

$u=u(x, y)$，$v=v(x, y)$

它们满足条件$u_0=u(x_0, y_0)$，$v_0=v(x_0, y_0)$，并有

$$\frac{\partial u}{\partial x}=-\frac{1}{J}\frac{\partial(F, G)}{\partial(x, v)}=-\frac{\begin{vmatrix}F_x & F_v\\G_x & G_v\end{vmatrix}}{\begin{vmatrix}F_u & F_v\\G_u & G_v\end{vmatrix}},\quad \frac{\partial v}{\partial x}=-\frac{1}{J}\frac{\partial(F, G)}{\partial(u, x)}=-\frac{\begin{vmatrix}F_u & F_x\\G_u & G_x\end{vmatrix}}{\begin{vmatrix}F_u & F_v\\G_u & G_v\end{vmatrix}}$$

$$\frac{\partial u}{\partial y}=-\frac{1}{J}\frac{\partial(F, G)}{\partial(y, v)}=-\frac{\begin{vmatrix}F_y & F_v\\G_y & G_v\end{vmatrix}}{\begin{vmatrix}F_u & F_v\\G_u & G_v\end{vmatrix}},\quad \frac{\partial v}{\partial y}=-\frac{1}{J}\frac{\partial(F, G)}{\partial(u, y)}=-\frac{\begin{vmatrix}F_u & F_y\\G_u & G_y\end{vmatrix}}{\begin{vmatrix}F_u & F_v\\G_u & G_v\end{vmatrix}}$$

此处不对这个定理作证明，下面仅对求偏导数的公式作推导.

由于

$$F[x, y, u(x, y), v(x, y)]\equiv 0$$
$$G[x, y, u(x, y), v(x, y)]\equiv 0$$

将上式的两边对 x 求偏导，得到

$$\begin{cases} F_x+F_u\dfrac{\partial u}{\partial x}+F_v\dfrac{\partial v}{\partial x}=0 \\ G_x+G_u\dfrac{\partial u}{\partial x}+G_v\dfrac{\partial v}{\partial x}=0 \end{cases}$$

这是关于$\dfrac{\partial u}{\partial x}$，$\dfrac{\partial v}{\partial x}$的线性方程组，由假设可知在点（$x_0$，$y_0$，$u_0$，$v_0$）的一个邻域内，系数行列式$\begin{vmatrix} F_u & F_v \\ G_u & G_v \end{vmatrix}\neq 0$. 从而可解出

$$\frac{\partial u}{\partial x}=-\frac{1}{J}\frac{\partial(F,G)}{\partial(x,v)},\quad \frac{\partial v}{\partial x}=-\frac{1}{J}\frac{\partial(F,G)}{\partial(u,x)}$$

同理，可得

$$\frac{\partial u}{\partial y}=-\frac{1}{J}\frac{\partial(F,G)}{\partial(y,v)},\quad \frac{\partial v}{\partial y}=-\frac{1}{J}\frac{\partial(F,G)}{\partial(u,y)}$$

例 3 求由方程组$\begin{cases} x+y+z+u+v=1 \\ x^2+y^2+z^2+u^2+v^2=2 \end{cases}$确定的函数的偏导数 u_x，v_x.

解 可以直接用公式求偏导，也可按推导过程求解．下面使用的是后一种方法. 对所给方程组两边关于 x 求偏导，并移项，得到

$$\begin{cases} \dfrac{\partial u}{\partial x}+\dfrac{\partial v}{\partial x}=-1 \\ 2u\dfrac{\partial u}{\partial x}+2v\dfrac{\partial v}{\partial x}=-2x \end{cases}$$

在 $J=\begin{vmatrix} 1 & 1 \\ 2u & 2v \end{vmatrix}=2(v-u)\neq 0$ 的条件下，解得

$$\frac{\partial u}{\partial x}=\frac{x-v}{v-u},\quad \frac{\partial v}{\partial x}=\frac{u-x}{v-u}.$$

习题 10－5

1. 设 $\sin y+e^x-xy^2=0$，求$\dfrac{dy}{dx}$.

2. 设 $xy+\ln y+\ln x=1$，求$\left.\dfrac{dy}{dx}\right|_{x=1}$.

3. 设 $x^y=y^x$，求$\dfrac{dy}{dx}$.

4. 设 $x+2y+z-2\sqrt{xyz}=0$，求$\dfrac{\partial z}{\partial x}$，$\dfrac{\partial z}{\partial y}$.

5. 设$\dfrac{x}{z}=\ln\dfrac{z}{y}$，求$\dfrac{\partial z}{\partial x}$，$\dfrac{\partial z}{\partial y}$.

6. 设 $z^3-3xyz=a^3$，求$\dfrac{\partial^2 z}{\partial x\partial y}$.

7. 设 $e^z-xyz=0$，求$\dfrac{\partial^2 z}{\partial x^2}$.

8. 设 $z=z(x,y)$ 是由方程 $z=\sin(xz)+xy$ 确定的函数，求 $\left.\frac{\partial^2 z}{\partial x^2}\right|_{\substack{x=0\\y=1}}$.

9. 设 $z=z(x,y)$ 是由方程 $e^z-xz-y^2=0$ 确定的隐函数，求 $\left.\frac{\partial^2 z}{\partial x\,\partial y}\right|_{(0,1)}$.

10. 求由下列方程组所确定的函数的导数或偏导数.

(1) $\begin{cases}z=x^2+y^2\\x^2+2y^2+3z^2=20\end{cases}$，求 $\frac{dy}{dx}$，$\frac{dz}{dx}$；

(2) $\begin{cases}x+y+z=0\\x^2+y^2+z^2=1\end{cases}$，求 $\frac{dx}{dz}$，$\frac{dy}{dz}$.

项目六　方向导数、梯度

一、方向导数

在许多实际问题中，常常需要知道函数 $f(x,y,z)$ 在点 P_0 处沿某一方向的变化率. 例如，要预报某地的风向和风力，就必须知道气压在该点处沿某些方向的变化率. 因此，要引入多元函数在点 P_0 处沿一给定方向的方向导数的概念.

这里以三元函数 $f(x,y,z)$ 为例. 设函数 $f(x,y,z)$ 在点 $P_0(x_0,y_0,z_0)$ 的某个邻域内有定义，l 是从点 P_0 出发的射线，它的方向向量用 $\boldsymbol{l}$ 来表示（如图 10－8 所示）. 设点 P 是射线 l 上的任意一点，它的坐标为

$(x_0+\Delta x,\ y_0+\Delta y,\ z_0+\Delta z)=(x_0+\rho\cos\alpha,\ y_0+\rho\cos\beta,\ z_0+\rho\cos\gamma)$

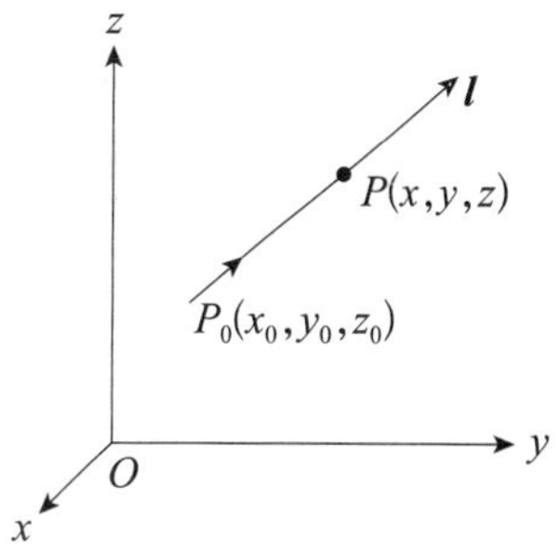

图 10－8

其中 $\cos\alpha$，$\cos\beta$，$\cos\gamma$ 是 $\boldsymbol{l}$ 的方向余弦，ρ 是线段 P_0P 的长度，且

$$\rho=\sqrt{(\Delta x)^2+(\Delta y)^2+(\Delta z)^2}$$

我们考虑函数的增量 $f(P)-f(P_0)$ 与 P，P_0 两点间的距离 ρ 的比值 $\frac{f(P)-f(P_0)}{\rho}$.

当点 P 沿着射线 l 趋向于 P_0 时，如果 $\lim\limits_{P\to P_0}\frac{f(P)-f(P_0)}{\rho}$ 存在，那么称此极限为函数 $f(x,y,z)$ 在点 P_0 处沿方向 $\boldsymbol{l}$ 的方向导数，记作 $\left.\frac{\partial f}{\partial \boldsymbol{l}}\right|_{P_0}$，即

$$\left.\frac{\partial f}{\partial \boldsymbol{l}}\right|_{P_0}=\lim_{P\to P_0}\frac{f(P)-f(P_0)}{\rho} \tag{10.6.1}$$

方向导数的解释：如图 10－9 所示，方程 $z=f(x,y)$ 表示空间曲面 S. 若 $z_0=f(x_0,y_0)$，则点 $P(x_0,y_0,z_0)$ 在曲面 S 上. 过点 P 和点 $P_0(x_0,y_0)$ 的平行于 $\boldsymbol{l}$ 的竖直平面交 S 于曲线 C. f 沿方向 $\boldsymbol{l}$ 的变化率是曲线 C 在点 P 的切线的斜率

$$\lim_{Q\to P}\text{斜率}(PQ)=\lim_{s\to 0}\frac{f(x_0+sl_1,\ y_0+sl_2)-f(x_0,y_0)}{s}=\left(\frac{df}{ds}\right)_{l,P_0}=(D_l f)_{P_0}$$

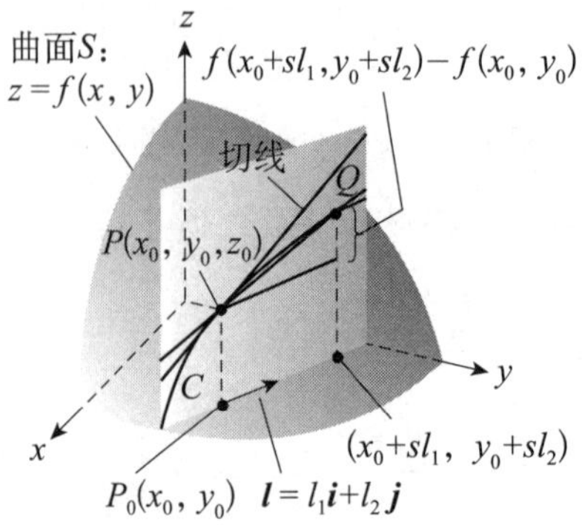

图 10 - 9

当 $\boldsymbol{l}=\boldsymbol{i}$ 时，在 P_0 的方向导数是$\frac{\partial f}{\partial x}$在（$x_0$，$y_0$）的值；当 $\boldsymbol{l}=\boldsymbol{j}$ 时，在 P_0 的方向导数是$\frac{\partial f}{\partial y}$在（$x_0$，$y_0$）的值．我们不仅可以把方向导数推广到 $\boldsymbol{i}$ 和 $\boldsymbol{j}$ 两个方向的偏导数，还可以求其沿任何方向，而不仅仅是方向 $\boldsymbol{i}$ 和 $\boldsymbol{j}$ 的变化率.

这里对方向导数作一个物理解释．假定 $T=f(x, y)$是在一个平面区域中任一点（x，y）的温度，则 $f(x_0, y_0)$是在点 $P_0(x_0, y_0)$的温度，而$(D_l f)_{P_0}$是温度沿方向 $\boldsymbol{l}$ 在点 P_0 的瞬时变化率.

关于方向导数$\frac{\partial f}{\partial \boldsymbol{l}}$的存在及计算，有下面的定理.

定理 10.6.1 如果函数 $f(x, y, z)$在点 $P_0(x_0, y_0, z_0)$处是可微的，那么函数在该点处沿任何方向 $\boldsymbol{l}=\{\cos\alpha, \cos\beta, \cos\gamma\}$的方向导数都存在，并且有

$$\left.\frac{\partial f}{\partial \boldsymbol{l}}\right|_{P_0}=\left(\frac{\partial f}{\partial x}, \frac{\partial f}{\partial y}, \frac{\partial f}{\partial z}\right)\cdot \boldsymbol{l}=\left(\frac{\partial f}{\partial x}, \frac{\partial f}{\partial y}, \frac{\partial f}{\partial z}\right)\cdot(\cos\alpha, \cos\beta, \cos\gamma)$$
$$=\frac{\partial f}{\partial x}\cos\alpha+\frac{\partial f}{\partial y}\cos\beta+\frac{\partial f}{\partial z}\cos\gamma \tag{10.6.2}$$

二元函数 $u=f(x, y)$的方向导数，可以看成三元函数的方向导数的特殊情形，这时 $\gamma=\frac{\pi}{2}$，$\frac{\partial u}{\partial z}=0$. 如图 10 - 10 所示，沿任一方向 $\boldsymbol{l}$ 的方向导数，有如下的计算公式

$$\frac{\partial f}{\partial \boldsymbol{l}}=f_x(x_0, y_0)\cos\alpha+f_y(x_0, y_0)\cos\beta \tag{10.6.3}$$

其中 $f(x, y)$在点（x_0，y_0）处是可微的.

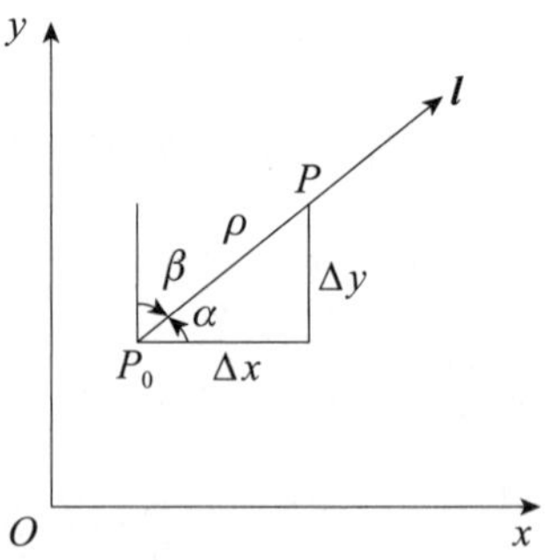

图 10 - 10

例 1 求函数 $u=\frac{y}{\sqrt{x^2+y^2+z^2}}$在点（1，2，$-2$）处沿方向 $\boldsymbol{l}=\{1, 4, -8\}$ 的方向导数.

解 由于方向 $\boldsymbol{l}$ 的方向余弦为

$$\cos\alpha=\frac{1}{9}，\cos\beta=\frac{4}{9}，\cos\gamma=-\frac{8}{9}$$

又

$$\left.\frac{\partial u}{\partial x}\right|_{(1,2,-2)}=\left.\frac{-xy}{(x^2+y^2+z^2)^{\frac{3}{2}}}\right|_{(1,2,-2)}=-\frac{2}{27}$$

$$\left.\frac{\partial u}{\partial y}\right|_{(1,2,-2)}=\left.\frac{x^2+z^2}{(x^2+y^2+z^2)^{\frac{3}{2}}}\right|_{(1,2,-2)}=\frac{5}{27}$$

$$\left.\frac{\partial u}{\partial z}\right|_{(1,2,-2)}=\left.\frac{-yz}{(x^2+y^2+z^2)^{\frac{3}{2}}}\right|_{(1,2,-2)}=\frac{4}{27}$$

因此，所求的方向导数为

$$\left.\frac{\partial u}{\partial \boldsymbol{l}}\right|_{(1,2,-2)}=\left(-\frac{2}{27}\right)\cdot\frac{1}{9}+\frac{5}{27}\cdot\frac{4}{9}+\frac{4}{27}\cdot\left(-\frac{8}{9}\right)=-\frac{14}{243}.$$

二、梯度

1. 梯度的定义

与方向导数相关联的一个概念是函数的梯度.

定义 10.6.1 在空间区域 Ω 内，一个数量函数 $f(x, y, z)$具有连续一阶偏导数，则对每一点 $P(x, y, z)\in\Omega$，都可定出一个向量

$$f_x(x, y, z)\boldsymbol{i}+f_y(x, y, z)\boldsymbol{j}+f_z(x, y, z)\boldsymbol{k}$$

这个向量称为函数 $f(x, y, z)$在点 $P(x, y, z)$的梯度，记作 $\mathbf{grad}f(x, y, z)$或 $\nabla f(x, y, z)$. 即

$$\begin{aligned}\mathbf{grad}f(x, y, z)&=\nabla f(x, y, z)\\&=f_x(x, y, z)\boldsymbol{i}+f_y(x, y, z)\boldsymbol{j}+f_z(x, y, z)\boldsymbol{k}\end{aligned}\quad(10.6.4)$$

其中∇为梯度算子，它在直角坐标系中表示为

$$\nabla=\frac{\partial}{\partial x}\boldsymbol{i}+\frac{\partial}{\partial y}\boldsymbol{j}+\frac{\partial}{\partial z}\boldsymbol{k}$$

因此$\nabla f=\mathbf{grad}f$.

如果函数 $f(x, y, z)$在 $P_0(x_0, y_0, z_0)$可微分，$\boldsymbol{l}=(\cos\alpha, \cos\beta, \cos\gamma)$是方向 $\boldsymbol{l}$ 的单位向量，则方向导数公式（10.6.2）可改为

$$\begin{aligned}\left.\frac{\partial f}{\partial \boldsymbol{l}}\right|_{(x_0,y_0,z_0)}&=(f_x(x_0, y_0, z_0), f_y(x_0, y_0, z_0), f_z(x_0, y_0, z_0))\cdot(\cos\alpha, \cos\beta, \cos\gamma)\\&=\mathbf{grad}f\cdot\boldsymbol{l}\end{aligned}$$

若记 $\varphi=\langle\mathbf{grad}f, \boldsymbol{l}\rangle$，那么由内积定义可得

$$\begin{aligned}\left.\frac{\partial f}{\partial \boldsymbol{l}}\right|_{(x_0,y_0,z_0)}&=\mathbf{grad}f|_{(x_0,y_0,z_0)}\cdot\boldsymbol{l}=|\mathbf{grad}f|\,|_{(x_0,y_0,z_0)}|\boldsymbol{l}|\cos\varphi\\&=|\mathbf{grad}f|\,|_{(x_0,y_0,z_0)}\cos\varphi\end{aligned}\quad(10.6.5)$$

由公式（10.6.5）可以看出，方向导数$\frac{\partial f}{\partial \boldsymbol{l}}$就是梯度 $\mathbf{grad}f$ 在射线 $\boldsymbol{l}$ 上的投影．方向导数有如下性质：

（1）当 $\boldsymbol{l}$ 与 $\mathbf{grad}f$ 同方向时，方向导数有最大值$\frac{\partial f}{\partial \boldsymbol{l}}=|\mathbf{grad}f|$；

（2）当 $\boldsymbol{l}$ 与 $\mathbf{grad}f$ 反方向时，方向导数有最小值$\frac{\partial f}{\partial \boldsymbol{l}}=-|\mathbf{grad}f|$；

(3) 当 $\boldsymbol{l}$ 与 $\mathbf{grad}\,f$ 垂直时，方向导数为零，即 $\dfrac{\partial f}{\partial \boldsymbol{l}}=0$.

可知，梯度方向是方向导数取最大值的方向，也是函数变化率最大的方向，它的模是方向导数的最大值.

2. 梯度的几何意义

数量函数 $u=f(x, y, z)$ 取常值 C 的曲面

$$f(x, y, z)=C$$

称为等值曲面，简记为 $u(M)=C$，其中 $M(x, y, z)$ 为此曲面上的点（如图 10－11 所示）.

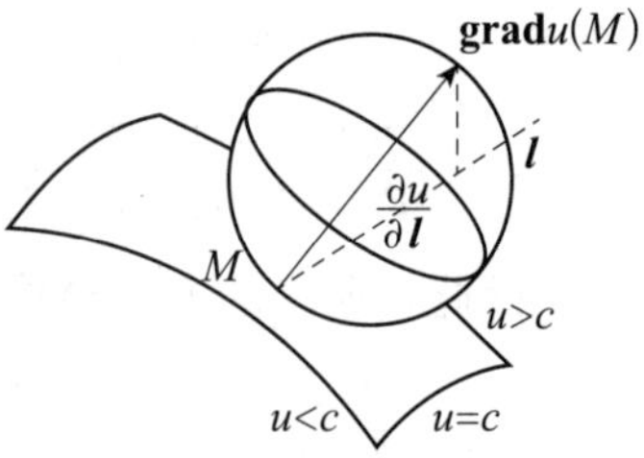

图 10－11

过 M_0 的梯度是通过等值面 $u(M)=C$ 在点 M_0 的法向量，且指向 $u(M)$ 增大的方向. 因此，沿等值面的法线方向，数量场函数的变化最快，等值面分布最密.

例 2 （用梯度求方向导数）求函数 $f(x, y)=xe^y+\cos(xy)$ 在点 (2, 0) 处沿方向 $\boldsymbol{l}=3\boldsymbol{i}-4\boldsymbol{j}$ 的导数.

解 $\boldsymbol{l}$ 的单位向量为

$$\boldsymbol{l}_0=\frac{\boldsymbol{l}}{|\boldsymbol{l}|}=\frac{\boldsymbol{l}}{5}=\frac{3}{5}\boldsymbol{i}-\frac{4}{5}\boldsymbol{j}.$$

$f(x, y)$ 在点 (2, 0) 的偏导数是

$$f_x(2, 0)=[e^y-y\sin(xy)]_{(2,0)}=e^0-0=1$$

$$f_y(2, 0)=[xe^y-x\sin(xy)]_{(2,0)}=2e^0-2\cdot 0=2$$

故函数 $f(x, y)$ 在点 (2, 0) 处的梯度是

$$\nabla f|_{(2,0)}=f_x(2, 0)\boldsymbol{i}+f_y(2, 0)\boldsymbol{j}=\boldsymbol{i}+2\boldsymbol{j}$$

因此 $f(x, y)$ 在 (2, 0) 沿方向 $\boldsymbol{l}$ 的导数是

$$\begin{aligned}\left.\frac{\partial f}{\partial \boldsymbol{l}}\right|_{(2,0)}&=\nabla f|_{(2,0)}\cdot \boldsymbol{l}_0\\&=(\boldsymbol{i}+2\boldsymbol{j})\cdot\left(\frac{3}{5}\boldsymbol{i}-\frac{4}{5}\boldsymbol{j}\right)\\&=\frac{3}{5}-\frac{8}{5}=-1.\end{aligned}$$

如图10－12 所示.

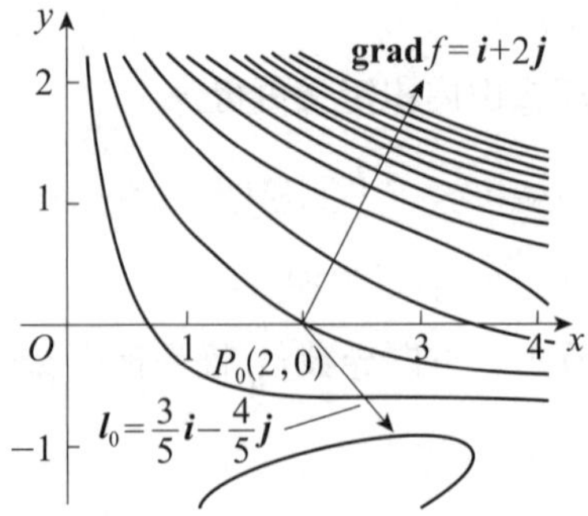

图 10－12

例 3 （求变化率最大、最小和为零的方向）求方向，使得 $f(x, y)=\dfrac{x^2}{2}+\dfrac{y^2}{2}$：

(1) 在点 (1, 1)处增加最快;

(2) 在点 (1, 1)处减少最快;

(3) 在什么方向在点 (1, 1)处的变化率为零?

解 (1) 函数在点 (1, 1)处沿∇f 的方向增加最快.

这里的梯度是

$$\nabla f_{(1,1)}=(x\boldsymbol{i}+y\boldsymbol{j})\big|_{(1,1)}=\boldsymbol{i}+\boldsymbol{j}$$

它的方向是

$$\boldsymbol{u}=\frac{\boldsymbol{i}+\boldsymbol{j}}{|\boldsymbol{i}+\boldsymbol{j}|}=\frac{\boldsymbol{i}+\boldsymbol{j}}{\sqrt{1^2+1^2}}=\frac{1}{\sqrt{2}}\boldsymbol{i}+\frac{1}{\sqrt{2}}\boldsymbol{j}.$$

(2) 函数在点 (1, 1)处沿$-\nabla f$ 的方向减少最快，它是

$$-\boldsymbol{u}=-\frac{1}{\sqrt{2}}\boldsymbol{i}-\frac{1}{\sqrt{2}}\boldsymbol{j}.$$

(3) 在∇f 变化率为零的方向是垂直于∇f 的方向.

$$\boldsymbol{n}=-\frac{1}{\sqrt{2}}\boldsymbol{i}+\frac{1}{\sqrt{2}}\boldsymbol{j} \text{ 和} -\boldsymbol{n}=\frac{1}{\sqrt{2}}\boldsymbol{i}-\frac{1}{\sqrt{2}}\boldsymbol{j}$$

如图 10-13 所示.

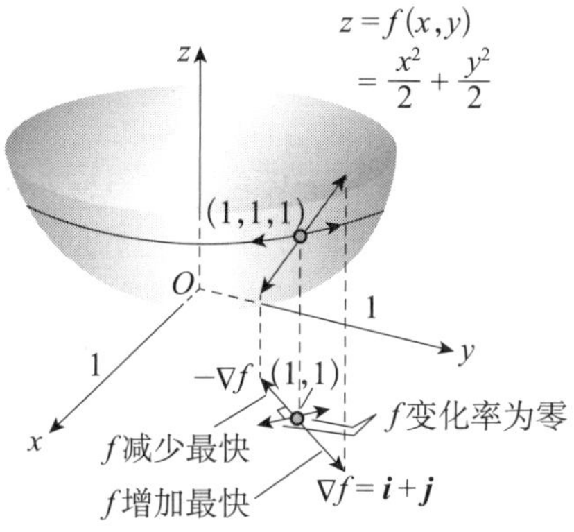

图 10-13

例 4 (1) 求 $f(x, y, z)=x^3-xy^2-z$ 在点 $P_0(1, 1, 0)$沿 $\boldsymbol{l}=2\boldsymbol{i}-3\boldsymbol{j}+6\boldsymbol{k}$ 方向的方向导数;

(2) 沿什么方向函数 f 在点 P_0 变化最快? 在这个方向的变化率是多少?

解 (1) $|\boldsymbol{l}|=\sqrt{2^2+(-3)^2+6^2}=7$

$$\boldsymbol{l}_0=\frac{\boldsymbol{l}}{|\boldsymbol{l}|}=\frac{2}{7}\boldsymbol{i}-\frac{3}{7}\boldsymbol{j}+\frac{6}{7}\boldsymbol{k}$$

又

$$f_x\big|_{(1,1,0)}=(3x^2-y^2)\big|_{(1,1,0)}=2$$

$$f_y\big|_{(1,1,0)}=-2xy\big|_{(1,1,0)}=-2$$

$$f_z\big|_{(1,1,0)}=-1\big|_{(1,1,0)}=-1$$

故 f 在 P_0 的梯度是

$$\nabla f\big|_{(1,1,0)}=2\boldsymbol{i}-2\boldsymbol{j}-\boldsymbol{k}$$

因此 f 在点 P_0 处沿 $\boldsymbol{l}$ 的方向导数为

$$\left.\frac{\partial f}{\partial \boldsymbol{l}}\right|_{(1,1,0)}=\nabla f|_{(1,1,0)}\cdot \boldsymbol{l}=(2\boldsymbol{i}-2\boldsymbol{j}-\boldsymbol{k})\cdot\left(\frac{2}{7}\boldsymbol{i}-\frac{3}{7}\boldsymbol{j}+\frac{6}{7}\boldsymbol{k}\right)=\frac{4}{7}.$$

(2) 函数 f 沿 $\nabla f=2\boldsymbol{i}-2\boldsymbol{j}-\boldsymbol{k}$ 的方向增加最快，沿 $-\nabla f$ 方向减少最快，在这两个方向的变化率分别是

$$|\nabla f|=\sqrt{2^2+(-2)^2+(-1)^2}=3$$

$$-|\nabla f|=-3.$$

3. 梯度的运算法则

由梯度的定义可推得：

(1) $\mathbf{grad}Cu=C\mathbf{grad}u$，$C$ 为常数；

(2) $\mathbf{grad}(u_1+u_2)=\mathbf{grad}u_1+\mathbf{grad}u_2$；

(3) $\mathbf{grad}(u_1u_2)=u_1\mathbf{grad}u_2+u_2\mathbf{grad}u_1$；

(4) $\mathbf{grad}\dfrac{u_1}{u_2}=\dfrac{u_2\mathbf{grad}u_1-u_1\mathbf{grad}u_2}{u_2^2}$；

(5) $\mathbf{grad}f(u)=f'(u)\ \mathbf{grad}u$.

其中 u，u_1，u_2，f 都是可微函数.

习题 10－6

1. 求函数 $z=x^2+y^2$ 在点 (1，2)处，沿从点 (1，2)到点 (2，$2+\sqrt{3}$)方向的方向导数.

2. 求函数 $z=\ln(x+y)$在抛物线 $y^2=4x$ 上点 (1，2)处，沿着抛物线在该点偏向 x 轴正向的切线方向的方向导数.

3. 求函数 $z=1-\left(\dfrac{x^2}{a^2}+\dfrac{y^2}{b^2}\right)$在点$\left(\dfrac{a}{\sqrt{2}}，\dfrac{b}{\sqrt{2}}\right)$处，沿曲线$\dfrac{x^2}{a^2}+\dfrac{y^2}{b^2}=1$ 在这点的内法线方向的方向导数.

4. 求函数 $u=xyz$ 在点 $M_1(5，1，2)$处，沿从点 M_1 到点 $M_2(9，4，4)$方向的方向导数.

5. 求函数 $u=x+y+z$ 在球面 $x^2+y^2+z^2=1$ 上点 $(x_0，y_0，z_0)$处，沿球面在该点的外法线方向的方向导数.

6. 设函数 $f(x，y，z)=x^2+2y^2+3z^2+xy+3x-2y-6z$，求 $\mathbf{grad}f(0，0，0)$及 $\mathbf{grad}f(1，1，1)$.

7. 求函数 $u=xy^2z$ 在点 $P_0(1，-1，2)$处变化最快的方向，并求沿这个方向的方向导数.

项目七　多元微分学的几何应用

一、空间曲线的切线与法平面

有了多元函数的微分法的知识后，现在可以用来求空间曲线的切线和法平面的方程.

定义 10.7.1　设 M_0 是空间曲线 Γ 上的一个定点. 引割线 M_0M_1，当点 M_1 沿曲线 Γ 趋向 M_0 时，割线 M_0M_1 的极限位置 M_0T（如果极限存在的话）称为曲线 Γ 在点 M_0 处的切线. 过点 M_0 且垂直于切线的平面 N，称为曲线 Γ 在点 M_0 处的法平面（如图 10－14 所示）. 下面求空间曲线 Γ 的切线和法平面的方程.

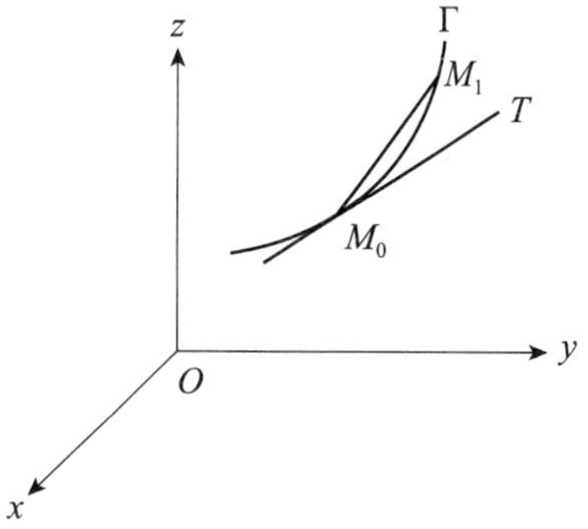

图 10－14

考察空间曲线

$$\Gamma: r=r(t)\ (\alpha\leqslant t\leqslant\beta) \tag{10.7.1}$$

其中 $r=(x, y, z)$，$r(t)=(x(t), y(t), z(t))$，$x'(t)$，$y'(t)$，$z'(t)$在$\alpha\leqslant t\leqslant\beta$上存在，且不同时为零.

对于曲线 Γ 上对应 $t=t_0$ 的点为 $M_0(x_0, y_0, z_0)$及对应于 $t=t_0+\Delta t$ 的点 $M_1(x_0+\Delta x, y_0+\Delta y, z_0+\Delta z)$，则割线 M_0M_1 的方程为

$$\frac{x-x_0}{\Delta x}=\frac{y-y_0}{\Delta y}=\frac{z-z_0}{\Delta z}$$

上式的分母各除以 Δt，得

$$\frac{x-x_0}{\frac{\Delta x}{\Delta t}}=\frac{y-y_0}{\frac{\Delta y}{\Delta t}}=\frac{z-z_0}{\frac{\Delta z}{\Delta t}}$$

它仍为割线 M_0M_1 的方程. 令 $M_1\to M_0$（这时 $\Delta t\to 0$），对上式分别取极限，即得曲线在点 M_0 处的切线方程为

$$\frac{x-x_0}{x'(t_0)}=\frac{y-y_0}{y'(t_0)}=\frac{z-z_0}{z'(t_0)} \tag{10.7.2}$$

如果上式的个别分母在 t_0 处为零，那么按它所在项的分子也为零来理解.

由法平面的定义可知，它是过点 M_0 且以 $\boldsymbol{T}$ 为法向量的平面，于是曲线在点 M_0 的法平面方程为

$$x'(t_0)(x-x_0)+y'(t_0)(y-y_0)+z'(t_0)(z-z_0)=0 \tag{10.7.3}$$

或表示为

$$(r'(t_0), r-r(t_0))=0 \tag{10.7.3'}$$

例 1　求螺旋线：$x=a\cos t$，$y=a\sin t$，$z=bt$ 在 $t=\frac{\pi}{2}$对应的点处的切线和法平面方程（a，b 为常数）.

解　由题意可得

$$x'(t)\big|_{t=\frac{\pi}{2}}=-a\sin t\big|_{t=\frac{\pi}{2}}=-a$$

$$y'(t)\big|_{t=\frac{\pi}{2}}=a\cos t\big|_{t=\frac{\pi}{2}}=0$$

$$z'(t)\big|_{t=\frac{\pi}{2}}=b$$

当 $t=\frac{\pi}{2}$时，对应点是 $M_0(0, a, \frac{b\pi}{2})$，因此在 M_0 处的切线方程为

$$\frac{x}{-a}=\frac{y-a}{0}=\frac{z-\frac{b\pi}{2}}{b}$$

即

$$\begin{cases} bx+a(z-\frac{b\pi}{2})=0 \\ y=a \end{cases}$$

在点 M_0 处曲线的法平面方程为

$$ax-b(z-\frac{b\pi}{2})=0$$

即 $2ax-2bz+b^2\pi=0$

现在我们再来讨论空间曲线 Γ 的方程以另外一种形式给出的情形.

如果空间曲线 Γ 的方程由

$$y=y(x),\ z=z(x)\ (a\leqslant x\leqslant b)$$

的形式给出．此时，可以把它看成以 x 作为参数的参数方程形式

$$x=x,\ y=y(x),\ z=z(x)\ (a\leqslant x\leqslant b)$$

设 $y(x)$，$z(x)$ 在 $x=x_0$ 处可导，根据上面的讨论，可以知道曲线 Γ 在点 $M_0(x_0,\ y_0,\ z_0)$ 处的切线方程为

$$\frac{x-x_0}{1}=\frac{y-y_0}{y'(x_0)}=\frac{z-z_0}{z'(x_0)} \tag{10.7.4}$$

其中，$y_0=y(x_0)$，$z_0=z(x_0)$. 在点 M_0 处的法平面方程为

$$(x-x_0)+y'(x_0)(y-y_0)+z'(x_0)(z-z_0)=0 \tag{10.7.5}$$

例 2 求曲线 $\begin{cases} x^2+y^2+z^2=6 \\ x+y+z=0 \end{cases}$ 在点（1，−2，1）处的切线及法平面方程.

解 在方程组中把 x 看作自变量，而 $y=y(x)$，$z=z(z)$，将所给方程组的两边对 x 求导并移项，得到

$$\begin{cases} y\frac{\mathrm{d}y}{\mathrm{d}x}+z\frac{\mathrm{d}z}{\mathrm{d}x}=-x \\ \frac{\mathrm{d}y}{\mathrm{d}x}+\frac{\mathrm{d}z}{\mathrm{d}x}=-1 \end{cases}$$

由此得

$$\frac{\mathrm{d}y}{\mathrm{d}x}=\frac{\begin{vmatrix} -x & z \\ -1 & 1 \end{vmatrix}}{\begin{vmatrix} y & z \\ 1 & 1 \end{vmatrix}}=\frac{z-x}{y-z},\qquad \frac{\mathrm{d}z}{\mathrm{d}x}=\frac{\begin{vmatrix} y & -x \\ 1 & -1 \end{vmatrix}}{\begin{vmatrix} y & z \\ 1 & 1 \end{vmatrix}}=\frac{x-y}{y-z}$$

故 $\left.\frac{\mathrm{d}y}{\mathrm{d}x}\right|_{(1,-2,1)}=0$，$\frac{\mathrm{d}z}{\mathrm{d}x}_{(1,-2,1)}=-1$.

从而得到切向量为

$$\boldsymbol{T}=\{1,\ 0,\ -1\}$$

故所求切线方程为

$$\frac{x-1}{1}=\frac{y+2}{0}=\frac{z-1}{-1}$$

法平面方程为

$$(x-1)+0\cdot(y+2)-(z-1)=0$$

即

$$x-z=0.$$

设 Γ 为空间曲线：

$$x=x(t),\ y=y(t),\ z=z(t)\quad(\alpha\leqslant t\leqslant\beta)$$

若 $x(t)$，$y(t)$，$z(t)$ 在 $\alpha\leqslant t\leqslant\beta$ 上具有连续导数，且 $x'^2(t)+y'^2(t)+z'^2(t)\neq0$，那么 Γ 在其上每一点处有切线，而且切向量 $\boldsymbol{T}=(x'(t),\ y'(t),\ z'(t))$ 在 $\alpha\leqslant t\leqslant\beta$ 上是连续变化的，我们称这样的曲线为光滑曲线.

二、曲面的切平面与法线

设曲面 Σ 的方程为

$$F(x,\ y,\ z)=0\tag{10.7.6}$$

$M_0(x_0,\ y_0,\ z_0)$ 为曲面 Σ 上的定点，并设 $F(x,\ y,\ z)$ 在该点的偏导数连续且不同时为零，则曲面 Σ 上在过点 M_0 的切平面的方程为

$$F_x(x_0,\ y_0,\ z_0)(x-x_0)+F_y(x_0,y_0,z_0)(y-y_0)+F_z(x_0,\ y_0,\ z_0)(z-z_0)=0\tag{10.7.7}$$

通过点 $M_0(x_0,\ y_0,\ z_0)$ 且垂直于切平面（10.7.7）的直线称为曲面在该点的法线，且法线方程为

$$\frac{x-x_0}{F_x(x_0,\ y_0,\ z_0)}=\frac{y-y_0}{F_y(x_0,\ y_0,\ z_0)}=\frac{z-z_0}{F_z(x_0,\ y_0,\ z_0)}\tag{10.7.8}$$

其中，x，y 和 z 是法线上动点的坐标.

垂直于曲面上切平面的向量称为曲面的法向量．向量

$$\boldsymbol{n}=\{F_x(x_0,\ y_0,\ z_0),\ F_y(x_0,\ y_0,\ z_0),\ F_z(x_0,\ y_0,\ z_0)\}$$

就是曲面 Σ 在点 $M_0(x_0,\ y_0,\ z_0)$ 处的一个法向量.

特别地，曲面 Σ 的方程为

$$z=f(x,\ y)\tag{10.7.9}$$

令

$$F(x,\ y,\ z)=z-f(x,\ y)$$

可见

$$F_x(x,\ y,\ z)=-f_x(x,\ y)$$

$$F_y(x,\ y,\ z)=-f_y(x,\ y)$$

$$F_z(x,\ y,\ z)=1$$

于是，当函数 $f(x,\ y)$ 的偏导数 $f_x(x,\ y)$，$f_y(x,\ y)$ 在点 $(x_0,\ y_0)$ 处连续时，曲面（10.7.9）在点 $M_0(x_0,\ y_0,\ z_0)$ 的切平面方程为

$$z-z_0=f_x(x_0,\ y_0)(x-x_0)+f_y(x_0,\ y_0)(y-y_0)$$

法线方程为

$$\frac{x-x_0}{-f_x(x_0,\ y_0)}=\frac{y-y_0}{-f_y(x_0,\ y_0)}=\frac{z-z_0}{1}$$

在点 $M_0(x_0,\ y_0,\ z_0)$ 处的法向量为

$$\boldsymbol{n}=\nabla f(x_0, y_0, z_0)=\{-f_x(x_0, y_0), -f_y(x_0, y_0), 1\}.$$

如果用 α，β，γ 表示法线的方向角，则法向量的方向余弦为

$$\cos\alpha=\frac{-f_x}{\sqrt{1+f_x^2+f_y^2}}$$

$$\cos\beta=\frac{-f_y}{\sqrt{1+f_x^2+f_y^2}}$$

$$\cos\gamma=\frac{1}{\sqrt{1+f_x^2+f_y^2}}$$

其中，f_x，f_y 分别表示 $f_x(x_0, y_0)$ 和 $f_y(x_0, y_0)$. 由上式可知 $\cos\gamma>0$，表示法向量与 z 轴的正向夹角为锐角，法向量的方向是向上的.

例 3 求椭球面 $\frac{x^2}{3}+\frac{y^2}{12}+\frac{z^2}{27}=1$ 在点 $M_0(1, 2, 3)$处的切平面和法线方程.

解 设 $F(x, y, z)=\frac{x^2}{3}+\frac{y^2}{12}+\frac{z^2}{27}-1$

则 $F_x(x, y, z)=\frac{2}{3}x$

$$F_y(x, y, z)=\frac{1}{6}y$$

$$F_z(x, y, z)=\frac{2}{27}z$$

$$F_x\big|_{M_0}=\frac{2}{3},\ F_y\big|_{M_0}=\frac{1}{3},\ F_z\big|_{M_0}=\frac{2}{9}$$

得到 $\boldsymbol{n}\big|_{M_0}=\left\{\frac{2}{3}, \frac{1}{3}, \frac{2}{9}\right\}$.

因此，在点 M_0 处的切平面方程为

$$\frac{2}{3}(x-1)+\frac{1}{3}(y-2)+\frac{2}{9}(z-3)=0$$

即

$$6x+3y+2z=18$$

法线方程为

$$\frac{x-1}{6}=\frac{y-2}{3}=\frac{z-3}{2}.$$

例 4 求旋转抛物面 $z=x^2+y^2-1$ 在点 $M_0(2, 1, 4)$处的切平面及法线方程.

解 设 $f(x, y)=x^2+y^2-1$

$$f_x=2x,\ f_y=2y$$

得

$$\boldsymbol{n}=\{-2x, -2y, 1\}$$

$$\boldsymbol{n}\big|_{M_0}=\{-4, -2, 1\}$$

因此，在点 M_0 处的切平面方程为

$$-4(x-2)-2(y-1)+(z-4)=0$$

即 $-4x-2y+z+6=0$.

法线方程为

$$\frac{x-2}{-4}=\frac{y-1}{-2}=\frac{z-4}{1}.$$

一般来说，对曲面Σ

$$F(x,y,z)=0$$

若函数 F 有连续偏导数且 $F_x^2+F_y^2+F_z^2\neq0$，那么Σ上的每点都有切平面，而且法向量

$$\boldsymbol{n}=\nabla F=(F_x,F_y,F_z)$$

是连续变化的，称这样的曲面为光滑曲面.

习题 10－7

1. 求曲线 $x=t-\sin t$，$y=1-\cos t$，$z=4\sin\frac{t}{2}$ 在点$\left(\frac{\pi}{2}-1,1,2\sqrt{2}\right)$处的切线及法平面方程.

2. 求曲线 $x=\frac{t}{1+t}$，$y=\frac{1+t}{t}$，$z=t^2$ 在对应于 $t=1$ 点的切线及法平面方程.

3. 求曲线 $y^2=2mx$，$z^2=m-x$ 在点 (x_0,y_0,z_0)处的切线及法平面方程.

4. 求曲线$\begin{cases}x^2+y^2+z^2-3x=0,\\2x-3y+5z-4=0\end{cases}$在点 $(1,1,1)$处的切线及法平面方程.

5. 求出曲线 $x=t$，$y=t^2$，$z=t^3$ 上的点，使该点的切线平行于平面 $x+2y+z=4$.

6. 求球面 $x^2+y^2+z^2=\frac{9}{4}$与椭球面 $3x^2+(y-1)^2+z^2=\frac{17}{4}$的交线对应于 $x=1$ 的交点处的切线方程和法平面方程.

7. 求曲面在指定点处的切平面与法线方程.

(1) $e^z-z+xy=3$，在点 $(2,1,0)$处；

(2) $z=\arctan\frac{y}{x}$，在点$\left(1,1,\frac{\pi}{4}\right)$处；

(3) $\frac{x^2}{a^2}+\frac{y^2}{b^2}+\frac{z^2}{c^2}=1$，在点 (x_0,y_0,z_0)处.

8. 求椭球面 $x^2+2y^2+z^2=1$ 上平行于平面 $x-y+2z=0$ 的切平面方程.

9. 在曲面 $z=xy$ 上求一点，使该点处的法线垂直于平面 $x+3y+z+9=0$，并写出法线方程.

项目八　最优化及其模型

在实际问题中，往往会遇到多元函数的最值问题．与一元函数相类似，多元函数的最大值、最小值和极大值、极小值之间有着密切联系．本项目主要研究二元函数的极值

与最值问题．为此，我们先介绍极值及其判别法.

一、极值及其判别法

定义 10.8.1 设函数 $z=f(x, y)$在点 $P_0(x_0, y_0)$的某个邻域内有定义，对于该邻域内异于点 $P_0(x_0, y_0)$的点 $P(x, y)$，如果都满足不等式

$$f(x, y) \leqslant f(x_0, y_0) \quad (\text{或 } f(x, y) \geqslant f(x_0, y_0))$$

那么称 $f(x_0, y_0)$为函数 $f(x, y)$的极大值（或极小值），点 $P_0(x_0, y_0)$称为函数的极大点（或极小点）. 极大值和极小值统称为极值，极大点和极小点统称为极值点．极值点在函数定义域内部而不是边界上.

例 1 函数 $z=x^2+y^2$ 在点 $O(0, 0)$处有极小值 0，这是因为在点 $O(0, 0)$的任何邻域内除原点外，其他所有点处的函数值恒为正.

例 2 函数 $z=\sqrt{1-x^2-y^2}$ 在点 $O(0, 0)$处有极大值，这是因为由解析几何知道它的图形是上半球面．显然，当 $x^2+y^2\neq 0$ 时

$$z(x, y)<z(0, 0)=1$$

即函数 z 在点 O 处取得极大值 1.

例 3 函数 $z=y^2-x^2$ 在点 $O(0, 0)$处既不取极大值也不取极小值．这是因为$z|_O=0$，沿正 x 轴的函数值 $z(x, 0)=-x^2<0$，而沿正 y 轴的函数值 $z(0, y)=y^2>0$，因此在 xOy 平面的中心 $O(0, 0)$，每个开圆的函数值可取到正值和负值.

求二元函数的极值问题，一般可以利用偏导数的性质来求解．具体归结为以下两个定理.

定理 10.8.1 （极值的必要条件）设函数 $z=f(x, y)$在点 $P_0(x_0, y_0)$处的某个邻域有定义且偏导数存在，如果点 $P_0(x_0, y_0)$是函数的极值点，那么一阶偏导数在点 P_0 处的值必均为零，即

$$f_x(x_0, y_0)=0, \quad f_y(x_0, y_0)=0$$

仿照一元函数，凡是能使 $f_x(x_0, y_0)=0$，$f_y(x_0, y_0)=0$ 同时成立的点 $P_0(x_0, y_0)$称为 $z=f(x, y)$的驻点．由定理 10.8.1 可知，在一阶偏导数存在的条件下，函数的极值点必定是驻点.

这个条件不是充分的．例如，$z=xy$ 在点（0，0)处取不到极值，但是有

$$\left.\frac{\partial z}{\partial x}\right|_{(0,0)}=y|_{(0,0)}=0$$

$$\left.\frac{\partial z}{\partial y}\right|_{(0,0)}=x|_{(0,0)}=0$$

此外，函数在偏导数不存在的点处也有可能有极值．例如，上半锥面

$$f(x, y)=\sqrt{x^2+y^2}$$

在点（0，0)处达到极小值，但此函数在点（0，0)处的偏导数不存在.

由此可见，函数的极值点必定为 f_x 与 f_y 同时为零或至少有一个偏导数不存在的点.

定义 10.8.2 若函数 $f(x, y)$在定义域 D 的一个内点处的 f_x 和 f_y 都是零，或者 f_x 和 f_y 中至少有一个不存在，则称该点为 $f(x, y)$的一个临界点.

综上所述，要求出函数的极值，首先要求出函数在定义域内的临界点，然后进一步判定函数在这些点处是否有极值．为此，我们介绍下面的定理.

定理 10.8.2　(极值的充分条件) 设函数 $z=f(x, y)$在点 $P_0(x_0, y_0)$的某邻域内连续，且有一阶及二阶连续偏导数，又设点 $P_0(x_0, y_0)$是函数的一个驻点，即 $f_x(P_0)=0$，$f_y(P_0)=0$. 令

$$f_{xx}(P_0)=A,\qquad f_{xy}(P_0)=B,\qquad f_{yy}(P_0)=C,$$

则 $f(x, y)$在点 $P_0(x_0, y_0)$是否取得极值的条件如下：

(1) $B^2-AC<0$ 时具有极值，且当 $A<0$ 时有极大值 $f(P_0)$，当 $A>0$ 时有极小值 $f(P_0)$；

(2) $B^2-AC>0$ 时没有极值；

(3) $B^2-AC=0$ 时，函数可能有极值，也可能没有极值，需另作讨论.

证明略.

利用定理 10.8.1 和 10.8.2，可得具有二阶连续偏导数的函数 $z=f(x, y)$极值的计算步骤：

第一步：求出所有驻点，即求 $f_x(x, y)=0$，$f_y(x, y)=0$ 的所有实数解；

第二步：对于每一个驻点 (x_0, y_0)，求出二阶偏导数的值 A，B 和 C；

第三步：定出 B^2-AC 的符号，按定理 10.8.2 判定 $f(x_0, y_0)$是否是极值；若是极值，进一步判定 $f(x_0, y_0)$是极大值还是极小值.

例 4　求函数 $f(x, y)=2xy-3x^2-2y^2+10$ 的极值.

解　由方程组

$$\begin{cases} f_x(x, y)=2y-6x=0 \\ f_y(x, y)=2x-4y=0 \end{cases}$$

解得 $x=0$，$y=0$，即驻点为 $(0, 0)$，有

$$A=f_{xx}(x, y)\big|_{(0,0)}=-6$$

$$B=f_{xy}(x, y)\big|_{(0,0)}=2$$

$$C=f_{yy}(x, y)\big|_{(0,0)}=-4$$

由于判别式

$$B^2-AC=2^2-(-6)\times(-4)=-20<0$$

且 $A=-6<0$，故根据定理 10.8.2 可知：$f(x, y)$在点 $(0, 0)$处取得极大值，值为

$$f(0, 0)=10.$$

例 5　求 $f(x, y)=xy$ 的极值.

解　因为 $f(x, y)$处处可微，可以假定极值仅在满足以下条件的点达到，即

$$f_x=y=0,\quad f_y=x=0$$

这样，原点是仅有的 $f(x, y)$可以取极值的点．为了解在这个点发生了什么，我们计算得到

$$f_{xx}=0,\qquad f_{yy}=0,\qquad f_{xy}=1$$

判别式 $B^2-AC=1$ 是正的，因此函数在 $(0, 0)$没有极值.

讨论函数的极值问题时，如果函数在所讨论的区域内具有偏导数，那么由定理10.8.1可知，极值只可能在驻点处取得．然而，如果函数在个别点处的偏导数不存在，这些点当然不是驻点，但是也有可能是极值点．例如函数 $z=-\sqrt{x^2+y^2}$ 在点（0，0）处的偏导数不存在，但（0，0）却是该函数的极大值点．因此，在考虑函数的极值问题时，除了考虑函数的驻点外，如果有偏导数不存在的点，那么这些点也应当考虑，它们都是可能的极值点.

与一元函数相类似，可以利用函数的极值来求函数的最大值和最小值．在本模块项目一中已经指出，如果函数 $f(x, y)$ 在有界闭区域 D 上连续，则 $f(x, y)$ 在 D 上必定能取得最大值和最小值．取得最大值或最小值的点既可能在 D 的内部，也可能在 D 的边界上．我们假定，函数在 D 上连续、在 D 内可微且只有有限个驻点，这时如果函数在 D 的内部取得最大值（最小值），那么这个最大值（最小值）也是函数的极大值（极小值）．因此，求函数的最大值和最小值的一般方法是：将函数 $f(x, y)$ 在 D 内的所有临界点处的函数值及在 D 的边界上的最大值和最小值相互比较，其中最大的就是最大值，最小的就是最小值．但这种做法由于需要求出 $f(x, y)$ 在 D 的边界上的最大值和最小值，所以往往相当复杂．在通常遇到的实际问题中，如果根据问题的物理性质和实践经验能够判定函数在区域 D 的内部取得最大值（最小值），而函数在 D 内只有一个驻点，那么可以肯定该驻点处的函数值就是函数 $f(x, y)$ 在 D 上的最大值（最小值）.

例 6 求函数 $z=x^2y(4-x-y)$ 在由直线 $x=0$，$y=0$ 及 $x+y=6$ 所围成的三角形区域 D 上的最大值和最小值.

解 首先，考察函数 z 在三角形区域 D 内的极值．令

$$\begin{cases}\dfrac{\partial z}{\partial x}=xy(8-3x-2y)=0\\[2ex]\dfrac{\partial z}{\partial y}=x^2(4-x-2y)=0\end{cases}$$

解这个方程组，得到 D 内的驻点为（2，1）．由于

$$A=\left.\frac{\partial^2 z}{\partial x^2}\right|_{(2,1)}=(8y-6xy-2y^2)|_{(2,1)}=-6$$

$$B=\left.\frac{\partial^2 z}{\partial x\,\partial y}\right|_{(2,1)}=(8x-3x^2-4xy)|_{(2,1)}=-4$$

$$C=\left.\frac{\partial^2 z}{\partial y^2}\right|_{(2,1)}=(-2x^2)|_{(2,1)}=-8$$

可知，$B^2-AC=(-4)^2-(-6)\times(-8)=-32<0$，且 $A=-6<0$，因此函数 z 在点（2，1）处取得极大值，且极大值为

$$z|_{(2,1)}=4.$$

其次，考察函数在三角形区域 D 的边界上的最大值和最小值.

（1）在 $x=0$ 上（$0\leqslant y\leqslant 6$），此时 $z=0$；

（2）在 $y=0$ 上（$0\leqslant x\leqslant 6$），此时 $z=0$；

（3）在 $x+y=6$ 上（$0\leqslant x\leqslant 6$），此时 z 为

$$z=x^2(6-x)(4-x-6+x)$$

$=2x^2(x-6)$

令　$\frac{dz}{dx}=6x(x-4)=0$

解得驻点 $x=4$. 因此当 $x=0$ 时（此时 $y=6$），$z=0$；当 $x=4$ 时（此时 $y=2$），$z=-64$；当 $x=6$ 时（此时 $y=0$），$z=0$.

比较上述所求得的函数值 {4，0，−64，0}，可知函数 z 在三角形区域的内点（2，1）处有最大值 $z=4$；在边界上点（4，2）处有最小值 $z=-64$.

例 7　某工厂生产两种产品 I 与 II，出售单价分别为 10 元与 9 元，生产 x 单位的产品 I 与生产 y 单位的产品 II 的总费用是 $400+2x+3y+0.01(3x^2+xy+3y^2)$（元）. 求取得最大利润时，两种产品的产量各是多少？

解　设 $L(x, y)$ 表示产品 I 与 II 分别生产 x 与 y 单位时所得的总利润，因此总利润等于总收入减去总费用，所以

$$L(x, y)=10x+9y-[400+2x+3y+0.01(3x^2+xy+3y^2)]$$
$$=8x+6y-0.01(3x^2+xy+3y^2)-400$$

由　$L'_x(x, y)=8-0.01(6x+y)=0$，$L'_y(x, y)=6-0.01(x+6y)=0$

得驻点（120，80）.

由问题的实际意义，利润的最大值一定存在，又只有一个驻点，因此当 $x=120$，$y=80$ 时利润最大，此时最大利润为 $L(120, 80)=320$（元）.

二、无约束优化问题

在许多建模问题中，需要优化含有多个独立变量的函数. 这里介绍一种含有两个无约束的独立变量的情形. 我们可以用两种方法找到最优解，一种是普通的多变量微分方法（令偏导数为 0，解变量偏导数所构成的方程组），另一种是梯度搜索算法. 接下来我们仅介绍第一种方法.

问题提出：

一家生产计算机的公司计划生产两种计算机：两种计算机使用相同的微处理芯片，但一种使用 17 英寸的显示器，而另一种使用 21 英寸的显示器. 除了 400 000 元的固定费用外，每生产一台 17 英寸显示器的计算机需要花费 1 950 元，而每生产一台 21 英寸显示器的计算机需要花费 2 250 元. 该公司建议每台使用 17 英寸显示器的计算机零售价格为 3 390 元，而使用 21 英寸显示器的计算机售价格为 3 990 元. 营销人员估计，在销售这些计算机的竞争市场上，一种类型的计算机每多卖出一台，它的价格就下降 0.1 元. 此外，一种类型的计算机的销售也会影响另一种类型的销售：每销售一台 21 英寸显示器的计算机，估计 17 英寸显示器的计算机零售价格下降 0.03 元；每销售一台 17 英寸显示器的计算机，估计 21 英寸显示器的计算机零售价格下降 0.04 元. 假设生产的所有计算机都可以售出，那么该公司应该生产每种计算机多少台，才能使取得的利润最大？

模型建立

我们对这两类计算机定义如下变量（$i=1$ 或 2）：

x_1：17 英寸显示器的计算机的数量；

x_2：21 英寸显示器的计算机的数量；

P_i：x_i 的零售价格；

R：计算机零售收入；

C：计算机的制造成本；

P：计算机零售的总利润.

从前面的讨论，我们可以得到下面的假设和子模型

$$P_1=3\,390-0.1x_1-0.03x_2$$

$$P_2=3\,990-0.04x_1-0.1x_2$$

$$R=P_1\cdot x_1+P_2\cdot x_2$$

$$C=400\,000+1\,950x_1+2\,250x_2$$

$$P=R-C$$

$$x_1,\ x_2\geqslant 0.$$

我们的目标是使利润函数最大化

$$\begin{aligned}P(x_1,\ x_2)&=R-C\\&=(3\,390-0.1x_1-0.03x_2)x_1+(3\,990-0.04x_1-0.1x_2)x_2\\&\quad-(400\,000+1\,950x_1+2\,250x_2)\\&=1\,440x_1-0.1x_1^2+1\,740x_2-0.1x_2^2-0.07x_1x_2-400\,000\end{aligned}$$

最优的必要条件是

$$\frac{\partial P}{\partial x_1}=1\,440-0.2x_1-0.07x_2=0$$

$$\frac{\partial P}{\partial x_2}=1\,740-0.07x_1-0.2x_2=0$$

解方程组得到 $x_1=4\,736$，$x_2=7\,043$（经过四舍五入）. 因此，公司应该制造 4 736 台 17 英寸显示器的计算机，7 043 台 21 英寸显示器的计算机，总利润为 $P(4\,736,\ 7\,043)=9\,136\,410.25$（元），图 10 - 15 画出了 $P(x_1,\ x_2)$所代表的曲面，验证了 $P(4\,736,\ 7\,043)$ 确实是一个最大值点．这一事实也可以通过多元微积分中检查二阶导数的方法得到验证，即在极点 $P(4\,736,\ 7\,043)$

$$\frac{\partial^2 P}{\partial x_1^2}=-0.2<0;$$

$$\left(\frac{\partial^2 P}{\partial x_1\,\partial x_2}\right)^2-\frac{\partial^2 P}{\partial x_1^2}\cdot\frac{\partial^2 P}{\partial x_2^2}=(-0.07)^2-(-0.2)(-0.2)\approx-0.04<0.$$

三、约束极值（条件极值）问题的拉格朗日乘数法

上面所讨论的极值问题，对于函数的自变量，除了限制在函数的定义域内以外，并无其他条件，所以称为**无约束极值问题（无条件极值问题）**．但在实际问题中，有时会遇到对函数的自变量还有附加条件的极值问题．例如，求表面积为 a^2 而体积为最大的长方体的体积问题．设长方体的三条棱的长为 x，y，z，体积为 V，那么问题就化为求函数 $V=xyz$ 的极值问题．又因假定表面积为 a^2，所以自变量 x，y，z 不仅要大于零，而且还要满足附加条件 $2(xy+yz+zx)=a^2$．这种对自变量有附加条件的极值问题称为**约束极值（条件极值）问题**，附加条件称为**约束条件**．从理论上讲，在一定的条件下，

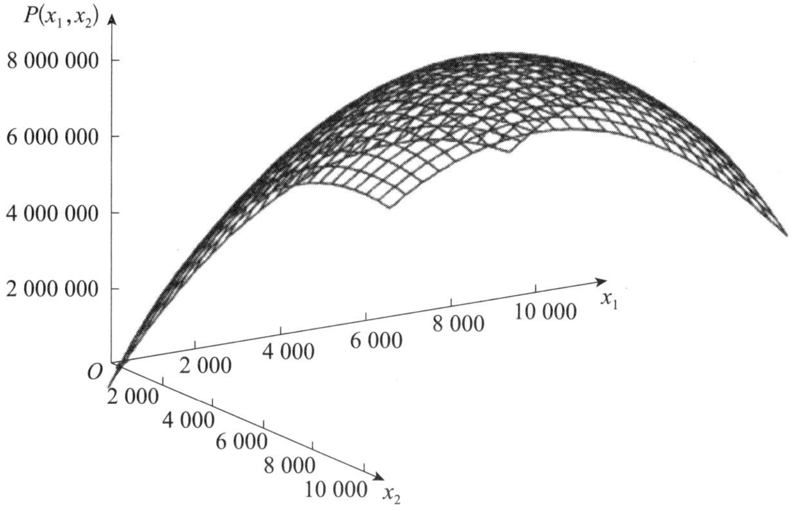

图 10-15

约束极值可以化为无约束极值，然后利用前面的方法加以解决.

但是在很多情形下，约束极值问题无法转化成无约束极值问题．我们通过引入拉格朗日乘子将约束极值问题转化为无约束极值的问题求解，这就是下面要介绍的拉格朗日乘数法．在当今社会，这种方法在经济学、工程以及数学中有着广泛的应用．为简单起见，以二元函数为例.

寻求函数（称为目标函数）

$$z=f(x,\ y) \tag{10.8.1}$$

在约束条件

$$\varphi(x,\ y)=0 \tag{10.8.2}$$

下取得极值的必要条件．简记为

$$\text{Min(或 Max)}f(x,\ y)$$

$$s.t.\ \varphi(x,\ y)=0$$

拉格朗日乘数法　要求函数 $z=f(x,\ y)$，$(x,\ y)\in D$ 在约束条件 $\varphi(x,\ y)=0$ 下的驻点，可以先引进一个函数（通常称为拉格朗日函数）

$$L(x,\ y,\ \lambda)=f(x,\ y)+\lambda\varphi(x,\ y)$$

其中 $(x,\ y)\in D$，$\lambda\in\mathbf{R}$（称为拉格朗日乘子），求其对 x，y 和 λ 的一阶偏导数，并使之为零，即

$$\begin{cases} L_x=f_x(x,\ y)+\lambda\varphi_x(x,\ y)=0 \\ L_y=f_y(x,\ y)+\lambda\varphi_y(x,\ y)=0 \\ L_\lambda=\varphi(x,\ y)=0 \end{cases} \tag{10.8.3}$$

由该方程组解出 x，y 及 λ，其中 x，y 就是函数 $f(x,\ y)$ 在约束条件 $\varphi(x,\ y)=0$ 下的驻点坐标．这里未知数 x，y，λ 的个数与方程的个数是相等的.

注：利用梯度记号，将式（10.8.3）化简为

$$\begin{cases}\nabla f+\lambda \nabla\varphi=0 \\ \varphi=0\end{cases} \tag{10.8.4}$$

拉格朗日乘数法可以推广到 n 个变量的函数

$$u=f(x_1, x_2, \cdots, x_n)$$

在 n 个独立的约束条件

$$\varphi_i(x_1, x_2, \cdots, x_n)=0 \quad (i=1, 2, \cdots, m, m<n)$$

下的极值. 此时拉格朗日函数为

$$L(x_1, x_2, \cdots, x_n, \lambda_1, \lambda_2, \cdots, \lambda_m)$$
$$=f(x_1,x_2,\cdots,x_n)+\sum_{j=1}^{m}\lambda_j\varphi_j(x_1,x_2,\cdots,x_n)$$

由 L 取得极值的必要条件

$$\frac{\partial L}{\partial x_i}=0 \quad (i=1, 2, \cdots, n)$$

$$\frac{\partial L}{\partial \lambda_j}=0 \quad (j=1, 2, \cdots, m)$$

可解得 L 的驻点 $(x_1^0, x_2^0, \cdots, x_n^0, \lambda_1^0, \lambda_2^0, \cdots, \lambda_m^0)$，其中 $(x_1^0, x_2^0, \cdots, x_n^0)$给出了 u 的可能极值点.

至于如何确定所求得的点是否是极值点，在实际问题中往往可根据问题本身的性质来判定. 下面举例说明拉格朗日乘数法在几何问题、经济问题和不等式方面的应用.

例 8 求表面积为 a^2 而体积为最大的长方体的体积.

解 设长方体的三棱长为 x，y，z，则问题就是在条件

$$\varphi(x, y, z)=2xy+2yz+2xz-a^2=0 \tag{10.8.5}$$

下，求函数

$$V=xyz(x>0, y>0, z>0)$$

的最大值. 作拉格朗日函数

$$L(x, y, z, \lambda)=xyz+\lambda(2xy+2yz+2xz-a^2)$$

求其对 x，y，z，λ 的偏导数，并使之为零，得

$$\begin{cases}yz+2\lambda(y+z)=0 \\ xz+2\lambda(x+z)=0 \\ xy+2\lambda(y+x)=0 \\ 2xy+2yz+2xz-a^2=0\end{cases} \tag{10.8.6}$$

因 x，y，z 都不等于零，所以由式（10.8.6）可解得

$$\frac{x}{y}=\frac{x+z}{y+z}$$

$$\frac{y}{z}=\frac{x+y}{x+z}$$

由以上两式解得 $x=y=z$

将此式代入式（10.8.5），便得驻点的坐标

$$x=y=z=\frac{\sqrt{6}}{6}a$$

这是唯一可能极值点．因为由问题可知最大值一定存在，所以最大值就在这个可能极值点处取得．也就是说，在表面积为 a^2 的长方体中，以棱长为$\frac{\sqrt{6}}{6}a$ 的正方体的体积最大，最大体积为：

$$V=\frac{\sqrt{6}}{36}a^3.$$

例 9　求函数 $z=x^2+y^2+2xy-2x$ 在闭区域 $x^2+y^2\leqslant 1$ 上的最大值和最小值.

解　对这类最大值和最小值问题的解法，首先求开区域内的驻点，再求边界上可能的最大值与最小值点，最后计算出上述各点的函数值，比较它们的大小，最大者为闭区域上的最大值，最小者为闭区域上的最小值.

(1) 首先求开区域 $x^2+y^2<1$ 内的驻点，为此令

$$\begin{cases}\dfrac{\partial z}{\partial x}=2x+2y-2=0\\ \dfrac{\partial z}{\partial y}=2y+2x=0\end{cases}$$

此联立方程组无解，这表示 $x^2+y^2<1$ 内无驻点.

(2) 再讨论边界 $x^2+y^2=1$ 上的极值．该问题的实质是求函数 $z=x^2+y^2+2xy-2x$ 在条件 $x^2+y^2-1=0$ 下的极值问题，即约束极值问题．用拉格朗日乘数法，作

$$L=x^2+y^2+2xy-2x+\lambda(x^2+y^2-1)$$

$$由\begin{cases}L_x=2x+2y-2+2\lambda x=0\\ L_y=2y+2x+2\lambda y=0\\ x^2+y^2-1=0\end{cases}$$

解联立方程组，得

$$\begin{cases}x=0\\ y=1\end{cases},\ \begin{cases}x=\dfrac{\sqrt{3}}{2}\\ y=-\dfrac{1}{2}\end{cases},\ \begin{cases}x=-\dfrac{\sqrt{3}}{2}\\ y=-\dfrac{1}{2}\end{cases}$$

对应函数值为

$$z(0,\ 1)=1$$

$$z\left(\frac{\sqrt{3}}{2},\ -\frac{1}{2}\right)=1-\frac{3}{2}\sqrt{3}$$

$$z\left(-\frac{\sqrt{3}}{2},\ -\frac{1}{2}\right)=1+\frac{3}{2}\sqrt{3}$$

所以最大值、最小值为

$$z_{\max}=z\left(-\frac{\sqrt{3}}{2},\ -\frac{1}{2}\right)=1+\frac{3}{2}\sqrt{3}$$

$$z_{\min}=z\left(\frac{\sqrt{3}}{2},\ -\frac{1}{2}\right)=1-\frac{3}{2}\sqrt{3}.$$

例 10　设生产某种产品必须投入两种要素，x_1 和 x_2 分别为两种要素的投入量，θ 为产品量；已知生产函数为 $Q=2x_1^{\alpha}x_2^{\beta}$，其中 α，β 为正常数，且 $\alpha+\beta=1$. 假设两种要素

的价格分别为 p_1 和 p_2. 试问：当产出量为12时，两种要素各投入多少时可使得投入的总费用最小?

解 目标函数为投入总费用

$$u=p_1x_1+p_2x_2$$

约束条件 $2x_1^{\alpha}x_2^{\beta}=12$

作拉格朗日函数

$$L=p_1x_1+p_2x_2+\lambda(12-2x_1^{\alpha}x_2^{\beta})$$

对 x_1，x_2 及 λ 求导，得到

$$\begin{cases}p_1-2\lambda\alpha x_1^{\alpha-1}x_2^{\beta}=0\\ p_2-2\lambda\beta x_1^{\alpha}x_2^{\beta-1}=0\\ 12-2x_1^{\alpha}x_2^{\beta}=0\end{cases}$$

由前两式之比，得到

$$\frac{p_2}{p_1}=\frac{\beta x_1}{\alpha x_2}$$

即 $x_1=\dfrac{p_2\alpha}{p_1\beta}x_2$

将 x_1 代入约束条件，得到

$$x_2=6\left(\frac{p_1\beta}{p_2\alpha}\right)^{\alpha},\quad x_1=6\left(\frac{p_2\alpha}{p_1\beta}\right)^{\beta}.$$

因驻点唯一，且实际问题存在最小值．因此当 x_1，x_2 取所求值时，投入的总费用为最小.

四、约束优化模型

考虑你被一家小型石油转运公司雇佣为咨询员的情形．由于储存空间非常有限，该公司管理人员希望有一种使费用最少的管理策略.

公司为我们提供了以下数据（表 10－1）:

表 10－1

石油类型	a_i（元）	b_i	h_i（元）	t_i（m^3）
1	9	3	0.50	2
2	4	5	0.20	4

其中 a_i 为第 i 类石油的成本，b_i 为单位时间内从容器中取走的第 i 类石油的速率，h_i 为第 i 类石油单位时间的储存费，t_i 为每单位的第 i 类石油所占用的储存空间.

问题的提出:

在满足有限的储存空间约束的前提下，分配和维持足够的石油以满足需求，使总费用最小.

问题的假设:

决定总费用的因素有很多．在我们的模型中仅考虑以下因素：容器储存石油的存储费；单位时间内从容器中取走石油的速率；石油的成本；容器的容量.

模型建立：

我们对两类石油定义如下变量（$i=1$ 或 2）：

x_i 为储存的第 i 类石油的数量；

a_i 为第 i 类石油的成本；

b_i 为单位时间内从容器中取走的第 i 类石油的速率；

h_i 为第 i 类石油单位时间的储存费；

t_i 为每单位的第 i 类石油所占用的储存空间；

T 为储存容器的总容量.

通过研究历史数据记录已经得到了用以上变量表达的总费用的计算公式．我们的目标是最小化费用之和：

$$\begin{cases}\mathrm{Min} f(x_1, x_2)=\left(\dfrac{a_1b_1}{x_1}+\dfrac{h_1x_1}{2}\right)+\left(\dfrac{a_2b_2}{x_2}+\dfrac{h_2x_2}{2}\right)\\ s.t.\ g(x_1, x_2)=t_1x_1+t_2x_2=T(\text{空间限制})\end{cases} \tag{10.8.7}$$

通过测量，我们发现公司的储存容器的总容量只有 24 m^3. 将这些数据代入式（10.8.7），我们的模型成为

$$\begin{cases}\mathrm{Min} f(x_1, x_2)=\dfrac{27}{x_1}+0.25x_1+\dfrac{20}{x_2}+0.10x_2\\ s.t.\ 2x_1+4x_2=24\end{cases}$$

模型求解：

求解具有等式约束的非线性优化问题的常用方法是拉格朗日乘数法．这一方法通过引入新变量 λ，定义函数

$$L(x_1, x_2, \lambda)=\frac{27}{x_1}+0.25x_1+\frac{20}{x_2}+0.10x_2+\lambda(2x_1+4x_2-24) \tag{10.8.8}$$

对变量 x_1，x_2，λ 分别求偏导数，并令它们为 0，即

$$\begin{cases}\dfrac{\partial L}{\partial x_1}=\dfrac{-27}{x_1^2}+0.25+2\lambda=0\\ \dfrac{\partial L}{\partial x_2}=\dfrac{-20}{x_2^2}+0.10+4\lambda=0\\ \dfrac{\partial L}{\partial \lambda}=2x_1+4x_2-24=0\end{cases}$$

使用计算机代数系统，我们找到解

$$x_1=5.0968,\ x_2=3.4516,\ \lambda=0.3947,\ f(x_1, x_2)=12.71\ (\text{元})$$

当对 x_1 和 x_2 的值做很小的扰动（无论增加还是减少）时，我们发现 $f(x_1, x_2)$的值是增加的．因此，这个解是一个极小点.

模型的敏感性：

变量 λ 的值具有特殊的意义，被称为**影子价格**．λ 的值表示的是，当 λ 所表示的约束的右端项增加 1 个单位时，目标函数值的改变量．所以，在这个问题中的 $\lambda=0.3947$ 表示：如果储存容器的总容量从 24 m^3 增加到 25 m^3，则目标函数的值从 12.71 元近似

变为 12.71+1×0.394 7，即 13.10 元．经济解释是：储存容器增加 1 个单位时，分配和存储费用增加 0.40 元.

习题 10－8

1. 求下列函数的驻点与极值点，并说明是极大点，还是极小点.

(1) $z=2xy-3x^2-2y^2$　　(2) $z=x^3+y^3-3(x^2+y^2)$

(3) $2x^2+2y^2+z^2+8xz-z+8=0$，其中 z 是 x，y 的函数.

2. 求下列函数的极值.

(1) $f(x,y)=xy+\dfrac{a}{x}+\dfrac{a}{y}\quad(a>0)$　　(2) $f(x,y)=x^2+xy+y^2+x-y+1$

(3) $f(x,y)=4(x-y)-x^2-y^2$　　(4) $f(x,y)=e^{2x}(x+y^2+2y)$

3. 求函数 $z=xy$ 在附加条件 $x+y=1$ 下的极大值.

4. 从斜边长为 l 的直角三角形中，求有最大周长的直角三角形.

5. 求 $f(x,y)=x^2+y^2$ 在条件 $\dfrac{x}{a}+\dfrac{y}{b}=1$ 下的极值(其中 a，$b\neq0$).

6. 要建造一个容积等于定数 k 的长方体无盖水池，应如何选择水池的尺寸，才可使它的表面积最小.

7. 设某工厂生产甲产品的数量 s(吨) 与所用两种原料 A，B 的数量 x，y(吨) 间有关系式 $s(x,y)=0.005x^2y$. 现准备向银行贷款 150 万元购买原料，已知 A，B 原料每吨单价分别为 1 万元和 2 万元，问怎样购进两种原料，才能使生产的数量最多?

8. 设某厂生产两种产品，产量为 x 和 y，总成本函数为

$$C=8x^2+6y^2-2xy-40x-42y+180$$

求最小成本.

9. 某工厂生产 A，B 两种型号的产品，A 型产品的需求函数为 $D_1=8-x+2y$，B 型产品的需求函数为 $D_2=10+2x-5y$，其中 x，y 分别为 A，B 两种产品的价格（单位：万元），而总成本函数 $C=3D_1+2D_2$. 问价格 x，y 分别取何值时可使产品的利润最大? 最大利润为多少?

项目九　数学实验（十）
——计算多元函数微分

一、偏导数的计算

在 MATLAB 软件中，求一元函数导数与多元函数偏导数都是使用函数 diff，其调

用格式为：

(1) diff(f,x)，计算表达式 f 对变量 x 的一阶偏导数，即求$\frac{\partial f}{\partial x}$；

(2) diff(f,x,n)，计算表达式 f 对变量 x 的 n 阶偏导数，即求$\frac{\partial^n f}{\partial x^n}$.

如果求混合偏导数$\frac{\partial^2 f}{\partial x \partial y}$，只需在$\frac{\partial f}{\partial x}$(diff(f,x))的基础上再对 y 求偏导数，即为 diff(diff(f,x),y)或 f_x=diff(f,x),f_xy=diff(f_x,y).

例 1　计算二元函数 $f(x,\ y)=x^3y^2+x^2+1$ 的一阶偏导数，并求在点 (1, 1)处的值.

解　在 MATLAB 中输入：

```
>>syms x y                              %定义符号变量 x,y
>>f=x^3*y^2+x^2+1;                      %用符号表达式表示函数 f(x,y)
>>f_x=diff(f,x)                         %求函数 f 对 x 的一阶偏导数
>>f_y=diff(f,y)                         %求函数 f 对 y 的一阶偏导数
>>f_xv=subs(f_x,{x,y},{1,1})            %计算一阶偏导数 f_x 在(1,1)处的值
>>f_yv=subs(f_y,{x,y},{1,1})            %计算一阶偏导数 f_y 在(1,1)处的值
```

输出结果为：

```
f_x=3*x^2*y^2 + 2*x
f_y=2*x^3*y
f_xv=5
f_yv=2
```

即　$\frac{\partial f}{\partial x}=3x^2y^2+2x$，$\frac{\partial f}{\partial y}=2x^3y$，$f_x(1,\ 1)=5$，$f_y(1,\ 1)=2$.

例 2　计算 $f(x,\ y)=x^3-4x^2+2xy-y^2+1$ 的二阶偏导数$\frac{\partial^2 f}{\partial x^2}$，$\frac{\partial^2 f}{\partial y^2}$，$\frac{\partial^2 f}{\partial x \partial y}$，$\frac{\partial^2 f}{\partial y \partial x}$.

解　在 MATLAB 中输入：

```
>>syms x y
>>f=x^3-4*x^2+2*x*y-y^2+1;
>>f_xx=diff(f,x,2)                 %计算 f 对 x 的二阶偏导数
>>f_yy=diff(f,y,2)                 %计算 f 对 y 的二阶偏导数
>>f_xy=diff(diff(f,x),y)           %计算混合偏导数
>>f_yx=diff(diff(f,y),x)           %计算混合偏导数
```

输出结果为:f_xx=6*x-8,f_yy=-2,f_xy=2,f_yx=2

即　$\frac{\partial^2 f}{\partial x^2}=6x-8$，$\frac{\partial^2 f}{\partial y^2}=-2$，$\frac{\partial^2 f}{\partial x \partial y}=2$，$\frac{\partial^2 f}{\partial y \partial x}=2$.

二、多元函数的极值与最值

例 3 求函数 $f(x, y)=x^3-3xy+y^3-2$ 的极值点.

解 首先利用 diff 命令求出 $f(x, y)$ 关于 x，y 的偏导数

```
>>syms x y
>>f=x^3-3*x*y+y^3-2;
>>f_x=diff(f,x);
>>f_y=diff(f,y);
```

输出结果为：f_x=3*x^2-3*y

f_y=3*y^2-3*x

即 $\frac{\partial f}{\partial x}=3x^2-3y$，$\frac{\partial f}{\partial y}=3y^2-3x$，再求解方程组 $\begin{cases}\frac{\partial f}{\partial x}=3x^2-3y=0\\ \frac{\partial f}{\partial y}=3y^2-3x=0\end{cases}$，求得各驻点的坐标.

方程组求解使用 solve 命令，具体格式为：solve（方程组，变量）. 求解该方程组的 MATLAB 命令为：

```
>>[u,v]=solve(f_x==0,f_y==0,x,y)
```

结果得到两个驻点，分别是（0，0），（1，1）.

下面再求判别式中的二阶偏导数：

```
>>A=diff(f,x,2)
>>B=diff(diff(f,x),y)
>>C=diff(f,y,2)
```

输出结果为

A=6*x,B=-3,C=6*y

然后再分别计算两个驻点处的判别式 B^2-AC 的值：

```
>>ans1=subs(B^2-A*C,[x,y],[0,0])
>>ans2=subs(B^2-A*C,[x,y],[1,1])
```

得到结果 ans1=9，ans2=-27，由判别式可知（1，1）是函数的极小值点，而（0，0）不是极值点. 实际上（1，1）是函数的最小值点.

例 4 求函数 $f(x, y)=x^2+y^2$ 在条件 $x+y=1$ 下的极值点.

解 构造拉格朗日函数

$L(x, y, \lambda)=x^2+y^2+\lambda(x+y-1)$

求拉格朗日函数的无条件极值.

先求 $L(x, y, \lambda)$ 关于 x，y，λ 的一阶偏导数：

```
>>syms x y lambda
>>L=x^2+y^2+lambda*(x+y-1)
>>L_x=diff(L,x)
```

```
>>L_y=diff(L,y)
>>L_lambda=diff(L,lambda)
```

再求解方程组$\begin{cases}\dfrac{\partial L}{\partial x}=0\\ \dfrac{\partial L}{\partial y}=0\\ \dfrac{\partial L}{\partial \lambda}=0\end{cases}$，求得各驻点的坐标：

```
>>[x,y,lambda]=solve(L_x==0,L_y==0,L_lambda==0,x,y,lambda)
```

得 $x=\frac{1}{2}$，$y=\frac{1}{2}$，$\lambda=-1$，经过判断，点$\left(\frac{1}{2},\ \frac{1}{2}\right)$为函数的极小值点，此时函数取最小值.

习题 10－9

1. 计算二元函数 $f(x,\ y)=x^3y+2xy^2$ 的一阶和二阶偏导数，并求在点（1，1）处的值.

2. 计算二元函数 $f(x,\ y)=x^y$ 的一阶和二阶偏导数，并求在点（2，3）处的值.

3. 计算二元函数 $f(x,\ y)=\ln\left(x+\frac{y}{2x}\right)$的一阶和二阶偏导数，并求在点（1，0）处的值.

4. 求函数 $f(x,\ y)=x^3+y^3-6xy$ 的极值点.

5. 求函数 $f(x,\ y)=x^3-y^3+3x^2+3y^2-9x$ 的极值点.

6. 求函数 $f(x,\ y)=\ln x+\ln y$ 在条件 $4x+5y=200$ 下的极值点.

7. 求函数 $f(x,\ y)=x^2+y^2$ 在条件 $2x+y=2$ 下的极值点.

8. 求函数 $f(x,\ y,\ z)=x^3y^2z$ 在条件 $x+y+z=12$ 下的极值点.

拓展与思考（十）

问题 1：请利用生成式人工智能大模型，对本书模块十的课程内容进行概括性总结.

问题 2：结合你自己掌握的知识以及其他可获取的线上和线下资料，运用批判性思维对问题 1 中生成式人工智能大模型生成的模块十课程内容总结进行深入分析和修正，以提供一个更加准确、全面的总结.

问题 3：最大值和最小值定理表明，在有界闭区域上，多元连续函数必定存在最大值和最小值．在模块二中，我们讨论的函数是一元函数，其探索的方向只有数轴的正向和负向，我们可以沿这两个方向搜索，使用爬山法（一种直接法）跑遍所有“山峰”和“山谷”就可以寻找到函数的最值．有界闭区域是由无数多条线或无数多个面构成的，在此无数多个搜索方向的情况下，如何应用爬山法设计一个计算多元连续函数最值的直接算法？请利用生成式人工智能大模型，更深入了解和探讨现有的像爬山法这样的直接算法的优点与缺陷．尝试设计一种更有效的计算最值的直接算法.

问题 4：在许多最优化的建模问题中，我们经常需要优化包含多个变量的函数．对于只有两个无约束独立变量的情况，梯度搜索算法是一种有效的迭代方法，最速下降梯度方法（用于最小化问题）和牛顿法应用于找到函数的极值点．请利用生成式人工智能大模型，了解梯度搜索算法和牛顿法的算法原理及其步骤，并进一步了解这两种算法的特点.

模块十一
重积分

扫一扫

- 模块十一 重积分
  - 项目一 二重积分的定义与性质
    - 二重积分的定义
      - 曲顶柱体的体积
      - 平面薄片的质量
      - 二重积分的定义
    - 二重积分的性质
  - 项目二 二重积分的计算
    - 直角坐标下二重积分的计算
      - 垂直型区域
      - 水平型区域
    - 极坐标下二重积分的计算
  - 项目三 数学实验（十一）——计算二重积分

在一元函数积分学中，我们知道在区间 $[a, b]$ 上的一元函数定积分是某种确定形式的和式极限．如果将这种和式极限的概念推广，把一元函数定积分的积分区间弯成一条空间曲线，就得到函数沿空间曲线的积分；把二重积分中的积分区域弯成一片空间曲面，就得到函数沿空间曲面的积分．如果在空间区域上定义多元函数的一个积分，就得到空间区域上的重积分．重积分、曲线积分和曲面积分构成了多元函数的积分学.

实际上，微积分的创始者从一开始就涉及重积分的概念，但多重积分理论的创立，主要还要归功于 18 世纪的数学家．牛顿在创立万有引力定律时已包含了多重积分计算，然而牛顿仅使用了几何论述．进入 18 世纪，牛顿的工作才被以分析形式加以推广．1748 年欧拉用累次积分算出了表示一厚度为 δc 的椭圆薄片对其中心正上方一质点的引力的重积分

$$\delta c\iint \frac{c\mathrm{d}x\mathrm{d}y}{(c^2+x^2+y^2)^{\frac{3}{2}}}$$

积分区域由椭圆 $\frac{x^2}{a^2}+\frac{y^2}{b^2}=1$ 围成．到 1770 年左右，欧拉已经能给出计算二重积分的一般程序．而拉格朗日在关于旋转椭球的引力的著作中，用三重积分表示引力，并开始了多重积分变换的研究.

本模块将介绍重积分的概念、计算，以及它们在求物体的体积、质量等问题中的应用.

项目一　二重积分的定义与性质

一、二重积分的定义

1. 曲顶柱体的体积

以 xOy 平面上的有界闭区域 D 为底，以 D 的边界曲线 L 为准线而母线平行于 z 轴的柱面为侧面，以 D 为定义域且取正值的连续函数 $f(x, y)$ 表示的是以连续曲面为顶所围的几何体，称为曲顶柱体．下面考虑曲顶柱体的体积 V 的计算问题.

平顶柱体的底面上各处的高是相同的，所以其体积为高乘以底面积．曲顶柱体的顶是曲面，它在点 $(x, y)\in D$ 处的高度 $f(x, y)$ 随点 (x, y) 的位置不同而变化，因此前面求平顶柱体的体积公式显然不适用．于是我们可以借鉴求曲边梯形面积的方法来计算曲顶柱体的体积.

（1）分割．用一组曲线网将区域 D 分割成 n 个小闭区域 $\Delta\sigma_1$，$\Delta\sigma_2$，…，$\Delta\sigma_n$，小区域的面积记为 $\Delta\sigma_i(i=1, 2, \cdots, n)$．以 $\Delta\sigma_i$ 的边界曲线为准线，作母线平行于 z 轴的柱面，这些柱面把原来的曲顶柱体分为 n 个细曲顶柱体 ΔV_i，其体积也记作 $\Delta V_i(i=1, 2, \cdots, n)$.

（2）近似．由于 $f(x, y)$ 是连续的，当分割相当细时，曲顶柱体 ΔV_i 的高度 $f(x, y)$ 变化很小，这时小曲顶柱体可以近似看作平顶柱体．我们在每个小区域 $\Delta\sigma_i$ 上任取一点

(ξ_i, η_i)，以 $f(\xi_i, \eta_i)$ 为高而底为 $\Delta\sigma_i$ 的平顶柱体近似地代替细曲顶柱体，则有

$$\Delta V_i \approx f(\xi_i, \eta_i)\Delta\sigma_i (i=1, 2, \cdots, n)$$

(3) 求和．把 n 个平顶柱体体积累加起来，所得之和作为曲顶柱体 V 的近似值

$$V = \sum_{i=1}^{n} \Delta V_i \approx \sum_{i=1}^{n} f(\xi_i, \eta_i)\Delta\sigma_i$$

(4) 取极限．令 n 个小区域的直径中的最大值 λ 趋于零，取上述和式的极限，所得的极限即为所求曲顶柱体的体积

$$V = \lim_{\lambda\to 0}\sum_{i=1}^{n} f(\xi_i, \eta_i)\Delta\sigma_i$$

2. 平面薄片的质量

设一平面薄片所占 xOy 平面上的闭区域为 D，它在点 (x, y) 处的面密度 $\mu(x, y)$ 是 D 上连续的正值函数，现在计算该薄片的质量 M.

我们知道，如果薄片是均匀的，则面密度是常数，薄片的质量为面密度乘以面积．若密度 $\mu(x, y)$ 是变量，则不能用上述公式．然而，由于密度 $\mu(x, y)$ 是连续变化的，若把薄片分成许多小块后，则在每一小块上的面密度可以近似地看作常数．这样，我们又可用上述方法计算此薄片的质量.

用网线将平面区域 D 划分成 n 个子闭区域 $\Delta\sigma_1$，$\Delta\sigma_2$，…，$\Delta\sigma_n$，其面积记作 $\Delta\sigma_i$ $(i=1, 2, \cdots, n)$，在每一子闭区域上任取一点 (ξ_i, η_i)，以 $\mu(\xi_i, \eta_i)$ 代替 $\Delta\sigma_i$ 上各点处的密度，则 $\Delta\sigma_i$ 这块薄片的质量近似为 $\Delta M_i \approx \mu(\xi_i, \eta_i)\Delta\sigma_i$，薄片 D 的质量近似为

$$M \approx \sum_{i=1}^{n} \mu(\xi_i, \eta_i)\Delta\sigma_i$$

令 n 个子闭区域中的最大直径 λ 趋于零，便得到平面薄片的质量

$$M = \lim_{\lambda\to 0}\sum_{i=1}^{n} \mu(\xi_i, \eta_i)\Delta\sigma_i$$

从上面两个例子可以发现，虽然它们的实际背景不同，但是解决问题的方法却是完全一致的，所求的量都归为同一形式的和式极限．在力学、几何和工程技术中，有许多物理量或几何量都可以归结为这一形式的和式极限．因此有必要一般地研究这种和式极限，并抽象出二重积分的定义.

3. 二重积分的定义

定义 11.1.1　设函数 $f(x,y)$ 是定义在有界闭区域 D 上的有界函数．将闭区域任意分成 n 个小闭区域 $\Delta\sigma_1, \Delta\sigma_2, \cdots, \Delta\sigma_n$，其中，$\Delta\sigma_i$ 表示第 i 个小区域及其面积．在每个小区域 $\Delta\sigma_i$ 上任取一点 (ξ_i, η_i)，求和 $\sum\limits_{i=1}^{n} f(\xi_i, \eta_i)\Delta\sigma_i$．如果各小闭区域的直径中的最大值 λ 趋于零时，该和式的极限存在，则称此极限为函数 $f(x,y)$ 在闭区域 D 上的二重积分．记作 $\iint\limits_D f(x,y)\mathrm{d}\sigma$，即

$$\iint\limits_D f(x,y)\mathrm{d}\sigma = \lim_{\lambda\to 0}\sum_{i=1}^{n} f(\xi_i, \eta_i)\Delta\sigma_i$$

其中，$f(x,\ y)$称为被积函数，$f(x,\ y)\mathrm{d}\sigma$ 称为被积表达式，$\mathrm{d}\sigma$ 称为面积元素，x，y 称为积分变量（二重积分的值与积分变量用什么字母无关），D 称为积分区域，$\sum\limits_{i=1}^{n} f(\xi_i,\eta_i)\Delta\sigma$ 称为积分和.

二重积分的定义中对区域 D 的划分方式是任意的．在直角坐标系中，用平行于坐标轴的直线网划分 D，那么除了包含边界点的一些不规则小区域外，其余的都是小矩形闭区域 $\Delta\sigma_i$，边长分别记为 Δx_j 及 Δy_k，则 $\Delta\sigma_i=\Delta x_j\Delta y_k$. 因此，在直角坐标系中有时把面积元素 $\mathrm{d}\sigma$ 记作 $\mathrm{d}x\mathrm{d}y$，故二重积分 $\iint\limits_D f(x,y)\mathrm{d}\sigma$ 可以改写为 $\iint\limits_D f(x,y)\mathrm{d}x\mathrm{d}y$．其中 $\mathrm{d}x\mathrm{d}y$ 称作直角坐标中的面积元素.

根据二重积分定义，我们可以把曲顶柱体的体积和平面薄片的质量分别表示为

$$V=\iint\limits_D f(x,y)\mathrm{d}\sigma$$

及 $$M=\iint\limits_D \mu(x,y)\mathrm{d}\sigma$$

上述两例给出了二重积分 $\iint\limits_D f(x,y)\mathrm{d}\sigma$ 的几何解释和物理解释.

一般地，若 $f(x,\ y)\geqslant 0$，则积分 $\iint\limits_D f(x,y)\mathrm{d}\sigma$ 的几何意义就是以区域 D 为底，以曲面 $z=f(x,\ y)$为顶的曲顶柱体的体积．当 $f(x,\ y)<0$ 时，柱体在 xOy 面的下方，二重积分的值是负的，但它的绝对值仍等于柱体的体积．如果 $f(x,\ y)$在 D 的若干部分区域上是正的，则可以把在 xOy 面上方的柱体体积取成正，在 xOy 面下方的柱体体积取成负．于是，$f(x,\ y)$在 D 上的二重积分表示在 xOy 坐标面上方部分的曲顶柱体的体积减去 xOy 坐标面下方部分的曲顶柱体的体积.

下面的定理给出二重积分存在的一个充分条件.

定理 11.1.1　设函数 $f(x,\ y)$在有界闭区域上有定义且连续，则 $f(x,\ y)$在该区域上的二重积分一定存在.

例 1　利用二重积分的几何意义，求 $\iint\limits_D \sqrt{a^2-x^2-y^2}\,\mathrm{d}\sigma$，其中积分区域 $D=\{(x,\ y)\mid x^2+y^2\leqslant a^2\}$，且 $a>0$.

解　被积函数为上半球面 $z=\sqrt{a^2-x^2-y^2}$，投影区域 $\{(x,\ y)\mid x^2+y^2\leqslant a^2\}$ 为圆形区域，由二重积分的几何意义，$\iint\limits_D \sqrt{a^2-x^2-y^2}\,\mathrm{d}\sigma$ 的值等于以 a 为半径的半球体体积，即

$$\iint\limits_D \sqrt{a^2-x^2-y^2}\,\mathrm{d}\sigma=\frac{1}{2}\cdot\frac{4}{3}\pi a^3=\frac{2}{3}\pi a^3.$$

二、二重积分的性质

二重积分与定积分的性质是相似的.

性质 1　（线性性）设 α，β 为常数，则

$$\iint\limits_D [\alpha f(x,y)+\beta g(x,y)]\mathrm{d}\sigma=\alpha\iint\limits_D f(x,y)\mathrm{d}\sigma+\beta\iint\limits_D g(x,y)\mathrm{d}\sigma.$$

性质 2 （区域可加性）如果闭区域 D 被有限条曲线分为有限个部分区域，则在 D 上的二重积分等于在各个部分闭区域上的二重积分的和．例如 D 分为两个闭区域 D_1 和 D_2，则

$$\iint\limits_D f(x,y)\mathrm{d}\sigma=\iint\limits_{D_1} f(x,y)\mathrm{d}\sigma+\iint\limits_{D_2} f(x,y)\mathrm{d}\sigma.$$

性质 3 如果在 D 上，$f(x,y)=1$，σ 为 D 的面积，则

$$\sigma=\iint\limits_D 1\cdot\mathrm{d}\sigma=\iint\limits_D \mathrm{d}\sigma.$$

这就是说，高为 1 的平顶柱体的体积在数值上等于柱体的底面积.

性质 4 如果在 D 上，$f(x,y)\leqslant\varphi(x,y)$，则有

$$\iint\limits_D f(x,y)\mathrm{d}\sigma\leqslant\iint\limits_D \varphi(x,y)\mathrm{d}\sigma.$$

特殊地，由于

$$-|f(x,y)|\leqslant f(x,y)\leqslant|f(x,y)|$$

则有

$$\left|\iint\limits_D f(x,y)\mathrm{d}\sigma\right|\leqslant\iint\limits_D |f(x,y)|\mathrm{d}\sigma.$$

性质 5 （估值不等式）设 M，m 分别是 $f(x,y)$ 在闭区域 D 上的最大值和最小值，σ 是 D 的面积，则有

$$m\sigma\leqslant\iint\limits_D f(x,y)\mathrm{d}\sigma\leqslant M\sigma.$$

性质 6 （二重积分的中值定理）设函数 $f(x,y)$ 在闭区域 D 上连续，σ 是 D 的面积，则在 D 上至少存在一点 (ξ,η)，使得

$$\iint\limits_D f(x,y)\mathrm{d}\sigma=f(\xi,\eta)\sigma.$$

例 2 估计二重积分 $\iint\limits_D (x+3y+7)\mathrm{d}\sigma$ 的值，其中 $D=\{(x,y)\mid 0\leqslant x\leqslant 1,0\leqslant y\leqslant 2\}$.

解 因为在 D 上 $7\leqslant x+3y+7\leqslant 14$，而 D 的面积为 2，则由性质 5 可得

$$14\leqslant\iint\limits_D (x+3y+7)\mathrm{d}\sigma\leqslant 28.$$

习题 11-1

1. 利用二重积分的定义证明下列式子.

(1) $\iint\limits_D \mathrm{d}\sigma=\sigma$（$\sigma$ 为区域 D 的面积）

(2) $\iint\limits_D kf(x,y)\mathrm{d}\sigma = k\iint\limits_D f(x,y)\mathrm{d}\sigma$ （其中 k 为常数）

2. 设有一平面薄板（不计其厚度），占有 xOy 面上的闭区域 D，薄板上分布有面密度为 $\mu(x, y)$ 的电荷，且 $\mu(x, y)$ 在 D 上连续. 试用二重积分表示该薄板上的电荷 Q.

3. 利用被积函数的对称性及区域的对称性确定下列积分的值或积分之间的关系.

(1) $\iint\limits_D (x+x^3y^2)\mathrm{d}\sigma$，其中 D 是半圆形闭区域：$x^2+y^2\leqslant 4, y\geqslant 0$.

(2) $\iint\limits_D x^2y\mathrm{d}\sigma$，其中 $D=\{(x,y)\mid 0\leqslant x\leqslant 1, -1\leqslant y\leqslant 1\}$.

(3) $I_1=\iint\limits_{D_1}(x^2+y^2)^3\mathrm{d}\sigma, I_2=\iint\limits_{D_2}(x^2+y^2)^3\mathrm{d}\sigma$，其中 $D_1=\{(x,y)\mid -1\leqslant x\leqslant 1, -2\leqslant y\leqslant 2\}, D_2=\{(x,y)\mid 0\leqslant x\leqslant 1, 0\leqslant y\leqslant 2\}$. 求 I_1 与 I_2 之间的关系.

4. 利用二重积分的几何意义，求定积分 $\iint\limits_D \mathrm{d}\sigma$，其中积分区域 $D=\{(x, y)\mid x^2+y^2\leqslant 4\}$.

5. 利用二重积分的几何意义，求定积分 $\iint\limits_D 3\mathrm{d}\sigma$，其中积分区域 $D=\left\{(x, y)\left|\frac{x^2}{a^2}+\frac{y^2}{b^2}\leqslant 1\right.\right\}$，且 a，$b>0$.

6. 根据二重积分的性质比较下列积分的大小.

(1) $I_1=\iint\limits_D (x+y)^2\mathrm{d}\sigma, I_2=\iint\limits_D (x+y)^3\mathrm{d}\sigma$，其中 D 由 x 轴、y 轴与直线 $x+y=1$ 所围成.

(2) $I_1=\iint\limits_D (x+y)^2\mathrm{d}\sigma, I_2=\iint\limits_D (x+y)^3\mathrm{d}\sigma$，其中 D：$(x-2)^2+(y-1)^2\leqslant 2$.

(3) $I_1=\iint\limits_D \ln(x+y)\mathrm{d}\sigma, I_2=\iint\limits_D [\ln(x+y)]^2\mathrm{d}\sigma$，其中 D 为三角形闭区域，三顶点分别为 (1，0)，(1，1)，(2，0).

(4) $I_1=\iint\limits_D \ln(x+y)\mathrm{d}\sigma, I_2=\iint\limits_D [\ln(x+y)]^2\mathrm{d}\sigma$，其中 $D=\{(x,y)\mid 3\leqslant x\leqslant 5, 0\leqslant y\leqslant 1\}$.

7. 利用二重积分的性质估计下列积分的值.

(1) $I=\iint\limits_D xy(x+y)\mathrm{d}\sigma$，$D=\{(x,y)\mid 0\leqslant x\leqslant 1, 0\leqslant y\leqslant 1\}$.

(2) $I=\iint\limits_D \sin^2 x\sin^2 y\mathrm{d}\sigma$，$D=\{(x,y)\mid 0\leqslant x\leqslant \pi, 0\leqslant y\leqslant \pi\}$.

(3) $I=\iint\limits_D (x+y+1)\mathrm{d}\sigma$，$D=\{(x,y)\mid 0\leqslant x\leqslant 1, 0\leqslant y\leqslant 2\}$.

(4) $I=\iint\limits_D (x^2+4y^2+9)\mathrm{d}\sigma$，$D=\{(x,y)\mid x^2+y^2\leqslant 4\}$.

项目二 二重积分的计算

上一项目中给出了二重积分的定义和性质，用其定义和性质只能计算一些简单的被积函数和简单的积分区域上的积分，但对一般的函数和积分区域来说，使用定义或者性质计算常常很困难甚至是不可能的．本项目讨论二重积分的具体计算方法，此种方法是把二重积分化为累次积分（即两次定积分）来计算.

一、直角坐标下二重积分的计算

按照二重积分的几何意义，$\iint\limits_D f(x,y)\mathrm{d}\sigma$ 的值等于以 D 为底，以曲面 $z=f(x,y)$ 为顶的曲顶柱体的体积．也就是说二重积分的值取决于被积函数和积分区域这两个因素，因此恰当描述积分区域以及合理选择积分顺序是保证二重积分计算过程简洁正确的关键. 所以在计算二重积分之前，我们先引入垂直型（积分）区域和水平型（积分）区域的概念.

1. 垂直型区域（X 型区域）

设区域 D 为由介于上下两条自变量为 x 的单值连续曲线 $y=\varphi_1(x)$ 与 $y=\varphi_2(x)$ 和两条竖直线 $x=a$ 与 $x=b$ 之间所构成的，即可表示为

$$D=\{(x,y)\mid a\leqslant x\leqslant b,\ \varphi_1(x)\leqslant y\leqslant\varphi_2(x)\}$$

且穿过区域 D 内部平行于 y 轴的直线与 D 的边界至多交于两点（如图 11－1）.

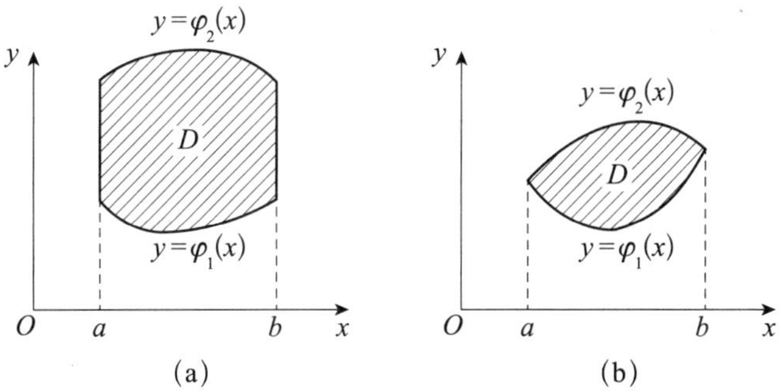

(a) (b)

图 11－1

2. 水平型区域（Y 型区域）

设区域 D 为由介于左右两条自变量为 y 的单值连续曲线 $x=\psi_1(y)$ 与 $x=\psi_2(y)$ 和两条水平线 $y=c$ 与 $y=d$ 之间所构成的，即可表示为

$$D=\{(x,y)\mid c\leqslant y\leqslant d,\ \psi_1(y)\leqslant x\leqslant\psi_2(y)\}$$

且穿过区域 D 内部平行于 x 轴的直线与 D 的边界至多交于两点（如图 11－2）.

这种垂直型区域与水平型区域统称为简单区域.

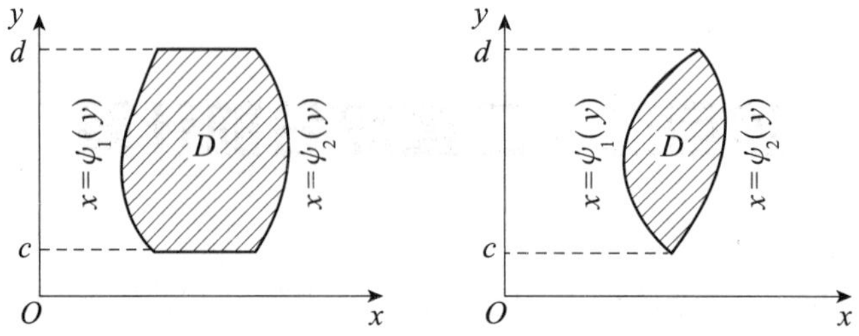

(a)　　　　　　　　(b)

图 11-2

按照二重积分的几何意义，$\iint\limits_D f(x,y)\mathrm{d}\sigma$ 等于以区域 D 为底，以 D 上曲面 $z=f(x, y)$ 为顶的曲顶柱体的体积 V. 先假设 D 为垂直型区域. 设平行于 yOz 坐标面且在 x 轴上的截距为 $x\in[a, b]$的平面与曲顶柱体相截而成截面的面积为 $A(x)$. 由“平行截面面积已知的立体体积”计算方法，可知

$$V=\int_a^b A(x)\mathrm{d}x$$

其中，$A(x)$为曲边梯形的面积. 该曲边梯形以区间$[\varphi_1(x), \varphi_2(x)]$为底，以曲线 $z=f(x, y)$，$y\in[\varphi_1(x), \varphi_2(x)]$为顶，如图 11-3 所示. 所以

$$A(x)=\int_{\varphi_1(x)}^{\varphi_2(x)} f(x,y)\mathrm{d}y$$

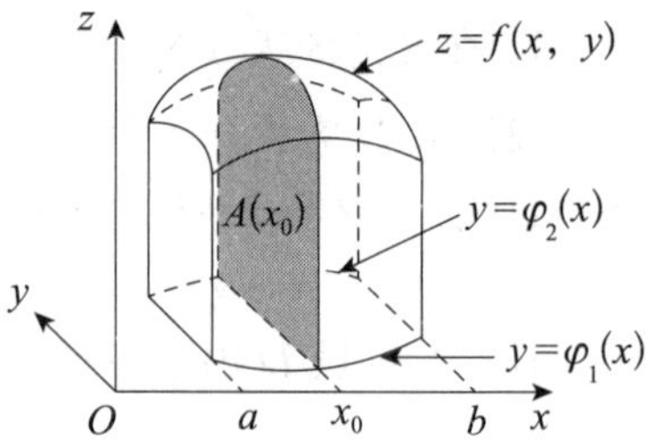

图 11-3

于是，曲顶柱体体积为

$$V=\iint\limits_D f(x,y)\mathrm{d}\sigma=\int_a^b A(x)\mathrm{d}x=\int_a^b\left[\int_{\varphi_1(x)}^{\varphi_2(x)} f(x,y)\mathrm{d}y\right]\mathrm{d}x$$

上式右端积分称为先对 y 后对 x 的二次积分. 即计算中括号内积分时把 x 看作常数，把 $f(x, y)$看作 y 的函数对 y 进行定积分，得到 x 的函数，然后再对 x 计算在区间$[a, b]$上的定积分，为简洁起见，把上式右端积分表示成

$$\int_a^b \mathrm{d}x\int_{\varphi_1(x)}^{\varphi_2(x)} f(x,y)\mathrm{d}y$$

在上述讨论中，始终假定 $f(x, y)\geqslant 0$，但上述计算公式的成立并不受此条件限制.

最后，得到二重积分化为先对 y 后对 x 的二次积分的计算公式

$$\iint\limits_D f(x,y)\mathrm{d}\sigma=\int_a^b \mathrm{d}x\int_{\varphi_1(x)}^{\varphi_2(x)} f(x,y)\mathrm{d}y \tag{11.2.1}$$

其中，积分区域 $D=\{(x,y) \mid \varphi_1(x)\leqslant y\leqslant\varphi_2(x), a\leqslant x\leqslant b\}$为垂直型区域，$f(x, y)$为 D 上的连续函数.

类似地，如果积分区域 D 为水平型区域，$f(x, y)$为 D 上的连续函数，则可以得出二重积分的另一种二次积分的计算形式

$$\iint\limits_D f(x,y)\mathrm{d}\sigma=\int_c^d \mathrm{d}y\int_{\psi_1(y)}^{\psi_2(y)} f(x,y)\mathrm{d}x \tag{11.2.2}$$

如果积分区域 D 是非简单区域，即 D 的边界与穿过 D 的内部且平行于坐标轴的直线的交点多于两个，则可把 D 分成若干部分，使每个部分都是简单区域．再在每个区域上用式（11.2.1）或式（11.2.2）来计算．我们把式（11.2.1）、式（11.2.2）的累次积分作为下面较强形式的富比尼定理的一个推广．

定理 11.2.1　（富比尼定理）设 $f(x, y)$在平面闭区域 D 上连续．

（1）若闭区域 D 可表示为：$a\leqslant x\leqslant b$，$\varphi_1(x)\leqslant y\leqslant\varphi_2(x)$，其中 $\varphi_1(x)$和 $\varphi_2(x)$在$[a, b]$上连续，则

$$\iint\limits_D f(x,y)\mathrm{d}\sigma=\int_a^b\mathrm{d}x\int_{\varphi_1(x)}^{\varphi_2(x)}f(x,y)\mathrm{d}y$$

（2）若闭区域 D 可表示为：$c\leqslant y\leqslant d$，$\psi_1(y)\leqslant x\leqslant\psi_2(y)$，其中 $\psi_1(x)$和 $\psi_2(x)$在$[c, d]$上连续，则

$$\iint\limits_D f(x,y)\mathrm{d}\sigma=\int_c^d\mathrm{d}y\int_{\psi_1(y)}^{\psi_2(y)}f(x,y)\mathrm{d}x$$

在直角坐标下计算二重积分的解题步骤如下：

（1）画出积分区域的草图并确定区域的边界曲线的解析式．

（2）若是垂直型区域，先确定 y 的积分限．积分区域的上下边界有且仅有一对边界曲线一一对应，则上边界曲线就是 y 的积分上限，下部边界曲线就是 y 的积分下限，区域中关于变量 x 的左端点就是 x 的积分下限，其相应的右端点就是 x 的积分上限．

（3）若是水平型区域，先确定 x 的积分限．积分区域的左右边界有且仅有一对边界曲线一一对应，则左边界曲线就是 x 的积分上限，右部边界曲线就是 x 的积分下限，区域中关于变量 y 的下端点就是 y 的积分下限，其相应的上端点就是 y 的积分上限．

（4）计算二重积分，把二重积分转化为二次的累次积分．

例 1　计算 $\iint\limits_D xy\,\mathrm{d}\sigma$，其中，$D$ 是由抛物线 $y^2=x$ 和直线 $y=x-2$ 所围成的闭区域．

解　**方法一**　先画出积分区域 D，如图 11－4 所示．把区域 D 看作两个垂直型区域的并集．这时，区域边界的下部是由两条不同的曲线组成的，两条曲线交点为 $x=1$，$y=-1$；因此用直线 $x=1$ 将 D 分为 $D_1=\{(x, y)\mid-\sqrt{x}\leqslant y\leqslant\sqrt{x}，0\leqslant x\leqslant 1\}$ 和 $D_2=\{(x, y)\mid x-2\leqslant y\leqslant\sqrt{x}，1\leqslant x\leqslant 4\}$ 两部分，利用式（11.2.1）得

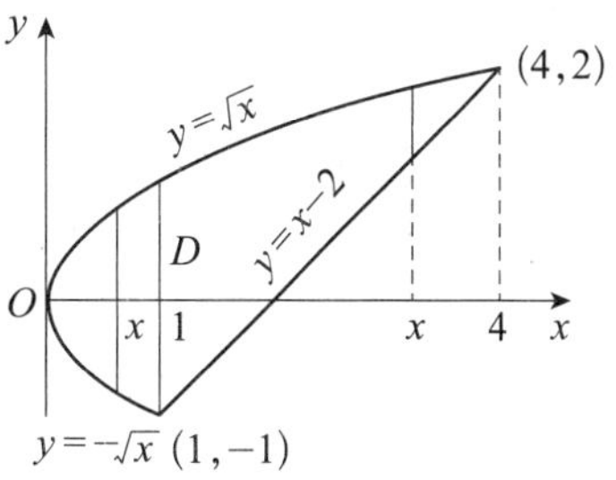

图 11－4

$$\begin{aligned}\iint\limits_D xy\,\mathrm{d}\sigma&=\iint\limits_{D_1}xy\,\mathrm{d}\sigma+\iint\limits_{D_2}xy\,\mathrm{d}\sigma\\&=\int_0^1\mathrm{d}x\int_{-\sqrt{x}}^{\sqrt{x}}xy\,\mathrm{d}y+\int_1^4\mathrm{d}x\int_{x-2}^{\sqrt{x}}xy\,\mathrm{d}y\\&=0+\frac{1}{2}\int_1^4 x[x-(x-2)^2]\mathrm{d}x\\&=\frac{1}{2}\left(-\frac{1}{4}x^4+\frac{5}{3}x^3-2x^2\right)\bigg|_1^4=\frac{45}{8}\end{aligned}$$

方法二 将区域 D 看作水平型区域，D 可表示为

$$D=\{(x,\ y)\mid y^2\leqslant x\leqslant y+2,\ -1\leqslant y\leqslant 2\}$$

所以 $\iint\limits_D xy\,\mathrm{d}\sigma=\int_{-1}^{2}\mathrm{d}y\int_{y^2}^{y+2}xy\,\mathrm{d}x$

$$=\frac{1}{2}\int_{-1}^{2}y[(y+2)^2-y^4]\mathrm{d}y$$

$$=\frac{1}{2}\left(-\frac{1}{6}y^6+\frac{1}{4}y^4+\frac{4}{3}y^3+2y^2\right)\Big|_{-1}^{2}=\frac{45}{8}$$

显然，方法二较为简便．在直角坐标系下计算二重积分时，选择适当的积分次序非常重要，不恰当的积分次序可能导致计算过程烦琐，甚至无法进行．至于如何选择积分次序，主要是从被积函数及积分区域的特点去考虑．一般来说，首先要保证第一次积分能计算出结果．其次，尽可能少划分积分区域，只要多划出一块区域，就要多算一个二次积分．如果被积函数不可直接积分或者有更少的积分区域划分方法，就要考虑交换积分次序了．

例 2 计算累次积分 $\int_0^1\mathrm{d}x\int_x^1\sin y^2\,\mathrm{d}y$．

解 由于 $\int_x^1\sin y^2\,\mathrm{d}y$ 的原函数不能表示为一个初等函数，因此无法直接计算，为此我们需要交换积分次序．首先确定积分限（如图 11－5），把 $D=\{(x,\ y)\mid x\leqslant y\leqslant 1,\ 0\leqslant x\leqslant 1\}$ 变换为 $D=\{(x,\ y)\mid 0\leqslant x\leqslant y,\ 0\leqslant y\leqslant 1\}$．故积分

$$\int_0^1\mathrm{d}x\int_x^1\sin y^2\,\mathrm{d}y=\iint\limits_D\sin y^2\,\mathrm{d}\sigma=\int_0^1\mathrm{d}y\int_0^y\sin y^2\,\mathrm{d}x$$

$$=\int_0^1(x\sin y^2)\Big|_0^y\mathrm{d}y=\int_0^1 y\sin y^2\,\mathrm{d}y$$

$$=\left(-\frac{1}{2}\cos y^2\right)\Big|_0^1=\frac{1}{2}(1-\cos 1).$$

例 3 计算 $\iint\limits_D(x+2y)\mathrm{d}\sigma$，其中 D 是由 $y=2x^2$ 及 $y=1+x^2$ 所围成的区域.

解 **方法一** 如图 11－6 所示，若把 D 看作垂直型区域，则

$$D=\{(x,\ y)\mid 2x^2\leqslant y\leqslant 1+x^2,\ -1\leqslant x\leqslant 1\}$$

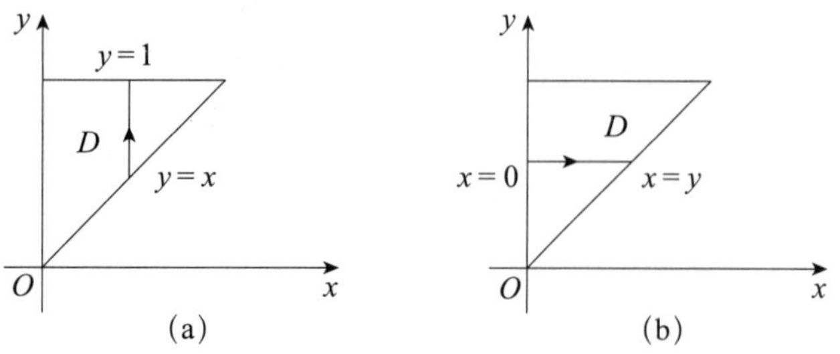

图 11－5

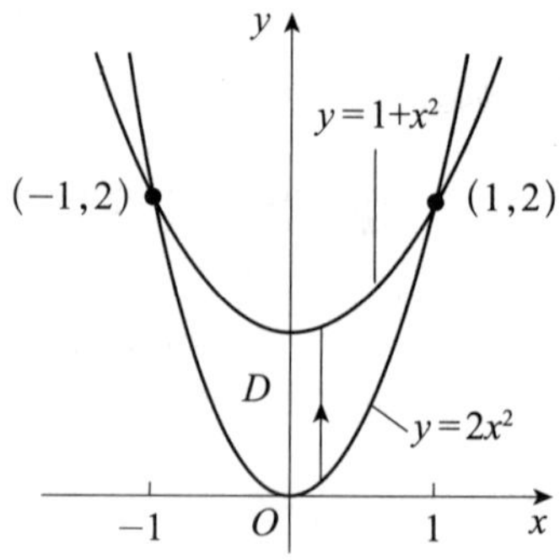

图 11－6

于是　$\iint\limits_D (x+2y)\mathrm{d}\sigma=\int_{-1}^{1}\mathrm{d}x\int_{2x^2}^{1+x^2}(x+2y)\mathrm{d}y=\int_{-1}^{1}(xy+y^2)\Big|_{2x^2}^{1+x^2}\mathrm{d}x$

$$=2\int_0^1(-3x^4+2x^2+1)\mathrm{d}x=\frac{32}{15}.$$

方法二　本题还可应用区域对称性及函数奇偶性来简化运算．因为区域 D 是关于 y 轴对称，设 D_1 是 D 在第一象限的部分，x 是关于 x 的奇函数，故

$$\iint\limits_D x\,\mathrm{d}\sigma=0$$

而 $2y$ 是关于 x 的偶函数，故

$$\iint\limits_D 2y\mathrm{d}\sigma=2\iint\limits_{D_1}2y\mathrm{d}\sigma=4\int_0^1\mathrm{d}x\int_{2x^2}^{1+x^2}y\mathrm{d}y=2\int_0^1(1+2x^2-3x^4)\mathrm{d}x=\frac{32}{15}.$$

所以　$\iint\limits_D (x+2y)\mathrm{d}\sigma=0+\frac{32}{15}=\frac{32}{15}.$

二、极坐标下二重积分的计算

有些二重积分，其积分区域 D 的边界用极坐标表示比较方便，例如圆弧或过原点的射线，且被积函数用极坐标 ρ，θ 表示比较简单，诸如 $f(x^2+y^2)$，$f\left(\frac{x}{y}\right)$，$f\left(\frac{y}{x}\right)$ 等．此时可以考虑用极坐标来计算这些二重积分．如图 11－7 所示的区域可以分别表示为

$$D_1=\left\{(\rho,\theta)\mid 0\leqslant\rho\leqslant 2,\ 0\leqslant\theta\leqslant\frac{\pi}{4}\right\}$$

$$D_2=\left\{(\rho,\theta)\mid 1\leqslant\rho\leqslant 2,\ 0\leqslant\theta\leqslant\frac{\pi}{4}\right\}$$

下面我们来讨论如何把二重积分 $\iint\limits_D f(x,y)\mathrm{d}\sigma$ 转化为极坐标系下的累次积分．

假定闭区域 D 的边界与从极点 O 出发穿过 D 的内部的射线的交点不多于两点，或者边界的一部分是射线的一段．在极坐标系中，我们采用两族曲线：$\theta=$常数及 $\rho=$常数，即以一族过极点的射线与一族以极点为圆心的同心圆来细分区域 D（如图 11－8）．除了包含边界点的一些小闭区域外，小闭区域的面积 $\Delta\sigma_i$ 可如下计算

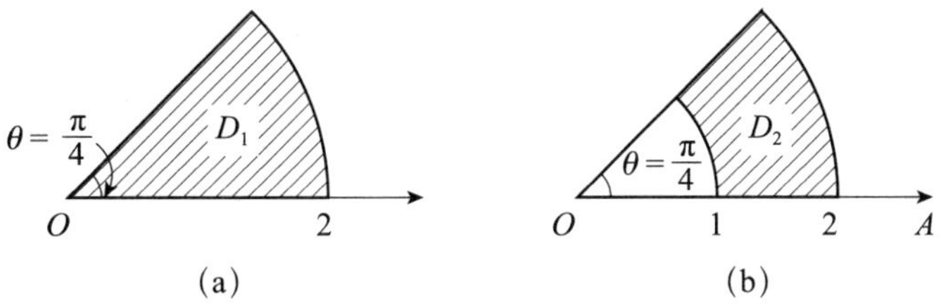

图 11－7

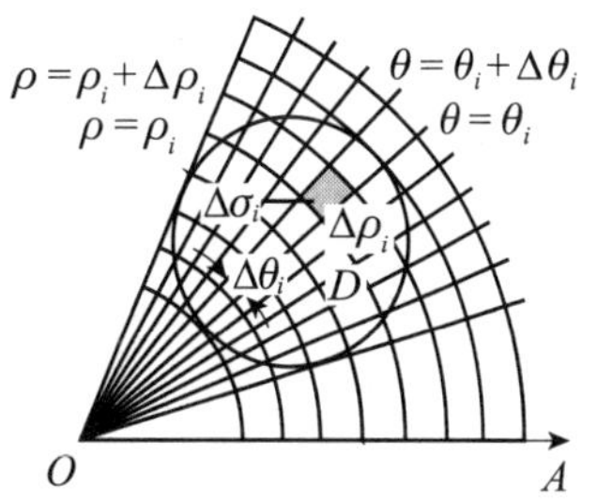

图 11－8

$$\Delta\sigma_i=\frac{1}{2}(\rho_i+\Delta\rho_i)^2\cdot\Delta\theta_i-\frac{1}{2}\rho_i^2\Delta\theta_i$$

$$=\frac{1}{2}(2\rho_i+\Delta\rho_i)\Delta\rho_i\cdot\Delta\theta_i$$

$$=\frac{\rho_i+(\rho_i+\Delta\rho_i)}{2}\cdot\Delta\rho_i\cdot\Delta\theta_i=\bar{\rho}_i\cdot\Delta\rho_i\cdot\Delta\theta_i$$

其中，$\bar{\rho}_i$ 为相邻两圆弧的半径的平均值．在这小闭区域内取圆周 $\rho=\bar{\rho}_i$ 上的点 $(\bar{\rho}_i,\ \bar{\theta}_i)$，设该点的直角坐标为 ξ_i，η_i，则由直角坐标与极坐标之间的关系有

$$\xi_i=\bar{\rho}_i\cos\bar{\theta}_i,\quad \eta_i=\bar{\rho}_i\sin\bar{\theta}_i$$

于是

$$\lim_{\lambda\to 0}\sum_{i=1}^{n}f(\xi_i,\eta_i)\Delta\sigma_i=\lim_{\lambda\to 0}\sum_{i=1}^{n}f(\bar{\rho}_i\cos\bar{\theta}_i,\bar{\rho}_i\sin\bar{\theta}_i)\bar{\rho}_i\Delta\rho_i\Delta\theta_i$$

这样，直角坐标系下的二重积分转化为极坐标系下的二重积分的变换公式为

$$\iint_D f(x,y)\mathrm{d}x\mathrm{d}y=\iint_D f(\rho\cos\theta,\ \rho\sin\theta)\rho\mathrm{d}\rho\mathrm{d}\theta \tag{11.2.3}$$

式（11.2.3）表明，要把直角坐标系中的二重积分变换为极坐标系中的二重积分，只要把被积函数中的 x，y 分别换成 $\rho\cos\theta$，$\rho\sin\theta$，并把直角坐标系中的面积元素 $\mathrm{d}x\mathrm{d}y$ 换成极坐标系中的面积元素 $\rho\mathrm{d}\rho\mathrm{d}\theta$ 就可以了.

极坐标系中的二重积分，利用富比尼定理同样可以化为累次积分来计算.

（1）假设极点 O 在积分区域 D 外，即 D 夹于两条射线 $\theta=\alpha$，$\theta=\beta$ 之间，而对 D 内任一点 $(\rho,\ \theta)$，其极径 ρ 始终介于 $\varphi_1(\theta)$ 与 $\varphi_2(\theta)$ 之间（如图 11－9），则区域 D 在极坐标系中可表示为

$$D=\{(\rho,\ \theta)\mid\varphi_1(\theta)\leqslant\rho\leqslant\varphi_2(\theta),\ \alpha\leqslant\theta\leqslant\beta\}$$

其中，函数 $\varphi_1(\theta)$ 和 $\varphi_2(\theta)$ 在 $[\alpha,\ \beta]$ 上连续.

对于在 $[\alpha,\ \beta]$ 上任意取定的一个 θ 值，对应此 θ 值在 D 点的极径为从 $\varphi_1(\theta)$ 变到 $\varphi_2(\theta)$，因此可得在此区域 D 上的极坐标系中的二重积分化为二次积分的公式为

$$\iint_D f(\rho\cos\theta,\rho\sin\theta)\rho\mathrm{d}\rho\mathrm{d}\theta=\int_\alpha^\beta\mathrm{d}\theta\int_{\varphi_1(\theta)}^{\varphi_2(\theta)}f(\rho\cos\theta,\rho\sin\theta)\rho\mathrm{d}\rho \tag{11.2.4}$$

（2）极点 O 在积分区域 D 的边界上，即如图 11－10 所示的曲边扇形，则可以把它看作当 $\varphi_1(\theta)=0$，$\varphi_2(\theta)=\varphi(\theta)$ 时的特例，这时区域 D 可表示为

$$D=\{(\rho,\ \theta)\mid 0\leqslant\rho\leqslant\varphi(\theta),\ \alpha\leqslant\theta\leqslant\beta\}$$

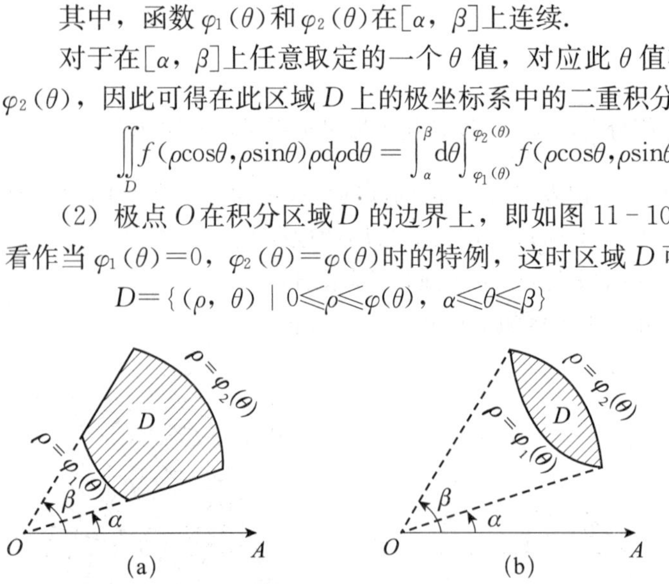

图 11－9

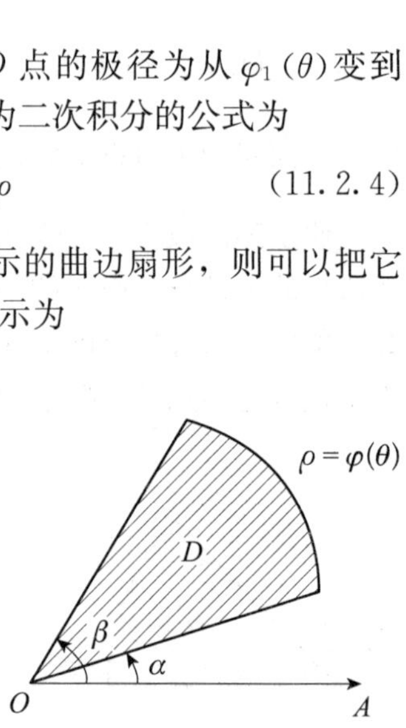

图 11－10

而式（11.2.4）成为

$$\iint_D f(\rho\cos\theta,\rho\sin\theta)\rho\mathrm{d}\rho\mathrm{d}\theta=\int_\alpha^\beta\mathrm{d}\theta\int_0^{\varphi(\theta)}f(\rho\cos\theta,\rho\sin\theta)\rho\mathrm{d}\rho$$

（3）极点 O 在积分区域 D 的内部，即如图 11－11 所示，这时区域 D 可表示为

$$D=\{(\rho,\ \theta)\mid 0\leqslant\rho\leqslant\varphi(\theta),\ 0\leqslant\theta\leqslant 2\pi\}$$

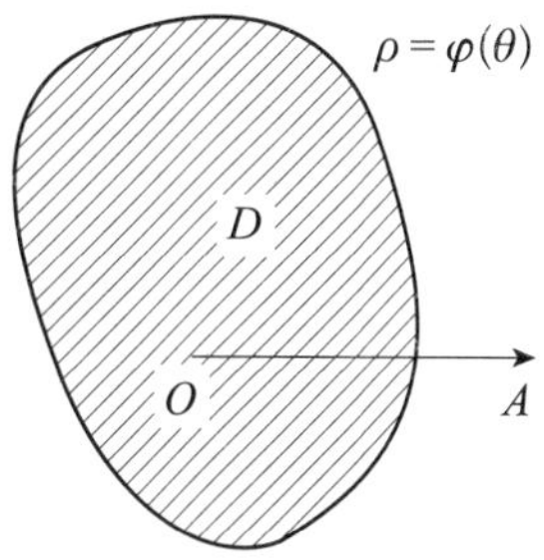

图 11－11

而式（11.2.4）成为

$$\iint\limits_D f(\rho\cos\theta,\ \rho\sin\theta)\rho\mathrm{d}\rho\mathrm{d}\theta$$

$$=\int_0^{2\pi}\mathrm{d}\theta\int_0^{\varphi(\theta)}f(\rho\cos\theta,\rho\sin\theta)\rho\mathrm{d}\rho$$

由二重积分的性质 3 可知，闭区域 D 的面积 σ 可表示为

$$\sigma=\iint\limits_D\mathrm{d}\sigma$$

所以，在极坐标系中，面积元素 $\mathrm{d}\sigma=\rho\mathrm{d}\rho\mathrm{d}\theta$，于是区域 D 的面积

$$\sigma=\iint\limits_D\rho\mathrm{d}\rho\mathrm{d}\theta$$

在极坐标下计算二重积分的具体步骤如下：

（1）画出积分区域的草图并确定区域的边界曲线的极坐标解析式.

（2）确定极径 ρ 的积分上、下限，具体确定见上述（1）、（2）、（3）类型.

（3）确定 θ 的上、下限，找出 D 边界的最小和最大的 θ 值，最小值为它的积分下限，最大值为它的积分上限.

（4）用极坐标计算二重积分，把一个二重积分用极坐标转化为一个二次的累次积分.

例 4　计算 $\iint\limits_D \mathrm{e}^{-x^2-y^2}\mathrm{d}x\mathrm{d}y$，其中 D 是由中心在原点、半径为 a 的圆周所围成的闭区域.

解　在极坐标系中，闭区域 D 可表示为

$$D=\{(\rho,\ \theta)\mid 0\leqslant\rho\leqslant a,\ 0\leqslant\theta\leqslant 2\pi\}$$

由式（11.2.3）及式（11.2.4）有

$$\begin{aligned}\iint\limits_D \mathrm{e}^{-x^2-y^2}\mathrm{d}x\mathrm{d}y&=\iint\limits_D \mathrm{e}^{-\rho^2}\rho\mathrm{d}\rho\mathrm{d}\theta=\int_0^{2\pi}\mathrm{d}\theta\int_0^a \mathrm{e}^{-\rho^2}\rho\mathrm{d}\rho\\&=\int_0^{2\pi}\left(-\frac{1}{2}\mathrm{e}^{-\rho^2}\right)\Big|_0^a\mathrm{d}\theta\\&=\frac{1}{2}(1-\mathrm{e}^{-a^2})\int_0^{2\pi}\mathrm{d}\theta\\&=\pi(1-\mathrm{e}^{-a^2})\end{aligned}$$

由于积分 $\int \mathrm{e}^{-x^2}\mathrm{d}x$ 不能用初等函数表示，本题如果用直角坐标系，则无法算出结果.

下面用例 4 的结果来计算概率论中常用的反常积分

$$\int_0^{+\infty}\mathrm{e}^{-x^2}\mathrm{d}x$$

设　$D_1=\{(x,\ y)\mid 0\leqslant y\leqslant\sqrt{R^2-x^2},\ 0\leqslant x\leqslant R\}$

$$D_2=\{(x,\ y)\mid 0\leqslant y\leqslant\sqrt{2R^2-x^2},\ 0\leqslant x\leqslant\sqrt{2}R\}$$

$$S=\{(x,\ y)\mid 0\leqslant y\leqslant R,\ 0\leqslant x\leqslant R\}$$

显然 $D_1\subset S\subset D_2$（如图 11－12）．由于 $\mathrm{e}^{-x^2-y^2}>0$，所以有不等式

$$\iint_{D_1}\mathrm{e}^{-x^2-y^2}\mathrm{d}x\mathrm{d}y<\iint_{S}\mathrm{e}^{-x^2-y^2}\mathrm{d}x\mathrm{d}y<\iint_{D_2}\mathrm{e}^{-x^2-y^2}\mathrm{d}x\mathrm{d}y$$

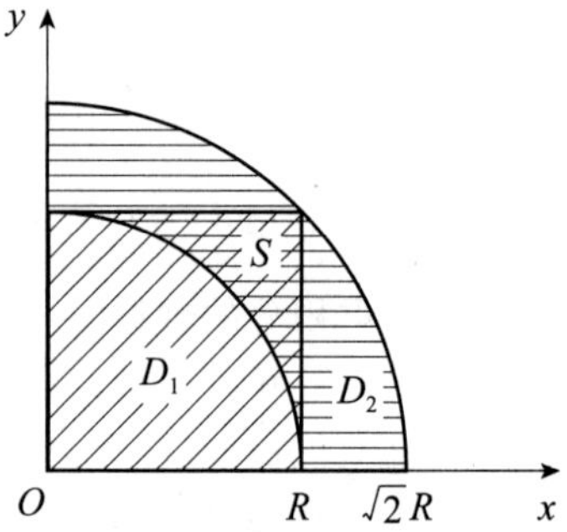

图 11－12

因为 $\iint\limits_{S}\mathrm{e}^{-x^2-y^2}\mathrm{d}x\mathrm{d}y=\int_0^R\mathrm{e}^{-x^2}\mathrm{d}x\int_0^R\mathrm{e}^{-y^2}\mathrm{d}y$

$$=\left(\int_0^R\mathrm{e}^{-x^2}\mathrm{d}x\right)^2$$

故应用上面已得的结果有

$$\iint_{D_1}\mathrm{e}^{-x^2-y^2}\mathrm{d}x\mathrm{d}y=\frac{\pi}{4}(1-\mathrm{e}^{-R^2})$$

$$\iint_{D_2}\mathrm{e}^{-x^2-y^2}\mathrm{d}x\mathrm{d}y=\frac{\pi}{4}(1-\mathrm{e}^{-2R^2})$$

于是不等式可改写为

$$\frac{\pi}{4}(1-\mathrm{e}^{-R^2})<\left(\int_0^R\mathrm{e}^{-x^2}\mathrm{d}x\right)^2<\frac{\pi}{4}(1-\mathrm{e}^{-2R^2})$$

令 $R\to\infty$，上式两端趋于同一极限$\frac{\pi}{4}$，从而

$$\int_0^{+\infty}\mathrm{e}^{-x^2}\mathrm{d}x=\frac{\sqrt{\pi}}{2}.$$

例 5 在对人口的统计中，每个城市的市中心人口密度最大．离市中心越远，人口越稀少，密度越小．设某个城市的人口密度为 $\mu(x,\ y)=10\mathrm{e}^{-(x^2+y^2)}$（单位：万人/km³），城市半径 $\rho=5$km，试求该城市的总人口 P.

解 该城市是半径为 5km 的圆形区域，即积分区域可以表示为

$$D=\{(\rho,\ \theta)\mid 0\leqslant\rho\leqslant 5, 0\leqslant\theta\leqslant 2\pi\}$$

则该城市的人口数为

$$P=\iint_D 10\mathrm{e}^{-(x^2+y^2)}\mathrm{d}x\mathrm{d}y=\int_0^{2\pi}\mathrm{d}\theta\int_0^5 10\mathrm{e}^{-\rho^2}\rho\mathrm{d}\rho$$

$$=2\pi\cdot(-5\mathrm{e}^{-\rho^2})\Big|_0^5=2\pi(5-5\mathrm{e}^{-25})=10\pi-10\pi\mathrm{e}^{-25}$$

$$\approx 31.4159(\text{万人}).$$

习题 11－2

1. 将二重积分 $\iint\limits_D f(x,y)\mathrm{d}x\mathrm{d}y$ 变为累次积分，积分区域 D 如下：

(1) $D=\{(x,\ y)\mid y\geqslant x,\ y^2\leqslant 4x\}$.

(2) D 是由 $y=2x$，$2y-x=0$ 与 $xy=2$ 所围区域.

2. 变换下列积分次序.

(1) $\int_1^2 dy\int_{y^2}^{2y} f(x,y)dx$　　(2) $\int_0^1 dx\int_x^{\sqrt{2x-x^2}} f(x,y)dy$

(3) $\int_1^2 dx\int_{2-x}^{\sqrt{2x-x^2}} f(x,y)dy$　　(4) $\int_1^e dx\int_0^{\ln x} f(x,y)dy$

3. 计算下列二重积分.

(1) $\iint\limits_D (3x+2y)d\sigma$，$D$ 是由两坐标轴与直线 $x+y=2$ 所围成的闭区域.

(2) $\iint\limits_D x\cos(x+y)d\sigma$，$D$ 是顶点为 (0, 0)，(π, 0) 与 (π, π)的三角形区域.

(3) $\iint\limits_D x\sqrt{y}\,d\sigma$，$D$ 是由 $y=\sqrt{x}$ 与 $y=x^2$ 所围成的区域.

4. 利用二重积分求由下列曲线所围成的平面区域的面积.

(1) $y=x+1$ 与 $y^2=1-x$　　(2) $y=e^x$，$y=e^{2x}$ 及 $x=1$

5. 由直线 $y=x$ 及抛物线 $y=x^2$ 所围成的平面薄板，其密度 $\mu=x^2+y^2$，求此薄板的质量.

6. 化下列二次积分为极坐标形式的二次积分.

(1) $\int_0^1 dx\int_0^1 f(x,y)dy$　　(2) $\int_0^2 dx\int_x^{\sqrt{3}x} f(\sqrt{x^2+y^2})dy$

(3) $\int_0^1 dx\int_{1-x}^{\sqrt{1-x^2}} f(x,y)dy$　　(4) $\int_0^1 dx\int_0^{x^2} f(x,y)dy$

7. 把下列积分化为极坐标形式，并计算积分值.

(1) $\int_0^{2a} dx\int_0^{\sqrt{2ax-x^2}} (x^2+y^2)dy$　　(2) $\int_0^1 dx\int_{x^2}^{x} (x^2+y^2)^{-\frac{1}{2}}dy$

8. 计算以 xOy 平面上的圆周 $x^2+y^2=ax$ 围成的闭区域为底，以曲面 $z=x^2+y^2$ 为顶的曲顶柱体体积.

9. 某地区税收地理限制呈直角三角形分布，斜边临一条河. 由于交通关系，地区发展不太均衡，这一点可以从税收状况反映出来. 若以两条直角边为坐标轴建立直角坐标系，则位于 x 轴和 y 轴上的地区长度各为 16 km 和 12 km，且税收情况与地理位置的关系大体为 $R(x, y)=20x+10y$（万元/km^2）. 试计算该地区总的税收收入.

项目三　数学实验（十一）——计算二重积分

在 MATLAB 中主要用函数 int 进行积分，其常用的调用格式为 int(fun, x, a, b)，计算函数 fun 关于指定变量 x 在区间 [a, b] 上的定积分 $\int_a^b \text{fundx}$.

MATLAB 没有提供直接计算二元函数积分的命令，而是需要将二重积分转换成二次积分来计算．例如计算二重积分 $\int_c^d\int_a^b f(x,y)\mathrm{d}x\mathrm{d}y$ 可用命令 int(int(f,x,a,b),y,c,d) 来计算(或者先求 fx=int(f,x,a,b)，再求重积分 int(fx,y,c,d))。

例 1 计算积分 $\int_0^2\mathrm{d}x\int_{-\sqrt{4-x^2}}^{4-x^2}xy\mathrm{d}y$．

解 在 MATLAB 中输入：

```
>>syms x y
>>f=x*y;
>>int(int(f,y,-sqrt(4-x^2),4-x^2),x,0,2)
```

输出结果为

ans=10/3，即 $\int_0^2\mathrm{d}x\int_{-\sqrt{4-x^2}}^{4-x^2}xy\mathrm{d}y=\frac{10}{3}$.

例 2 计算 $\iint\limits_D\frac{\sin(x+y)}{x+y}\mathrm{d}x\mathrm{d}y$，其中 D 是由曲线 $x=y^2$ 与 $y=x-2$ 所围成的平面区域.

解 首先在 MATLAB 中绘制出积分区域 D 的图形，在命令窗口输入：

```
>>syms x y
>>f1=x-y^2;
>>f2=x-2-y;
>>ezplot(f1)          %在默认区间[-5,5]上绘制 f1(x,y)=0 定义的隐函数
>>hold on             %设置图形保持状态
>>ezplot(f2)          %在默认区间[-5,5]上绘制 f2(x,y)=0 定义的隐函数
>>hold off            %关闭图形保持状态
>>axis([-0.5,5,-2,3])
                      %设置坐标轴的长度即坐标轴的范围
>>title('由曲线 x=y^2 和 y=x-2 所围成的积分区域 D')
                      %加图形标题
```

运行后所得区域如图 11－13 所示.

接下来确定积分上、下限，在命令窗口中继续输入：

```
>>[x,y]=solve(f1==0,f2==0,x,y)
```

输出结果为

x=1　4，　y=-1　2

即得到交点坐标为(1,-1),(4,2).

最后计算重积分的值,在命令窗口中继续输入：

```
>>syms x y
>>f=sin(x+y)/(x+y);
>>jf=int(int(f,x,y^2,y+2),y,-1,2)
>>if2=double(jf)                %求 jf 的近似值
```

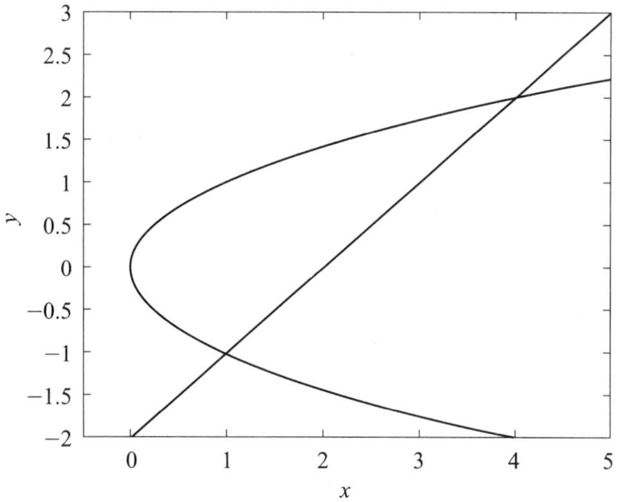

图 11－13　由曲线 $x=y^2$ 和 $y=x-2$ 所围成的积分区域 D

运行后输出结果为：if2=1.971 2，即 $\iint\limits_D \frac{\sin(x+y)}{x+y}\mathrm{d}x\mathrm{d}y \approx 1.9712$.

习题 11－3

1. 利用 MATLAB 计算下列重积分.

(1) $\int_0^2 \mathrm{d}y \int_0^1 (x^2+2y)\mathrm{d}x$　　(2) $\int_1^2 \mathrm{d}x \int_{\frac{1}{x}}^{x} \frac{x^2}{y^2}\mathrm{d}y$

(3) $\int_0^1 \mathrm{d}x \int_0^{\frac{\pi}{2}} \sqrt{x}\cos y\mathrm{d}y$　　(4) $\int_0^{\frac{3}{2}} \mathrm{d}y \int_0^1 (4-x^2-y^2)\mathrm{d}x$

(5) $\int_0^{2\pi} \mathrm{d}\theta \int_0^a r\mathrm{e}^{-r^2}\mathrm{d}r$　　(6) $\int_0^{2\pi} \mathrm{d}\theta \int_a^b \rho^3\mathrm{d}\rho$

2. 计算下列二重积分.

(1) $\iint\limits_D \cos(x+y)\mathrm{d}x\mathrm{d}y$，其中 D 是由 $x=0$，$y=\pi$ 与 $y=x$ 所围成的平面区域.

(2) $\iint\limits_D (x^2+y)\mathrm{d}x\mathrm{d}y$，其中 D 是由 $y=x^2$ 与 $y^2=x$ 所围成的平面区域.

(3) $\iint\limits_D x\sqrt{y}\mathrm{d}x\mathrm{d}y$，其中 D 是由 $y=x^2$ 与 $y^2=x$ 所围成的平面区域.

(4) $\iint\limits_D \sqrt{1-x^2-y^2}\mathrm{d}x\mathrm{d}y$，其中 D 是由 $x^2+y^2\leqslant 1$ 与 $y\geqslant 0$ 所围成的平面区域.

拓展与思考（十一）

问题 1：请利用生成式人工智能大模型，对本书模块十一的课程内容进行概括性总结.

问题 2：结合你自己的知识以及其他可获取的线上和线下资料，运用批判性思维对问题 1 中生成式人工智能大模型生成的模块十一课程内容总结进行深入分析和修正，以提供一个更加准确、全面的总结.

问题 3：重积分在数学和物理学中有着丰富的含义和应用. 其中一重积分表示的是平面图形的面积；二重积分表示的是曲顶柱体的体积；三重积分表示的是不均匀的空间物体的质量. 试用生成式人工智能大模型，深入探究三重积分的定义、计算方法及其在现实世界中的应用.

问题 4：计算重积分通常涉及寻找被积函数的一个原函数，然而，对于许多复杂的函数，这样的原函数可能难以直接求得. 为此，数值计算方法提供了一种有效的途径，计算数值解的方法有很多，其中就包括蒙特—卡洛方法. 请使用生成式人工智能大模型来探究蒙特—卡洛方法的原理和实施步骤，并通过实际案例演示如何应用该方法来计算重积分的数值近似. 同时，分析蒙特—卡洛方法在处理复杂重积分问题时的优势和局限性.